Lehrbuch des österreichischen bürgerlichen Rechts
Allgemeiner Teil des bürgerlichen Rechts
Schuldrecht · Allgemeiner Teil / Schuldrecht · Besonderer Teil und Schadenersatz
Sachenrecht / Familienrecht / Erbrecht
Von F. Gschnitzer

Allgemeiner Teil des bürgerlichen Rechts

Von

Dr. Franz Gschnitzer
o. Professor an der Universität Innsbruck

1966
Springer-Verlag Wien GmbH

ISBN 978-3-662-27894-9 ISBN 978-3-662-29397-3 (eBook)
DOI 10.1007/978-3-662-29397-3

Ursprünglich erschienen bei Springer-Verlag Wien 1966

Library of Congress Catalog Number 66-26130

Titel-Nr. 8281

Vorwort

Vom Lehrbuch des österreichischen bürgerlichen Rechtes wird hiemit als vorletzter Band der Allgemeine Teil vorgelegt; das Sachenrecht wird die 1963 begonnene Arbeit zu Ende führen. Jeder Verfasser empfindet wohl, daß er nicht ganz in der Hand hat, wie sich sein Werk gestaltet; es wächst organisch, entwickelt ein Eigenleben. So hat im Laufe der Bearbeitung unwillkürlich ihre Intensität zugenommen. Schon der Allgemeine Teil des Schuldrechtes ist eingehender dargestellt, noch mehr gilt das vom Allgemeinen Teil des bürgerlichen Rechtes. Das läßt sich damit rechtfertigen, daß es hier um die Grundlagen des bürgerlichen Rechtes und des Privatrechtes überhaupt, ja darüber hinaus um Grundbegriffe juristischen Denkens geht.

Der Allgemeine Teil stellt die Elemente dar, die in den besonderen Teilen ihre Anwendung finden. So kennzeichnet ihn eine starke Abstraktion; z. B. handelt er weder vom Kauf noch von der Eigentumsübertragung, noch vom Testament, noch von der Eheschließung, noch von der Adoption, wohl aber von der rechtsgeschäftlichen Willenserklärung, die allen diesen Akten wesentlich ist. Rechtsgeschäft und Vertrag sind in ihrer Abstraktheit schwerer anschaulich zu machen als ihre Konkretisierung im Kauf oder Testament. Andererseits steckt in der Herausarbeitung der gemeinsamen Grundelemente und in der Abstraktion von zusätzlichen Besonderheiten eine große wissenschaftliche Leistung. Sie verschafft eine tiefere Erkenntnis der inneren Zusammenhänge und erleichtert die Stoffbeherrschung. Der Allgemeine Teil ist gleichsam das Alphabet, dessen Buchstaben der Jurist zu den verschiedenen Worten kombiniert.

Das BGB hat dem Allgemeinen Teil besondere Sorgfalt gewidmet, und die deutsche Lehre befaßt sich mit ihm sehr ausführlich. Demgegenüber kennt das ABGB nach seiner Entstehungszeit einen Allgemeinen Teil noch nicht. Daher kann er in den Kommentaren zum ABGB entsprechenden Platz nicht finden. Eine hervorragende systematische Bearbeitung hat er durch UNGER erfahren, doch liegt sie ein Jahrhundert zurück; die Stärke des Systems von KRAINZ-PFAFF-EHRENZWEIG liegt in den besonderen Teilen. Daher ging es nicht nur um eine lehrbuchmäßige Darstellung, sondern auch darum, eine empfindliche Lücke im österreichischen Schrifttum zu schließen und den Anschluß an den neuesten Stand der allgemeinen Lehren für das österreichische Recht herzustellen.

Es ist mir nicht gelungen, diese Partien kürzer zu fassen, um den Studierenden entgegenzukommen. Ich hoffe, daß sie sich dadurch nicht abschrecken lassen. Eine zu knappe Darstellung, ein bloßes Gerippe, erleichtert nicht immer das Studium, kann es auch erschweren. Zum Beispiel ist die Geschichte des Privatrechtes (§§ 3–5) flüssig zu lesen. Auch täuscht der Umfang, weil aus systematischen Gründen in den Allgemeinen Teil Kapitel aufgenommen wurden, die Ehrenzweig in die besonderen Teile verwiesen hat. So die Lehre von der Sache als Rechtsobjekt (§§ 19 und 20) – bei Ehrenzweig im Sachenrecht; die von der Entmündigung (§ 16 C) – bei Ehrenzweig im Familienrecht; die vom Vertragsschluß (§§ 24, 25) und von den unmöglichen und unerlaubten Verträgen (§§ 33, 34) – bei Ehrenzweig im Schuldrecht. Schließlich bildet das Internationale Privatrecht (§§ 9–11) einen Abschnitt für sich. Seine Grundzüge müssen zwar in einem System des bürgerlichen Rechtes Platz finden; da sie aber die Vertrautheit mit dem materiellen Recht voraussetzen, empfehle ich, sie zunächst beim Studium auszuklammern und erst am Schluß zu studieren.

Innsbruck, Oktober 1966.

F. Gschnitzer

Inhaltsverzeichnis

Zweiter Teil

Rechtssubjekt (Person) und Rechtsobjekt (Sache)

Seite

Dritter Teil

Juristischer Tatbestand, insbesondere das Rechtsgeschäft

§ 1. Übersicht

1. Die neuere Rechtswissenschaft hat einen Allgemeinen Teil des bürgerlichen Rechtes ausgebildet. Er soll das den besonderen Teilen Gemeinsame umfassen.

2. Nicht mehr und nicht weniger!

Nicht mehr! Lehrbücher und Systeme des Privatrechtes behandeln im Allgemeinen Teil vielfach das Recht schlechthin, seinen Begriff, Ursprung und Zweck, seine Quellen, Auslegung und Anwendung, seinen zeitlichen und räumlichen Geltungsbereich. Das erklärt sich daraus, daß die Privatrechtswissenschaft diese Lehren zuerst ausgebildet hat. Heute ist die Frage nach Begriff, Ursprung und Zweck des Rechtes der Rechtsphilosophie zu überlassen, die übrigen Fragen sind auf das Privatrecht zu beschränken.

Nicht weniger! Im ABGB. findet sich z. B. die Lehre von den Rechtsobjekten (Sachen i. w. S. des § 285) im Sachenrecht und die Lehre von den Verträgen und Rechtsgeschäften im Schuldrecht; beides gehört in den Allgemeinen Teil.

3. Der Allgemeine Teil gliedert sich in drei Teile:

Erster Teil: Objektives und subjektives Recht. Er behandelt die Abgrenzung des Privatrechtes vom öffentlichen Recht, die Geschichte des Privatrechtes, seine Quellen, seine Anwendung und Auslegung, seinen zeitlichen und räumlichen Geltungsbereich. Manche hier entwickelten Rechtssätze, z. B. die über die Auslegung, können analog auf andere Rechtsgebiete angewendet werden. — Daran schließt sich die Lehre vom subjektiven Recht, der durch das objektive Recht dem einzelnen verliehenen Rechtsmacht.

Zweiter Teil: Rechtssubjekt (Person), und zwar natürliche Person (Beginn und Ende, besonders Todeserklärung; rechtlich erhebliche Eigenschaften [Altersstufen, Geistesgebrechen, Entmündigung]) und juristische Person (Geschichte, Wesen und Arten, Rechts- und Handlungsfähigkeit, Verein und Stiftung). — Rechtsobjekt (Begriff und Arten; Zugehör, Gesamtsache, Vermögen, Unternehmen).

Dritter Teil: Der juristische Tatbestand, besonders das Rechtsgeschäft. Seine Arten, besonders der Vertrag; seine Erfordernisse (Handlungsfähigkeit, Wille und Erklärung, Möglichkeit und Erlaubtheit, Form). Bedingung, Befristung, Auflage. Stellvertretung und Treuhand, Zeitrechnung und Verjährung.

Erster Teil

Objektives und subjektives Recht

§ 2. Privatrecht und öffentliches Recht

I. Grundsätzliches

1. Die Einteilung in öffentliches und Privatrecht ist eine Haupteinteilung unseres Rechtes. Der Grund ist, daß die Privatsphäre vor Eingriffen des Staates geschützt und die Privatautonomie als Instrument der Privatinitiative im Interesse des Ganzen gesichert werden soll. Über privatrechtliche Ansprüche und ihre Durchsetzung sollen daher unabhängige ordentliche Gerichte entscheiden (§ 1 JN.), die möglichste Garantie bieten und staatliche Willkür ausschließen. Im selben Sinn hat nach Art. 6 der Europäischen Menschenrechtskonvention (die durch BVG. 1964/59 Bestandteil der österreichischen Verfassung geworden ist) über zivilrechtliche Ansprüche und Verpflichtungen ein unabhängiges und unparteiisches, auf Gesetz beruhendes Gericht zu entscheiden.

Obwohl der Rechtsstaatsgedanke dahin ausgebaut wurde, daß Gerichtshöfe öffentlichen Rechtes (Verfassungs- und Verwaltungsgerichtshof) auch die Entscheidung von Verwaltungsbehörden überprüfen, bleibt es von Bedeutung, ob die Entscheidung schon in den Unterinstanzen unabhängigen Gerichten oder abhängigen Verwaltungsbehörden zusteht. Zu Unrecht vermeint VfGHE. v. 14. 10. 1965, JBl. 1966, 248, daß dem Art. 6 MRK. auch entsprochen sei, wenn Verwaltungsbehörden über zivilrechtliche Ansprüche entscheiden, da zuletzt VfGH. und VwGH. zur Kontrolle dieser Entscheidung berufen seien.

2. Die Scheidung in öffentliches und Privatrecht ist historisch bedingt. Dem Mittelalter war sie, jedenfalls in dieser Form, fremd; so baut das Lehnswesen auf der privatrechtlichen Grundleihe auf, verbindet damit aber öffentliche Ämter und Hoheitsrechte. — Das angelsächsische Recht kennt die Scheidung nicht in der Schärfe wie das kontinental-europäische. — Die Grenzen zwischen öffentlichem und Privatrecht ändern sich. Der Sozialismus hat den Bereich des öffentlichen Rechtes auf Kosten des Privatrechtes erweitert, doch kann selbst der Kommunismus das Privatrecht nicht ausschalten.

II. Geltendes Recht

1. Das Privatrecht ordnet die Rechtsverhältnisse, in denen die einzelnen als einzelne (nicht als Glieder öffentlicher Gemeinwesen!) zueinander, „unter sich“ stehn. Das will auch § 1 ABGB. sagen.

Das öffentliche Recht ordnet dagegen die Rechtsverhältnisse öffentlicher Gemeinwesen. Solche sind: Gebietskörperschaften (Staat, Länder, Gemeinden); andere öffentliche Körper (Kammern, Träger der Sozialversicherung); Kirchen.

Das öffentliche Recht ordnet nun die Rechtsverhältnisse der öffentlichen Gemeinwesen:

a) im Inneren (ihre Organisation), z. B. die Staatsverfassung, die Zusammensetzung und Befugnis der gesetzgebenden Körper;

b) zueinander, z. B. der Gemeinden untereinander, der Staaten untereinander (Völkerrecht);

c) zu ihren Gliedern, z. B. Wahlrecht und Steuerpflicht der Bürger.

2. Das öffentliche Recht umfaßt: Staatsrecht i. e. S., d. i. Verfassungsrecht; Verwaltungsrecht, einschließlich Steuer- und Abgabenrecht und Sozialversicherung; Strafrecht und -prozeß; Zivilprozeß und Verfahren außer Streitsachen; Völkerrecht; Kirchenrecht.

3. Den Kern und die Hauptmasse des Privatrechtes bildet das bürgerliche Recht.

Das Familienrecht, obwohl dem Privatrecht zugehörig, enthält zahlreiche Vorschriften öffentlichen Rechtes, z. B. über Vormundschaft, Entmündigung.

Zum Privatrecht gehören ferner: Handelsrecht und Recht der Wertpapiere, besonders Wechsel- und Scheckrecht; Recht der Privatversicherung; Urheber- und Patentrecht, Marken- und Musterschutzrecht. Das Arbeitsrecht, aus dem bürgerlichen Recht hervorgewachsen, hat viel öffentliches Recht in sich aufgenommen. Auch in das Miet- und Pachtrecht, das Grundverkehrsrecht, Agrar- und Höferecht hat der Staat zunehmend eingegriffen.

4. Öffentliche Gemeinwesen können sich auf die Ebene des Privatrechtes begeben; dann sind sie gleich andern Privatrechtssubjekten zu behandeln.

Der Staat vergibt einen Straßenbau. Die Universität mietet ein Haus. Äußeres Kennzeichen ist, daß das Gemeinwesen nicht als übergeordneter Hoheitsträger. sondern als Gleichgeordneter auftritt.

5. Privat- und öffentliches Recht sind im Leben vielfach verquickt. Die Grundsteuer lastet auf dem Grundbesitz (Privatrechtsverhältnis). Der Anspruch auf Rückerstattung zu Unrecht bezahlter Abgaben kann, da öffentlichrechtlich, nicht vor Gericht verfolgt werden, aber die für die Steuer einverleibte Hypothek untersteht dem Privatrecht. Verletzung privater Rechte kann einen öffentlichen Strafanspruch erzeugen und umgekehrt Verletzung öffentlicher Pflichten einen privaten Ersatzanspruch. Beauftragt eine Gemeinde eine Firma mit dem Bau einer Wasserleitung, schließt sie einen privatrechtlichen Vertrag; schreibt sie den Wasserzins vor, ist das eine Maßnahme öffentlichen Rechtes. Die Ansprüche auf Sozialversicherungsbeiträge und -leistungen sind öffentlichrechtlich. Der Vertragsbedienstete

des Staates steht in einem privaten, der Beamte in einem öffentlichrechtlichen Dienstverhältnis. Die Enteignung ist ein Akt öffentlichen Rechtes, dennoch steht kraft ausdrücklicher Vorschrift für die Entschädigung der ordentliche Rechtsweg offen. Das AmtshaftungsG. macht Körperschaften öffentlichen Rechtes nach den Bestimmungen des bürgerlichen Rechtes haftbar. Die Zustimmung des Vormundschaftsgerichtes ist ein öffentlichrechtlicher Akt, auch wenn dafür das ordentliche Gericht zuständig ist.

6. Das öffentliche Recht bezweckt unmittelbar die Wahrung der Gesamtbelange, was freilich mittelbar auch dem Wohl des einzelnen dient. Das Privatrecht bezweckt unmittelbar die Wahrung der Belange des einzelnen, was freilich mittelbar auch dem Wohl der Gesamtheit dient. Man hat nun versucht, öffentliches und Privatrecht danach abzugrenzen, welches Interesse überwiege: Wenn eine Vorschrift den Interessen der Gesamtheit einen höheren Wert zuerkenne, sei sie öffentlichen, sonst privaten Rechtes. — Allein fast jeder Rechtssatz verfolgt kollektive und individuelle Interessen, und in Zweifelsfällen wird sich kaum feststellen lassen, welches Interesse überwiegt.

III. § 1 JN. und Art. 10 Z. 6 B.-VG.

1. § 1 JN. bestimmt, daß die Gerichtsbarkeit in bürgerlichen Rechtssachen durch die ordentlichen Gerichte ausgeübt wird. Unter bürgerlichen Rechtssachen sind Privatrechte, unter Gerichtsbarkeit ist sowohl die streitige (Zivilprozeß) wie die außerstreitige (Verfahren außer Streitsachen) verstanden.

Handelt es sich nicht um eine bürgerliche Rechtssache, muß das Gericht die Sache wegen Unzulässigkeit des Rechtsweges zurückweisen. Zahlreiche Entscheidungen zu dieser Frage, d. h. dazu, ob die ordentlichen Gerichte oder die Verwaltungsbehörden zuständig sind, zeigen, daß die Abgrenzung des privaten vom öffentlichen Recht, so klar sie im großen ist, im einzelnen schwierig und streitig sein kann.

So wurde das Rechtsverhältnis zwischen der Friedhofsverwaltung und den Parteien, die ein Benützungsrecht an Grabstellen haben, zum Teil als privatrechtlich, zum Teil als öffentlichrechtlich angesehn. — Ob die Verwahrung von Sachen durch eine Behörde ein öffentliches oder privates Rechtsverhältnis begründet, ist streitig.

2. Art. 10 Z. 6 B.-VG. erklärt das Zivilrechtswesen in Gesetzgebung und Vollziehung zur Bundessache. Auch hier kann die Abgrenzung zweifelhaft sein. So wurde 1919 ein BG. geschaffen, das den Verkehr mit land- und forstwirtschaftlichen Grundstücken an die Zustimmung von Grundverkehrskommissionen band. 1937 wurde es neu verlautbart und 1946 wieder in Kraft gesetzt. 1953 hat der Verfassungsgerichtshof es als verfassungswidrig aufgehoben, da die Materie nicht zum Zivilrechtswesen, sondern zur Land- und Forstwirtschaft gehöre, die nach Art. 15/IX B.-VG. Landessache sei, auch soweit zur Regelung des Gegenstandes Bestimmungen auf dem Gebiet des Straf- und Zivilrechtes erforderlich seien. Daraufhin haben die Länder entsprechende Landesgesetze erlassen.

§ 3. Geschichte unseres Privatrechtes: Von der Rezeption zur Kodifikation

A. Die Rezeption

An der Wende des Mittelalters zur Neuzeit, fast gleichzeitig mit der Entdeckung Amerikas, nicht lange nach der Eroberung Konstantinopels durch die Türken, 1495, wurde das Reichskammergericht eingesetzt und angewiesen, Recht zu sprechen „nach des Reiches und gemeinen Rechten“, worunter man das römische Recht im Gegensatz zu den Partikularrechten verstand. Damit war die Rezeption offiziell vollzogen.

Die Übernahme fremden Rechtes ist an sich nichts Ungewöhnliches. Am Anfang der römischen Rechtsquellen steht das Zwölf-Tafel-Gesetz, das unter dem Einfluß griechischen Rechtes geschaffen wurde. Schon die deutschen Stammesrechte, besonders die der Franken, hatten römisches Recht rezipiert. In der Neuzeit wurde der Code Civil von den meisten romanischen Ländern übernommen und in neuester Zeit das BGB. von Japan und das SchwZGB. von der Türkei. Das Besondere, um nicht zu sagen Absonderliche der Rezeption des römischen Rechtes war, daß ein totes Recht übernommen wurde — ein Recht, dessen Blütezeit mehr als tausend Jahre zurücklag.

I. Vorläufer in Italien

Im Zuge der Wiederbelebung des klassischen Altertums durch die geistigen Strömungen der Renaissance und des Humanismus wird um 1070 in Pisa eine Handschrift der Digesten aufgefunden.

1. Zunächst beschränkte man sich auf ihre philologische Auslegung in Form kurzer Anmerkungen, der Glossen. Die danach benannte Schule der *Glossatoren* wird um 1100 in Bologna von Irnerius begründet und um 1200 von Azo zur Höhe geführt. Um 1250 faßt Accursius die Glossen in einem fortlaufenden Kommentar, *glossa ordinaria,* zusammen. Die Glossatoren bedienen sich der scholastischen Methode. Das Corpus Juris Civilis ist für sie die weltliche, mit unbedingter Autorität bekleidete Bibel. Das Recht fortzubilden und den Bedürfnissen der Zeit anzupassen sowie ein System aufzubauen, liegt ihnen fern. Immerhin haben sie jene Teile des CJC. nicht bearbeitet, die unanwendbar geworden waren, und anderseits z. B. das langobardische Lehnrecht in die Bearbeitung einbezogen. Ihre Arbeit bildet die Grundlage der Rezeption nach dem Satz: Quod non agnoscit glossa, non agnoscit curia.

Um dieselbe Zeit (1100—1300) sammelte man auch das *kanonische Recht* in Italien. Das Corpus Juris Canonici wurde gleichfalls in Deutschland rezipiert; es enthält auch Privatrecht, vor allem das Eherecht.

2. Im 13. Jahrhundert ändert sich die Art der Bearbeitung des CJC. grundlegend. Man behält zwar die Form der Auslegung bei, bemüht sich aber, durch extensive Interpretation und Analogie das Recht fortzuentwickeln und den Zeiterfordernissen entsprechend neu zu gestalten sowie es systematisch zu bearbeiten. Und zwar nicht nur das Privatrecht, auch Strafrecht und -prozeß und Staatsrecht sowie das sogenannte internationale Privatrecht, d. i. die räumliche Kollision von Normen. So erscheinen

die *Kommentatoren* (um 1250—1500), nach ihrer Gutachtertätigkeit auch *Konsiliatoren* und (schlecht) *Postglossatoren* genannt, als Begründer der modernen Rechtswissenschaft. Bartolus und Baldus sind ihre bekanntesten Vertreter.

3. Im 16. Jahrhundert hat die französische Schule die italienische abgelöst. Cujacius untersucht als erster das CJC. quellenkritisch, d. h. versteht es als Ergebnis tausendjähriger Entwicklung; Donellus bearbeitet es dogmatisch-systematisch.

II. Gründe für die Rezeption

1. Die römisch-deutschen Kaiser betrachteten sich als Nachfolger der römischen Kaiser. Sie erhofften von der Einführung des römischen Rechtes eine Stärkung ihrer durch Entwicklung der Landeshoheit bedrohten Macht. Dasselbe taten freilich auch — und, wie sich zeigte, mit mehr Erfolg — die Landesfürsten.

2. Das römische Recht war dem deutschen an logischer Schärfe und Durchbildung überlegen. Es hatte außerdem die Autorität des geschriebenen vor dem ungeschriebenen Recht für sich und entsprach gegenüber der einheimischen Rechtszersplitterung dem Wunsch nach einem gemeinen Recht.

3. An Stelle der Laien (Schöffen) traten gelehrte Richter, die an den italienischen und deutschen Universitäten am römischen Recht geschult waren und daher dieses anwendeten.

4. Klerus und Kirche lebten nach römischem und dem darauf beruhenden kanonischen Recht.

III. Was und wie wurde rezipiert?

1. Rezipiert wurde vorzüglich das römische Privatrecht.

2. Aber nicht in seiner ursprünglichen Form, sondern nur, wie es durch das Sieb der Glosse gegangen und von den Kommentatoren bearbeitet worden war.

3. Dazu kam das Corpus Juris Canonici.

4. Im deutschen Reich galt der Satz: Stadtrecht bricht Landrecht, Landrecht bricht Reichsrecht. Das römische Recht galt als Reichsrecht, somit nur subsidiär, d. h. soweit nicht die einheimischen Partikularrechte eingriffen. In der Praxis wandten jedoch die gelehrten Juristen durchwegs römisches Recht an.

5. Die Praxis paßte dann das römische Recht den Zeiterfordernissen und auch manchen deutschrechtlichen Anschauungen an; s. u., B I.

Daß die Einführung des römischen Rechtes nicht reibungslos vor sich ging, beweist *Tirol*. 1525 fordern die aufständischen Bauern, daß nicht nach den geschriebenen Rechten, sondern nach Satzung, Gebrauch und Herkommen des Landes Recht gesprochen werde. In der Tat halten die Landesordnungen von 1526,

1532, 1573 an der deutschrechtlichen Grundlage fest. Erst 1619 erklärt der Landesgubernator — entgegen der weiterbestehenden Landesordnung — das römische und kanonische Recht für subsidiäres Recht. Im bäuerlichen Gewohnheitsrecht hat sich deutsches Recht bis heute erhalten: Anerbenrecht, Gutsübergabe.

B. Von der Rezeption zur Kodifikation

Zugleich und wohl in innerem Zusammenhang mit der Rezeption geriet Deutschland in eine allgemeine Krise. Die Reformation (1517 Luthers Thesen) bedrohte die Einheit des Reiches in religiöser und politischer Hinsicht. Soziale Mißstände lösten den Bauernkrieg (1524/25) aus. Vom Osten drohte der Türke, mit Frankreich herrschte fast ununterbrochener Krieg. Die Niederlande erkämpften ihre Freiheit. Die Gegenreformation begann, und schließlich nahm der Dreißigjährige Krieg seinen Anfang, der Deutschland auf die Stufe der Naturalwirtschaft zurückwarf und politisch entmachtete.

I. Usus modernus pandectarum (16. bis 18. Jahrhundert)

Das übernommene fremde Recht mußte den Bedürfnissen der Zeit angepaßt werden; auch konnte man über die Anschauungen des einheimischen Rechtes nicht ganz hinweggehen. So verschmolzen die Praktiker, vor allem sächsische Juristen (Conring, Carpzow, Stryk, Leyser), das fremde mit dem einheimischen Recht zum gemeinen, zum Pandektenrecht.

II. Naturrechtsschule (17. und 18. Jahrhundert)

Die Sehnsucht nach dem ewigen, in den Sternen geschriebenen, menschlicher Willkür entrückten, nach dem gerechten Recht tritt vor allem auf, wenn Umwälzungen starke Unzufriedenheit mit dem positiven Recht erregen. So erwuchs während des Dreißigjährigen Krieges die Naturrechtsschule (Grotius, Leibniz, Thomasius, Christian Wolff). Die Scholastik richtete das Naturrecht an der göttlichen Seins-Ordnung aus, die Aufklärung gründete es auf die vernünftige Natur des Menschen (Rousseau).

Nun wies Kant nach, daß die praktische Vernunft nur Formen und Kategorien, nicht aber mit Inhalt erfüllte anwendungsfähige Sätze schaffen kann, und Montesquieu *(l'ésprit des lois)*, daß alles Recht zeitlich und räumlich individualisiert ist, d. h. bestimmte Verhältnisse voraussetzt und sich mit ihnen wandelt; s. u., § 5, II. Somit war die philosophische Grundlage des Naturrechts der Aufklärung unrichtig. Auch zeigte sich, daß sie nicht zu einem unwandelbaren, allein richtigen Recht gelangte, sondern sich recht willkürlich für einander widersprechende Rechtssätze auf die Vernunft berief. Dennoch erwies sich die falsche Hypothese als äußerst fruchtbar. Das Naturrecht der Aufklärung bildete das Völkerrecht aus — ein Gebiet, dem positive Rechtssätze fehlten und das nicht durch das römische Recht vorbelastet war. Es schaffte die Folter und die Hexenprozesse ab und milderte die drakonischen Strafen. Es erwirkte die Aufhebung der Leibeigenschaft und der Feudallasten. Es trat für Freiheit des Glaubens und der Wissenschaft, für Freizügigkeit und Gewerbefreiheit und für die Beseitigung der Standesunterschiede ein. Es bekämpfte die

Unterdrückung der Frau und betonte die allgemeinen Menschenrechte. Es schuf das heute übliche System des Zivilrechtes. Als Naturrecht wurden eben starke, vom römischen Recht unterdrückte deutschrechtliche Ideen und Rechtspostulate der Zeit vertreten und der Glaube an das römische Recht als ratio scripta beseitigt.

Folgender Satz aus GROTIUS, de jure belli ac pacis (in Übersetzung), diene zum Beleg für die Kühnheit naturrechtlichen Denkens der Aufklärung: „Wer bestimmte natürliche Gründe anführen möchte, warum solche Ehen (sc. zwischen Blutsverwandten), so wie sie durch Gesetze oder Sitten verboten werden, unerlaubt seien, wird beim Versuch lernen, wie schwierig das ist."

III. Die großen Kodifikationen

Die Naturrechtsschule hatte Vorarbeit geleistet, um an Stelle des rezipierten gemeinen Rechtes und der zersplitterten Partikularrechte ein für alle Staatsbürger geltendes einheitliches Recht in Gesetzbüchern zusammenzufassen. Das deutsche Reich war dazu freilich nicht mehr imstande. Am Ende des 18. und zu Anfang des 19. Jahrhunderts entstehn fast gleichzeitig drei bedeutende Kodifikationen.

1. Das *Allgemeine Landrecht* für die preußischen Staaten von 1794 (ALR.). — Seine Vorarbeiten reichen auf 1746 (COCCEJI) zurück, sein geistiger Urheber ist SUAREZ. Es faßt privates und öffentliches Recht zusammen und bedient sich der kasuistischen Methode (über 17 000 Paragraphen).

2. Der *Code Civil* (Code Napoléon) von 1804. — Er beruht auf den Arbeiten von POTHIER (Mitte des vorigen Jahrhunderts) und enthält viele germanische Rechtsgedanken. Wie der Name sagt, beschränkt er sich auf das bürgerliche Recht und besticht durch klare, auf die Grundlinien zurückgeführte Normen (2281 Artikel). Er gelangt auch in den linksrheinischen Teilen Deutschlands und in Baden zur Geltung.

3. Das österreichische Allgemeine Bürgerliche Gesetzbuch von 1812 (ABGB.). — Es regelt das Zivilrecht in nur 1502 Paragraphen. Auch seine Vorarbeiten reichen bis 1753 zurück. HORTEN, MARTINI und ZEILLER sind seine geistigen Urheber. Im einzelnen s. u., § 4.

Ein Vorläufer der drei großen Kodifikationen ist der Codex Maximilianeus Bavaricus Civilis von 1756, der aber noch die Partikularrechte und subsidiär auch das römische Recht in Geltung läßt; ein Nachläufer ist das bürgerliche Gesetzbuch für das Königreich Sachsen von 1865.

ALR., CC. und ABGB. weisen geschwisterliche Ähnlichkeit auf. Das Naturrecht der Aufklärung ist ihr geistiger Vater. Sie entspringen der gleichen Zeit und dem gemeinsamen Mutterstamm des germanischen Rechtes, dem das römische Recht durch die Rezeption aufgepfropft war. Jedes von ihnen trägt aber auch die individuellen Züge seines Volkes. Ihren hohen Rang hat so recht erst der Vergleich mit späteren Gesetzbüchern erwiesen.

§ 4. Geschichte unseres Privatrechtes: Das Allgemeine bürgerliche Gesetzbuch

I. Rechtszustand vor der Kodifikation

Treibendes Motiv für die Kodifikation war neben den naturrechtlichen Ideen die starke Rechtszersplitterung.

Auch die Rezeption hatte sie nicht behoben. In den österreichischen Erblanden — Ungarn hat eine Sonderentwicklung mitgemacht — bestand deutsches Gewohnheitsrecht, vor allem vermittelt durch den Schwabenspiegel. In einzelnen Ländern gab es Aufzeichnungen der Landesrechte oder bediente man sich privater Rechtssammlungen. Dazu kam eine große Zahl von Stadtrechten. Seit dem 16. Jahrhundert versuchte die landesherrliche (ständische) Gesetzgebung, einzelne Partien zu kodifizieren. Schließlich gehörten zu Österreich Gebiete mit slawischer und italienischer Bevölkerung, die — wenigstens zum Teil — nach ihrem Recht lebten.

II. Vorarbeiten

1. *Codex Theresianus* von 1766. — Maria Theresia setzte 1753 eine Kommission ein, die die bestehenden Landesrechte kompilieren und die Lücken nach der gesunden Vernunft ausfüllen sollte. Das Ergebnis, der Codex Theresianus, wurde aber, weil zu kasuistisch, nicht sanktioniert.

2. *Entwurf Horten = Josephinisches Gesetzbuch von 1787.* — 1772 wurde die Kommission unter Beiziehung von Horten angewiesen, das Werk umzuarbeiten, sich möglichster Kürze zu befleißigen, insbesondere bloße Lehrsätze, casus rariores, überflüssige Erläuterungen und Wiederholungen zu vermeiden, sich nicht ans römische Recht zu binden und die Gesetze soviel als möglich zu simplifizieren. Das Resultat, der Entwurf Horten, der aber nur den ersten Teil, das Personenrecht, enthielt, wurde als Josephinisches Gesetzbuch in Kraft gesetzt.

Der revolutionäre Geist Josephs des Zweiten durchdringt dieses Gesetzbuch. Zum Beispiel erklärt es alle von zwei unverehelichten Personen erzeugten Kinder für ehelich.

III. Die Redaktion des ABGB.

1. *Entwurf Martini = Westgalizisches Gesetzbuch von 1797 = Urentwurf.* — Leopold II löste die bestehende Kommission auf und setzte eine neue unter Martini ein. Der — nicht auf Hortens Entwurf basierende! — Entwurf Martini wurde 1797 probeweise zuerst in West-, dann auch in Ostgalizien eingeführt; sogenanntes Westgalizisches Gesetzbuch. Eine neue Kommission legte ihn als sogenannten Urentwurf der Endredaktion des ABGB. zugrunde.

2. *ABGB.* — Die neue Kommission (Referent Zeiller, bedeutende Mitglieder Haan, Sonnenfels) unterzieht den Urentwurf drei Lesungen: erste 1801 bis 1806, Revision bis 1808, Superrevision bis 1810. Krieg und Inflation verzögern die Sanktion. *Am 1. Juni 1811 wird das ABGB. kundgemacht, am 1. Januar 1812 tritt es in Kraft.*

IV. Würdigung des ABGB.

1. Deutlich lassen sich *drei Wurzeln* erkennen, denen das ABGB. entsprungen ist.

a) Das *römische* Recht liefert den bedeutendsten Beitrag. Auf ihm beruht vor allem das Schuldrecht. Um noch zwei charakteristische Beispiele anzuführen: Die unserm Volk bis heute fremde Unterscheidung von Universal- und Singularsukzession (§§ 532, 535) entstammt dem römischen Recht. — § 309 übernimmt fast wörtlich den Begriff der detentio wie den der possessio mit den beiden Elementen corpus und animus rem sibi habendi: „Wer eine Sache in seiner Macht oder Gewahrsame hat, heißt ihr Inhaber. Hat der Inhaber einer Sache den Willen, sie als die seinige zu behalten, so ist er ihr Besitzer."

b) Auf das *deutsche* Recht geht z. B. das geteilte Eigentum (Ober- und Nutzungseigentum, § 357) oder das Institut der Privatpfändung (§ 1321), der redliche Erwerb vom Nichtberechtigten (§ 367) und vor allem das Liegenschaftsrecht (Grundbuch) zurück.

c) Auf das *Naturrecht* nehmen ausdrücklich Bezug: der berühmte § 16 („Jeder Mensch hat angeborene, schon durch die Vernunft einleuchtende Rechte ...") und die nicht minder berühmte Auslegungsregel des § 7 („nach den natürlichen Rechtsgrundsätzen"). Die Parentelenordnung des Verwandtenerbrechtes (§§ 730 ff.) ist dem Naturrecht zu verdanken.

2. Vor allem ist der *Geist* hervorzuheben, der das Gesetz beseelt.

Er dokumentiert sich in Aussprüchen Zeillers: „Erste Forderung der Gerechtigkeit, daß man durch die bürgerlichen Gesetze die Freiheit der Untergebenen ohne Not nicht beschränke. — Der Gesetzgeber sei zwar Vater seiner Untertanen, die Schwächeren vor dem Übermute der Mächtigeren sicherzustellen; aber vollbürtige Kinder dürfen nicht am Gängelbande geführt werden. — Die Gerechtigkeit darf sich durch keinen Unterschied des Standes oder des Vermögens von ihrem gleichen, festen Gang ableiten lassen. — Die wesentliche Bestimmung eines Kodex ist nicht, die entstandenen Rechtsstreitigkeiten zu entscheiden ...; die erste und eigentliche Bestimmung des Gesetzes ist, den Bürger über Recht und Unrecht zu belehren."

Der patriarchalische Geist zeigt sich vor allem im Familienrecht, wo das ABGB. bestrebt ist, die Frau vor Übergriffen des Mannes, das Kind vor Übergriffen der Eltern zu schützen und auch dem unehelichen Kind Gerechtigkeit widerfahren zu lassen. Er zeigt sich ferner darin, daß das Gesetz nicht nur befiehlt, sondern auch rät; vgl. § 578, 2.

3. Das Gesetz faßt seine Rechtssätze so allgemein, daß sie genügend elastisch sind, um unvorhergesehene Fälle zu decken und der Auslegung Spielraum zu lassen.

Das geschah bewußt, wie folgender Ausspruch Zeillers zeigt: „Wenn der Gesetzgeber von den allgemeinen Grundsätzen ausgeht, allgemeine und deutliche Begriffe aufstellt, daraus die allgemeinen Regeln zur Beurteilung der dabei vorkommenden Rechte und Pflichten ableitet; wenn er denkende und zu denken fähige Richter bestellt und ihnen gestattet, in der Anwendung stufenweise zur nämlichen Urquelle, von welcher er selbst bei der Abfassung des Gesetzes ausgegangen ist, zurückzukehren; — dann darf man hoffen, daß der Beschwerden über die Unvollständigkeit der Gesetze nur wenige sein werden." — Den Erfolg beweist z. B. § 285. Er faßt den Begriff der Sache („Alles, was von der Person unterschieden ist und zum Gebrauche der Menschen dient") so weit, daß die elektrische Energie ohne weiteres eingeordnet werden konnte, während der enge körperliche Sachbegriff des 100 Jahre jüngeren BGB. das verhinderte.

4. Allgemein anerkannt ist die schöne, volkstümliche, dabei prägnante *Sprache* des Gesetzbuches — ein Verdienst von SONNENFELS, dem die stilistische Ausfeilung oblag.

Beispiel dafür die Definition der Ehe in § 44/2: „In dem Ehevertrage erklären zwei Personen verschiedenen Geschlechtes gesetzmäßig ihren Willen, in unzertrennlicher Gemeinschaft zu leben, Kinder zu zeugen, sie zu erziehen und sich gegenseitigen Beistand zu leisten." Die Kraft der Sprache zeigt § 21: „Rasende, Wahnsinnige und Blödsinnige, welche des Gebrauches ihrer Vernunft entweder gänzlich beraubt oder wenigstens unvermögend sind, die Folgen ihrer Handlungen einzusehen . . ."

5. Im einzelnen ist — auch das nur beispielsweise — hervorzuheben:

a) die kluge Zurückhaltung, mit der der Gesetzgeber nicht auf blinde Autoritätsgläubigkeit Wert legt, sondern bei der Auslegung durch § 7 über sich selbst hinausweist;

b) das Verdienst, als erstes Gesetzbuch das neue System der Erbklassen eingeführt zu haben, das späteren Gesetzbüchern zum Vorbild diente;

c) die Herausarbeitung des Vertrauensgrundsatzes im Rechtsverkehr;

d) der geniale Kunstgriff, mit dem das Gesetzbuch, ohne die Grundlage des römischen Besitzrechtes aufzugeben, im Wege des Rechtsbesitzes den Besitzschutz für Mieter und Pächter erzielt.

6. Die vollbrachte Leistung ist umso bewundernswerter, als Österreich infolge der napoleonischen Kriege politisch und wirtschaftlich einen solchen Tiefpunkt erreicht hatte, daß sein Fortbestand fraglich schien. Die Schöpfung des ABGB. hat zweifellos zum Wiederaufstieg beigetragen.

V. Ausstrahlungen des ABGB.

Das ABGB. galt in allen Gebieten, die zur österreichischen Reichshälfte gehörten. In den Ländern der ungarischen Krone wurde es vorübergehend eingeführt, in Bosnien und der Herzegowina vom Gerichtsgebrauch übernommen. 1922 trat das ABGB. mit Ausschluß des Eherechtes im Burgenland in Kraft. Es war aber auch über die Landesgrenzen hinaus von Einfluß, wenngleich nicht von so weitreichendem wie der Code Civil. Auf dem ABGB. beruhen der rumänische Codex Calimachus von 1816, das serbische Gesetzbuch von 1844 und zum Teil das griechische von 1856. In der Schweiz lag es der Berner Rechtsgruppe zugrunde. Liechtenstein hat das ABGB. schon 1812 rezipiert.

§ 5. Weitere Schicksale des österreichischen Privatrechtes

I. Bis 1850

Zunächst wirkten noch die Schöpfer des ABGB., vor allem Zeiller durch seinen Kommentar. Die folgende Generation bringt jenen Rückschlag, zeigt jene Erschöpfung der Kräfte, die sich nach einer Kodifikation einzustellen pflegt. Entgegen der ausdrücklichen Absicht des Gesetzgebers (§ 7!) nimmt man das Gesetz kritiklos hin, ja man fragt sich, ob es überhaupt einen Kommentar brauche und gestatte. Die Fortbildung besorgen ausschließlich Hofdekrete in der verhüllten Form authentischer Interpretation. Das Hauptwerk der Periode, der Kommentar von Nippel, hat Zeillers Kommentar verbreitert, nicht vertieft.

II. 1850—1880

1. Um die Wende des 18. und 19. Jahrhunderts hatte in Deutschland die *rechtshistorische Schule* ihren Anfang genommen. Sie erkannte, daß das Recht national bedingt, Ausdruck des Volksgeistes sei (Herder, Romantik), befaßte sich aber vor allem, von der Gegenwart abgekehrt, mit dem „reinen" römischen und dem alten deutschen Recht (Romanisten und Germanisten). Nach ihrer Grundanschauung, daß das Recht nicht freie Schöpfung eines weisen Gesetzgebers sei, daß es natürlich wachse, nicht künstlich geschaffen werde, hatte sie für die großen Kodifikationen ihrer Zeit nichts übrig; sie erschienen ihr der wissenschaftlichen Bearbeitung unwert. Ja, das anerkannte Haupt der rechtshistorischen Schule, Savigny, sprach seiner Zeit den „Beruf für Gesetzgebung" ab.

Die Geschichte hat dieses Urteil revidiert, dennoch bleiben Savignys Sätze beherzigenswert: „Das Bestreben, allen bestehenden Rechtsstoff zu vernichten, alle Fäden zu durchschneiden und ein ganz neues Leben zu beginnen, würde auf einer Selbsttäuschung beruhen. Denn es ist unmöglich, die Ansichten und Meinungen der jetzt lebenden Rechtsgelehrten zu vernichten; unmöglich, die Natur der bestehenden Rechtsverhältnisse umzuwandeln und diese doppelte Unmöglichkeit gründet sich in dem unauflöslichen organischen Zusammenhang der Geschlechter und Zeitalter, zwischen welchen nur Entwicklung, aber nicht absolutes Ende und absoluter Anfang gedacht werden kann. Insbesondere damit, daß einzelne oder viele Rechtssätze abgeändert werden, ist für diesen Zweck gar nichts getan, denn, wie schon oben bemerkt worden ist, die Richtung der Gedanken, die Fragen und Aufgaben werden auch da noch durch den vorhergehenden Zustand bestimmt sein und die Herrschaft der Vergangenheit über die Gegenwart wird sich auch da äußern können, wo sich die Gegenwart absichtlich der Vergangenheit entgegensetzt."

2. Während also die Naturrechtslehre, ungeachtet ihrer unhaltbaren Grundposition, wertvolle praktische Ergebnisse erzielte, ist umgekehrt die rechtshistorische Schule den Erfordernissen des sich ständig entwickelnden lebendigen Rechtes nicht gerecht geworden. Sie hat aber das Verdienst, das Pandektenrecht — eigentlich in Widerspruch zu ihrer Grundanschauung — zu einem über die Landesgrenzen reichenden gemeineuropäischen Privatrecht ausgebaut zu haben. Im Anschluß an die Lehre von Montes-

QUIEU von der Gewaltentrennung erschien ihr der Richter auf die rein logische Subsumtion des Tatbestandes unter die gesetzlichen Begriffe beschränkt. So führte die rechtshistorische Schule zur *Begriffsjurisprudenz,* die zwar, besonders im Allgemeinen Teil, eine große systematisch-dogmatische Leistung vollbrachte, aber auch viel überflüssigen Streit um formalabstrakte Begriffe und Konstruktionen führte.

Ein berüchtigtes Beispiel für die Begriffsjurisprudenz ist die Definition der Eisenbahn in einem 1879 erflossenen Urteil des deutschen Reichsgerichtes: „Ein Unternehmen, gerichtet auf wiederholte Fortbewegung von Personen oder Sachen über nicht ganz unbedeutende Raumstrecken auf metallener Grundlage, welche durch ihre Konsistenz, Konstruktion und Glätte den Transport großer Gewichtsmassen bzw. die Erzielung einer verhältnismäßig bedeutenden Schnelligkeit der Transportbewegung zu ermöglichen bestimmt ist und durch diese Eigenart in Verbindung mit den außerdem zur Erzeugung der Transportbewegung benutzten Naturkräften (Dampf, Elektrizität, tierischer oder menschlicher Muskeltätigkeit, bei geneigter Ebene der Bahn auch schon der eigenen Schwere der Transportgefäße und deren Ladung usw.) bei dem Betriebe des Unternehmens auf derselben eine verhältnismäßig gewaltige (je nach den Umständen nur in bezweckter Weise nützliche oder auch Menschenleben vernichtende und die menschliche Gesundheit verletzende) Wirkung zu erzeugen fähig ist."

Die Begriffsjurisprudenz ist auch heute noch nicht ausgestorben. So befand der OGH. v. 4. 4. 1951, SZ. XXIV/91, daß der Verkäufer die unter Eigentumsvorbehalt verkaufte Sache nicht pfänden könne, weil Eigentum und Pfandrecht begrifflich unvereinbar seien.

3. Da die rechtshistorische Schule die Kodifikation ablehnte, ist es begreiflich, daß sie erst um die Mitte des 19. Jahrhunderts nach Österreich herein wirkte (Romanisten: UNGER, EXNER, HOFMANN; Germanist: SIEGEL). Im Gegensatz zur vorigen Periode zeichnet sich diese durch selbständiges wissenschaftliches Denken aus und stellte den Anschluß an die deutsche Rechtswissenschaft wieder her. Dem ABGB. wird sie freilich nicht immer gerecht. So kann es nicht überraschen, daß *Ungers System,* das erste des österreichischen Privatrechtes, in großer Zahl römische Quellen zitiert.

4. *Die kodifikatorischen Arbeiten* ruhen trotz der gegnerischen Einstellung auch in diesem Zeitraum nicht. Zwar gelingt es nicht, den schon 1814 von THIBAUT vertretenen, von SAVIGNY bekämpften Plan zu verwirklichen, ein gesamtdeutsches Gesetzbuch des bürgerlichen Rechtes zu schaffen. Doch stellt der Bundesrat den Entwurf eines allgemeinen Handelsgesetzbuches 1861 fertig und empfiehlt ihn den Bundesstaaten zur Annahme. Der Empfehlung kommen die meisten nach; Österreich 1862. Außerdem wurde in Österreich 1854 das Gesetz über das Verfahren außer Streitsachen und 1871 das Allgemeine Grundbuchsgesetz geschaffen.

III. 1880–1900

Diese Periode bringt die Rückkehr zum ABGB. Erst jetzt publiziert OFNER die Gesetzesmaterialien und sammelt PFAFF die oberstgerichtlichen Entscheidungen. Freilich steht man dem ABGB. nicht mehr kritiklos gegenüber, sondern strebt, gemäß der Anweisung des Gesetzgebers selbst, „durch das Gesetz über das Gesetz hinaus". Der Ausspruch knüpft an IHERING an. Er hatte schon 1850 die *Zweckjurisprudenz* begründet, die später vor allem HECK zur *Interessenjurisprudenz* fortentwickelte. Sie sucht die widerstreitenden Interessen zu erkennen, die der Gesetzgeber bei seiner Regelung abgewogen hat, um daraus für die im Gesetz nicht entschiedenen Fälle die Wertmaßstäbe zu finden.

IV. 1900–1918

1. 1900 trat *das deutsche bürgerliche Gesetzbuch* (BGB.) in Kraft. Es ist eine Spätfrucht der rechtshistorischen und begrifflich konstruktiven Richtung. Seine Hauptstärke liegt demgemäß im Allgemeinen Teil und im Schuldrecht. Hat es auch nichts von der Genialität, der Volkstümlichkeit und dem in die Zukunft Weisenden des ABGB., ist es doch eine gründliche deutsche Gelehrtenarbeit.

2. *Seine Ausstrahlung* war nicht gering. Das schweizerische Zivilgesetzbuch von 1907 zeigt bei aller Selbständigkeit seinen Einfluß. Der Entwurf eines ungarischen Gesetzbuches 1928 schloß sich ihm an. Das griechische bürgerliche Gesetzbuch von 1940 legt sein System zugrunde. Die japanischen, chinesischen und siamesischen Zivilgesetzbücher (1898, 1930, 1925) haben sich sehr eng angelehnt, aber auch das türkische Zivilgesetzbuch von 1916 hat Partien daraus übernommen.

3. Umso verständlicher ist der starke Einfluß des BGB. auf das österreichische Privatrecht. UNGER hatte schon 1904 eine *Novellierung* des bald hundertjährigen ABGB. angeregt. FRANZ KLEIN führte sie durch, Referent war JOSEF SCHEY. Die Kundmachung erfolgte während des Krieges in drei Partien:

Die Erste Teilnovelle (I. TN.) von 1914 enthält die Abschnitte über Personen-, Familien- und Vormundschaftsrecht und gesetzliches Erbrecht; die Zweite Teilnovelle (II. TN.) von 1915 über die (kriegsbedingte) Erneuerung und Berichtigung der Grenzen; die Dritte Teilnovelle (III. TN.) von 1916, die Hauptmasse, vorzüglich Sachen- und Schuldrecht und deren gemeinschaftliche Bestimmungen betreffend.

a) Form der Novellierung. — Die Novellierung geschieht zum großen Teil durch Änderung von Paragraphen — in den Ausgaben des ABGB. mit Sternchen bezeichnet. Zum kleineren Teil durch Einfügung neuer Paragraphen — durch beigefügte lateinische Kleinbuchstaben kenntlich; z. B. § 970 a—c. In seltenen Fällen durch ersatzlose Streichung von Paragraphen, z. B. des § 887. Nur wenige Bestimmungen der Teilnovellen blieben außerhalb des ABGB.

b) Inhalt der Novellierung. — Die Novellen griffen tief in alle Gebiete des bürgerlichen Rechtes ein. Sie hielten sich dabei eng, oft fast wörtlich an das Vorbild des BGB. Trotzdem gelang es, die Erneuerung in den ehrwürdigen Gesamtbau des ABGB. harmonisch einzufügen. Unberührt blieb das politisch heiß umkämpfte Eherecht.

4. Hinzuweisen ist noch auf das große Gesetzeswerk von Franz Klein: JN., ZPO. und EO. von 1898 und Konkurs-, Ausgleichs- und Anfechtungsordnung von 1915.

V. 1918–1938

1. Ähnlich wie seinerzeit das ABGB. fiel auch seine Erneuerung in eine Zeit größter Bedrängnis. Diesmal überlebte das Reich die Krise nicht, und der unmittelbare Geltungsbereich des österreichischen Privatrechtes beschränkte sich auf das Gebiet des Bundesstaates Österreich.

Liechtenstein schuf nach Schweizer Muster ein Sachenrecht (1923) und ein Personen- und Gesellschaftsrecht (1926), behielt aber sonst das ABGB. bei, besonders deshalb, weil die von Liechtenstein gleichfalls rezipierte österreichische JN. und ZPO. in der Schweiz nichts Gleichwertiges hatten.

2. Starker Nachholbedarf erzeugt unter sozialistischem Einfluß *eine Fülle sozialer Gesetze.* Auf dem Gebiet des Arbeitsrechtes und des Mietrechtes treten sie an die Stelle des allgemeinen bürgerlichen Rechtes, durchsetzen das Privatrecht mit öffentlichem Recht und erzeugen eine Mischform, das Sozialrecht. Überhaupt muß das Privatrecht seine bis dahin unbestrittene Führung an das öffentliche Recht abgeben. Der Abschnitt ist ferner gekennzeichnet durch die Tendenz zur Rechtsvereinheitlichung in Anlehnung an das deutsche Recht. Die Erneuerung des konfessionell gebundenen Eherechtes gelingt dagegen nicht.

3. Die ersten Jahre nach dem Zusammenbruch leiden unter dem Mangel an Hilfsmitteln (Gesetzesausgaben, Entscheidungssammlungen, wissenschaftliche Werke), bis Ehrenzweig mit seinem hervorragenden System die Lücke schließt und damit Österreich die geistige Führung auch im Privatrecht jener Nachfolgestaaten sichert, in denen das ABGB. noch weiterlebt. 1926 beginnt dann der große Kommentar, herausgegeben von Klang, zu erscheinen.

4. An neueren wissenschaftlichen Richtungen steht die *Freirechtsschule* (Ehrlich, Fuchs, Kantorowicz) der Interessenjurisprudenz nahe, geht aber über sie hinaus. Der Richter soll, wo das Gesetz keine eindeutige, aber auch wo es eine nach seiner Überzeugung nicht befriedigende Regelung gibt, frei Recht finden und diesen rechtschöpferischen Vorgang nicht durch Begriffsmaskerade und kryptosoziologische Rechtsfindung verdekken. Die Freirechtsschule verkennt die durch solches Richterkönigtum entstehende Gefahr für die Rechtssicherheit. Die *Rechtstatsachenforschung* (Nussbaum) untersucht mit Hilfe der Statistik die soziologischen Gegebenheiten, um einerseits die Grundlage für sachgerechte Regelung zu gewinnen, andererseits festzustellen, wo sich das Rechtsleben vom geschriebenen Recht entfernt. Die *Rechtsvergleichung* (Rabel) dient der Erkenntnis gemeinsamer übernationaler Elemente, damit der Fortbildung des nationalen Rechtes wie der Rechtsvereinheitlichung) Weltwechselrecht 1930, Weltscheckrecht 1931); ein Zweig ist die vergleichende Rechtsgeschichte.

5. Zum Unterschied von jenen Richtungen, die das Recht nach Sinn und Zweck ausrichten, löst die *Reine Rechtslehre* von KELSEN es von Zweck und Wertungen völlig los. Recht ist, wie der dieser Schule angehörende Vertreter des österreichischen Privatrechtes KARL WOLFF formuliert, „das dem Souverän im Rahmen seiner Souveränität Zusinnbare, mag es auch unvernünftig oder ungerecht sein". Die Richtung hat sich unstreitig Verdienste um rechtstheoretische Fragen, besonders im öffentlichen Recht, erworben.

VI. 1938—1945

1. Daß die Reine Rechtslehre die Zeichen der Zeit erkannte, lehrt die ihr auf dem Fuß folgende Erfahrung am eigenen Leib: Auch der bare Unsinn und das blanke Unrecht von Tyrannen galt als Recht.

Es waren jene Jahre, in denen einerseits gegen das weitergeltende Gesetz freie Rechtsfindung aus dem Volksgeist, dem gesunden Volksempfinden gepredigt, andererseits die richterliche Unabhängigkeit beseitigt, dem römischen Recht, der Rechtswissenschaft und den Juristen überhaupt der Kampf angesagt, das System des Privatrechtes aufgelöst und durch Versuche neuer Systeme allgemeine Verwirrung gestiftet wurde.

2. An Stelle des AHGB. wurde das HGB. von 1897 eingeführt. Nunmehr erfolgte auch die freilich längst fällige Entkonfessionalisierung des österreichischen Eherechtes (EheG. von 1938). Das ABGB. drohte durch das BGB. ersetzt zu werden. Zum Glück verhinderte das der größere Plan, an die Stelle des Privatrechtes das Gemeinrecht, an die Stelle des bürgerlichen das Volksgesetzbuch treten zu lassen. So wie sein Mutterland Österreich überstand das ABGB., in seiner Hauptmasse unversehrt, wie durch ein Wunder das Dritte Reich.

VII. Seit 1945

1. Die anderen Staaten des Donauraumes, einer uns fremden Gesellschafts- und Rechtsordnung zugehörig, schaffen nunmehr neue Gesetzbücher. Die wissenschaftliche Verbindung mit Deutschland bricht infolge des erlittenen Schocks zunächst ab, stellt sich aber wieder her.

2. In Österreich selbst wird das Sozialrecht ausgebaut. Das Mietnotrecht bleibt leider bestehn. Das Adoptionsrecht wird 1960 novelliert. An die Seite des ABGB. treten zahlreiche Nebengesetze. So das WohnungseigentumsG. 1948, JugendwohlfahrtsG. 1954, AnerbenG. 1958, das neue RatenG. 1961 und eine Reihe von Haftpflichtgesetzen (AmtshaftungsG. 1949, EKHG. 1959, AtomhaftpflichtG. 1964, DienstnehmerhaftpflichtG. 1965). Entwürfe bestehn für das gesetzliche Erb- und Pflichtteilsrecht des Ehegatten und den gesetzlichen ehelichen Güterstand sowie für das Unehelichenrecht.

Während das System von EHRENZWEIG leider keine durchgreifende Neubearbeitung mehr erfahren hat, ist die zweite Auflage des großen Kommentars fast vollendet.

3. Unsere Grundanschauung hat sich nach den bittern Erfahrungen vom Positivismus und Formalismus abgewendet. Wir sind nicht mehr

bereit, alles von der Staatsgewalt Dekretierte als Recht anzusehen. Wir erleben eine Renaissance des Naturrechtes. Zwar nicht mehr im Sinn eines von Raum und Zeit unabhängigen, unwandelbaren Rechtes, wohl aber in dem Sinn, daß es für uns nach unserer Weltanschauung und Gesellschaftsordnung höchste Werte, oberste Grundsätze gibt. Der Gesetzgeber kann sie zwar, aber darf sie nicht verletzen, wenn er nicht Unrecht setzen will. An ihnen ist das positive Recht zu messen und nach dem Ideal eines richtigen, gerechten Rechtes auszurichten.

§ 6. Rechtsquellen

Rechtsgeschichte und Rechtsphilosophie untersuchen die Frage nach den Urquellen des Rechtes: woher es Ursprung und Geltungskraft nimmt. In viel bescheidenerem Sinn beantwortet die Lehre von den Rechtsquellen nur die Frage, wie verbindliche Rechtsnormen heute entstehn.

In der durchorganisierten Gemeinschaft, besonders im Staate, überwiegt die ausdrückliche Rechtssetzung in solchem Maß, daß bestritten wird, ob es eine andere Rechtsquelle, nämlich Gewohnheitsrecht, noch gebe. Auch ist zu erörtern, welche Rolle der Gerichtsgebrauch bei der Rechtserzeugung spielt.

A. Gesetztes Recht

1. Gesetztes Recht ist in erster Linie vom Staat durch die verfassungsmäßig dazu berufenen Organe geschaffenes Recht. Im Bundesstaat ist die Staatsmacht auf Bund und Länder verteilt. Die Art der Verteilung und wie Bundes- und Landesgesetze zustande kommen und kundzumachen sind, behandelt das Staatsrecht.

Privatrecht ist nach B.-VG. Art. 10 Z. 6 in Gesetzgebung und Vollziehung Bundessache, doch sind nach Art. 15/IX „die Länder im Bereich ihrer Gesetzgebung befugt, die zur Regelung des Gegenstandes erforderlichen Bestimmungen auch auf dem Gebiete des Straf- und Zivilrechtes zu treffen“. Siehe oben, § 2, III, 2.

2. *Gesetz im materiellen und formellen Sinn.* — Nach der Idee der Gewaltenteilung ist dem Gesetzgeber (heute den gesetzgebenden Körperschaften: National- und Bundesrat und Landtage) vorbehalten, abstrakte, generell gültige Normen, d. s. Gesetze im materiellen und formellen Sinn, zu schaffen. Aufgrund dieser Normen sollen Gerichte (Verwaltungsbehörden) durch Urteile und Beschlüsse (Bescheide und Verfügungen) den konkreten Einzelfall entscheiden.

a) Ausnahmsweise ist ein Gesetz im formellen Sinn nicht auch eines im materiellen Sinn, d. h. keine generelle Norm. So die Geschäftsordnung des Nationalrates und das Budget, beide vom Nationalrat zu beschließen. So das Privileg, ein Gesetz, das einen konkreten Einzelfall regelt (§ 13) — im Mittelalter häufig, heute seltene Ausnahme; Beispiel das der Nationalbank verliehene Privileg der Banknotenausgabe.

b) Andererseits werden generelle Rechtsnormen nicht nur durch die gesetzgebenden Körper in Form der Gesetze geschaffen, sondern auch von Regierungsorganen im Verordnungswege erlassen. *Die Verordnung ist Gesetz im materiellen, nicht im formellen Sinn.* Sie muß aber immer auf gesetzlicher Grundlage ruhen, d. h. die Verordnungsgewalt muß durch das Gesetz verliehen und kann nur im Rahmen des Gesetzes ausgeübt werden. Wendet sich die Verordnung direkt an die Allgemeinheit, ist sie RechtsVO.; wendet sie sich an die nachgeordneten Dienststellen, VerwaltungsVO. (Erlaß).

3. Neben dem Staat haben andere Körperschaften *autonome Rechtssetzungsbefugnis* bewahrt; vor allem die Kirchen, auch die Gemeinden, in sehr begrenztem Maß die Universitäten u. a.

Die *Privatautonomie,* die sich vor allem in Verträgen auswirkt („lex" contractus), ist nicht autonome Rechtssetzungsbefugnis. Sie schafft ja nicht generelle Normen, sondern regelt nur konkret die Beziehung der Beteiligten, steht soweit mit Urteil und Beschluß, Bescheid und Verfügung auf einer Stufe. Das gilt auch für Statuten von Gesellschaften und Vereinen. Auch die Allgemeinen Geschäftsbedingungen erlangen Rechtsverbindlichkeit erst dadurch, daß und soweit sie in den Einzelvertrag aufgenommen werden. — Dagegen sind *Kollektivverträge,* soweit sie die Arbeitsbedingungen unabdingbar, und zwar auch für Außenstehende, regeln, Normenverträge — ein Fall autonomer Rechtssetzung. Ob die Verleihung dieser Befugnis an Arbeitnehmer- und Arbeitgeberverbände verfassungsmäßig ist, ist bestritten.

4. *Völkerrecht.* — Nach B.-VG. Art. 9 gelten *die allgemein anerkannten Regeln des Völkerrechtes* als Bestandteil des Bundesrechtes, sind also unmittelbar innerstaatlich wirksam. — *Völkerrechtliche Verträge* müssen dagegen erst *transformiert,* d. h. im Wege der Gesetzgebung (ZustimmungsG.) innerstaatliches Recht werden.

5. *Rechtsirrtum.* — „Sobald ein Gesetz gehörig kundgemacht worden ist, kann sich niemand damit entschuldigen, daß ihm dasselbe nicht bekannt geworden sei" (§ 2). Das bedeutet, daß das Gesetz ohne Rücksicht auf die Unkenntnis des davon Betroffenen anzuwenden ist. Es bedeutet nicht, daß die Unkenntnis für sich allein schon Verschulden sei. Vgl. § 326/3, wonach redlicher Besitzer auch sein kann, wer aus Unwissenheit der gesetzlichen Vorschrift die Sache für die seine hält; und § 1431, wonach auch die aus Rechtsirrtum gezahlte Nichtschuld zurückgefordert werden kann. Rechtsirrtum kann somit wie ein anderer Irrtum nach Lage der Sache entschuldbar oder unentschuldbar sein.

B. Gewohnheitsrecht

I. Kraft des Gewohnheitsrechtes

Nach einer auf der Reinen Rechtslehre Kelsens beruhenden Anschauung ist ausschließlich die Verfassung berufen, die generelle Rechtserzeugung zu regeln. Da die österreichische Bundesverfassung die Gewohnheit als rechtserzeugenden Tatbestand nicht kenne, gebe es kein Gewohnheitsrecht. Allein, auch der perfekte Staat ist nicht imstande, das ganze Recht als gesetztes niederzulegen. Ein Rechtserzeugungsmonopol des Staates und die Gleichsetzung von Gesetz und Recht sind aus folgenden Gründen abzulehnen.

1. Die geschichtliche Entwicklung zeigt, daß Recht ursprünglich durch Gewohnheit entsteht und die Rechtssatzung erst mit Ausbildung staatlicher Ordnung dazutritt. Nach dem Regelfall wird das gesetzte Recht dann als jus scriptum dem Gewohnheitsrecht als jus non scriptum gegenübergestellt. Hauptmotiv für die schriftliche Festlegung des Rechtes ist, den Schwächeren zu schützen.

Auch die Autonomie ist vielfach älter als die staatliche Rechtsmacht und daher nicht nur als von ihr verliehen anzusehen.

2. Mit zunehmender Staatsmacht drängt das gesetzte Recht das Gewohnheitsrecht zurück, ja versucht es auszuschalten. So schon C 8, 52, l. 2 in Gegensatz zu D I, 3, l. 32 § 1; so auch § 10 ABGB., während Art. 2 EinfG. zum BGB. und Art. 4 Satz 2 der 4. hr. EinfVO. das Gewohnheitsrecht als ebenbürtige Rechtsquelle anerkennen.

Das Recht der angelsächsischen Länder ist, anders als das kontinental-europäische, nach wie vor weitgehend nicht kodifiziert.

3. In noch nicht durchorganisierten Rechtsgebieten wie im Völkerrecht beruhen allgemein anerkannte Sätze vielfach auf Gewohnheitsrecht.

4. Bei Staatsumwälzungen tritt Gewohnheitsrecht auf, bis die organisierte Rechtssetzung wieder einsetzt.

5. Aber auch in normalen Zeiten spielt das Gewohnheitsrecht eine nicht unbedeutende Rolle, und zwar in doppelter Richtung:

a) Es bewahrt alte Rechtseinrichtungen kraft Volksüberzeugung, auch wenn der Gesetzgeber sie nicht zur Kenntnis nimmt.

Das bäuerliche Anerbenrecht hat sich nicht nur in Tirol und Kärnten, wo es gesetzlich geregelt war, sondern auch in andern österreichischen Ländern, wo es gegen die Grundsätze des allgemeinen Erbrechtes verstieß, kraft bäuerlicher Rechtsüberzeugung und Übung durch ein Jahrhundert (1868—1958) erhalten, bis es im AnerbG. gesetzliche Anerkennung gefunden hat. Es leitet aber auch heute noch — genauso wie andere bäuerliche Einrichtungen, z. B. Gutsübergabe, Vorwirtschaft — seine Kraft nicht vom Gesetz, sondern vom Gewohnheitsrecht ab.

Man sucht Pilze, sammelt Beeren, pflückt Blumen, geht frei in Wald und Berg, überzeugt, dazu berechtigt zu sein, und nicht nur kraft stillschweigender, jederzeit widerruflicher Gestattung der Grundbesitzer. Es handelt sich um Überreste der alten Wald- und Wegfreiheit, und ein durchgängiges Verbot würde als widerrechtlich, ja unerträglich empfunden.

b) Es bildet das Recht fort. — Während aber die Erhaltung alter Rechtseinrichtungen auf der Überzeugung der Rechtsgenossen selbst beruht, kann diese bei der Fortbildung des Rechtes angesichts seiner Kompliziertheit heute im allgemeinen keine Rolle mehr spielen. Hier kommt es vorzüglich auf die Rechtsüberzeugung und Übung der damit befaßten Juristen, besonders auf den Gerichtsgebrauch an; s. u., III.

6. Der Gesetzgeber überschätzt seine Macht, wenn er das Gewohnheitsrecht beseitigen will. Versuche in dieser Richtung — so auch § 10 — sind immer gescheitert; sie konnten höchstens die Bildung von Gewohnheitsrecht erschweren.

Wenn sich § 10 vergeblich bemüht, das Gewohnheitsrecht als primäre Rechtsquelle zu unterdrücken, zieht er andererseits die Gewohnheit als sekundäre Rechtsquelle heran, d. h. das Gesetz beruft sich häufig auf Gewohnheit, d. i. die Verkehrsübung. In verschiedener Weise:

a) Es ordnet an, daß die Verkehrsübung als Norm gelte. So gilt nach § 50 SchauspG. die billige Bühnengewohnheit; so treffen den Nachlaß die Kosten „für das dem Gebrauche des Ortes, dem Stande und dem Vermögen des Verstorbenen angemessene Begräbnis" (§ 549). Auch die erforderliche Verwahrung (§ 1320), der ordentliche Gebrauch (§ 932), der hiezu bestimmte Ort (§ 970/II) beurteilen sich nach der Verkehrsübung.

b) Die vom Gesetz aufgestellte Regel soll nur mangels anderer Übung gelten; so § 380 HGB.

c) Die Verkehrsübung dient zur Auslegung von Verhalten und rechtsgeschäftlichen Erklärungen (§§ 863/II, 914 und HGB. § 346) und kann mittelbarer Vertragsinhalt werden, wenn sich die Parteien ihr ausdrücklich oder stillschweigend unterwerfen.

7. Der Einwand schließlich, daß, wenn es durch ständige Übung der Rechtsgenossen erzeugtes Gewohnheitsrecht gäbe, sie sich darauf vor Gericht und Verwaltungsbehörden öfter berufen würden, übersieht, daß das, was von ihnen so geübt wird, i. d. R. eben deshalb gar nicht zum Streite kommt. Je stärker eine im Volk wohnende Rechtsüberzeugung ist, umso weniger werden die Gerichte damit befaßt.

8. Ergebnis. — Das Gewohnheitsrecht beruht auf derselben Quelle wie das gesetzte Recht, nämlich auf dem Gemeinwillen, der sich entweder ausdrücklich und organisiert in der Rechtssetzung oder stillschweigend und unorganisiert im Rechtsleben kundtut. Das Gewohnheitsrecht leitet daher seine Kraft nicht vom gesetzten Recht ab, ist vielmehr von gleicher Kraft wie dieses, primäre Rechtsquelle und kann auch dem Gesetz derogieren.

II. Voraussetzungen des Gewohnheitsrechtes

Gewohnheitsrecht setzt voraus,

a) daß eine Gemeinschaft eine Übung befolgt,

b) im Bewußtsein, damit eine bindende Regel zu verwirklichen (opinio necessitatis, Rechtsgeltungswille).

Ein Mangel des Gewohnheitsrechtes liegt darin, daß nicht wie beim Gesetzesrecht eindeutig festzustellen ist, mit welchem Zeitpunkt aus einer Übung durch Hinzutreten des zweiten Elementes Gewohnheitsrecht entsteht.

III. Gerichtsgebrauch

1. Die Übung kann durch die Gesamtheit der Rechtsgenossen selbst (Beispiel: Anerbenrecht), aber auch durch die Organe der Gemeinschaft befolgt werden. Mit zunehmender Kompliziertheit des Rechtes ist der zweite sogar der Hauptfall: Gewohnheitsrecht entsteht heute vorzüglich durch Gerichtsgebrauch. Voraussetzung ist, daß er ständig ist, somit das Vertrauen erzeugt, gleichartige Fälle würden künftig so entschieden; auch muß er sich allgemein durchgesetzt haben, was insbesondere dann zutrifft, wenn auch die Lehre keinen Widerspruch erhebt.

2. Das wird unter Hinweis auf § 12, wonach Urteile nie die Kraft eines Gesetzes haben, bestritten. Beim Gerichtsgebrauch handelt es sich aber nicht um Einzelurteile, sondern um die Stetigkeit des Urteilens in einem bestimmten Sinn, verbunden mit der bei den Beteiligten — nicht nur bei den Gerichten! — sich bildenden Überzeugung, daß das rechtens sei. Soll sich dadurch Gewohnheitsrecht nicht bilden können oder lehnt man es überhaupt als Rechtsquelle ab — wie will man dann die durch Gerichtsgebrauch eingetretene Fortbildung unseres gesetzten Rechtes erklären?

Gerichtsgebrauch hat im Streit um die uneheliche Vaterschaft den Ausschluß der Einrede des Mehrverkehrs jedem Zweifel entrückt. — Das Personalstatut (§ 34) wurde zuerst als Wohnsitzstatut verstanden; seit der Jahrhundertwende ist die Praxis zum Nationalitätsgrundsatz übergegangen. — Die Klage auf Unterlassung außerhalb bestehender Schuldverhältnisse ist ein Geschöpf der Praxis. — Die §§ 451, 452 lassen zum Pfandrechtserwerb nur die körperliche und symbolische Übergabe, nicht die durch Erklärung zu. Trotzdem läßt die ständige Praxis das Pfandrecht zwar nicht durch Besitzkonstitut, wohl aber durch traditio brevi manu zu.

3. Der weitere Einwand, daß der Richter an den Gerichtsgebrauch nicht gebunden sei, übersieht den Unterschied zwischen einzelnen Vorentscheidungen und Gerichtsgebrauch: An einzelne Vorentscheidungen ist der Richter (bis auf die dem OGH. durch SpR. und JB. gezogenen Schranken) nicht gebunden; an den Gerichtsgebrauch, der Gewohnheitsrecht geschaffen hat, wohl. Freilich kann sich auch das Gewohnheitsrecht fortbilden, wobei wieder der oben berührte Mangel auftritt, daß sich nicht mit Sicherheit sagen läßt, mit welchem Zeitpunkt an die Stelle des alten neues Gewohnheitsrecht getreten ist. Dazwischen liegt ein Übergangszeitraum der Unsicherheit und schwankender Entscheidungen.

C. Praxis und Lehre als Rechtsquellen?

I. Praxis. § 12

1. Zunächst ist festzuhalten, daß es sich bei den Entscheidungen der Gerichte und Verwaltungsbehörden nicht um Rechtsschöpfung, sondern um Rechtsanwendung handelt. Nun ist aber die Grenze zwischen beiden fließend, d. h. auch der das Recht Anwendende sieht sich genötigt, Lücken zu schließen und dabei Recht zu schaffen; s. u., § 7. Allein, auch in die-

sen Fällen haben Urteile „nie die Kraft eines Gesetzes, sie können auf andere Fälle oder auf andere Personen nicht ausgedehnt werden".

2. Dessenungeachtet spricht man von *Präjudizien* und meint damit Erkenntnisse der Höchstgerichte. Einerseits sind die Unterinstanzen rechtlich an sie nicht gebunden; andererseits besteht in Österreich eine Einrichtung, um eine einheitliche Praxis des OGH. zu gewährleisten (s. u., 3), und kann der faktische Einfluß auf die Unterinstanzen und damit auf die Rechtsentwicklung nicht hoch genug eingeschätzt werden. So kann sich ein Gerichtsgebrauch bilden und haben die Präjudizien, wie immer man das rechtlich qualifiziert, die Rechtsentwicklung maßgebend bestimmt.

3. *Spruchrepertorium und Judikatenbuch.* — 1872 erließ der Präsident des OGH., gebilligt durch allerhöchste Entschließung, eine Instruktion, legalisiert durch ein G. von 1907, wieder in Kraft gesetzt durch das GOG. von 1945.

a) Danach hat der OGH. ein SpR. zu führen. Dort sind auf Beschluß eines erkennenden Senates Entscheidungen über bestrittene Fragen des Zivil- und Zivilprozeßrechtes einzutragen.

b) Will ein Senat von einer eingetragenen Entscheidung abgehn oder beschließen zwei Senate die Eintragung widerstreitender Entscheidungen, hat darüber ein Plenarsenat von 15 Mitgliedern zu entscheiden. Sein Erkenntnis wird in das (schon seit Mitte des vorigen Jahrhunderts bestehende) JB. eingetragen.

c) Will ein Senat von einer im JB. eingetragenen Entscheidung abgehn, ist ein Plenissimarsenat von 21 Richtern einzuberufen. Geht er von der früheren Entscheidung ab, ist seine Entscheidung an Stelle der früheren im JB. einzutragen.

d) Überdies kann der Bundesminister für Justiz vom OGH. *Gutachten* über von den Gerichten verschieden oder unrichtig entschiedene Rechtsfragen verlangen; sie werden gleichfalls im JB. eingetragen. Nach § 27 ArbGerG. hat der OGH. auf Antrag des BM. f. J. über von den Arbeitsgerichten verschieden entschiedene Rechtsfragen ein in das JB. aufzunehmendes Gutachten zu beschließen.

4. Hier handelt es sich nicht mehr bloß um Entscheidungen von Einzelfällen, sondern um abstrakt formulierte Rechtssätze, wenn sie auch nur die Senate des OGH., nicht die Unterinstanzen binden. Allein auch schlichte Entscheidungen des OGH. pflegen in Sammlungen und Zeitschriften wiedergegeben und die darin zum Ausdruck kommenden Rechtsansichten, abstrakt formuliert, der Entscheidung vorangestellt zu werden. Auch solche Entscheidungen werden laufend zitiert (Präjudizienkult).

5. Beispiele für Sprüche und Judikate. — E. 17. 1. 1883 SpR. 109 = GlU. 9268: Das von einem Dritten, insbesondere vom Vater der Braut, dem Bräutigam gemachte Versprechen der Bestellung eines Heiratsgutes bedarf, um klagbar zu sein, der Errichtung eines Notariatsaktes. PlB. v. 14. 11. 1911 JB. 195 GlUNF. 5637 führte die Unsicherheitseinrede ein. In der Frage der Dispensehen erstattete der OGH. zwei Gutachten, SZ. IV/155 und SZ. X/51.

II. Lehre

Anders als die römische Rechtswissenschaft in der Periode des jus respondendi kann heute die Lehre nicht Recht schaffen, leistet aber wertvolle, ja oft entscheidende Vorarbeit. Ihre Aufgabe ist es, der Gesetzgebung und Rechtsprechung den Weg zu weisen. Sie tut das vorzüglich durch Erarbeitung tragender Ideen, durch richtige Einordnung der einzelnen Erscheinungen in das System und durch die Methodenlehre. Wissenschaftliche Kritik hat oft bewirkt, daß die Gesetzgebung eingriff oder die Praxis sich änderte. Jedenfalls sollte auch bei uns der Richter sich den Satz des SchwZGB. Art. 1/III zur Richtschnur dienen lassen: „Er folgt dabei bewährter Lehre und Überlieferung." Jedenfalls hat er, wenn er von der Lehre abweicht, das zu begründen. Lehre und Praxis beeinflussen einander. Die Lehre setzt sich mit der Praxis auseinander und umgekehrt. Bestärken sie sich gegenseitig, spricht man von herrschender Lehre und Praxis und ist mit einer Änderung kaum zu rechnen.

Anhang

Hilfsmittel und ihre Verwendung

Das Folgende gibt eine Übersicht über die wichtigsten Hilfsmittel und eine Anleitung zu ihrer zweckmäßigen Verwendung.

I. Hilfsmittel

Auszugehn ist vom Gesetzestext; seiner Erläuterung dienen Literatur und Judikatur.

1. *Gesetzestext.* — Das BGBl. macht Gesetze, Rechtsverordnungen und Staatsverträge kund. Die Lose-Blatt-Ausgabe „Das Österreichische Recht" umfaßt das ganze in Österreich geltende Recht, privates und öffentliches, systematisch geordnet und bemüht sich, jederzeit auf dem neuesten Stand zu sein. Gesetzbücher und wichtige Gesetze erscheinen in der Handausgabe der Österreichischen Staatsdruckerei und in der Großen Ausgabe sowie in der Taschenausgabe von Manz.

Die Große Ausgabe des ABGB., besorgt von KAPFER, bringt zu den einzelnen Paragraphen verweisende und erläuternde Anmerkungen, auch mit besonders ausgewählten Literaturangaben; unterm Strich eine Übersicht über die Rechtssprechung, besonders des OGH.; in einem Anhang Gesetze und Verordnungen aus dem Bereich des bürgerlichen Rechtes; ein Quellen- und Sachverzeichnis. Sie ist damit mehr als eine bloße Gesetzesausgabe, Übergang zum Kommentar, während die Taschenausgabe Studienausgabe ist.

2. *Literatur.* — Wir unterscheiden: Kommentare, Systeme und Lehrbücher, Monographien. Der *Kommentar* behandelt die einzelnen Vorschriften in der Reihenfolge des Gesetzes. Das *System* ordnet den Stoff nach methodischen Gesichtspunkten. Systematisch geht auch das *Lehrbuch* vor. Während aber Kommentar und System das geltende Recht als Resultat

aus gesetzlicher Regelung, literarischer Bearbeitung und praktischer Anwendung möglichst vollständig darstellen und durch Angabe der Literatur und Judikatur belegen, beschränkt sich das Lehrbuch auf die Grundlinien und verzichtet auf Belege. Die *Monographie* behandelt Einzelfragen oder einzelne Rechtsinstitute, faßt die bisherigen Meinungen zusammen und sucht zu neuen Ergebnissen zu gelangen.

Für das geltende Recht sind zu nennen: Kommentar zum ABGB., 2. Aufl., herausgegeben von KLANG-GSCHNITZER; Das System des österreichischen allgemeinen Privatrechtes, 2. Aufl., von ARMIN EHRENZWEIG; Grundriß des österreichischen bürgerlichen Rechtes, 4. Aufl., von KARL WOLFF. Weitere Literaturangaben im Kommentar und System.

3. *Judikatur.* — Die Entscheidungen des OGH. erscheinen in den Jahresbänden der Sammlung Zivilsachen (SZ.). Ihr voraus gingen die Sammlung von GLASER-UNGER, alte und neue Folge (GlU., GlUNF.) und die amtliche Sammlung (OG.).

4. Die bedeutendsten *Zeitschriften* sind: Die Juristischen Blätter (JBl.) und die Österreichische Juristenzeitung (ÖJZ.). Sie bringen Aufsätze, Entscheidungen, Vereinsberichte u. dgl. Die ÖJZ. enthält das Evidenzblatt (EvBl.) der Rechtsmittelentscheidungen.

5. Übersichten über die Rechtsmittelentscheidungen und das Schrifttum seit 1946 gibt HOHENECKER heraus, fortgeführt von STOHANZL-FRIEDL-RINGHOFER; über die Gesetzgebung STEFANOWICZ, fortgeführt vom Bundeskanzleramt.

II. Verwendung

Bei der Entscheidung von Rechtsfragen ist vom Gesetz auszugehn. Einen ersten Überblick verschafft ein Lehrbuch (Grundriß). Ergeben sich Zweifel, können die oben genannten Gesetzesausgaben eine erste wertvolle Orientierung, vor allem über die Praxis, geben. Doch ist darauf aufmerksam zu machen, daß die mit Entscheidungen belegten Leitsätze nicht unbesehen hingenommen werden dürfen, sondern die Entscheidungen nachgeschlagen werden müssen, da sich oft erst daraus ergibt, ob der Leitsatz richtig ist und welche Tragweite er hat. Tiefer in die Frage führen Kommentar und System. Steht die einschlägige Gesetzesbestimmung fest, kann sofort der Kommentar herangezogen werden. Ist man im Zweifel, welche Gesetzesstelle einschlägig ist, wird man sich an Hand des Systems oder der Register unterrichten.

Die genannten Werke können nur Auskunft geben über den Stand der Frage zur Zeit ihres Erscheinens. Liegt dieser Zeitpunkt weiter zurück, entsteht eine noch auszufüllende Lücke. Je neuer ein Werk, desto kleiner ist sie. Daher sind jeweils die neuesten Werke (Auflagen) zu verwenden. Um die verbleibende Lücke zu schließen, müssen nunmehr die Übersichten und Entscheidungssammlungen durchgesehen werden. Wertvolle Hilfe leisten dabei die Zeitschriften mit ihren Registern. Sie führen in die unmittelbare Gegenwart und unterrichten über aktuelle Fragen. Bei neuen, noch nicht literarisch behandelten Gesetzen sind die Materialien besonders wichtig. Sie erscheinen in der Staatsdruckerei als Beilagen zu den stenographischen Protokollen des Nationalrates.

In zunehmendem Maße sieht sich der Jurist auch vor ausländisches, insbesondere vor das deutsche Recht gestellt. Hier geben die nötigen Ansätze der Kommentar von STAUDINGER und das von ENNECCERUS-KIPP-WOLFF begründete fünfbändige Lehrbuch des bürgerlichen Rechtes (in Wahrheit ein System). Dort findet sich im ersten Band auch ein Überblick über die bürgerlichen Rechte der anderen europäischen und der außereuropäischen Länder und ihre Hilfsmittel.

§ 7. Rechtsanwendung und Auslegung

A. Rechtsanwendung

I. Vorgang

1. Recht anwenden heißt den konkreten Fall (Lebenstatbestand, Sachverhalt) dem dafür maßgebenden abstrakten Rechtssatz (Gesetzestatbestand, Tatbestand i. e. S.) unterstellen und die vom Gesetz angeordnete abstrakte Rechtsfolge wieder konkretisieren.

A verletzt B. Der Sachverhalt unterfällt dem Tatbestand des § 1295, daher ist A schadenersatzpflichtig; § 1325 umschreibt näher, was zu ersetzen ist.

2. Die Rechtsanwendung präsentiert sich auf den ersten Blick als eine Reihe logischer Schlüsse:

a) Sachverhalt feststellen;
b) Tatbestand suchen, dem er unterfällt;
c) Rechtsfolge ziehen;
d) auf den konkreten Fall anwenden.

3. Die Wirklichkeit ist nicht so einfach. Bei Feststellung des Sachverhaltes steht oft Behauptung gegen Behauptung. Es gilt, das juristisch Wesentliche herauszuschälen, über Streitiges Beweise anzubieten, aufzunehmen und richtig zu würdigen.

In unserm Fall kann A bestreiten, B verletzt zu haben. Behält B recht, ist die Subsumtion unter § 1295 in Verbindung mit § 1325 eindeutig; in andern Fällen kann sie zweifelhaft sein. Bei der Konkretisierung der Rechtsfolgen wird sich der Richter fragen, ob B zum Arzt gehn mußte und ob der entgangene Verdienst so hoch wie angegeben war; für die Bemessung des Schmerzensgeldes ist er auf seine Würdigung angewiesen.

4. Rechtsanwendung ist also nicht nur mechanisch-logische, sondern auch, freilich im Rahmen der Vorschriften, bewertende Tätigkeit. Dabei darf sich der Richter der Entscheidung nicht entschlagen. Er muß Recht finden, auch wenn er zweifelt — über die Wahrhaftigkeit der Zeugen, über die rechtliche Subsumtion. Zum Streit kommen Fälle meist, wenn sie zweifelhaft sind. Die Vorstellung von der Lückenlosigkeit des Rechtes ist aufgegeben; das Leben ist zu vielgestaltig, als daß auch der beste Gesetzgeber alle Fälle bedenken könnte. Je mehr er ins einzelne geht, umso

größer wird die Gefahr von Lücken; je mehr er im allgemeinen bleibt, umso verantwortungsvoller die Anpassung an den Einzelfall.

Unbestimmte (generalisierende) Rechtsbegriffe, wie gute Sitten, Treu und Glauben, Übung des redlichen Verkehrs, wichtige Gründe, tiefe Zerrüttung, wälzen die Aufgabe des Gesetzgebers zum guten Teil auf den Richter ab (Wertungslücken). Formell wendet er zwar das Gesetz an, materiell hat er in dem weitgespannten Rahmen frei Recht zu finden.

Ein Gesetz wird die Kündigungsgründe nie vollständig aufzählen können. Begnügt es sich andererseits damit, allgemein Kündigung aus wichtigem Grund zuzulassen, bleibt dem Richter die Entscheidung, was er als wichtigen Grund ansieht. Ein gemischtes System versucht die Vorteile beider Methoden zu vereinen, ihre Nachteile zu vermindern: Das Gesetz läßt Kündigung aus wichtigem Grund zu und gibt Beispiele.

Gelegentlich weist das Gesetz den Richter an, nach billigem Ermessen zu entscheiden. So soll er nach § 1310 auf den ganzen Ersatz oder doch einen billigen Teil desselben, nach § 1325 auf ein den erhobenen Umständen angemessenes Schmerzengeld erkennen.

II. Zusammenfassung

1. Die Rechtsanwendung durch den Richter ist keine rein logische Tätigkeit. Die Auffassung, daß sich die Entscheidung des Einzelfalles aus allgemeinen Rechtsbegriffen lückenlos ableiten lasse *(Begriffsjurisprudenz)*, ist falsch.

2. Der Richter ist aber auch nicht völlig frei in der Rechtsfindung. Wollte er über die Rechtsgebote nach subjektivem Ermessen hinweggehn *(Freirechtsschule)*, widerspräche das dem Prinzip des Rechtsstaates und der Gewaltenteilung und höbe die Rechtssicherheit auf.

3. Der Richter hat vielmehr gesetzestreu zu entscheiden. Ist das Gesetz unklar, hat er es nach den im Gesetz enthaltenen Werturteilen auszulegen; läßt es Lücken, hat er sie im Sinne des Gesetzes und der gesamten Rechtsordnung auszufüllen. Zu diesem Zweck ist zu ermitteln, welche Interessen für das Gesetz bei seiner Regelung bestimmend waren und wie es sie wertet und ausgleicht *(Interessenjurisprudenz)*.

4. Danach ist kein Zweifel, daß die Rechtssprechung nicht nur das bestehende Recht anwendet, sondern es auch fortbildet. Sie hat eine Reihe wichtiger Rechtssätze entwickelt, die dann von der Gesetzgebung übernommen wurden; z. B. hat die Praxis die Unsicherheitseinrede anerkannt, ehe die III. TN. sie als Satz 2 dem § 1052 einfügte.

B. Auslegung

I. Begriff

Auslegen heißt den Sinn eines Verhaltens, vor allem einer Erklärung, ermitteln. Vor diese Aufgabe sieht sich auch der Theologe, Philologe, Philosoph gestellt. Dem Juristen obliegt die Auslegung von Gesetzen und Rechtsgeschäften.

Wird ein Auftrag erteilt, kann sich herausstellen, daß er so nicht ausführbar ist, weil der Fall nicht bedacht wurde. Der Beauftragte muß entweder eine neue Entscheidung einholen oder abwägen, wie der Auftraggeber den Fall entschieden hätte. Der erste Weg ist dem Richter, da er den Spruch nicht verweigern kann, versperrt. Auch wenn der Gesetzgeber den Fall nicht bedacht hat, muß der Richter so tun, als wäre er bedacht (Verdeckungsprinzip). — Als die Auslegung eines vom Tiroler Landtag beschlossenen Gesetzes streitig war, hat ein Abgeordneter die Problematik der Auslegung treffend formuliert: Da wird uns (den Gesetzgebern!) der ADAMOVICH (damals Präsident des Verfassungsgerichtshofes) sagen müssen, was wir gewollt haben.

Über den Unterschied der Auslegung von Gesetzen und der von Rechtsgeschäften s. u., § 22 B I 1.

II. Textkritik

Zunächst muß der echte und richtige Text des Gesetzes ermittelt werden. Bei älteren Gesetzen ist das oft schwierig; bei neueren bewirken die Vorschriften über die Kundmachung, daß sich i. d. R. die Textkritik erübrigt, doch kommen auch bei ihnen Redaktionsversehen und Druckfehler vor.

1. *Redaktionsversehen* sind vor oder bei Sanktion, somit durch das gesetzgebende Organ verschuldete Abweichungen vom gewollten Wortlaut; sie bewirken, daß der Fehler Gesetz wird, daher nur vom Gesetzgeber selbst berichtigt werden kann.

2. *Druckfehler* schleichen sich nach der Sanktion ein: Der publizierte Wortlaut weicht von dem durch den Gesetzgeber beschlossenen ab. Druckfehler kann das Publikationsorgan, aber auch der Richter berichtigen.

III. Authentische Interpretation. § 8

1. Auslegung ist Sache der Lehre und Praxis, eine Wissenserklärung, die durch die Kraft ihrer Gründe überzeugen muß. Erlässe der Justizverwaltung können dem unabhängigen Richter nicht eine bestimmte Auslegung vorschreiben. Der Gesetzgeber selbst kann es in der Form der sogenannten authentischen Interpretation. Sie ist keine Auslegung im wahren Sinn des Wortes; nicht Wissens-, sondern Willenserklärung; ein Gesetzgebungsakt, der sich in die Form der Auslegung kleidet; daher verbindlich, ob das Gesetz richtig oder falsch ausgelegt oder gar ein neuer Inhalt hineingelegt wird.

2. Im letzten Fall will der Gesetzgeber eine verdeckte Rückwirkung erzielen: Indem er so tut, als ob das Gesetz immer schon den hineingelegten Inhalt gehabt hätte, will er den neuen Inhalt auch auf Fälle angewendet wissen, die vor dem Gesetzgebungsakt der authentischen Interpretation lagen. § 8 beschränkt diese Rückwirkung „auf alle noch nicht entschiedenen Rechtsfälle", d. h. rechtskräftig entschiedene Fälle sollen davon nicht ergriffen werden.

3. Will der Gesetzgeber authentisch interpretieren, muß er das kundtun; verdeutlichende Neufassung eines Gesetzes hat diese Wirkung nicht.

4. Beispiele. — Das ABGB. spricht von Noterben, ihren Erbteilen und von gemeinschaftlichem Gut (§§ 727, 764, 786). Danach wäre der Noterbe zu seinem Anteil Erbe, nicht bloß Pflichtteilsberechtigter. Erst das HD. v. 31. 1. 1844 hat, gekleidet in eine authentische Interpretation des § 784, die Kardinalfrage dahin entschieden, daß er nur obligatorischen Anspruch auf einen Wertteil des reinen Nachlasses habe, also bloß Pflichtteilsberechtigter sei. — In jüngster Zeit erfolgte unter ausdrücklicher Berufung auf § 8 eine authentische Interpretation des § 2 HabsburgerG.

C. Stufen der Auslegung. §§ 6 und 7

I. Überblick

Das ABGB. unterscheidet drei Stufen der Auslegung, wobei sich die erste wieder in drei Unterstufen gliedert.

1. § 6: „Einem Gesetze darf in der Anwendung kein anderer Verstand beigelegt werden, als welcher

a) aus der eigentümlichen Bedeutung (dem buchstäblichen Sinn) der Worte *(Wortinterpretation),*

b) in ihrem Zusammenhange *(grammatisch-logische Interpretation),*

c) und aus der klaren Absicht des Gesetzgebers (aus dem natürlichen Sinn eines Gesetzes) hervorleuchtet." *(Willens-, Sinnesinterpretation)*

2. § 7/1: „Läßt sich ein Rechtsfall weder aus den Worten noch aus dem natürlichen Sinne eines Gesetzes entscheiden, so muß auf ähnliche, in den Gesetzen bestimmt entschiedene Fälle und auf die Gründe anderer damit verwandten Gesetze Rücksicht genommen werden." Zweite Stufe der Auslegung ist die *Analogie.*

3. § 7/2: „Bleibt der Rechtsfall noch zweifelhaft, so muß solcher mit Hinsicht auf die sorgfältig gesammelten und reiflich erwogenen Umstände *nach den natürlichen Rechtsgrundsätzen* entschieden werden." Die dritte Stufe ist die Ergänzung von Gesetzeslücken durch das Zurückgehn auf die Quellen, aus denen der Gesetzgeber geschöpft hat.

Bei der Auslegung der Rechtsgeschäfte finden wir in § 914 die drei Stufen wieder: buchstäblicher Sinn des Ausdrucks, Absicht der Parteien, Übung des redlichen Verkehrs.

II. Wortinterpretation

Ältere Rechte haften am Wort, weil ihm Zauberkraft innewohnt und weil das geschriebene Recht aus dem Bedürfnis nach Rechtssicherheit erwächst. Aber auch heute ist die Wortauslegung von Bedeutung.

Eine mit „insbesondere" eingeleitete Aufzählung ist nicht taxativ, sondern demonstrativ (§ 879/II; MG. § 19/II). Die §§ 91, 148, 166 verstehn das Wort „Vermögen" in der eigentümlichen Bedeutung der Leistungsfähigkeit.

Die Buchstabenauslegung wird im Kaufmann von Venedig ad absurdum geführt: „Die Worte sind ausdrücklich ‚ein Pfund Fleisch'. Der Schein gibt Dir nicht einen Tropfen Blut."

III. Grammatisch-logische Interpretation

1. Der Ausleger darf nicht die einzelnen Worte für sich, sondern muß sie in ihrem grammatisch-logischen Zusammenhang betrachten.

Nach § 1297/1 wird „vermutet, daß jeder, welcher den Verstandesgebrauch besitzt, eines solchen Grades des Fleißes und der Aufmerksamkeit fähig sei, welcher bei gewöhnlichen Fähigkeiten angewendet werden kann". Eine Meinung folgert daraus, die Vermutung könne widerlegt werden; dann hafte der in Anspruch Genommene für einen seinen geringeren Fähigkeiten entsprechend geringeren Grad (subjektiver Maßstab). Die Gegenmeinung verweist — zu Recht! — auf den Zusammenhang mit Satz 2: „Wer bei Handlungen ... diesen Grad des Fleißes oder der Aufmerksamkeit unterläßt, macht sich eines Versehens schuldig." Da das ohne jede Einschränkung bestimmt ist, handelt es sich in Satz 1 offenbar um eine unwiderlegliche praesumptio juris ac de jure (objektiver Maßstab).

Der Ehegatte hat nach § 758 nur Anspruch auf den kleinen Voraus „neben Kindern des Erblassers". Auch neben Enkeln? Einerseits sind nach § 42 unter Kindern „in der Regel" alle Nachkommen zu verstehn; andererseits gebraucht der unmittelbar vorangehende § 757 das Wort Kinder i. e. S., da er von „Kindern des Erblassers und deren Nachkommen" spricht. Die Frage ist grammatisch-logisch nicht eindeutig zu klären.

Kein eindeutiges Ergebnis bringt auch die grammatisch-logische Auslegung des § 1232. Morgengabe, d. i. „das Geschenk, welches der Mann seiner Gattin am ersten Morgen zu geben verspricht", kann ebensogut bedeuten, daß der Mann verspricht, am ersten Morgen zu geben, wie daß er am ersten Morgen verspricht, (später) zu geben.

2. Zur logischen Auslegung zählt:

a) Das *arg. a majore ad minus:*

Nach § 1252 hindert selbst der Erbvertrag den Erblasser nicht, „mit seinem Vermögen, solange er lebt, nach Belieben zu schalten"; erst recht gilt das für das schwächere Testament.

b) Das *arg. a minore ad majus:*

Besitz erwerben können laut § 310 Unmündige; umso mehr mündige Minderjährige.

IV. Willens-(Sinnes-)Interpretation

1. Die Auslegung darf bei der Wort- und grammatisch-logischen Interpretation nicht stehn bleiben: „Einem Gesetze darf in der Anwendung kein anderer Verstand beigelegt werden, als welcher ... aus der klaren Absicht des Gesetzgebers hervorleuchtet." Im gleichen Sinn bestimmt § 914: „Bei Auslegung von Verträgen ist nicht an dem buchstäblichen Sinne des Ausdrucks zu haften, sondern die Absicht der Parteien zu erforschen ..."

2. Die Wahl der Worte (klare Absicht, hervorleuchtet) zeigt, daß es nicht auf den inneren Willen, sondern darauf ankommt, was als Wille

kundgetan, im Gesetz seinen — wenn auch vielleicht unvollkommenen — Ausdruck gefunden hat. Maßgebend ist der im Gesetz verkörperte Wille, der natürliche Sinn des Gesetzes (vgl. § 7) (daher richtiger Sinnesinterpretation); nicht der Wille der an der Entstehung des Gesetzes irgendwie Beteiligten.

Es hätte keinen Zweck, zu untersuchen, ob und was der absolute Monarch wollte, als das ABGB. ihm zur Schlußfassung vorgelegt wurde; ebensowenig, ob und was die Abgeordneten gedacht haben, als sie ein Gesetz beschlossen — vom Willen gesetzgebender Körper läßt sich überhaupt nur in übertragenem Sinn sprechen.

Das schließt nicht aus, die Meinung der Gesetzesverfasser (die i. d. R. nicht die Gesetzgeber sind!) zur Auslegung des Gesetzes heranzuziehen. So ist die Meinung Zeillers für die Auslegung des ABGB. von hoher Bedeutung. Die Materialien können aber immer nur hilfsweise zur Auslegung des Gesetzes*textes* dienen.

3. Streitig ist, ob maßgebend sei

a) der Wille des historischen Gesetzgebers, d. h. der Sinn des Gesetzes zur Zeit seiner Entstehung *(subjektive Theorie)*, oder

b) der Sinn des Gesetzes in der Gegenwart *(objektive Theorie)*, da das Gesetz als Werk sich vom Schöpfer völlig löse und seinen Sinn im Lauf der Zeit wandle. Die Worte des § 6 (klare Absicht des Gesetzgebers) scheinen für die subjektive, die rekapitulierenden Worte des § 7/1 (natürlicher Sinn eines Gesetzes) für die objektive Theorie zu sprechen, insbesondere da auch auf die Gründe anderer damit verwandten Gesetze Rücksicht genommen werden muß, denn das können auch spätere sein. Lehre und Praxis neigen zur objektiven Theorie.

Doch ist von der historischen Auslegung auszugehn. Manches kann überhaupt nur so verstanden werden, z. B. was § 91 mit „nach seinem Vermögen", § 857 unter den berühmten Bachställen meint. Der historische Gesetzgeber war sich auch bewußt, daß die Zeit nicht stehn bleibt, und wollte vernünftigerweise, daß das Gesetz mit der Zeit gehe. Da er nichts Unvernünftiges wollte, kann sein Wille nicht etwas umfassen, was durch geänderte Zeitverhältnisse unvernünftig wird. Neu auftretende Interessenlagen wollte er sinngemäß behandelt wissen.

Wenn § 91 dem Ehemann allein die Unterhaltspflicht auferlegt, geht er von der damals typischen Aufgabenverteilung aus. Da aber § 44 grundsätzlich beide Gatten zum gegenseitigen Beistand verpflichtet, haben, falls beide Gatten verdienen, beide zum Unterhalt beizutragen. — Nach § 543 sind Ehebrecher unter sich vom testamentarischen Erbrecht ausgeschlossen. Damals gab es vom Hindernis des Ehebruches kaum Dispens. Jetzt sieht § 9 EheG. regelmäßig Dispens vor. Haben sie mit Dispens geheiratet, wäre die Erbunwürdigkeit sinnwidrig (SZ. XXVIII/136).

4. *Wortlaut und klare Absicht* werden *nebeneinander*gestellt. Läßt sich eine bestimmte Absicht nicht ermitteln, gilt der Wortlaut. Läßt der Wortlaut mehrere Deutungen zu, gilt jene, die der ermittelten Absicht

entspricht. Drückt der Wortlaut die klare Absicht nur unvollkommen aus, ist er zu berichtigen. Stünden freilich Wortlaut und klare Absicht in unlösbarem Widerspruch, läge eine Gesetzeslücke vor.

5. Bloße Wortinterpretation führt zu Formalismus; bloß logisch-grammatische und historische Auslegung zu Stillstand; andererseits bloße Zweckauslegung zu Rechtsunsicherheit. Eines muß mit dem andern, vorsichtig abwägend, kombiniert werden. Darin liegt die Kunst der Auslegung, darum ist die Auslegung eine Kunst.

D. Analogie. § 7/1

I. Voraussetzungen

1. „Läßt sich ein Rechtsfall weder aus den Worten noch aus dem natürlichen Sinne eines Gesetzes entscheiden ...“ Es muß also eine Gesetzeslücke vorliegen, die sich durch Auslegung nicht schließen läßt.

2. *Echte Lücke.* — Das Gesetz hat einen Fall nicht entschieden.

Echte Lücken sind selten. Ein Beispiel bietet § 1438. Er regelt nicht den Fall, daß mehrere Forderungen einander aufrechenbar gegenüberstehen. Da der Aufrechnende, indem er aufrechnet, seine Schuld zahlt, sind die Vorschriften über die Zahlung analog heranzuziehen. Daraus ergibt sich: Der Aufrechnende kann

a) wählen, mit welcher seiner Gegenforderungen er aufrechnet;

b) nicht wählen, gegen welche von mehreren Forderungen er aufrechnet; er hat vielmehr das Einvernehmen mit dem Gläubiger herzustellen (§ 1415/2) oder die in § 1416 vorgeschriebene Reihenfolge einzuhalten.

Schweigt das Gesetz über einen Fall, ist noch nicht gesagt, daß es ihn nicht entscheidet.

§ 23 EheG. erklärt die Namens- und Staatsangehörigkeitsehe für nichtig; andere Fälle der Scheinehe, z. B. die Versorgungsehe, hat es nicht etwa zu entscheiden übersehen, sie sind vielmehr arg. e silentio (contrario) gültig.

3. *Unechte Lücke.* — Hier fehlt nicht eine Norm überhaupt, wohl aber eine Norm, die der Eigentümlichkeit des Falles gerecht wird, so daß es zu einer unsachgemäßen (unvernünftigen) Entscheidung käme, offenbar weil der Gesetzgeber den Fall nicht erkannt oder bedacht hat. Bei der echten Lücke obliegt dem Ausleger eine ergänzende (juris civilis supplendi gratia), bei der unechten eine berichtigende Tätigkeit (juris civilis corrigendi gratia).

Mangel der gebotenen Form macht das Rechtsgeschäft unklagbar (§ 1432) oder nichtig (§ 1 NotZwG.). Soll das auch gelten, wenn der, welcher sich auf den Formmangel beruft, ihn arglistig herbeigeführt hat? — Das Rücktrittsrecht des § 918 gilt für alle entgeltlichen Verträge. Seine obligatorische Rückwirkung würde aber bei Dauerschuldverhältnissen zu unvernünftigen Folgen führen. Daher tritt an seine Stelle die Auflösung ex nunc unter analoger Anwendung der Bestimmungen über die Kündigung bei einzelnen Dauerschuldverhältnissen.

II. Vorgang bei der Analogie

1. Es wird festgestellt, daß der nicht geregelte Fall andern, gesetzlich geregelten rechtsähnlich ist, d. h. daß die Tatbestände sich in den für die rechtliche Beurteilung maßgebenden Teilen gleichen, während das, worin sie sich unterscheiden, für die rechtliche Beurteilung unwesentlich ist. Daraus wird geschlossen, daß der Gesetzgeber den nicht geregelten, weil nicht bedachten Fall gleich wie die von ihm geregelten analogen Fälle entschieden hätte.

2. Man pflegt Gesetzes- und Rechtsanalogie zu unterscheiden:

a) *Gesetzesanalogie,* wenn ein bestimmter, in einem Gesetz enthaltener Rechtssatz analog angewendet wird, so im obigen Beispiel die Regeln der §§ 1415, 1416.

b) *Rechtsanalogie,* wenn eine Mehrheit von verwandten, d. h. denselben rechtspolitischen Gründen entspringenden Rechtsvorschriften herangezogen wird, deren Zusammenhalt einen analog anwendbaren Rechtsgrundsatz, z. B. den Vertrauensgrundsatz, ergibt.

3. *Auslegung und Analogie.* — Die Auslegung ermittelt den wirklichen, wenn auch unvollkommen ausgedrückten Willen des Gesetzes; die Analogie dagegen den hypothetischen Willen des Gesetzgebers: was er, wenn er den Fall bedacht hätte, vernünftigerweise hätte wollen müssen. Die Auslegung berichtigt den Wortlaut, indem sie an die Stelle des vergriffenen Ausdrucks den dem Willen entsprechenden setzt; die Analogie gelangt zu einem Rechtssatz, den das Gesetz nicht ausgesprochen hat, aber hätte aussprechen müssen, wenn es den zu entscheidenden Fall geregelt hätte.

Im Strafrecht beschränkt der Satz ‚nullum crimen sine lege' nicht die ausdehnende Auslegung, wohl aber die Analogie. — Dennoch sind ausdehnende Auslegung und Analogie, Gesetzes- und Rechtsanalogie, Rechtsanalogie und Entscheidung nach den natürlichen Rechtsgrundsätzen nur graduell unterschieden; die Grenzen verfließen.

5. Beispiele. — Die §§ 6 und 7 werden analog auf die Auslegung der Normativbestimmungen in Kollektivverträgen angewendet. — Für gefährliche Betriebe gilt Gefährdungshaftung analog den Haftpflichtgesetzen. — Dem Bestand*inhaber* wird analog die actio Publiciana (§ 372), nicht aber die nachbarrechtliche Klage (§ 364/II) gewährt. — Die Reihenfolge der unterhaltspflichtigen Vorfahren (§ 143) wird analog auf die Nachkommen (§ 154/2) angewendet; die dem ehelichen Kind gegenüber dem bedürftigen Vater auferlegte Unterhaltspflicht (§ 154/2) dagegen nicht analog auf das uneheliche Kind erstreckt. — § 1409 wird auf nicht rechtsgeschäftliche Vermögensübernahme nicht analog angewendet, die Schuldenhaftung aber auf dem Umweg über § 302 erreicht.

Ob man sich für ausdehnende Auslegung und Analogie entscheidet oder sie mit dem arg. e contrario (silentio) ablehnt, ist wieder keine rein logische Operation, sondern eine Frage der Interessenabwägung.

E. Natürliche Rechtsgrundsätze

„Bleibt der Rechtsfall noch zweifelhaft", d. h. führen weder Auslegung noch Analogie zu einem Ergebnis, „so muß solcher mit Hinsicht auf die sorgfältig gesammelten und reiflich erwogenen Umstände nach den natürlichen Rechtsgrundsätzen entschieden werden."

Damit stellt das Gesetz zweierlei klar:

1. Der Richter darf die Entscheidung nicht verweigern.

2. Er darf aber nicht in freier Rechtsfindung nach seiner subjektiven Anschauung entscheiden, sondern muß aus objektiven Quellen schöpfen. Als solche haben die Redaktoren das Naturrecht angesehen. Wir verstehn darunter, daß der Richter aus denselben Quellen schöpfen muß, aus denen der Gesetzgeber geschöpft hat. *Er soll entscheiden, nicht wie er als Gesetzgeber (Schweizer ZGB. Art. 1/II), sondern wie der Gesetzgeber entscheiden würde.* Er soll nicht frei Recht schaffen, sondern Recht nachschaffen. Also wieder wie bei der Analogie die Verweisung auf den hypothetischen Willen des Gesetzgebers, und zwar nicht eines idealen Gesetzgebers, den der Richter ja wieder nach seinen subjektiven Anschauungen formen würde, aber wohl auch nicht des historischen, sondern des gegenwärtigen Gesetzgebers (str.).

Diese höchste Stufe der Auslegung im weitesten Sinn kommt begreiflicherweise selten zur Anwendung. Nur wenige Entscheidungen stützen sich wirklich auf § 7/2, selbst wenn sie ihn zitieren.

So hat der OGH. im Jud. 195 die Unsicherheitseinrede auf § 7 gestützt, noch ehe die III. TN. sie als Satz 2 dem § 1052 eingefügt hat. – Die Frage, ob der Gatte neben Enkeln des Erblassers nur den kleinen oder den großen Voraus erhält, läßt sich weder durch Auslegung (s. o., III, 1) noch Analogie lösen. Freilich wird dem Richter, der sich nach § 7 in den Gesetzgeber zu versetzen hat, die Lösung auch nicht leichtfallen.

Anhang: Gesetzeskonkurrenz

Nicht nur ein Zuwenig, auch ein Zuviel an Normen kann zu Auslegungsschwierigkeiten führen. So, wenn ein Sachverhalt unter mehrere gesetzliche Tatbestände mit verschiedenen Rechtsfolgen gebracht werden kann. Man spricht, dem Strafrecht folgend, von Gesetzeskonkurrenz.

Drei Möglichkeiten:

a) Die verschiedenen Rechtsfolgen der in Frage kommenden gesetzlichen Tatbestände treten nebeneinander (kumulativ, et — et) ein;

b) sie treten alternativ (aut — aut) ein;

c) eine Vorschrift schließt die andere aus, konsumiert sie.

Eine allgemeine Regel läßt sich nicht geben, vielmehr ist mit den Mitteln der Auslegung und oft nicht leicht festzustellen, was zutrifft. Auch die Regel ‚lex specialis derogat legi generali' gilt nur mit dieser Maßgabe.

Lassen sich widersprechende Gesetzesbestimmungen auf solche Weise nicht vereinigen, liegt eine *Antinomie* vor: Die Vorschriften heben einander auf und es entsteht eine Gesetzeslücke.

§ 8. Zeitlicher Geltungsbereich der Rechtsnormen

I. In- und Außerkrafttreten

1. Ein Gesetz kann nicht vor Kundmachung in Kraft treten (§ 3, 1. Hälfte). Die Kundmachung von Bundesgesetzen erfolgt im BGBl. (Art. 49/I/1 B.-VG.), von Landesgesetzen in den Landesgesetzblättern. Bundesgesetze treten nach Ablauf des Tages der Kundmachung in Kraft (Art. 49/I/2); ähnlich nunmehr die meisten Landesverfassungen. Ein Gesetz kann diesen Zeitraum verlängern (§ 3, 2. Hälfte), nicht aber verkürzen. Der Kundmachung bedürfen auch Rechtsverordnungen.

2. Ein Gesetz kann sein Außerkraftreten selbst terminieren. Das geschieht nicht selten aus politischen Gründen; die Folge sind zahlreiche Verlängerungsgesetze, wobei es schon passiert ist, daß ein Gesetz erst nach Ablauf des Endtermins „verlängert" wurde.

3. Ein nicht terminiertes Gesetz tritt außer Kraft:

a) wenn der Gesetzgeber es entweder ausdrücklich oder durch ein späteres widersprechendes Gesetz stillschweigend aufhebt oder abändert (§ 9, lex posterior derogat legi priori);

Tut er es stillschweigend oder mit der Generalklausel, daß widersprechende Vorschriften aufgehoben sind, können sich Zweifel ergeben. So ist zweifelhaft, ob und wieweit § 121 ABGB. über die Folgen der Verletzung der Wartezeit durch das EheG. aufgehoben wurde.

b) wenn der VerfGH. das Gesetz oder Teile des Gesetzes als verfassungswidrig oder eine VO. als gesetzwidrig erkennt (Art. 139, 140 B.-VG.). Das Erkenntnis ist unverzüglich kundzumachen. Am Tage der Kundmachung tritt die Aufhebung in Kraft, wenn der VerfGH. nicht eine Frist bestimmt, die jedoch bei Gesetz ein Jahr, bei Verordnungen sechs Monate nicht überschreiten darf;

c) mit Untergang des Staates, wenn nicht zur Wahrung der Rechtskontinuität eine formelle Aufrechterhaltung erfolgt, wie sie z. B. das RechtsüberleitungsG. vom 1. 5. 1945 angeordnet hat.

Im allgemeinen bewirkt die Aufhebung einer Norm nicht, daß die ihr vorhergehende wieder in Kraft tritt. Wird aber eine Norm vom VerfGH. aufgehoben, treten die vorher geltenden Rechtsvorschriften wieder in Kraft, wenn das Erkenntnis nicht anders bestimmt.

4. Ein Gesetz kann auch durch Gewohnheitsrecht aufgehoben oder abgeändert werden (str.). Ein Übelstand ist dabei, daß der Beginn der Wirksamkeit des Gewohnheitsrechtes nicht eindeutig feststellbar ist.

5. Ein Gesetz von 1947 ermächtigt die Bundesregierung zur *Wiederverlautbarung* unübersichtlich gewordener Rechtsvorschriften und damit zur oft schwierigen Feststellung, was noch und was nicht mehr in Geltung steht. Analoges gilt in den Ländern.

So wurde das VereinsG. von 1867 im Jahre 1951 wiederverlautbart; es wird nunmehr als VereinsG. 1951 bezeichnet.

II. Übergangsrecht und Rückwirkung

1. Löst eine Rechtsvorschrift eine andere ab, erhebt sich die Frage nach ihrem zeitlichen Geltungsbereich. Er ist nicht mit dem Zeitpunkt des Inkrafttretens zu verwechseln. In Kraft treten kann das Gesetz nicht, bevor es erklärt, d. h. kundgemacht ist. Eine andere Frage ist, wieweit es, wenn in Kraft getreten, auch auf Sachverhalte anzuwenden ist, die vorher gesetzt wurden oder von früher her fortdauern. Diese Frage löst das Übergangsrecht.

2. Meist enthält das Gesetz selbst Übergangsvorschriften.

So bestimmte § 51/I und II TestG., daß das Gesetz für Erbfälle, die sich vor seinem Inkrafttreten ereignet hatten, nicht galt und daß die vor dem Inkrafttreten des Gesetzes erfolgte Errichtung oder Aufhebung eines Testamentes oder Erbvertrages nach den bisherigen Vorschriften zu beurteilen war, auch wenn der Erblasser nach dem Inkrafttreten starb.

3. „Gesetze wirken nicht zurück; sie haben daher auf vorhergegangene Handlungen und auf vorher erworbene Rechte keinen Einfluß." § 5 spricht damit den Grundsatz der Nichtrückwirkung aus, der der Forderung nach Rechtssicherheit und Schonung wohlerworbener Rechte entspringt. Daß das nur ein Postulat ist, ergibt sich aus KundmPat. Abs. 5, wonach „Gesetze nicht zurückwirken sollen", also dessen ungeachtet zurückwirken können. Man kann aber auch nicht sagen, daß die Rückwirkung immer bedenklich sei. So ist die von § 8 angeordnete Rückwirkung der authentischen Interpretation unbedenklich, wenn sie nur den Sinn des Gesetzes auslegt; bedenklich, wenn sie ihm einen andern Sinn unterlegt. Sieht ein neues Gesetz ein Verhalten als der öffentlichen Ordnung und den guten Sitten widerstreitend an, muß es auch für Tatbestände gelten, die vor dem Inkrafttreten des Gesetzes gesetzt wurden.

So gilt die Vorschrift des § 879 Z. 4 über den Wucher gemäß § 105 III. TN. auch für vorher geschlossene Verträge, wenn sie nicht bereits erfüllt oder durch richterliches Urteil oder gerichtlichen Vergleich festgestellt sind. — Wenn ein neues Gesetz das Volljährigkeitsalter hinaufsetzen wollte, wäre es aus Gründen der Rechtssicherheit bedenklich, die schon erlangte Handlungsfähigkeit wieder zu beseitigen; es ist aber unbedenklich, daß eine Herabsetzung des Volljährigkeitsalters mehreren Jahrgängen zugleich zugute kommt.

4. Wirken Gesetze i. d. R. nicht zurück, so ist trotzdem nicht immer leicht zu sagen, auf welche Tatbestände sie anzuwenden sind und auf welche nicht.

a) Sie ergreifen nicht mehr abgeschlossene Handlungen und Ereignungen, z. B. eine vor Inkrafttreten des Gesetzes erfolgte Schädigung.

b) Besteht ein Tatbestand aus zeitlich auseinanderliegenden, rechtlich selbständigen Teilen, ist jeder Teil nach dem Recht zu seiner Zeit zu beurteilen. Tritt z. B. zwischen Antrag und Annahme eine Rechtsänderung ein, ist der Antrag nach altem, die Annahme nach neuem Recht zu beurteilen.

c) Handelt es sich aber nicht um selbständige Teile, so daß der zusammengesetzte Tatbestand sich erst mit dem letzten Teil verwirklicht, ist das der für die Beurteilung des Ganzen maßgebende Zeitpunkt.

d) Dauertatbestände werden vom neuen Recht ex nunc erfaßt, während das alte Recht für vorher eingetretene Wirkungen gilt. So ergriff das AngG. alle bestehenden Angestelltenverhältnisse. Die Gültigkeit einer vor dem EheG. geschlossenen Ehe ist nach früherem Recht zu beurteilen, dagegen gelten die Scheidungsgründe des EheG. auch für sie. Der Erwerb des Eigentums als abgeschlossener Rechtsakt richtet sich nach dem Recht zum Zeitpunkt des Erwerbes, der Eigentumsinhalt nach jeweils geltendem Recht.

e) Im einzelnen ergeben sich oft schwierige Fragen; z. B. ob eine Änderung des gesetzlichen Güterstandes bestehende Ehen ergreifen soll oder ob dadurch in erworbene Rechte eingegriffen wird. KundmPat. Abs. 6 und III. TN. § 199 enthalten Sondervorschriften über Ersitzung und Verjährung.

§ 9. Internationales Privatrecht: Begriff, Geschichte, Quellen

A. Begriff

1. Der vorige Paragraph behandelte das *zeitliche Nacheinander,* nun ist das *räumliche Nebeneinander* von Rechtsnormen zu behandeln.

Das Neben- und Miteinanderleben der Staaten macht eine vernünftige Begrenzung ihrer Gebiets- und Personalhoheit unerläßlich. Zwar untersteht der angerufene Richter nur der eigenen Rechtsordnung, doch kann ihm diese im gegenseitigen Interesse der Staaten wie im Interesse der rechtssuchenden Parteien gebieten, ausländisches Recht auf Fälle anzuwenden, die dazu engere Beziehungen (Anknüpfungspunkte) aufweisen. So wird die Geschäftsfähigkeit eines Ausländers zweckmäßigerweise nach seinem Heimatrecht zu beurteilen sein. Andererseits darf erwartet werden, daß die ausländische Rechtsordnung im analogen Fall analog verfährt.

Hat eine Rechtssache Anknüpfungspunkte zu mehreren Rechtsordnungen, sind z. B. Angehörige verschiedener Staaten beteiligt, wird es nicht immer leicht sein, zu bestimmen, welcher Anknüpfungsgrund und damit welche Rechtsordnung maßgebend sein soll. Erst wenn die maßgebende Rechtsordnung ermittelt ist, kann auf Grund ihrer Sachnormen die Entscheidung getroffen werden. Da die Rechtsordnungen verschieden sind, kann das von Einfluß auf die Sachentscheidung sein.

Beispiel. — Ein uneheliches Kind, wie die Mutter deutscher Staatsangehörigkeit, klagt einen Österreicher in Österreich auf Feststellung der Vaterschaft. Ist der Fall nach deutschem oder österreichischem Recht zu beurteilen? Nach § 12 der 4. DV. zum EheG. ist das Recht des Staates anzuwenden, dem die Mutter zur Zeit der Geburt des Kindes angehört, also deutsches Recht. Wendet der Beklagte ein und beweist, daß der Mutter in der Empfängniszeit auch andere beigewohnt haben, beseitigt diese Einrede nach deutschem Recht die Vaterschaftsvermutung und die Klage ist abzuweisen. Wäre der Fall nach österreichischem Recht zu beurteilen, beseitigt die Einrede des Mehrverkehrs die Vaterschaftsvermutung nicht, und der Klage wäre stattzugeben, wenn der Beklagte nicht, z. B. durch Blutgruppenuntersuchung, den viel schwierigeren Beweis führt, daß er nicht der Vater des Kindes sein kann.

2. Das Beispiel zeigt, wie unbefriedigend es wäre, die lex fori anzuwenden, so daß die Sachentscheidung verschieden ausfiele, je nachdem, wo die Sache zum Spruch kommt. Vielmehr geht es darum, möglichst einheitliche Grundsätze zu finden, nach welchem Recht eine Rechtssache zu beurteilen ist, gleichgültig, wo sie zum Spruch kommt.

3. *Die Summe der Normen, die bestimmen, welche Privatrechtsordnung anzuwenden ist, bildet das Internationale Privatrecht (IPR.).* Es löst die *Vorfrage,* welche Rechtsordnung anzuwenden ist, besonders wenn mehrere kollidieren *(Kollisionsnormen).* Die maßgebende Rechtsordnung gibt dann die *Sachnorm,* ermöglicht die *Sachentscheidung.* Statt des eingebürgerten Namens spricht man auch von Kollisionsnormen (conflict of laws = conflit de lois), von zwischenstaatlichem Recht und, vom Richter aus gesehen, von der Anwendung fremden Rechtes.

Das Problem tritt nicht nur im Privatrecht auf; es gibt auch ein internationales Strafrecht, Verwaltungsrecht, Prozeßrecht usw.

4. Ein Lehrbuch des österreichischen bürgerlichen Rechtes kann auf eine Darstellung des IPR., das durch den modernen Verkehr immer wichtiger wird, nicht verzichten, kann es aber nur in den Grundzügen darstellen.

B. Geschichte

I. Vorgeschichte

1. Das *römische Recht* war zunächst jus civile, d. h. galt nur für römische Bürger; Fremde waren rechtlos. Mit zunehmendem Verkehr schuf der Prätor für Peregrinen das jus gentium. Es war besonders ausgeformtes römisches Recht. Ein IPR. in unserm Sinn, das das gleichberechtigte Nebeneinander verschiedener Rechtsordnungen voraussetzt, kannte dagegen das römische Recht, das sich zum Weltrecht entwickelte, nicht.

2. Auch nach den *germanischen Rechten* stand der Fremde außerhalb des Rechtes. Das *fränkische Reich* war aber kein National-, sondern ein Nationalitätenstaat. Demgemäß unterstand jeder Reichsangehörige seinem Stammesrecht, d. h. dem Recht seiner Herkunft (lex originis, *Personalitätsprinzip*). Die Römer und ebenso die Kirche und die Kleriker lebten nach römischem Recht.

Damit trat die Problematik des IPR. auf:

a) Der Richter kam in die Lage, fremdes Stammesrecht anzuwenden.

b) Eine Kollision der Statuten konnte eintreten, z. B. wenn ein Franke mit einem Alemannen einen Vertrag schloß.

3. Im *Mittelalter* schwand das Stammesbewußtsein, das Personalitäts- wandelte sich in das *Territorialprinzip,* d. h. das Rechte richtete

sich nicht mehr nach der Abstammung, sondern in einem Gebiet wurde unterschiedslos das Recht dieses Gebietes angewandt; aus Stammesrecht wird Landesrecht.

II. Statutentheorie

1. Die mittelalterlichen *Stadtstaaten Italiens* standen in lebhaftem Handelsverkehr; das erzwang die Beschäftigung mit den Problemen des IPR. Die *Kommentatoren* (s. o., § 3 A I 2) gingen von folgender These aus: Die Parteien unterwerfen sich durch Herstellung von Nahbeziehungen dem Ortsrecht, statutum, daher *Statutentheorie.* Und zwar:

a) für persönliche Verhältnisse (z. B. Rechts- und Handlungsfähigkeit, Erbfolge) dem am Wohnsitz geltenden Recht *(statuta personalia);*

b) für Liegenschaften der lex rei sitae *(statuta realia);* bewegliche Sachen folgen dagegen als Zubehör der Person (mobilia ossibus inhaerent) dem Personalstatut;

c) für Handlungen dem Ort, wo sie gesetzt werden (lex delicti commissi, lex contractus, locus regit actum; *statuta mixta*).

2. Die Statutentheorie ist hoch bedeutsam, obgleich nicht fehlerfrei:

a) Ihr Ausgangspunkt, die freiwillige Unterwerfung, ist fiktiv; deshalb, weil jemand Wohnsitz im Ausland nimmt, ist nicht gesagt, daß er sein Ursprungsrecht aufgeben will.

b) Die drei Prinzipien können miteinander in Widerspruch geraten. So soll die Erbfolge sich nach dem Personalstatut richten, für Liegenschaften aber das Realstatut gelten. Wie, wenn sich im Nachlaß eines Inländers ausländische Liegenschaften befinden? Will man die Einheitlichkeit der Universalsukzession erhalten, muß man das Realstatut fallenlassen; wendet man es auf die Liegenschaften an, die Universalsukzession preisgeben.

c) Die entwickelten Grundsätze sind klein an Zahl, oft mehrdeutig und unbestimmt. Welches ist die lex contractus bei Verträgen unter Abwesenden? Ist die lex delicti commissi das Recht des Begehungsortes oder des Ortes, wo der Schaden eingetreten ist?

III. Neuere Strömungen

Fortschritte in der Entwicklung des IPR. wurden erst im Verlauf des 19. Jahrhunderts erzielt.

1. In den USA gewinnt Story 1834, indem er gemäß dem angloamerikanischen Rechtsdenken darauf verzichtet, theoretische Grundsätze aufzustellen, aus Entscheidungen und Einzelüberlegungen richtige, konkret anwendbare Kollisionsnormen.

2. Auf diametral entgegengesetztem Wege erzielt die deutsche Pandektistik neue theoretische Einsichten. 1841 weist Wächter die Unhaltbarkeit der Fiktion freiwilliger Unterwerfung unter das Statut nach. Er betont demgegenüber die Staatssouveränität. Für den Richter könne nur der Gesetzesbefehl des eigenen Staates maßgebend sein. Dieser kann freilich dem Richter auch befehlen, fremdes Recht anzuwenden. Tut er es,

wendet der Richter zwar materiell fremdes, formell aber eigenes Recht an. Erteilt das eigene Recht dem Richter keinen solchen Befehl, hat er auch materiell eigenes Recht anzuwenden.

Der letzte Satz brachte WÄCHTERS theoretisch richtige Grundauffassung um die praktische Wirkung. Die nationalen Vorschriften über IPR. waren außerordentlich karg; vgl. ABGB. §§ 4, 33–37, 300. Sie ließen viele, ja fast nur Lücken. Immer dann einheimisches Recht anwenden hieß fast nur einheimisches Recht anwenden. — Der Satz war fehlerhaft, denn auch ohne ausdrücklichen Gesetzesbefehl darf der Richter annehmen, daß der Wille des nationalen Gesetzgebers nicht dahin geht, einheimisches Recht auf Rechtsverhältnisse anzuwenden, die ihrer Natur nach einer fremden Rechtsordnung zuzuordnen sind.

3. Diesen Fehler korrigierte SAVIGNY 1849. Die Völkerrechtsgemeinschaft verbiete eine Überspannung der Gebietshoheit. Jeder Staat habe anzuerkennen, daß jenes Recht anzuwenden sei, *wo das Rechtsverhältnis seinen Sitz hat.* GIERKE spricht dann, statt bildlich vom Sitz, geistiger vom *Schwerpunkt* des Rechtsverhältnisses.

Auch diese Formel kann Einzelfragen nicht eindeutig lösen: Liegt der Sitz (Schwerpunkt) personenrechtlicher Verhältnisse im Land des Wohnsitzes oder der Staatsbürgerschaft? Liegt er bei Schuldverträgen am Erfüllungs- oder Abschlußort? Ist dasselbe Rechtsverhältnis hinsichtlich verschiedener Fragen nicht nach verschiedenen Rechten zu beurteilen? Immerhin gibt die Lehre von SAVIGNY eine theoretisch unantastbare Richtlinie.

4. Während SAVIGNY das Personalstatut auf den Wohnsitz basierte, lehrte MANCINI 1851 im Zusammenhang mit den Ideen des italienischen Rinascimento, daß jeder das Recht seiner Nationalität (Staatsbürgerschaft) mit sich trage. Das territoriale Recht gelte nur, soweit es die öffentliche Ordnung, den ordre public (s. u., § 10 E), betreffe. Überdies könne man im Rahmen der Privatautonomie Rechtsverhältnisse einem Recht unterwerfen.

Heute gilt in Kontinentaleuropa das Staatsangehörigkeitsprinzip, im angloamerikanischen Rechtskreis das Prinzip des Wohnsitzes (dauernden Aufenthaltes). Das Staatsangehörigkeitsprinzip entspringt dem Nationalstaatsgedanken, während das Wohnsitzprinzip die Einschmelzung des Ausländers erleichtert.

5. Um die Jahrhundertwende versucht ZITELMANN, aus dem Völkerrecht das ‚richtige' IPR. logisch abzuleiten. Ein Versuch de lege ferenda! Der nationale Gesetzgeber sollte sich daran orientieren, d. h. die seiner Macht durch die Völkerrechtsgemeinschaft gezogenen Grenzen respektieren und nur jene Rechtsverhältnisse seiner Herrschaft unterwerfen, die mit seinem Herrschaftsbereich stärker als mit dem anderer Staaten verknüpft sind. Doch ist nicht zu übersehen, daß die lex lata (das von den Einzelstaaten gesetzte IPR.) den Ergebnissen von ZITELMANN vielfach widerspricht. Trotzdem hat der Richter den Befehl seines Gesetzgebers zu befolgen. Wo freilich das nationale IPR. Lücken läßt, hat er nach den

natürlichen Rechtsgrundsätzen, d. h. so zu entscheiden, wie der Gesetzgeber entscheiden würde, und kann den Grundgedanken Zitelmanns folgen.

Wir sehen, daß das IPR. zuerst von der Wissenschaft entdeckt und weitgehend von ihr geformt wurde. Wie kaum ein anderes Rechtsgebiet zeigt es, was die Wissenschaft zu leisten vermag, aber auch, wo ihre Grenzen sind.

C. Rechtsquellen

1. Gelänge es, *einheitlich materielles Privatrecht* zu schaffen, würden sich Kollisionsnormen erübrigen. Davon sind wir aber weit entfernt. Ansätze dazu haben wir im Weltwechsel- und -scheckrecht und in Entwürfen des internationalen Institutes für die Vereinheitlichung des Privatrechtes, z. B. über die Stellvertretung bei internationalen vermögensrechtlichen Geschäften. Vgl. auch die internationalen Übereinkommen über den Eisenbahnfrachtverkehr und den Eisenbahnpersonen- und -gepäckverkehr.

2. Unter diesen Umständen sind Kollisionsnormen auf absehbare Zeit unentbehrlich. Es wäre schon ein bedeutender Fortschritt, *einheitliche Kollisionsnormen* zu schaffen, also ein wirklich internationales IPR. Auch dafür sind die Ansätze bescheiden.

Vor dem ersten Weltkrieg die Haager Abkommen von 1902 und 1905 betr. Eheschließung, -scheidung, -trennung und die Wirkungen der Ehe; über Vormundschaft und Entmündigung. In neuester Zeit die Abkommen über die Todeserklärung Verschollener, über internationale Kaufverträge, über die Anerkennung juristischer Personen, über die Geltendmachung von Unterhaltsansprüchen im Ausland, über die internationale Anerkennung von Rechten an Luftfahrzeugen, über die Kernenergiehaftpflicht, über das auf die Form letztwilliger Verfügungen anzuwendende Recht, über die Änderung von Namen und Vornamen.

3. Das IPR. hat zwei Gesichter: es ist innerstaatliches Recht, soweit die nationalen Rechtsordnungen Kollisionsnormen aufstellen. Es gehört dem Völkerrecht an, soweit es auf internationalen Verträgen oder internationalem Gewohnheitsrecht beruht. Auch Lücken sind nach den Grundsätzen des Völkerrechtes zu schließen. Das umso mehr, als nach Art. 9 B.-VG. die allgemein anerkannten Regeln des Völkerrechtes als Bestandteile des österreichischen Rechtes gelten.

4. Nach wie vor ist das IPR. zum größten Teil nationales Recht (insoweit ist der Name irreführend); es gibt also ein österreichisches, deutsches, französisches IPR. Leider regeln sie auch wesentliche Fragen nicht immer gleich. Bei der Ausfüllung von Lücken, die im österreichischen IPR. besonders zahlreich sind, wird die wissenschaftliche Grundanschauung von Bedeutung.

5. Man unterscheidet *zwei- und einseitige Kollisionsnormen:*

a) Die zweiseitigen (vollständigen) geben an, wann in- und wann ausländisches Recht und welches anzuwenden ist. Beispiel § 6 der 4. DV. zum EheG.

b) Die einseitigen (unvollständigen) beschränken sich darauf, den Anwendungsbereich des inländischen Rechtes zu bestimmen, woraus sich nur mittelbar ergibt, wann ausländisches Recht anzuwenden ist und nach welchen Anknüpfungsgründen. Beispiel § 7 der 4. DV. zum EheG.

Anhang

In ein und demselben Staat kann gebietsweise verschiedenes Privatrecht gelten.

Z. B. bestand bis 1938 im Burgenland das ungarische Eherecht fort. Heute kann sich in Österreich die Frage stellen, welchem LandeslandarbeitsG. ein Landarbeitsverhältnis untersteht.

Auf die Kollision innerstaatlicher Normen — sogenanntes *interlokales (interkantonales) Privatrecht* — sind die Grundsätze des IPR. anzuwenden. Der Anknüpfungsgrund der Staatsangehörigkeit scheidet freilich aus. An seine Stelle tritt der der Landesbürgerschaft, des Wohnsitzes oder Aufenthaltes. Auch fallen normalerweise Vorbehaltsklausel und Vergeltungrecht weg. In Deutschland bietet das interzonale Privatrecht besondere Probleme.

§ 10. Internationales Privatrecht: Allgemeiner Teil

A. Anknüpfungsgründe

I. Überblick

Man wird einen Sachverhalt der Rechtsordnung unterstellen, zu der er die nächste Beziehung hat. Der wichtigste Anknüpfungsgrund ist die Beziehung des Rechtssubjektes zu einem Staat (Personalstatut); ein anderer der Ort (lex loci), und zwar der belegenen Sache (rei sitae) oder der gesetzten Handlung (für Delikte lex loci delicti commissi, für Geschäfte lex loci actus oder solutionis). Schließlich erhebt sich die Frage, ob und wieweit die Parteiautonomie auch die Wahl des anzuwendenden Rechtes beinhaltet; s. u., § 11 F I 5. Das Personalstatut bedarf besonderer Erörterung; die übrigen Anknüpfungsgründe werden bei den Rechtsinstituten behandelt, wo sie auftreten.

II. Personalstatut: Staatsangehörigkeits- und Wohnsitzprinzip

1. Unter Personalstatut versteht man das Recht des Staates, dem eine Person zugehört. Die Zugehörigkeit kann beruhen auf

a) Staatsangehörigkeit i. e. S. (lex patriae, Heimatrecht);

b) Wohnsitz (lex domicilii);

c) gewöhnlicher Aufenthalt (faktischer Wohnsitz) oder hilfsweise schlichter Aufenthalt.

2. Die meisten europäischen Länder folgen dem Staatsangehörigkeitsprinzip; die angelsächsischen, auch in Übersee, dem Wohnsitzprinzip.

Manche Länder behandeln Ausländer im Inland nach dem Wohnsitz-, Inländer im Ausland nach dem Staatsangehörigkeitsprinzip.

Beide Prinzipien haben etwas für sich. Für den Wohnsitz spricht die äußere Erkennbarkeit und daß er als Mittelpunkt der gesamten Lebensverhältnisse besonders für das Privatrecht bedeutsam ist, die Rechtsanwendung in Einwanderungsländern vereinfacht, die Verschmelzung begünstigt; für die Staatsangehörigkeit die ideelle Bindung an das Heimatrecht, besonders bei Nationalstaaten. Im Hintergrund stehn gleichwertig Territorial- oder Personalhoheit. Eine Vereinheitlichung ist, so wünschenswert sie wäre, nicht abzusehen.

3. *Österreichisches Recht. §§ 4 und 34.* — Der Konflikt beider Prinzipien spiegelt sich im österreichischen Recht. § 4 stellt für österreichische Staatsbürger, auch im Ausland, auf die Staatsangehörigkeit ab. § 34 scheint sich dagegen für Ausländer zum Wohnsitz zu bekennen. So auch die ältere österreichische Lehre und Praxis. Die neuere legt einheitlich auch § 34 im Sinne des Staatsangehörigkeitsprinzips aus. Sie liest den entscheidenden Passus so: „... nach den Gesetzen ..., denen der Fremde (vermöge seines Wohnsitzes oder, wenn er keinen eigentlichen Wohnsitz hat, vermöge seiner Geburt) *als Untertan* unterliegt." Wohnsitz und Geburt seien nur deshalb genannt, weil man nach der damaligen gemeinrechtlichen Lehre dadurch Untertan wurde. Man kann sich auf § 35, man kann sich auch auf ZEILLER berufen: „Wir wollen, daß die persönlichrechtliche Tätigkeit unserer Mitbürger überall nach unseren vaterländischen Gesetzen ermessen wird. Wir müssen also auch das Nämliche bei Fremden gelten lassen." Maßgebend war wohl der Einfluß der Nachbarrechte, besonders das EinführungsG. zum BGB., die vom Wohnsitz- zum Staatsangehörigkeitsgrundsatz übergingen. Somit gilt jetzt im österreichischen IPR. einheitlich das Staatsangehörigkeitsprinzip.

III. Einzelfragen

1. *Staatsangehörigkeit.*

a) Ob jemand die Staatsangehörigkeit besitzt, ist nach dem Recht des betreffenden Staates (materiellen wie Kollisionsnormen) zu beurteilen (s. u., B).

b) Für *Mehrstaater* sollte die Staatsangehörigkeit vorgehn, zu der die engere Beziehung besteht, doch wird i. d. R. der inländischen der Vorzug gegeben; so auch Art. 2 des Übereinkommens über die Änderung von Namen und Vornamen.

c) Für Staatenlose versagt der Grundsatz, da ihr letztes Heimatrecht nicht herangezogen werden darf (Emigranten); daher ist auf Wohnsitz und Aufenthalt zurückzugreifen.

d) Für *Flüchtlinge* gilt nach der Genfer Konvention 1951 das Recht ihres Wohnsitzes/Aufenthaltes.

e) *Juristische Personen* haben keine Staatsangehörigkeit. Ihr Personalstatut bestimmt sich nach dem Sitz, d. i. der Ort der Verwaltung, nicht notwendig des Betriebes. Nach der im angelsächsischen Rechtskreis herrschenden Inkorporationstheorie ist jene Rechtsordnung maßgebend, die der juristischen Person die Rechtsfähigkeit verliehen hat (Gründungsrecht). Nach dem Personalstatut beurteilt sich, ob es eine in- oder ausländische juristische Person ist.

In Kriegszeiten hat sich die Kontrolltheorie darüber hinweggesetzt und bemüht, die durch die juristische Person verdeckten realen Kräfte aufzudecken. Danach wurde als Feindvermögen auch das Vermögen von juristischen Personen beschlagnahmt und enteignet, die von natürlichen Personen kontrolliert (beherrscht) wurden, die Feindstaaten angehörten.

2. *Wohnsitz/Aufenthalt,* der nach österreichischem IPR. hilfsweise heranzuziehen ist.

a) Der Wohnsitz wird von den nationalen Rechten sehr verschieden gefaßt, z. B. wurde der abgeleitete (gesetzliche) Wohnsitz der Ehefrau in Deutschland auf Grund des Gleichberechtigungsgrundsatzes abgeschafft. Ob ein Wohnsitz besteht, ist nach der betreffenden Rechtsordnung zu beurteilen (s. u., B).

b) Bei mehrfachem Wohnsitz ist jener vorzuziehen, der die engere Verbindung begründet.

c) Um solche Schwierigkeiten zu vermeiden, wählen neuere Rechtsvorschriften als Anknüpfungsgrund den faktischen Wohnsitz = gewöhnlichen Aufenthalt. Der Wohnsitz setzt die Absicht voraus, an dem Ort den bleibenden Aufenthalt zu nehmen; außerdem haben gewisse Personen (Ehefrau, Kinder) einen abgeleiteten (gesetzlichen) Wohnsitz. Der gewöhnliche Aufenthalt wird durch die bloße Tatsache des ungezwungenen vorwiegenden Verweilens an einem Ort begründet; einen abgeleiteten Aufenthalt gibt es nicht. Der schlichte Aufenthalt (von kürzerer Dauer, z. B. Durchreise, Ausflug), genügt jedoch nicht; er dient nur hilfsweise als Anknüpfungsgrund.

3. Stellt eine Kollisionsnorm auf das Personalstatut ab, ist darauf zu achten, ob das jeweilige Personalstatut *(Wandelbarkeit)* oder das Personalstatut, das zu einer bestimmten Zeit bestand *(Unwandelbarkeit),* maßgebend sein soll.

Z. B. beurteilt sich das Rechtsverhältnis zwischen unehelichem Kind und Mutter nach dem *jeweiligen* Personalstatut der Mutter; die Feststellung der unehelichen Vaterschaft und die daraus entspringenden Pflichten dagegen nach dem Personalstatut der Mutter *zur Zeit der Geburt des Kindes.*

Auch Unwandelbarkeit besagt aber nicht, daß das maßgebende Recht maßgebend bleibt, so wie es seinerzeit bestand. Hätte es sich inzwischen verändert (z. B. die exceptio plurium beseitigt), ist es in seiner gegenwärtigen Gestalt anzuwenden.

B. Rechtliche Einordnung (Qualifikation)

1. Die Anknüpfungspunkte sind zum Teil reine Tatsachen, z. B. der Ort der belegenen Sache oder der Ort des Aufenthaltes; zum Teil sind sie selbst wieder Rechtsbegriffe, z. B. Staatsbürgerschaft, Wohnsitz, aber auch Erfüllungsort, Zeitpunkt des Vertragsschlusses — Rechtsbegriffe, die die verschiedenen nationalen Rechtsordnungen u. U. verschieden fassen.

Soll z. B. das Recht jenes Staates angewendet werden, wo die Person ihren Wohnsitz hat, ist die Vorfrage zu entscheiden, wann Wohnsitz gegeben ist. Nach welchem Recht ist sie zu entscheiden?

2. Die nationalen Rechtsordnungen können aber auch ein Verhalten rechtlich verschieden qualifizieren (einordnen).

Welches Recht ist auf ein in Frankreich eingegangenes, in Österreich gebrochenes Verlöbnis anzuwenden? Nach österreichischem Recht ist der Verlöbnisbruch Vertragsverletzung, worauf i. d. R. das Recht des Vertragsschlusses, also französisches Recht anzuwenden wäre. Nach französischem Recht macht Verlöbnisbruch nur als Delikt haftbar; für Delikte gilt das Recht des Ortes der begangenen Tat, also österreichisches Recht. Die rechtliche Einordnung, Qualifikation (Verlöbnisbruch – Vertragsverletzung oder Delikt) entscheidet über das anzuwendende Recht, die rechtliche Einordnung (Qualifikation) selbst ist aber wieder verschieden nach dem Recht, das man anwendet. – Hinterläßt ein Engländer Hypotheken auf Liegenschaften in Österreich, so richtet sich nach österreichischem IPR. das anzuwendende materielle Recht danach, ob es sich um bewegliche oder unbewegliche Sachen handelt. Für bewegliche Sachen gilt das Personalstatut (englisches Recht), für die Erbfolge in inländische unbewegliche Sachen das Realstatut (österreichisches Recht). Nach welchem Recht hat der Richter aber zu entscheiden, ob Hypotheken zu den beweglichen oder unbeweglichen Sachen zählen? Nach österreichischem Recht (§§ 298, 299) zählen sie zu den beweglichen, nach englischem zu den unbeweglichen Sachen.

Um zu entscheiden, welches Recht anzuwenden ist, muß rechtlich eingeordnet (qualifiziert) werden. Für die rechtliche Einordnung (Qualifikation) kommt es darauf an, welches Recht anzuwenden ist – ein Zirkel.

3. Bei der nahen Verwandtschaft der kontinentaleuropäischen und angelsächsischen Rechte stimmt glücklicherweise die rechtliche Qualifikation nur in Ausnahmsfällen nicht überein. Stimmt sie nicht überein, ist die Praxis geneigt, den Knoten zu durchhauen und die *Qualifikation nach der lex fori,* dem einheimischen Recht, vorzunehmen. Eine saubere Lösung wählt das oben angeführte Übereinkommen über die Testamentsform. Sie richtet sich u. a. nach dem Wohnsitz des Erblassers zur Zeit der Testamentserrichtung oder seines Todes. „Die Frage, ob der Erblasser an einem bestimmten Ort einen Wohnsitz gehabt hat, wird durch das an diesem Ort geltende Recht geregelt.“ (Art. 1, letzter Abs.) Das am Ort des fraglichen Wohnsitzes wirkende Recht entscheidet auch darüber, ob dort Wohnsitz gegeben war *(Recht des Wirkungsstatutes).*

Demgemäß entscheidet das Recht, das nach dem Prinzip der Staatsangehörigkeit anzuwenden ist, auch darüber, ob die Person Staatsbürger ist; das Recht am Orte des Verlöbnisbruches auch darüber, wie er rechtlich zu qualifizieren ist; das Recht am Ort der belegenen Sache darüber, ob sie als unbeweglich gilt. Im obigen Beispiel hat daher das österreichische Gericht auch für Hypotheken auf Liegenschaften in Österreich, da das Wirkungsstatut sie als bewegliche Sachen qualifiziert, die Entscheidung den englischen Stellen zu überlassen. Hinterläßt umgekehrt ein Österreicher Hypotheken auf Liegenschaften in England, sind sie nach englischem Recht als unbewegliche Sachen zu qualifizieren, daher nicht in Österreich abzuhandeln.

4. Auch in der nationalen Rechtsordnung kann die Einordnung zweifelhaft sein. Nach § 569 können Personen von 14—18 Jahren nur mündlich vor Gericht testieren. Ist das eine Frage der Fähigkeit oder der Form? Das genannte Übereinkommen Art. 5 bestimmt daher ausdrücklich, daß diese und ähnliche Vorschriften „als zur Form gehörig" anzusehen seien.

C. Weiter- und Rückverweisung

I. Weiterverweisung

1. Verweist die inländische Kollisionsnorm auf ausländisches Recht, kann der Fall eintreten, daß die Kollisionsnorm des ausländischen Rechtes, auf das verwiesen wird, auf ein drittes Recht verweist, u. U. dieses auf ein viertes usw. Hat der inländische Richter auch die Weiterverweisung zu befolgen? Anders ausgedrückt: Weist die inländische Kollisionsnorm ihn nur an, das materielle ausländische Recht anzuwenden (Sachnormverweisung) oder umfaßt sie die ausländische Kollisionsnorm mit (Gesamtverweisung)?

2. Eine Vorschrift über die Behandlung der Weiterverweisung enthält das ABGB. nicht. Nach Art. 91/I/2 WG. und Art. 60/I/2 ScheckG. ist sie zu befolgen. Diese Regel dürfte allgemein den Vorzug verdienen, wenn sie zu einem eindeutigen Ergebnis führt, d. h. wenn das Recht, auf das weiterverwiesen wird, den Fall bei sich beläßt.

Verweist z. B. österreichisches Recht auf englisches, dieses weiter auf französisches und beläßt dieses den Fall bei sich, so führt die Befolgung der Weiterverweisung dazu, daß der Fall, wo immer er zum Spruch kommt, einheitlich nach französischem Recht beurteilt wird (Konkordanz).

II. Rückverweisung (renvoi)

1. *Beispiel.* — Die Mutter eines unehelichen Kindes, österreichische Staatsbürgerin, heiratet dessen Vater, einen englischen Staatsbürger, der in Österreich seinen Wohnsitz genommen, in der Absicht, hierzubleiben. Die Eltern beantragen nach § 31 PStG. beim Vormundschaftsgericht, die Legitimation des Kindes durch nachfolgende Ehe festzustellen und die Beischreibung im Geburtsregister anzuordnen. — Gemäß § 13 der 4. DV. zum EheG. hat der österreichische Richter das Recht des Staates anzuwenden, dem der Vater angehört, d. h. dessen Staatsbürger er ist, also englisches Recht. Nach englischem Recht tritt — anders als nach österreichischem — die Legitimation durch nachfolgende Ehe nur ein, wenn Vater und Mutter zur Zeit der Geburt des Kindes unverheiratet waren. Da die erste Ehe des Vaters damals noch nicht geschieden war, ist nach materiellem englischem Recht der Antrag abzulehnen. — Ein englisches Gericht hätte nach seinem IPR. das Recht des Wohnsitzes des Vaters anwenden müssen. Nach englischem Recht geht freilich — anders als nach österreichischem — der englische Wohnsitz nur verloren, wenn England in der Absicht verlassen wurde, nicht mehr zurückzukehren. Da das der Fall war, hätte der englische Richter österreichisches Recht anzuwenden, und das Kind wäre durch nachfolgende Ehe ehelich geworden.

2. Das *Problem.* — Das englische IPR. verweist hier auf das österreichische Recht zurück. Wie bei der Weiterverweisung steht also der österreichische Richter vor der Frage, ob die Verweisung des österreichischen IPR. auf englisches Recht nur das materielle Recht betrifft (dann hat er englisches Recht anzuwenden) oder auch das englische IPR. miteinschließt (dann wird er auf österreichisches Recht rückverwiesen). Vor derselben Frage mit umgekehrten Vorzeichen steht der englische Richter: Betrifft die Verweisung des englischen IPR. nur das materielle österreichische Recht, hat er es anzuwenden; schließt sie das österreichische IPR. ein, wird er auf englisches Recht rückverwiesen.

Beachten beide Richter die Rückverweisung nicht, wenden sie auf Grund eigener Kollisionsnorm materiell fremdes Recht an; beachten sie sie, wenden sie auf Grund fremder Kollisionsnorm eigenes Recht an. So oder so entscheiden sie gegenteilig. Nie kommt es dazu, daß auf den Fall, wo immer er zum Spruch kommt, dasselbe materielle Recht angewendet wird.

Die Rückverweisung führt zu einem Zirkel ohne Ende: Das österreichische Recht verweist auf das englische, dieses auf das österreichische, dieses wieder auf das englische usw. Das logische Spiegelkabinett und Ping-Pong-Spiel findet nur ein Ende, wenn ein Spieler den Ball nicht zurückschlägt.

3. Theoretisch wird sowohl vertreten, die Rückverweisung zu befolgen, wie sie nicht zu befolgen.

a) *Sie zu befolgen.* — Die Verweisung des inländischen IPR. beziehe sich auch auf die ausländische Kollisionsnorm (Gesamtverweisung), denn man solle ein Recht nicht anwenden, das selbst nicht angewendet sein wolle. Auch führe die Nichtbefolgung dazu, daß beide Richter wechselweise fremdes Recht anwenden; da sei es doch natürlicher, wenn sie — gleichsam compensando — das eigene anwenden. Für die Befolgung spreche auch die Analogie zur Weiterverweisung.

b) *Sie nicht zu befolgen.* — Die Verweisung des inländischen IPR. beziehe sich nur auf die ausländische Sachnorm; das ausländische Recht werde ja angewendet, nicht weil es selbst will, sondern weil das inländische IPR. das dem Richter befiehlt. Ob der Richter die Rückverweisung befolge oder nicht — immer habe er ausländisches Recht anzuwenden: die ausländische Kollisionsnorm, wenn er die Rückverweisung befolge; ausländisches materielles Recht, wenn er sie nicht befolge. Nun könne sich aber der Richter noch eher mit ausländischem materiellem Recht vertraut machen als mit ausländischen — meist sehr lückenhaften — Kollisionsnormen. Schließlich führe die Befolgung zur unendlichen Reihe.

4. *Lösung.* — § 15 der 4. DV. zum EheG. entscheidet sich für die Befolgung der Rückverweisung, schneidet sie aber beim inländischen Recht ab. In unserem Fall ist danach österreichisches Recht anzuwenden, wonach das Kind ehelich ist. Hätte freilich der Vater den Wohnsitz in Österreich nicht in der Absicht begründet, nicht mehr nach England zurückzukehren, so hätte er den englischen Wohnsitz dadurch nicht verloren. In diesem Fall würde das englische IPR. nicht auf das österreichische Recht zurück-

verweisen; der österreichische Richter hätte englisches Recht anzuwenden, und das Kind wäre nicht durch nachfolgende Ehe legitimiert.

Die österreichische Praxis hat den Satz des § 15 verallgemeinert und so formuliert: Bei Rückverweisung auf österreichisches Recht habe der Richter so vorzugehn, wie wenn von vornherein österreichisches Recht anzuwenden wäre. Das bedeutet eigentlich nicht Befolgung der Rückverweisung, sondern einfach Bevorzugung des inländischen Rechtes.

D. Gegenseitigkeit und Vergeltung

1. § 33/1 stellt grundsätzlich die „Fremden" den „Eingeborenen" gleich, vorausgesetzt, daß der fremde Staat die Österreicher „in Rücksicht des Rechtes, wovon die Frage ist, ebenfalls wie die seinigen behandle". *Formelle Gegenseitigkeit.* Formell, d. h. daß der Auslandstaat den Österreicher nicht schlechter stellen darf als die eigenen Staatsbürger, was nicht ausschließt, daß der Österreicher im Ausland *materiell* nicht gleichsteht, wie er und der ihm formell gleichgestellte Ausländer im Inland stünde — dann nämlich, wenn das ausländische Recht österreichische Rechtseinrichtungen nicht kennt.

2. Demgegenüber wird im § 7 AHG. unter Gegenseitigkeit die *materielle Gegenseitigkeit* verstanden, d. h. der österreichische Staat haftet Ausländern gegenüber für seine Organe nur, wenn der ausländische Staat Österreichern gegenüber in gleicher Weise haftet. Die materielle Gegenseitigkeit mutet also dem ausländischen Staat zu, daß er sein Recht dem österreichischen angleiche; zum Unterschied von der formellen wird sie Ausnahme bleiben müssen.

3. § 33 verlangt, daß in zweifelhaften Fällen der Ausländer die Gegenseitigkeit nachweise, was freilich durch Staatsverträge oder Regierungserklärungen erleichtert wird. Immerhin bekundet sich darin ein gewisses Mißtrauen. Dem internationalen Verkehr förderlicher ist es, formelle Gegenseitigkeit anzunehmen, solange nicht das Gegenteil erwiesen ist (Beweislastumkehr). Im letzten Fallen üben die Gerichte Vergeltung (Retorsion), indem sie dem Ausländer die entsprechende Befugnis aberkennen. § 95/II UrhG. sieht vor, durch VO. den Urheberschutz für die Werke von Angehörigen eines Staates zu beschränken oder auszuschließen, der die Werke österreichischer Urheber nicht hinreichend schützt. Ähnlich § 41 UWG.

4. Art. 6/1 des Übereinkommens über das auf die Form letztwilliger Verfügungen anzuwendende Recht verzichtet überhaupt auf das Erfordernis der Gegenseitigkeit.

E. Vorbehalt (ordre public)

1. Ist kraft IPR. ausländisches Recht anzuwenden, geschieht das mit dem Vorbehalt, daß es nicht dem inländischen ordre public widersprechen darf. So begreiflich dieser Vorbehalt, so wenig ist es gelungen, eine allgemein befriedigende Formel zu finden.

2. Der Vorbehalt gilt auch im österreichischen Recht, obwohl dem ABGB. eine ausdrückliche Bestimmung fehlt.

a) Nach § 81 Z. 4 EO. ist die Exekution nicht zu bewilligen, wenn sie ein Rechtsverhältnis anerkennen oder einen Anspruch verwirklichen würde, „welchem durch das inländische Gesetz im Inlande aus Rücksichten der öffentlichen Ordnung oder der Sittlichkeit die Gültigkeit oder Klagbarkeit versagt ist".

b) § 18 der 4. DV. zum EheG. übernimmt für das Familienrecht die Formel des Art. 30 EGBGB.: „Wenn die Anwendung gegen die guten Sitten oder gegen den Zweck eines inländischen Gesetzes verstoßen würde." Nähme man das wörtlich, würde fremdes Recht nie zur Anwendung kommen, sobald es dem eigenen widerspricht. Die Auslegung korrigiert die zu weite Fassung.

c) Zu weit wäre es auch noch, die Anwendung fremden Rechtes auszuschließen, wenn es gegen zwingendes eigenes Recht verstößt. Das würde z. B. dazu führen, einem im Ausland nach dortigem Recht formgültig errichteten Rechtsakt im Inland die Wirkung zu versagen. Mit der auch versuchten Formel von absolut zwingendem Recht ist nicht viel gewonnen.

d) Noch am besten formuliert den Vorbehalt das Übereinkommen über das auf Unterhaltsverpflichtungen gegenüber Kindern anzuwendende Recht, BGBl. 1961/293 Art. 4: Wenn das ausländische Recht „mit der öffentlichen Ordnung des Staates offensichtlich unvereinbar ist." Ähnlich das Übereinkommen über die Anerkennung und Vollstreckung von Entscheidungen auf dem Gebiet der Unterhaltspflicht gegenüber Kindern, BGBl. 1961/294 Art. 2 Z. 5 und das Übereinkommen über die Änderung von Namen und Vornamen, BGBl. 1965/278 Art. 5.

3. Der richterlichen Rechtsfindung bleibt ein beträchtlicher Spielraum. — Nicht als gegen den ordre public verstoßend wurde die Einrede des Mehrverkehrs (s. Beispiel § 9 A Z. 1) angesehen; ebenso eine ausländische längere Verjährungsfrist. Die Vorbehaltsklausel wird umso bedeutsamer, je grundlegender die Unterschiede zwischen Staats- und Gesellschaftsordnungen sind. So widersprach während der NS.-Zeit die Anwendung der deutschen Rassengesetze auf Ausländerehen in der Schweiz dem ordre public. So sind entschädigungslose Enteignungen (Nationalisation, Konfiskation) für im Inland befindliche Güter nicht anzuerkennen.

F. Ausländisches Recht — Recht oder Faktum?

Soll man ausländisches Recht anwenden, muß man es kennen. Das inländische Recht zu kennen ist der Richter verpflichtet; gilt das auch für ausländisches Recht? Ist es Recht (dann hat der Richter es zu ermitteln) oder bloße Tatsache, Faktum (dann haben die Parteien es nachzuweisen)?

1. Hat der Richter nach inländischem IPR. ausländisches Recht anzuwenden, wird es vom inländischen Gesetzesbefehl mitumfaßt. Er muß es von Amts wegen anwenden und ermitteln (ZPO. § 271), also auch, wenn die Parteien es übersehen sollten.

2. Über das Zumutbare kann man freilich nicht hinausgehn. Der Richter kann, soweit ihm die Ermittlung im eigenen Wirkungsbereich nicht

möglich ist, beim Justizministerium Auskunft einholen, wobei er die zu ermittelnde Rechtsnorm oder zu lösende Rechtsfrage eindeutig bezeichnen muß. Der Richter kann zur Ermittlung auch die Parteien heranziehen, ohne jedoch durch sie gebunden zu sein (ZPO. § 271).

3. Unrichtige Anwendung inländischen Rechtes bildet den Revisionsgrund der unrichtigen rechtlichen Beurteilung. Wie, wenn der Richter ausländisches Recht unrichtig anwendet?

a) Auch die unrichtige Anwendung inländischer Kollisionsnormen (z. B. wenn der Richter auf Grund dieser Normen ausländisches Recht hätte anwenden sollen und inländisches anwendet oder umgekehrt) ist unrichtige rechtliche Beurteilung.

b) Irrt er nicht im Ob (er wendet z. B. zu Recht ausländisches Recht an), sondern im Wie (er wendet es falsch an), ist auch dies unrichtige rechtliche Beurteilung, die der Revision unterliegt.

4. Läßt sich das anzuwendende ausländische Recht in absehbarer Zeit nicht ermitteln, ist hilfsweise inländisches Recht als lex fori anzuwenden.

§ 11. Internationales Privatrecht: Besonderer Teil

A. Personenrecht

Grundsätzlich gilt das Personalstatut, und zwar für folgende Einzelfragen:

I. Natürliche Person

1. *Rechtsfähigkeit.*

Im allgemeinen besteht wenig Unterschied zwischen den nationalen Rechtsordnungen, doch verlangt z. B. das spanische Recht für die Rechtsfähigkeit, daß das Kind 24 Stunden gelebt habe.

2. *Geschäftsfähigkeit.* Die Deliktsfähigkeit richtet sich nach dem Recht des Ortes der begangenen Tat. Die eingetretene Volljährigkeit kann durch Wechsel des Personalstatutes nicht mehr verloren gehn. Für die Volljährigerklärung gilt bei ehelichen Kindern das Personalstatut des Vaters, bei unehelichen ihr eigenes.

3. *Entmündigung* (EntmO. §§ 12 ff.). Der Grundsatz wird durchbrochen:

a) für Ausländer: Wenn sie in Österreich ihren ständigen Aufenthalt haben, hat das inländische Gericht vorläufige Maßnahmen zu treffen, die Behörde des Heimatstaates zu verständigen und ihr eine angemessene Frist zu setzen. Läuft sie fruchtlos ab, verfährt und entscheidet das inländische Gericht nach inländischem Recht;

b) für Inländer, die im Ausland Wohnsitz oder Aufenthalt haben, wenn das ausländische Verfahren zum Schutz ihrer Rechte und Interessen ausreicht.

4. *Todeserklärung* (TodErklG. § 12). — Maßgebend ist das Personalstatut des Verschollenen „in dem letzten Zeitpunkt, in dem er nach den vorhandenen Nachrichten noch gelebt hat“.

Ausnahme: Ein Ausländer kann in Österreich nach österreichischem Recht für tot erklärt werden:

a) „mit Wirkung für die Rechtsverhältnisse, welche nach österreichischem Recht zu beurteilen sind, und mit Wirkung für das im Inland befindliche Vermögen“;

b) auf Antrag seiner Ehefrau, „wenn diese im Inland ihren Wohnsitz hat und österreichische Staatsbürgerin ist oder bis zu ihrer Verheiratung mit dem Verschollenen war“.

Beides dann nicht, wenn bei der Behörde des Heimatstaates ein Verfahren anhängig oder schon entschieden ist.

II. Juristische Person

Nach dem Recht des Sitzes ist zu beurteilen: ob sie entstanden, ob sie untergegangen ist; der Umfang ihrer Rechtsfähigkeit, z. B. ob die OHG. juristische Person ist; ihre Verfassung und Organisation; ihre Geschäftsfähigkeit. Verlegt eine juristische Person ihren Sitz in einen anderen Staat, geht sie dadurch nicht unter, unterfällt aber der Rechtsordnung des neuen Sitzes.

III. Persönlichkeitsrechte, insbesondere Namen

Es ist zu beachten, daß Erwerb und Verlust des Namens vielfach die Folge familienrechtlicher Vorgänge sind, wofür das Familienrechtsstatut gilt; s. u., C. Die Firma einer natürlichen oder juristischen Person richtet sich nach dem Recht am Sitz des Unternehmens. Urheber- und Patentrecht sowie Marken- und Musterschutz sind weitgehend durch internationale Abkommen vereinheitlicht.

B. Rechtsgeschäfte

1. *Rechtsgeschäfte* unterliegen keinem allgemeinen Statut; vielmehr gilt, je nachdem, ob es sich um ein personen-, sachen-, schuld-, familien- oder erbrechtliches Geschäft handelt, das betreffende Sachstatut. So auch für Willensmängel. Z. B. gilt für Schuldverträge das Recht des Abschlußortes, während sachenrechtliche Verfügungen nach der lex rei sitae zu beurteilen sind. Nur für die Geschäftsfähigkeit ist durchwegs das Personalstatut maßgebend; für die Form alternativ das Geschäftsrecht (das für das Ausführungsgeschäft maßgebende Statut) oder das Ortsrecht, je nachdem, welches günstiger ist. Formalgeschäfte des Familien- und Erbrechtes unterstehn besonderen Vorschriften. Formen im Zusammenhang mit dem Liegenschaftsverkehr richten sich nach der lex rei sitae.

2. *Stellvertretung.* — Die gesetzliche Vertretung richtet sich nach dem Statut des Rechtsverhältnisses, dem sie entspringt, z. B. die des ehelichen Vaters nach seinem Personalstatut; die Vertretungsmacht von Organen juristischer Personen nach dem Recht ihres Sitzes. Für die Vollmacht zu Grundstücksverfügungen gilt die lex rei sitae, für die zum Abschluß von Schuldverträgen das Schuldstatut. Aus Gründen des Verkehrsschutzes

wird aber auch das Recht herangezogen, in dessen Bereich die Vollmacht ausgeübt wird (Gebrauchsort, Wirkungsland).

3. Die *Verjährung* richtet sich nach der Rechtsordnung, die für den Anspruch gilt.

C. Ehe- und Familienrecht

Das ABGB. enthielt — von der persönlichen Fähigkeit (§ 4) abgesehen — keine spezielle Regelung; die 4. DV. zum EheG. (im folgenden nur mit Paragraphen zitiert) hat die Lücke geschlossen. Das ist wichtig, weil die nationalen Ehe- und Familienrechte große Unterschiede aufweisen, so bezüglich der Lösbarkeit der Ehe, der Stellung des unehelichen Kindes usw.

1. Verlöbnis. — Voraussetzungen und Wirkungen richten sich analog § 6/I nach dem Recht des Staates eines jeden Verlobten. Weitergehende Wirkungen, als die §§ 45, 46 ABGB. vorsehen, verstoßen aber gegen den österreichischen ordre public (Gewährleistung freien Eheentschlusses).

2. § 6. Eingehung der Ehe. — Voraussetzungen der Eheschließung (Hindernisse) sind nach dem Recht des Staates eines jeden Verlobten zu beurteilen. Ausländer müssen deshalb ein Ehefähigkeitszeugnis beibringen (EheG. § 14). Die Frage der Gültigkeit der Ehe (Nichtigkeit, Aufhebbarkeit bzw. Anfechtbarkeit) richtet sich nach dem Personalstatut der Gatten zur Zeit der Eheschließung (Unwandelbarkeit).

Die Form richtet sich nach dem Abschlußort, für eine in Österreich geschlossene Ehe daher nach österreichischem Recht. Ausländer können noch die durch ihr Heimatrecht gebotene Form einhalten müssen, damit die Ehe auch in ihrer Heimat gelte.

3. § 7. Ehewirkungen. — Sie beurteilen sich nach dem Personalstatut. Und zwar die persönlichen Ehewirkungen nach dem Personalstatut im Zeitpunkt der Beurteilung des personenrechtlichen Verhältnisses (Wandelbarkeit); das eheliche Güterrecht, gesetzliches wie vertragliches, dagegen nach dem Personalstatut zur Zeit der Eheschließung (Unwandelbarkeit).

4. § 8. Ehescheidung. — Für sie gilt das Personalstatut des Mannes zur Zeit der Klageerhebung (Wandelbarkeit). Frühere Tatsachen können als Scheidungsgründe angeführt werden, wenn sie es auch nach dem damaligen Personalstatut waren.

5. § 9. Eheliche Abstammung. — Sie beurteilt sich nach dem Heimatrecht des Ehemannes der Mutter zur Zeit der Geburt des Kindes; ist er vorher gestorben, zur Zeit seines Todes (Unwandelbarkeit). Auf die Ehelichkeitsbestreitung ist österreichisches Recht aber auch dann anzuwenden, wenn im Zeitpunkt der Bestreitung (Wandelbarkeit) die Mutter österreichische Staatsangehörige und das Kind minderjährig ist.

Die Vorfrage, ob die Ehe gültig zustande gekommen, ob sie gültig gelöst ist, beurteilt sich nach den oben gegebenen Regeln. Ist die Ehe z. B. danach ungültig, entscheidet das Mannesrecht aber wieder darüber, ob die Kinder ehelich sind.

6. § 10. Rechtsverhältnis zwischen Eltern und ehelichem Kind. — Es beurteilt sich nach dem jeweiligen (Wandelbarkeit) Personalstatut des Vaters; starb er, nach dem der Mutter. Haben Vater oder Mutter die österreichische Staatsbürgerschaft verloren, das Kind sie behalten, gilt das Personalstatut des Kindes.

7. § 11. — Das Rechtsverhältnis zwischen unehelichem Kind und Mutter und ihren Verwandten richtet sich nach dem jeweiligen (Wandelbarkeit) Personalstatut der Mutter; hat jedoch die Mutter die österreichische Staatsangehörigkeit verloren, das Kind sie aber behalten oder verliehen erhalten, nach dem Personalstatut des Kindes. Auch die Namensgebung durch den Ehemann der Mutter folgt dem Personalstatut der Mutter, subsidiär dem des Kindes.

8. § 12. — Die Feststellung der unehelichen Vaterschaft und die gesetzlichen Verpflichtungen des Vaters gegenüber dem Kind und seiner Mutter richten sich nach dem Personalstatut der Mutter zur Zeit der Geburt des Kindes (Unwandelbarkeit). Dies mit der Maßgabe, daß weitergehende Ansprüche als nach österreichischem Recht in Österreich nicht geltend gemacht werden können — ein Fall der Vorbehaltsklausel, die auch sonst hier eine Rolle spielen kann.

Somit kann ein Österreicher gegen die Klage des unehelichen Kindes deutscher Staatsangehörigkeit die Einrede des Mehrverkehrs erheben. Das Kind kann aber gegen ihn nicht den Unterhalt auch für die Vergangenheit gemäß § 1711 BGB. begehren, da im österreichischen Recht der Satz gilt: pro praeterito non alitur.

9. § 13. — Legitimation und Adoption verschaffen die Stellung eines ehelichen Kindes; daher bestimmen sich Voraussetzungen und Wirkungen nach dem Personalstatut des Legitimierenden/Adoptierenden zur Zeit der Legitimation/Adoption (Unwandelbarkeit); mit der Maßgabe, daß für ein Kind österreichischer Staatangehörigkeit die nach österreichischem Recht vorgeschriebene Einwilligung des Kindes oder Dritter erforderlich ist. Adoptierende Ehegatten werden i. d. R. die gleiche Staatsangehörigkeit haben; sonst muß dem Personalstatut eines jeden von ihnen entsprochen sein.

10. § 14. — Eine Vormundschaft oder Kuratel kann im Inland über einen Ausländer angeordnet werden, sofern sein Heimatstaat die Fürsorge nicht übernimmt und er der Fürsorge nach seinem Heimatrecht bedarf oder im Inland entmündigt ist. Auch kann das Vormundschaftsgericht, solange eine Vormundschaft/Kuratel für einen Ausländer nicht angeordnet ist, vorläufige Maßnahmen treffen. Anfang und Ende der Vormundschaft/Kuratel beurteilen sich nach dem Personalstatut des Befürsorgten. Geführt werden sie dagegen nach dem Recht des anordnenden Staates. Wird die uneheliche Mutter zum Vormund bestellt, gilt — wie bei der elterlichen Gewalt — ihr Heimatrecht.

11. § 15. — Im Falle der Rückverweisung verbleibt es beim österreichischen Recht.

12. § 17. — Das Personalstatut der Staatenlosen ist das Recht des Staates, in dem sie ihren gewöhnlichen Aufenthalt oder beim Fehlen eines solchen ihren Aufenthalt haben oder zur maßgebenden Zeit gehabt haben. Ähnlich bei Flüchtlingen nach der Genfer Flüchtlingskonvention.

13. § 18. Vorbehaltsklausel; s. o., § 10 E, 2 b.

14. Internationale Übereinkommen. — Im Haag wurde 1956 das „Übereinkommen über das auf Unterhaltsverpflichtungen gegenüber Kindern anzuwendende Recht“ und 1958 das „über die Anerkennung und Vollstreckung von Entscheidungen auf dem Gebiet der Unterhaltspflicht gegenüber Kindern“ unterzeichnet. Österreich hat sie 1961 ratifiziert. Beide Abkommen betreffen den Unterhalt (nicht die Frage der Abstammung und der Familienbeziehungen!) von ehelichen, unehelichen und Wahlkindern, die unverheiratet sind und das 21. Lebensjahr noch nicht vollendet haben.

a) Erstes Abkommen. — Maßgebend ist das Recht des jeweiligen gewöhnlichen Aufenthaltes des Kindes. Das danach anzuwendende Recht muß das eines Vertragsstaates sein. Jeder Vertragsstaat kann sein eigenes Recht für anwendbar erklären, wenn der Anspruch vor eine Behörde dieses Staates gebracht wird, Unterhaltspflichtiger und Kind diesem Staat angehören und der Unterhaltspflichtige sich dort gewöhnlich aufhält. Hat das Kind nach dem Recht seines gewöhnlichen Aufenthaltes keinen Unterhaltsanspruch, wird das Recht des Staates angewendet, auf das das IPR. des angerufenen Staates verweist. Der angerufene Staat darf sich nur dann vorbehalten, das Recht des gewöhnlichen Aufenthaltes des Kindes nicht anzuwenden, wenn es offenbar gegen seinen ordre public verstößt.

b) Das zweite Abkommen bezweckt die gegenseitige Anerkennung und Vollstreckung von Unterhaltsentscheidungen. Voraussetzung ist, daß die Entscheidung von der Behörde des Staates getroffen wird, wo der Unterhaltspflichtige *oder* -berechtigte bei Einleitung des Verfahrens den gewöhnlichen Aufenthalt hat *oder* wo sich der Verpflichtete auf das Verfahren einläßt. Das Kind wird begünstigt: Armenrecht, das der erkennende Staat gewährt, wirkt auch im vollstreckenden; Prozeßkostensicherstellung entfällt; vorzulegende Urkunden bedürfen weder des Visums noch der Beglaubigung; die Vertragsstaaten verpflichten sich, den Transfer von Unterhaltsbeträgen zu erleichtern; der Unterhaltsberechtigte kann sich auf die günstigere Regelung des innerstaatlichen Rechtes oder auf Grund anderer Abkommen zwischen den Vertragsstaaten berufen.

D. Erbrecht

I. Problematik

Die nationalen Erbrechte weichen voneinander stark ab; z. B. bezüglich des Noterb(Pflichtteils)rechtes. Dazu kommt noch als österreichische Besonderheit die Verlassenschaftsabhandlung und Einantwortung. Aber auch die nationalen erbrechtlichen Kollisionsnormen stimmen nicht überein: Auf der römisch-rechtlichen Universalsukzession beruht das Prinzip der *Nachlaßeinheit,* auf der deutschen Sondererbfolge das der *Nachlaßspaltung.* Der erste Grundsatz behandelt den ganzen Nachlaß einheitlich nach dem Personalstatut des Erblassers. Der zweite teilt den Nachlaß in Gütermassen: Das unbewegliche Vermögen unterwirft er der lex rei sitae, das bewegliche dem Personalstatut. Das kann zu unlösbaren Verwicklungen führen, z. B. in der Frage der Haftung, wenn eine Person nach der einen Rechtsordnung Noterbe, nach der andern nur obligatorisch pflichtteilsberechtigt ist.

Insoweit ist das erste System vorzuziehen. Doch bleiben — abgesehen davon, daß unter Personalstatut Verschiedenes verstanden wird — auch hier eine Reihe von Zweifeln: Richtet sich die Erbfähigkeit nach dem Statut des Erben oder des Erblassers? Beurteilt sich die Testierfähigkeit nach der Zeit der Testamentserrichtung, nach der des Todes oder nach beiden, wovon wieder das anzuwendende Recht abhängen kann? Sollen für die Testamentsform nicht eigene Anknüpfungsgründe gelten?

II. Österreichisches Recht

Das AußStrG. bestimmt, wann ein österreichisches Gericht die Abhandlung zu pflegen hat. Es koordiniert damit aber die materiellrechtliche Frage: *Wenn ein österreichisches Gericht die Abhandlung zu pflegen hat, hat es auch österreichisches Recht anzuwenden.* Für die inländische Verlassenschaft von Ausländern sagen das die §§ 22, 23/III, 24 ausdrücklich; für die Verlassenschaft von Inländern (§ 21) versteht es sich von selbst. Das AußStrG. befolgt dabei den Grundsatz der Nachlaßspaltung: für unbewegliches Vermögen lex rei sitae, für bewegliches Personalstatut des Erblassers.

Im einzelnen:

1. *Nachlässe österreichischer Staatsangehöriger.*

a) Ihr inländisches unbewegliches sowie ihr in- und ausländisches bewegliches Vermögen handeln österreichische Gerichte ab (§ 21). Eine Ausnahme macht die Judikatur aus praktischen Gründen für ausländisches bewegliches Vermögen, wenn die österreichische Entscheidung mangels eines Nachlaßabkommens oder gewährleisteter Gegenseitigkeit im Ausland nicht anerkannt wird, daher nicht durchsetzbar ist.

b) Ihr ausländisches unbewegliches Vermögen unterliegt österreichischer Jurisdiktion nicht.

2. *Nachlässe von Ausländern.*

a) Ihr inländisches unbewegliches Vermögen handeln österreichische Gerichte ab (§ 22).

b) Für den beweglichen Nachlaß, der sich zur Zeit des Todes des Erblassers im Inland befindet, hat das österreichische Gericht sich auf die Sicherung des Nachlasses zu beschränken, die Abhandlung und Entscheidung aber der ausländischen Behörde zu überlassen (§ 23/II). Nur ausnahmsweise hat es darüber abzuhandeln, und zwar wenn der Ausländer einen (Wohn-)Sitz in Österreich hat und die Gegenseitigkeit fehlt (§ 23/III/1) oder der Heimatstaat die Jurisdiktion ablehnt (§ 23/III/2) oder die in Österreich befindlichen Erben die Abhandlung beantragen und kein auswärtiger, durch Edikt aufzufordernder Anwärter dem widerspricht (§§ 24, 140); selbst wenn der Ausländer keinen (Wohn-)Sitz in Österreich hat, sein Heimatstaat aber die Jurisdiktion ablehnt (analog § 23/III/2).

c) Das im Ausland befindliche unbewegliche und bewegliche Vermögen unterliegt nicht österreichischer Gerichtsbarkeit.

3. *Staatenlose, Personen ungeklärter Staatsangehörigkeit, Flüchtlinge.* Der im Inland befindliche, und zwar auch der bewegliche, Nachlaß unterliegt österreichischer Gerichtsbarkeit (§ 25).

4. Soweit nach dem Gesagten österreichische Gerichte zur Abhandlung berufen sind, unterliegen dem österreichischen Recht als Erbstatut die Rechte aller Beteiligten: sowohl der Erben wie der Legatare wie der Pflichtteilsberechtigten; die Rechte der Miterben und ihre Haftung; die Stellung des Testamentsvollstreckers; die Wirkungen der Erbserklärung; die Frage der Erbfähigkeit und Testierfähigkeit (bei dieser genügt es, wenn sie zur Zeit der Testamentserrichtung oder des Todes gegeben war), auch die Fähigkeit, Erbverträge zu schließen. Erblasserforderungen und -schulden richten sich nach dem Schuldstatut; nach dem Erbstatut aber, ob und wieweit sie auf die Erben übergehn. Auch ob der Nachlaß als erbloses Gut dem Staate heimfällt, richtet sich für die österreichischer Gerichtsbarkeit unterfallenden Nachlässe oder Nachlaßteile nach österreichischem Recht.

5. Das „Übereinkommen über das auf die *Form letztwilliger Verfügungen* anzuwendende Recht" vom 5. 10. 1961, von Österreich am 24. 8. 1963 ratifiziert, am 5. 1. 1964 in Kraft getreten, schafft eine vorbildliche Neuregelung. Danach ist ein Testament formgültig, wenn es die Formerfordernisse einer Rechtsordnung erfüllt, zu der eine Anknüpfung besteht. Das soll vermeiden, daß ein Testament im einen oder andern Staat, in dem es sich auswirken soll, ungültig ist, und ermöglichen, daß eine Person durch *ein* Testament über ihr in verschiedenen Staaten gelegenes Vermögen gültig verfügt.

a) Nach Art. 1 ist das Testament formgültig, wenn seine Form dem Recht entspricht:

des Errichtungsortes

oder eines Staates, dessen Staatszugehörigkeit der Erblasser zur Zeit der Testamentserrichtung oder des Todes besaß,

oder des Ortes, in dem der Erblasser zur Zeit der Testamentserrichtung oder des Todes seinen Wohnsitz

oder seinen gewöhnlichen Aufenthalt hatte,

oder für unbewegliches Vermögen der lex rei sitae.

Den nationalen Rechten bleibt unbenommen, weitere Anknüpfungsgründe anzuerkennen (Art. 3).

b) Dasselbe gilt für den Widerruf (Art. 2) und für gemeinschaftliche Testamente (Art. 4). Es gilt auch für Bestimmungen nicht erbrechtlicher

Art in Testamenten, z. B. für die Anerkennung eines unehelichen Kindes oder die Bestimmung eines Vormundes (Art. 12).

c) Nach Art. 5 gehören zur Form, unterstehn daher dem Abkommen, die Vorschriften, welche die Testamentsform mit Beziehung auf das Alter, die Staatsangehörigkeit oder andre persönliche Eigenschaften beschränken (vgl. § 569) und die Vorschriften über Eigenschaften der Testamentszeugen (vgl. §§ 591 ff.).

d) Nach Art. 6 ist die Neuregelung weder von der Gegenseitigkeit abhängig noch auf Angehörige von Vertragsstaaten beschränkt noch darauf, daß das anzuwendende Recht das eines Vertragsstaates ist. Die Anwendung eines durch das Übereinkommen für maßgebend erklärten Rechtes darf nur abgelehnt werden, „wenn sie mit der öffentlichen Ordnung offensichtlich unvereinbar ist" (Art. 7, Vorbehaltsklausel).

e) Das Übereinkommen „ist in allen Fällen anzuwenden, in denen der Erblasser nach dem Inkrafttreten des Übereinkommens gestorben ist" (Art. 8).

Von den in den Artikeln 9—13 vorgesehenen Vorbehalten hat Österreich nicht Gebrauch gemacht.

E. Sachenrecht

1. Nach älterer Auffassung unterstehn unbewegliche Sachen dem Realstatut, bewegliche dem Personalstatut; so § 300. Das gilt heute noch für das Erbrecht; s. o., D II. Für das Sachenrecht folgt die einheitliche österreichische Lehre und Praxis trotz § 300 der neuen Auffassung: Danach gilt das Realstatut für das gesamte Sachenrecht. Mit Recht, denn die inländischen Vorschriften über Veräußerung, Verpfändung usw. auf inländische bewegliche Sachen nicht anzuwenden, würde zu Ergebnissen führen, die dem Publizitätsprinzip und somit dem ordre public widersprächen.

2. Das gilt für alle Sachenrechte: Besitz und Eigentum (Ober- und Nutzungseigentum), Baurecht, Pfand- und Retentionsrecht. Für Dienstbarkeiten und Reallasten ist das Statut der belasteten Sache maßgebend. Ausgenommen ist wieder die Frage der persönlichen Erwerbsfähigkeit; sie folgt dem Personalstatut. Zu beachten ist ferner, daß zwischen dem dinglichen Verfügungs- und dem obligatorischen Verpflichtungsgeschäft und ebenso zwischen Hypothek und der dadurch gesicherten Forderung unterschieden werden muß. Für das Verpflichtungsgeschäft, die Forderung, gilt das Schuldstatut; s. u., F. Als Vermögensobjekte zählen Forderungen zu den beweglichen Sachen; sie sind am (Wohn-)Sitz des (Dritt-)Schuldners gelegen (§ 905/I), Gesellschaftsanteile (Aktien) am Sitz der Gesellschaft.

3. Konfiskation und Enteignung richten sich nach dem Recht des Staates, in dem das Gut liegt, erstrecken sich also nicht auf Vermögen, das sich zur Zeit der Konfiskation/Enteignung außerhalb des Hoheitsgebietes befand. Gelangt die Sache später nach Österreich, wird jedoch eine entschädigungslose Enteignung, da dem österreichischen ordre public widersprechend, nicht anerkannt. Rückstellungsansprüche wegen Vermö-

gensentziehung richten sich nach dem Recht des Staates, in dem die Entziehung erfolgte.

4. Bewegliche Sachen können ihren Ort ändern. Für Erwerb und Verlust gilt das Recht des Ortes, wo sie sich zu jener Zeit befanden. Im übrigen treten sie mit Ortsveränderung in das neue maßgebende Recht ein.

5. Sonderprobleme bieten Sachen auf dem Transport (res in transitu) und Transportmittel. Grundsätzlich ist auf sie nicht das Recht des Transitlandes, mit dem sie nur flüchtig in Berührung kommen, sondern auf res in transitu das des Bestimmungsortes anzuwenden und auf Transportmittel das Recht des Staates, zu dem sie in dauernder Beziehung stehn. Die lex rei sitae greift aber wieder durch, wenn eine res in transitu oder ein Transportmittel am augenblicklichen Aufenthaltsort festgehalten, z. B. gepfändet wird.

F. Schuldrecht

Das Schuldrecht ist jener Teil des Privatrechtes, der vorzüglich den Rechtsverkehr besorgt, daher besonders oft Fragen des IPR. aufwirft. Umso bedauerlicher ist, daß es nicht gelingen will, die Frage nach dem Schuldstatut übereinstimmend und befriedigend zu lösen. Das rührt daher, daß eindeutige Anknüpfungsgründe fehlen. Schuldrechte haften nicht wie Sachenrechte an einer Sache und damit an einem Ort; sie sind aber auch nicht so eng wie Personenrechte mit der Person verbunden. Überdies sind zwei oder mehrere Personen im Spiel. Ein gemeinsamer Anknüpfungspunkt für Schuldverhältnisse aus Vertrag und aus Gesetz (Delikt und andere Rechtsgründe) läßt sich nicht finden. Die Frage der rechtlichen Qualifikation spielt wieder eine Rolle. Für Schuldverträge, das Hauptinstrument des Rechtsverkehrs und den Sitz der Vertragsfreiheit, erhebt sich die weitere Frage, ob und wieweit die Parteien auch bestimmen können, welchem Recht sie das Schuldverhältnis unterwerfen.

I. Schuldverhältnisse aus Vertrag (Rechtsgeschäft): Problematik

Für Schuldverhältnisse aus Vertrag (Rechtsgeschäft) sind eine Reihe von Anknüpfungsgründen denkbar.

1. *Lex fori.* — Diese Meinung wird nicht mehr vertreten, da es mit der Rechtssicherheit unvereinbar ist, daß vom Klageort abhängen soll, nach welchem Recht das Schuldverhältnis beurteilt wird.

2. *Personalstatut* des Schuldners. — Das des Gläubigers kommt nicht in Betracht, da das Schuldverhältnis viel enger mit der Person des Schuldners verknüpft ist. Das Personalstatut des Schuldners könnte damit gerechtfertigt werden, daß nur der Staat, dem der Schuldner angehört, ihm befehlen kann, zu erfüllen. Ferner damit, daß die zwingenden Vorschriften des Schuldrechtes hauptsächlich im Interesse des Schuldners liegen. Schwierigkeiten ergeben sich bei den entgeltlichen Schuldverträgen (und sie sind die wichtigsten!), wo beide Parteien Gläubiger und Schuldner zugleich sind.

3. *Recht des Erfüllungsortes.* — Von SAVIGNY vertreten, läßt sich dafür anführen, daß das Schuldverhältnis auf Erfüllung zielt; trotzdem muß es nicht

immer zum Erfüllungsort die nächsten Beziehungen haben. Die Schwierigkeit bei den entgeltlichen Schuldverhältnissen, die zwei Erfüllungsorte haben können, sucht SCHNITZER zu beseitigen, indem er den Erfüllungsort der charakteristischen Leistung maßgebend sein läßt; z. B. bei Kauf den der Warenlieferung, bei Werkvertrag und Dienstvertrag den der Tätigkeit. Das Kriterium versagt bei Tausch und doppeltypischen Verträgen.

4. *Recht des Abschlußortes.* — Dieser wohl am weitesten verbreitete Anknüpfungspunkt gilt auch im österreichischen Recht; s. u., II. Für ihn spricht die Klarheit. Für Märkte, Messen, Börsen scheint er der einzig mögliche. Doch könnte durch einen fiktiven Abschlußort das inländische Recht umgangen werden und sollen oft die Wirkungen nicht am Ort des Vertragschlusses eintreten.

5. *Parteiwille.* — Beinhaltet die Parteiautonomie, daß die Parteien auch frei bestimmen können, welchem Recht sie den Schuldvertrag unterwerfen, so daß die gesetzlichen Kollisionsnormen nur subsidiär eingreifen? (Die freiwillige Unterwerfung unter ein Statut bildet zwar nicht mehr wie nach der Statutentheorie einen allgemeinen Rechtfertigungsgrund des IPR., aber doch kraft Vertragsfreiheit einen solchen für das Schuldstatut.) Oder gelten primär die gesetzlichen Kollisionsnormen und bestimmen sie, ob und wieweit die Parteien das anzuwendende Recht wählen können?

Frei sind die Parteien jedenfalls in der Herstellung der tatsächlichen Anknüpfungsgründe: in der Wahl des Wohnsitzes, des Abschluß- oder Erfüllungsortes. Ist damit das anzuwendende Recht dann notwendig verbunden? Dem wird entgegengehalten, daß die Parteien zweifellos anstelle von jus dispositivum ihre eigene Regelung treten lassen können. Warum dann nicht auch derart, daß sie auf eine bestimmte Rechtsordnung verweisen? Dagegen können die Parteien durch Verweisung auf ein anderes Recht nicht die zwingenden Sätze jener Rechtsordnung ausschließen, die nach den staatlichen Kollisionsnormen für den Schuldvertrag maßgebend ist. Auch können die Parteien das Schuldverhältnis wohl nicht einer Rechtsordnung unterwerfen, zu der es keinerlei Beziehung hat.

In diesen Grenzen ist es aber zu begrüßen, wenn die Parteien über das anzuwendende Recht einen Willen kundtun und damit die schematischen gesetzlichen Kollisionsnormen, ob sie nun auf den Abschluß- oder Erfüllungsort abstellen, den Bedürfnissen des Schuldverhältnisses anpassen.

Die deutsche Lehre arbeitet darüber hinaus mit einem hypothetischen Parteiwillen. (Was hätten die Parteien, wenn ihnen die Frage des anzuwendenden Rechtes bewußt gewesen wäre, darüber vereinbart?) Sie versteht darunter eine vernünftige Interessenabwägung auf rein objektiver Grundlage und kommt mit diesem Kunstgriff dem Schwerpunkt des Schuldverhältnisses nahe.

6. Bisher wurde das *Schuldverhältnis als Einheit* angesehen. Es erhebt sich aber die Frage, ob es nicht in Einzelfragen zerlegt werden muß; ob die Geschäftsfähigkeit, die Gültigkeitsvoraussetzungen (unter ihnen wieder die Form), der Vertragsinhalt, die Erfüllung immer nach demselben Recht zu beurteilen sind.

II. Schuldverhältnisse aus Vertrag (Rechtsgeschäft): Österreichisches Recht §§ 35—37

1. *Grundsatz.* —

a) Die §§ 35—37 stellen grundsätzlich auf den Abschlußort ab. *Wo* der Vertrag zustande kommt, hängt aber davon ab, *wann* er zustande kommt. Bei dieser Frage kann wieder die Qualifikation eine Rolle spielen. Nach der Empfangstheorie ist Abschlußort der Ort, wo dem Antragenden die Annahme zugeht. Für einseitige empfangsbedürftige Erklärungen ist der Ort ihrer Abgabe maßgebend.

b) Das ABGB. unterscheidet: Geschäfte im In- und Ausland; bei beiden: Geschäfte zwischen Ausländern und von Aus- mit Inländern (das gleiche muß auch für Geschäfte unter Inländern gelten). Schließlich gibt es eine Sonderregel für unentgeltliche Inlandsgeschäfte (gegenseitig = wechselseitig verbindend = verpflichtend ist hier wie anderwärts als entgeltlich zu verstehn).

2. *Sonderregel für unentgeltliche Inlandsgeschäfte.* § 35. — Unentgeltliche Vergabungen von Ausländern im Inland sind „entweder nach diesem Gesetzbuche oder aber nach dem Gesetze, dem der Fremde als Untertan unterliegt, zu beurteilen; je nachdem das eine oder das andere Gesetz die Gültigkeit des Geschäftes am meisten begünstigt“. Das gilt nicht nur, wenn der Ausländer einen Inländer, sondern auch wenn er einen Ausländer im Inland begabt. Die Regel ist von zweifelhaftem Wert.

3. *Entgeltliche Inlandsgeschäfte.* — Es gilt das Recht des Abschlußortes, also österreichisches Recht,

a) zwischen Aus- und Inländern — umso mehr zwischen Inländern — „ohne Ausnahme“ (§ 36/1);

b) unter Ausländern, „wenn nicht bewiesen wird, daß bei der Abschließung auf ein anderes Recht Bedacht genommen worden sei“ (§ 36/2).

4. *Auslandsgeschäfte.* — Wieder gilt das Recht des Abschlußortes, ob nun Ausländer untereinander oder mit Inländern oder Inländer untereinander das Geschäft abschließen, „dafern bei der Abschließung nicht offenbar ein anderes Recht zugrunde gelegt worden ist *und* die oben in § 4 enthaltene Vorschrift nicht entgegensteht“ (§ 37).

5. *Parteiautonomie.* — Nun kann an die Frage herangegangen werden, wieweit nach österreichischem IPR. die Parteien auch das anzuwendende Recht bestimmen können.

a) Bei Inlandsgeschäften, an denen Inländer auf einer oder beiden Seiten beteiligt sind, schließt der klare Wortlaut des § 36/1 die Parteiautonomie aus. Trotzdem lassen Lehre und Praxis die Vereinbarung ausländischen Rechtes in den Grenzen der Vertragsfreiheit, d. h. so weit zu, als dadurch nicht inländisches zwingendes Recht ausgeschlossen wird; vgl. oben, I, 5.

b) Bei Inlandsgeschäften unter Ausländern und bei Auslandsgeschäften gilt die Parteiautonomie. Die beiden verwendeten Formeln besagen dasselbe: Nicht, daß die Parteien ein anderes anzuwendendes Recht ausdrücklich vereinbaren müßten, auch stillschweigende Vereinbarung genügt; wohl aber, daß ein bloß fiktiver, hypothetischer Parteiwille nicht genügt (anders die deutsche Lehre; s. o., I, 5).

c) Vereinbarung fremden Rechtes enthält noch nicht die Gerichtsstandsvereinbarung und umgekehrt.

d) Können die Parteien beliebig sich einem Rechte unterwerfen, zu dem keine Anknüpfung besteht? Kaum.

6. Die *Einschränkung des § 37* „und die oben in § 4 enthaltene Vorschrift nicht entgegensteht“ besagt zweierlei:

a) daß Inländer auch im Ausland inländischem Recht unterliegen, „insoweit als ihre persönliche Fähigkeit dadurch eingeschränkt wird“;

b) daß In- und Ausländer österreichischem zwingendem Recht unterliegen, soweit ihr Geschäft in Österreich Wirkung haben soll. Das muß nicht nur für im Ausland, sondern umso mehr für im Inland geschlossene Geschäfte gelten.

7. Das Schuldstatut ist für alle Fragen des Schuldverhältnisses maßgebend, ausgenommen die persönliche Fähigkeit, die sich nach dem Personalstatut richtet; s. o., A I 2. Zu beachten ist ferner die Vorbehaltsklausel; so ist ein nach österreichischem Recht sittenwidriger Vertrag in Österreich nicht durchsetzbar. Über die Frage der Form von Schuldverträgen schweigt das österreichische IPR. Es bleibt bei der Regel „locus regit actum“, doch muß die inländische Formvorschrift beachtet sein, wenn der Vertrag im Inland Wirkungen haben (§ 4), besonders in ein Register (GB.) eingetragen werden soll.

III. Schuldverhältnisse aus unerlaubter Handlung und andern Rechtsgründen

1. Für die Ersatzpflicht aus unerlaubter Handlung gilt nach der in fast allen Ländern, auch in Österreich, herrschenden Lehre und Praxis die lex loci delicti commissi.

Die ältere Meinung (WÄCHTER, SAVIGNY), wonach die lex fori maßgebend sei, da die Vorschriften über Delikte zwingendes Recht seien, verwechselt zwingendes Recht und ordre public. Dagegen ließe sich wohl die Ansicht vertreten, daß der Anspruch nach der lex delicti commissi wie nach der lex fori gegeben sein müsse.

2. Die lex loci delicti commissi ist für alle Fragen des Deliktsrechtes maßgebend; auch für die *Deliktsfähigkeit,* die sich also — anders als die Geschäftsfähigkeit — nicht nach dem Personalstatut bestimmt. Auch für die Qualifikation (ob etwas Delikt ist) ist das Recht des Ortes der Tat maßgebend, doch könnte die Vorbehaltsklausel der lex fori durchgreifen.

3. *Zweifel,* welcher Ort für das anzuwendende Recht maßgebend ist, ergeben sich: bei Dauerdelikten; wenn der Ort der begangenen Tat und der Ort, wo der schädigende Erfolg eintritt, auseinanderfallen (z. B. bei Kreditschädigung durch Brief) und bei Unterlassungsdelikten.

4. Das Gesagte gilt auch für die Fälle der *Erfolgshaftung,* insbesondere für die *Haftung aus Betriebsgefahr.*

5. Auch für *Geschäftsführung ohne Auftrag, nützliche Verwendung und Bereicherung* (grundlose Leistung) dürfte die beste Anknüpfung der Ort bilden, wo sie erfolgt sind; für die *Gemeinschaft* der Ort der belegenen Sache, für die *Gläubigeranfechtung* der Wohnsitz des Schuldners.

§ 12. Subjektives Recht. System des bürgerlichen Rechtes

A. Begriff des subjektiven Rechtes

1. Subjektives Recht ist die dem einzelnen von der Rechtsordnung (dem objektiven Recht) verliehene, zur Befriedigung menschlicher Interessen dienende Rechtsmacht. Das subjektive Recht ist der zentrale Begriff des Privatrechtes, das gerade die Privatinitiative des einzelnen in den Schranken der Rechtsordnung schützen und nützen will, doch gibt es auch subjektive Rechte im öffentlichen Recht, z. B. das Wahlrecht.

2. Den Rechtspflichten stehn regelmäßig, nicht notwendig, subjektive Rechte gegenüber. So unterscheidet sich die Auflage vom Vermächtnis dadurch, daß der Legatar ein subjektives Recht auf Erfüllung des Vermächtnisses hat, der durch die Auflage Begünstigte nicht. — Beim Vertrag zu Gunsten Dritter kann der Dritte subjektive Rechte erwerben, muß aber nicht (§ 881/II). — Die Behörde hat bei einem Bau auf Einhaltung der Sicherheitsvorschriften im Interesse der Allgemeinheit zu bestehn, aber ein subjektives Recht für den einzelnen, d. h. die Macht, die Einhaltung der Vorschriften durchzusetzen, erwächst daraus nicht. Leidet er daraus Schaden, hat er jedoch ein subjektives Recht, einen Anspruch auf Schadenersatz.

3. *Subjektlose Rechte.* — Das subjektive Recht braucht ein Rechtssubjekt, eine physische oder juristische Person; nicht notwendig eines, das sein Recht selbst ausüben kann; in diesem Fall nimmt der gesetzliche Vertreter die Rechte wahr.

Ein subjektives Recht ohne Rechtssubjekt scheint ein Widerspruch in sich (Ihering). Es gibt aber Fälle, in denen vorübergehend ein Berechtigter nicht vorhanden oder ungewiß ist. So beim Nachlaß zwischen Erbfall und Einantwortung. Künstlich ist es, ihn noch dem Verstorbenen (§ 547) oder schon dem noch ungewissen Erben zuzuschreiben. Man hat den ruhenden Nachlaß als juristische Person konstruiert, aber auch von subjektlosen Rechten gesprochen. Jedenfalls liegt eine rechtliche Gebundenheit vor. Das gleiche gilt von Realrechten, die mit einem Grundstück verbunden sind, wenn dieses herrenlos ist, oder von den mit einem derelinquierten Inhaberpapier verbundenen Rechten.

B. Arten der subjektiven Rechte

Man teilt die subjektiven Rechte nach verschiedenen Gesichtspunkten ein.

I. Haupteinteilung

Den Lehren von Kant folgend, baut das ABGB. sein System (Näheres s. u., C) auf der Zweiteilung in Personen- und Sachenrechte auf (§ 14). Unter Personenrechten begreift es Personenrechte i. e. S. und Familienrechte (§ 15); unter Sachenrechten die Vermögensrechte, und zwar dingliche Rechte (erste Abteilung des Sachenrechtes), d. s. Rechte an Gütern und persönliche Sachenrechte (zweite Abteilung des Sachenrechtes), wie wir heute sagen, Forderungen.

1. Unter *Personenrechten* i. e. S. versteht man das Recht auf freie Entfaltung, Achtung und Wahrung der Person, und zwar auf eigenes Verhalten wie auf Abwehr von Eingriffen andrer. Diese sogenannten Persönlichkeitsrechte lassen sich von der Person nicht lösen, sind höchstpersönlich, unübertragbar und unvererblich. Näheres s. u., § 13 B.

2. Den *Familienrechten* liegen dauernde Lebensbeziehungen zu andern Personen zugrunde. Sie dienen zugleich der Erfüllung sittlicher Pflichten (z. B. das Erziehungsrecht der Erziehungspflicht), dürfen daher nicht eigennützig gebraucht werden und sind gleichfalls höchstpersönlich.

3. *Vermögensrechte* dienen demgegenüber der Befriedigung eigennütziger Interessen in den vom Recht gezogenen Schranken. Sie sind daher i. d. R. übertragbar und vererblich. Sie teilen sich in:

a) *Sachenrechte.* Sie gewähren unmittelbare Herrschaft; das Recht, auf eine Sache einzuwirken und andre davon auszuschließen. Ihnen verwandt sind die *Immaterialgüterrechte* (Urheber- und Patentrecht, Marken- und Musterschutz). Ihre Objekte sind Geistesprodukte, Emanationen schöpferischer Persönlichkeit. Sie sind daher einerseits eng mit der Person des Schöpfers verbunden, haben sich aber verselbständigt und stellen Vermögenswerte dar, die mit gewissen Einschränkungen übertragbar und vererblich sind. Sie schlagen somit die Brücke zwischen Personen- und Sachenrecht.

b) *Forderungsrechte.* Sie geben einer Person gegen andre Personen ein Recht auf Leistung. Hat die Leistung eine Sache zum Gegenstand, so ist diese doch nicht unmittelbar Objekt wie bei den Sachenrechten, d. h. der Gläubiger kann nicht unmittelbar auf sie einwirken, sondern kann nur den Schuldner auf Leistung klagen. Näheres s. u., II, 2, und Schuldrecht, Allgemeiner Teil, § 1 B III.

c) *Erbrecht* ist das mit Erbfall (Anfall) durch Berufung entstehende Recht, durch Antritt der Erbschaft Erbe zu werden. Im Zuge der Verlassenschaftsabhandlung wird es durch die Erbrechtsklage, nach der Einantwortung durch die Erbschaftsklage geltend gemacht.

II. Herrschafts-, Forderungs- und Gestaltungsrechte

1. *Herrschaftsrecht* ist das Recht, auf ein Objekt unmittelbar einzuwirken und andre von der Einwirkung auszuschließen. Herrschaftsrecht geben die Sachenrechte und Immaterialgüterrechte. Dagegen ist eine Herrschaft über Personen im Rahmen des Privatrechtes nicht anzuerkennen: Das Verhältnis Eltern—Kind kann nicht als Herrschaftsverhältnis aufgefaßt werden; noch weniger das Verhältnis Gläubiger—Schuldner.

2. *Forderungsrecht* ist das Recht, von einem oder mehreren Subjekten ein spezielles Tun oder Unterlassen zu fordern.

Das Forderungsrecht ist auf Leistung des Schuldners gerichtet; eine vom Schuldner zu leistende Sache kann nur mittelbarer Gegenstand sein. Das heißt, der Gläubiger hat nicht wie beim Sachenrecht ein unmittelbares Recht (Herrschaftsrecht) *an* der Sache, sondern nur ein mittelbares, auf dem Weg über den

Schuldner — ein dem Gläubiger nicht unterstehendes Rechtssubjekt! — realisierbares Recht *auf* die Sache, also kein Herrschaftsrecht. Darin unterscheidet sich die Stellung des Käufers vor und nach Übergabe des Kauf„gegenstandes".

3. *Gestaltungs(Kann)recht* ist die Rechtsmacht, durch einseitige Willenserklärung eine Rechtsänderung (Entstehung, Aufhebung, Veränderung von Rechtsverhältnissen) herbeizuführen.

Beispiele: Rücktritts- und Kündigungsrecht sind einem bestehenden Rechtsverhältnis entspringende, daher abhängige, Aneignung und Dereliktion sind unabhängige Gestaltungsrechte.

III. Absolute Rechte und relative Rechte (Ansprüche)

1. Absolute Rechte wirken gegen jedermann, relative nur gegen gewisse Personen. Absolute Rechte sind die Personenrechte, Sachen- und Immaterialgüterrechte und das Erbrecht. Relative Rechte sind die Forderungsrechte. Sie richten sich gegen den Schuldner. Auch sie dürfen aber nicht sittenwidrig durch Dritte verletzt werden.

Familienrechte sind relativ, soweit sie Rechte und Pflichten gegenüber bestimmten Personen begründen, z. B. auf Unterhalt, auf eheliche Treue; absolut, soweit sie auch Schutz gegen Eingriffe Dritter genießen, z. B. Recht gegen jedermann, das Kind herauszuverlangen, Strafanspruch gegen den Ehebrecher.

2. Da relative Rechte nur zwischen den Beteiligten wirken, gilt hier weitgehend der Grundsatz der Vertragsfreiheit. Die absoluten Rechte bilden dagegen wegen ihrer Wirkung gegen jedermann einen geschlossenen Kreis. Die Parteien können nicht neue, dem Gesetz unbekannte absolute Rechte schaffen (Typenzwang). Auch gilt für den Erwerb absoluter Rechte der Publizitätsgrundsatz.

3. Der Anspruch ist das Recht, von einem andern ein Tun oder Unterlassen zu verlangen. Er ist mit dem relativen Recht identisch, während absolute Rechte und Schuldverhältnisse eine Reihe von Ansprüchen erzeugen, ohne sich in ihnen zu erschöpfen.

So erzeugt das Arbeitsverhältnis fortlaufend Ansprüche auf Arbeitsleistung, Lohn usw., aber auch Kündigungsrechte, und überdauert sie; das Eigentum erzeugt Ansprüche gegen jeden, der ins Eigentum eingreift, es stört oder den Besitz entzieht. Dagegen sind das Forderungsrecht und der Anspruch auf Rückzahlung des Darlehns identisch. Aus Gestaltungsrechten entsteht kein Anspruch; sie brauchen ihn nicht, da sie selbst die Rechtsänderung herbeiführen.

IV. Rechte an Rechten

1. Das ABGB. bezeichnet auch Rechte als Sachen (§ 292) und spricht konsequent vom Eigentümer der Forderung (§§ 427, 1424). Sieht man näher zu, ist Eigentümer der Forderung der Gläubiger und das Eigentum an der Forderung nichts andres als das Forderungsrecht, die Forderung selbst. So wird auch die Forderung durch Zession (§§ 1392 ff.) übertragen

und trotz § 427 nicht etwa so, wie man Eigentum an körperlichen Sachen überträgt. Ein absolutes Recht an einem relativen anzunehmen wäre auch widersinnig.

2. Wie, wenn man vom Nießbrauch oder Pfandrecht an Rechten, z. B. an einem Patentrecht, einer Forderung spricht? Das ist bildlich zu verstehn. Es soll nicht das Vollrecht übertragen, sondern am zugrunde liegenden Recht nur ein Teilrecht eingeräumt werden. Der Nießbraucher/Pfandgläubiger soll zum Inhaber des zugrunde liegenden Rechtes im gleichen Verhältnis stehn wie der Nießbraucher/Pfandgläubiger zum Eigentümer einer körperlichen Sache. An der Natur des zugrunde liegenden Rechtes ändert das natürlich nichts. Daher ist der Nießbrauch/das Pfandrecht an der Forderung selbst ein relatives Recht, und zwar ein relatives Teil(Nutzungs/Sicherungs)recht zum Unterschied vom relativen Vollrecht, eben der Forderung.

V. Rechtsverhältnis

1. Rechtsverhältnisse sind rechtlich bedeutsame Lebensverhältnisse entweder zwischen Personen oder unmittelbar von Person zu Gegenstand.

2. Es ist zu unterscheiden zwischen *Rechtsverhältnis und Grundrechtsgeschäft* (z. B. zwischen Ehe und Eheschließung) und zwischen *Rechtsververhältnis und Einzelrecht (Anspruch).*

Vgl. z. B. § 137: „Wenn aus einer Ehe Kinder geboren werden, so entsteht ein neues *Rechtsverhältnis;* es werden dadurch *Rechte* zwischen den ehelichen Eltern und Kindern gegründet." Die Unterscheidung wird besonders wichtig im Schuldrecht; s. Schuldrecht, Allgemeiner Teil, § 4.

VI. Anwartschaften

Recht ist entstanden, sobald der gesamte, dazu erforderliche Tatbestand vorliegt. Treten die Tatbestandselemente nacheinander ein, entsteht grundsätzlich das Recht erst mit Eintritt des letzten Elementes. So hat das Testament vor dem Tod des Erblassers keine Wirkung.

Manchmal werden aber auch schon den Vorstufen des Rechtes gewisse, untereinander sehr verschiedene Wirkungen zuerkannt.

1. Bloße *Hoffnungen (Aussichten)* zählen wegen ihrer Unbestimmtheit nicht zu den Anwartschaften.

Der Neffe, der die Tante zu beerben hofft, hat, selbst wenn er in ihrem Testament steht, das ja jederzeit geändert werden kann, weder ein Recht noch eine Anwartschaft.

2. *Befristete, noch nicht fällige Rechte* werden dagegen als schon vorhanden angesehn. Der Gläubiger ist schon jetzt berechtigt, der Schuldner schon jetzt verpflichtet, auch wenn die Schuld noch nicht fällig ist.

3. Schwächer sind *aufschiebend bedingte Rechte,* deren Eintritt von einem ungewissen Ereignis abhängt. Man spricht von schwebenden Rechten: tritt die Bedingung ein, erwächst das Recht; tritt sie nicht ein, ist es so, als hätte es nie bestanden (vgl. § 22).

4. Ein *Schwebezustand* entsteht auch, wenn ein Recht entsteht, aber mit Rückwirkung (ex tunc) wieder aufgehoben werden kann. So ist ein anfechtbares Geschäft zunächst gültig, kann aber durch Anfechtung vernichtet werden. Auch ein genehmigungsbedürftiges Geschäft ist in Schwebe; es wird aber zum Unterschied vom anfechtbaren erst mit der Genehmigung, dann freilich ex tunc wirksam.

Bei bloß schuldrechtlicher Rückwirkung, wie sie z. B. die Wandlung oder der Rücktritt auslösen, ist und bleibt das Geschäft gültig und entsteht nur die schuldrechtliche Pflicht zur Rückstellung.

5. *Anwartschaftsrechte* sind Erwerbsberechtigungen, wobei der Erwerb vom Willen des Berechtigten abhängt.

Durch Erbfall erlangt der Anwärter das Recht, die Erbschaft durch Erbserklärung und Einantwortung zu erwerben, während er vor Erbfall nur eine unbestimmte Aussicht hat.

Anwartschaftsrechte sind zu schützen.

Das gilt auch von bedingten Anwartschaften, z. B. vom Recht des Nacherben zwischen Vor- und Nacherbfall. Der Vorerbe, aber auch Dritte dürfen das Anwartschaftsrecht des Nacherben nicht verletzen, z. B. darf der Vorerbe die Erbmasse nicht beeinträchtigen. Er darf auch nicht in den natürlichen Ablauf eingreifen, etwa den Eintritt der Bedingung vereiteln.

6. Von *Gebundenheit* spricht man, wenn eine Willenserklärung zunächst keine Rechte, auch keine Anwartschaft erzeugt, da noch andre Voraussetzungen eintreten müssen, aber eine gewisse Zeit hindurch aufrecht bleibt, nicht zurückgenommen werden kann.

So ist der Antragsteller gebunden; der Vertrag entsteht aber erst, wenn in der Zeit der Gebundenheit die Annahme erfolgt. Gebunden ist auch der Minderjährige, der ein genehmigungsbedürftiges Geschäft schließt.

C. System des bürgerlichen Rechtes

I. Das System des ABGB.

1. *Überblick.* — § 14 gliedert das ABGB. in drei Teile von freilich sehr verschiedenem Umfang:

Erster Teil: Personenrecht, §§ 15—284.
Zweiter Teil: Sachenrecht, §§ 285—1341.
Dritter Teil: Gemeinschaftliche Bestimmungen, §§ 1342—1502.

Die Dreiteilung geht auf das Institutionenlehrbuch des Gaius zurück: ad personas, ad res, ad actiones, dessen dritter Teil aber das Prozeßrecht mitumfaßt. So reduziert sich die Haupteinteilung des ABGB. auf die große, rechtsphilosophisch fundierte Zweiteilung in Personen- und Sachenrecht.

2. *Im einzelnen.*

a) Die §§ 1—14, als Einleitung bezeichnet, handeln vom Privatrecht im objektiven Sinn, seinem zeitlichen und räumlichen Geltungsbereich, seiner Auslegung, dem Gewohnheitsrecht und Richterspruch.

b) § 15 gliedert das Personenrecht in das Recht der Einzelperson (§§ 16—43) und das Familienrecht (§§ 44—284). Dieses unterteilt sich in Eherecht (§§ 44—136), Eltern- und Kindesrecht (§§ 137—186) und Vormundschafts- und Pflegschaftsrecht (§§ 187—284).

c) Das sogenannte Sachenrecht bildet die Hauptmasse. Es umfaßt, dem weiten Sachbegriff des ABGB. gemäß, das gesamte Vermögensrecht. Nach der Einleitung, die von der Sache (dem Rechtsobjekt) handelt (§§ 285—308), zerfällt es in zwei Abteilungen: von den dinglichen Rechten (§§ 309—858) und von den persönlichen Sachenrechten (§§ 859 bis 1341).

Die Abteilung von den dinglichen Rechten enthält einmal das Sachenrecht i. e. S. (Besitz, Eigentum, Pfandrecht, Dienstbarkeiten, §§ 309 bis 530). Zum andern aber auch das Erbrecht (§§ 531—824) und schließlich die Gemeinschaft (communio incidens, §§ 825—858).

Die Abteilung von den persönlichen Sachenrechten enthält das Schuldrecht. Ihr geht in den §§ 859—937 (von Verträgen und Rechtsgeschäften überhaupt) eine Art Einleitung voraus. Daran schließen sich die einzelnen Schuldverhältnisse, und zwar Kontrakte und Quasikontrakte (§§ 938 bis 1292), Delikte und Quasidelikte (Schadenersatz, §§ 1293—1341).

II. Das heutige System

Die heutige wissenschaftliche Darstellung bedient sich eines Systems, das Heise 1807 aufstellte, das allgemein Anklang fand und von modernen Gesetzbüchern übernommen wurde. Es gliedert den Stoff in fünf Teile: Allgemeiner Teil, Sachenrecht, Schuldrecht, Familienrecht, Erbrecht.

Das BGB. hat Sachen- und Schuldrecht umgestellt. — Der jüngste dieser Teile ist der erst von der Pandektenrechtswissenschaft ausgebildete Allgemeine Teil. Er hat manches aufgenommen, was über das Privatrecht hinausgeht, und manches ist in ihm enthalten, was nicht für das ganze Privatrecht gilt. So tritt die Lehre vom Rechtsgeschäft zwar mit allgemeinem Geltungsanspruch auf, doch bestehn Sondervorschriften vor allem für die Eheschließung, aber auch für letztwillige Erklärungen.

III. Vergleich des modernen Systems mit dem des ABGB.

1. Blicken wir nochmals auf das ABGB. zurück, so sehen wir auch dort in der Einleitung wie in den gemeinschaftlichen Bestimmungen — freilich nicht geglückte — Ansätze zu einem Allgemeinen Teil. Fragen wir uns, wo im ABGB. jene Materien geregelt sind, die im heutigen System den Allgemeinen Teil bilden, ergibt sich:

a) in der Einleitung (§§ 1—14) die Lehre vom objektiven Recht;

b) im Personenrecht (§§ 15—43) die Lehre von der Person, dem Rechtssubjekt;

c) in der Einleitung zum Sachenrecht (§§ 285—308) die Lehre vom Rechtsobjekt;

d) im einleitenden Hauptstück des Schuldrechtes (§§ 859—937) die Lehre von den Verträgen und Rechtsgeschäften;

Daß das ABGB. diese Lehre ins Schuldrecht versetzt, hat seinen guten Grund. Dort ist das Hauptanwendungsgebiet der Rechtsgeschäfte, besonders der Verträge. Andererseits gelten diese Bestimmungen, wie oben erwähnt, für Eheschließung und Testament nicht. Sie gelten aber nicht nur für Schuldverträge, sondern auch z. B. für dingliche Rechtsgeschäfte.

e) in den gemeinschaftlichen Bestimmungen die Lehre von der Verjährung (§§ 1451—1502) (mit Ausschluß der die Ersitzung betreffenden Bestimmungen!).

2. Aus dem dinglichen Sachenrecht des ABGB. ist das Erbrecht (§§ 531—824) auszuscheiden. Das ABGB. (§ 308) hat hier dingliche und absolute Rechte verwechselt. Ein dingliches Recht, d. h. ein Recht an der Sache, ist das Erbrecht nicht, ein absolutes wohl. Für das Sachenrecht i. e. S. verbleiben somit die §§ 309—530, wozu noch die Bestimmungen über die Ersitzung am Schluß des Gesetzbuches treten.

Die Gemeinschaft (§§ 825—858) hat das ABGB. gleichfalls dem Sachenrecht zugezählt, weil es vom Hauptfall, der Miteigentumsgemeinschaft, ausging. Wir pflegen sie im Schuldrecht, und zwar im Anschluß an die Gesellschaft, zu behandeln.

3. Ins Schuldrecht versetzte das ABGB. auch das eheliche Güterrecht (§§ 1217—1266) im Hinblick darauf, daß Ehepakte oft Gütergemeinschaft begründen. Da aber das eheliche Güterrecht auch auf dem Gesetz beruhen kann und der gesetzliche Güterstand die Gütertrennung ist, gehört es nicht hieher, sondern ins Familienrecht. Andererseits gehört die Hauptmasse der sogenannten gemeinschaftlichen Bestimmungen, nämlich die Lehre von der Befestigung, Umänderung und Aufhebung der Rechte und Verbindlichkeiten (§§ 1342—1450) zum Schuldrecht.

Der dritte Teil von den gemeinschaftlichen Bestimmungen der Personen- und Sachenrechte löst sich somit in seine Bestandteile auf. Die Bezeichnung ist nicht richtig, er ist gar kein Allgemeiner Teil.

4. Nach dem Gesagten hat das System des ABGB. zweifellos Mängel. Den Wert des Gesetzbuches beeinträchtigen sie kaum. So wichtig ein gutes System für die übersichtliche Anordnung und geistige Durchdringung des Stoffes ist, bleibt das doch vorzüglich die Aufgabe der Wissenschaft. Übrigens hat jedes System — auch das heute übliche — seine Vorzüge und Mängel.

Zweiter Teil

Rechtssubjekt (Person) und Rechtsobjekt (Sache)

§ 13. Rechtssubjekt (Person) und Persönlichkeitsrecht

A. Person

I. Rechtsfähigkeit

1. Die Rechtsordnung gibt Regeln, befiehlt, erlaubt, verbietet. Sie bestimmt nicht nur, *was*, sondern auch *wem* sie befiehlt, erlaubt, verbietet. Somit setzt die Rechtsordnung fest, wer Rechtssubjekt, Rechtspersönlichkeit, Person ist, d. h. wer rechtsfähig, wer fähig ist, Rechte und Pflichten zu haben, Träger von Rechten und Pflichten zu sein.

Im Verfahrensrecht entspricht der Rechtsfähigkeit die Parteifähigkeit.

2. Unsere Betrachtung soll klarstellen, daß die Rechtspersönlichkeit eine von der Rechtsordnung verliehene Fähigkeit ist; daß die Rechtsordnung die Macht hat, sie zu- und abzuerkennen, darüber zu bestimmen, ob sie besteht und wieweit, d. h. auf welche Rechte und Pflichten sie sich erstreckt. Vernunft und Gerechtigkeit ziehen ihr dabei Grenzen, die sie überschreiten kann, doch nicht ohne Schaden überschreiten darf.

3. Wie die Rechtsordnung darüber befindet, wer Rechtssubjekt, d. h. Träger von Rechten und Pflichten, sein kann und wie weit, befindet sie auch, worüber das Rechtssubjekt Macht hat, d. h. was Rechtsobjekt, Gegenstand von Rechten und Pflichten, sein kann und wie weit. Das eine schließt das andere aus: Ein Rechtssubjekt kann nicht Rechtsobjekt sein. So ergibt sich die den Rechtsbereich erfüllende Zweiteilung in Person und Sache — Sache im weitesten Sinn als Rechtsobjekt verstanden (§ 285).

II. Natürliche und juristische Personen

1. Die Befehle, Erlaubnisse und Verbote der Rechtsordnung werden von Menschen für Menschen erlassen; daher ist der Mensch die natürliche Person. Damit ist aber nicht gesagt, daß jeder Mensch Rechtssubjekt sein *muß*.

So entbehrten Sklaven, aber auch Fremde der Rechtsfähigkeit. Es ist eine Errungenschaft unseres Rechtes, allen Menschen die private Rechtsfähigkeit ohne

Unterschied zuerkannt und damit ihre Freiheit und Gleichheit begründet zu haben (§§ 16, 18, 33). Die Erwähnung der angeborenen Rechte in § 16 bezeugt den Einfluß des Naturrechtes auf das ABGB.

2. Es ist aber auch nicht gesagt, daß nur der Mensch Rechtssubjekt sein kann.

Das alte deutsche Recht hat auch Heilige und Tote als Rechtssubjekte angesehen und Prozesse gegen Tiere geführt.

Rechtssubjekte sind — und waren immer schon — auch Personenverbände; dazu treten verselbständigte Zweckvermögen (Stiftungen und Anstalten). Den natürlichen Personen stellt man diese als juristische gegenüber. Ihre Rechte müssen durch natürliche Personen wahrgenommen werden. Es gab und gibt Personenverbände mit und ohne Rechtspersönlichkeit.

Unter welchen Bedingungen die Rechtsordnung an Vereinigungen die Rechtsfähigkeit verleiht, wechselt nach dem politischen System. Doch hat es immer Verbände mit Rechtsfähigkeit gegeben. Die sogenannten geborenen Verbände (Familie, Sippe) sind schon Rechtssubjekte, bevor der einzelne Mensch seine Selbständigkeit und damit die Rechtsfähigkeit erlangt. Die These ROUSSEAUS vom contrat social will keine historische Erklärung geben. Sie zeigt nur eine Seite des Rechtes: seine bewußte Entstehung aus gewolltem Zusammenschluß — eine fruchtbare Hypothese. Aber auch heute ist der Mensch isoliert undenkbar, ja die jüngste Entwicklung scheint auf die Vorherrschaft der Verbände hinzuzielen. Doch bleibt die Spannung zwischen Individuum und Gesamtheit wohl dauernd bestehn. Das Individuum läßt sich weder unterdrücken noch aufheben, vielmehr muß ein gerechter Ausgleich zwischen ihm und der Gesamtheit gefunden werden.

III. Stufen der Rechtspersönlichkeit

1. *Das deutsche Recht* kennt eine ganze Skala von Graden der Rechtsfähigkeit, von Unfreien über Halbfreie und Hörige zu Freien und Adeligen aufsteigend (HEERSCHILD).

Das römische Recht kennt drei Abstufungen der Rechtsfähigkeit: status libertatis, civitatis, familiae. Wer den Status wechselt, erleidet eine capitis deminutio, verliert seine Rechtsperson, womit ursprünglich alle Rechte und Pflichten untergingen — die deutlichste Bekundung, daß der Mensch von der Rechtsordnung mit Rechtsfähigkeit bekleidet wird. Das spätere römische Recht hat diese Unterschiede weitgehend abgeschliffen.

2. Unser Recht spricht aus der Idee der Freiheit und Gleichheit allen Menschen volle Rechtsfähigkeit zu und läßt nur noch Spuren geminderter Rechtsfähigkeit erkennen; s.u., § 15 C. Aus denselben Erwägungen ist die Rechtsfähigkeit unverzichtbar. Eine Ausnahme machen die Ordensgelübde; sie heben die Fähigkeit zu späterem Erwerb auf, lassen aber schon erworbene Rechte bestehn.

3. Bei den Personenvereinigungen ist zunächst festzustellen, daß ihnen gewisse Rechte und Pflichten — so die aus der Familie entspringenden —

nicht zugänglich sind, ihre Rechtsfähigkeit also, verglichen mit der der natürlichen Person, gemindert ist. Innerhalb der Personenvereinigungen finden wir alle Abstufungen.

So schlichtet sich auch der Streit, ob die OHG. juristische Person sei. Sie ist es, wenn man auch nur wenige Rechte, z. B. die Parteifähigkeit, dafür genügen läßt; sie ist es nicht, wenn man volle Rechtsfähigkeit verlangt. In Wahrheit führt eine absteigende Reihe von den durchorganisierten Verbänden, wie Verein und AG., über die OHG. zur lose organisierten Gesellschaft bürgerlichen Rechtes. Aber auch bei dieser müssen Rechte und Pflichten der Gesellschaft von denen der Gesellschafter unterschieden werden.

IV. Handlungsfähigkeit

1. Rechtsfähigkeit ist die Fähigkeit, Rechte und Pflichten zu haben; Handlungsfähigkeit die Fähigkeit, Rechte und Pflichten durch eigenes Handeln zu erwerben. Die beiden Begriffskreise überschneiden sich. Auch ein Handlungsunfähiger kann rechtsfähig sein, d. h. Rechte und Pflichten haben, zu deren Erwerb es eigenes Handeln nicht braucht (Erbrecht) oder die andre für ihn erwerben (Vater für Kind). Über die Handlungsfähigkeit juristischer Personen s. u., § 17 D. Umgekehrt kann auch ein nicht Rechtsfähiger handlungsfähig sein (Sklave); er erwirbt dann Rechte für andre.

2. So wie volle und beschränkte Rechtsfähigkeit, gibt es volle und beschränkte Handlungsfähigkeit, je nachdem, ob durch eigenes Handeln alle oder nur gewisse Rechte oder Pflichten erworben werden können.

B. Persönlichkeitsrecht

I. Allgemeines

Die Ausbildung des Persönlichkeitsrechtes ist jungen Datums. Die rechtshistorische Schule leugnete ein subjektives Recht an der Persönlichkeit, da eine Rechtsmacht an der eigenen Person undenkbar sei. Praktische Bedürfnisse erzwangen dann die zögernde Anerkennung einzelner Persönlichkeitsrechte: Recht am Namen, am Bilde.

Falsch wäre es freilich, den Namen (das Bild) als Objekt des Rechtes anzusehn; es handelt sich um den Schutz der Person mit Bezug auf den Namen (das Bild).

Doch bezeichnet schon Zeiller das Recht der Persönlichkeit als das „Urrecht, die Würde eines vernünftigen, freihandelnden Wesens zu behaupten". Das Bonner Grundgesetz anerkennt es mit ähnlichen Worten. Das SchwZGB enthält eine allgemeine Formel für den Schutz der Persönlichkeit. Dazu tritt die Deklaration der Menschenrechte und die Europäische Konvention zum Schutze der Menschenrechte.

Auch für das österreichische Recht ist, gestützt auf die §§ 16, 17, ein allgemeines Persönlichkeitsrecht anzunehmen, woraus die einzelnen Persönlichkeitsrechte fließen, die keinen abgeschlossenen Kreis bilden.

II. Namensrecht

Der Name bezeichnet das Rechtssubjekt, um es von andern zu unterscheiden. Öffentlichrechtliche Vorschriften ordnen das Namenswesen, und § 43 gibt dem Namensträger ein subjektives Privatrecht auf Schutz des Namens als Ausdruck seiner Person.

Der Name des Menschen besteht aus Vor- und Familiennamen. Die Führung von Adelsbezeichnungen ist österreichischen Staatsbürgern untersagt (§ 2 G 1919/211).

1. Erwerb des Namens.

a) Den *Vornamen* bestimmt der Erziehungsberechtigte, doch darf er nicht gegen die öffentliche Ordnung verstoßen.

b) Der *Familienname* wird mit der Geburt erworben. Eheliche Kinder erhalten den des Vaters, uneheliche den Mädchennamen der Mutter, Findelkindern wird er durch die Findelanstalt gegeben.

Näheres im Familienrecht.

2. Der Familienname *ändert* sich:

a) durch Legitimation, Adoption und Namensgebung; Näheres im Familienrecht;

b) für die Frau durch Eheschließung (§ 92). Die Scheidung läßt grundsätzlich den Ehenamen unberührt, doch kann die Frau ihn ablegen und ihr die Führung u. U. untersagt werden; EheG. §§ 62–65;

c) sonst ist Änderung des Familien- und Vornamens nur mit Bewilligung der Verwaltungsbehörde aus wichtigen Gründen gestattet.

3. Das Namensrecht *erlischt* mit dem Tod, soweit das Persönlichkeitsrecht nicht nachwirkt.

4. Der Name ist höchstpersönlich. Man kann ihn weder veräußern noch vererben. Man kann auch nicht beliebig einem andern das Recht erteilen, einen fremden Namen als den seinigen zu führen. Zulässig ist jedoch die Erlaubnis, den eigenen Namen zu bestimmten Zwecken, z. B. Werbung, zu gebrauchen. So wie der bürgerliche Name mit der Person, ist der kaufmännische Name, die Firma, mit dem Unternehmen verbunden, mit ihm freilich auch übertragbar; siehe Handelsrecht. Ähnlich, wenn der Name mit einer Markenbezeichnung, Erfindung oder Methode verbunden ist.

5. Inhalt und Schutz des Namensrechtes.

Das Namensrecht hat eine positive und eine negative Seite. Positiv das Recht auf Gebrauch des eigenen Namens; negativ die Abwehr des unbefugten Gebrauchs des Namens durch andere. Demgemäß gibt § 43 zwei Klagen:

a) gegen Bestreitung des Rechtes zur Führung des eigenen Namens;

b) gegen Beeinträchtigung durch unbefugten Gebrauch des Namens.

Außer § 43 gewähren Namensschutz § 37 HGB., § 9 UnlWG., § 10 MarkenschutzG.

Wenn jemand sich eines gleichlautenden oder verwechslungsfähigen Namens zu unlauteren Zwecken bedient, z. B. einen Gesellschafter nur dazu sucht, um dessen Namen in die Firma aufzunehmen und durch Namensgleichheit oder

-ähnlichkeit ein Verwechslung mit einem angesehenen bestehenden Unternehmen herbeizuführen, liegt zwar kein unbefugter Gebrauch des Namens vor, da der Gesellschafter seinen eigenen Namen gebraucht, wohl aber unlauterer Wettbewerb und sittenwidrige Schädigung.

Bei unbefugtem Gebrauch denkt man in erster Linie daran, daß eine Person sich einen fremden Namen anmaßt. Ob unbefugter Gebrauch des Namens vorliegt, wenn mit dem Namen einer bestimmten Person eine Figur in einem literarischen Werk, eine Ware oder ein Hund benannt wird, ist streitig, m. E. aber zu bejahen. Außerdem kann darin die Verletzung eines sonstigen Persönlichkeitsrechtes, z. B. Beleidigung, liegen.

Beide Klagen gehn auf Unterlassung und bei Verschulden auf Schadenersatz. Die Unterlassungsklage umfaßt auch den Anspruch auf Beseitigung der Beeinträchtigung, z. B. auf Tilgung des unbefugt gebrauchten Namens am Briefpapier. Sie ist auch gegeben, wenn keine konkrete Schädigung nachweisbar ist, nicht aber, wenn Fortsetzung oder Wiederholung ausgeschlossen erscheint. — Der Anspruch auf Schadenersatz enthält auch den auf möglichste Wiederherstellung des vorigen Zustandes (§ 1323), z. B. durch öffentlichen Widerruf.

6. Ausdehnung des Namensschutzes.

a) *Deckname.* § 43 schützt ausdrücklich auch den Decknamen (ebenso UrhG. §§ 12, 61, 68). Er ist nur bei natürlichen Personen, besonders für künstlerische Zwecke, nicht aber bei gewerblicher und kaufmännischer Tätigkeit zulässig.

Der § 43 erwähnt den Decknamen nur beim Tatbestand des unbefugten Gebrauches, nicht bei dem der Bestreitung des Rechtes zur Namensführung. Daraus ist m. E. nicht abzuleiten, daß es den Decknamen gegen Bestreitung nicht schützen wollte.

b) Der *Vulgärname (Hofname)* ist nicht wie der Deckname ein willkürlich angenommener, sondern ein durch Herkommen bestimmter Name. Er ist gleich dem bürgerlichen Namen zu schützen.

c) *Juristische Personen.* Der Namensschutz hat sich bei der natürlichen Person ausgebildet, ist aber nicht darauf beschränkt. Die Fassung des § 43 steht der Ausdehnung auf alle überindividuellen Personeneinheiten nicht im Wege.

d) Dasselbe gilt für Geschäftsbezeichnungen und schlagwortartige Namens- und Firmenbestandteile, besonders für die heute verbreiteten Abkürzungen, für Hotelnamen, Telegrammadressen, Warenbezeichnungen, Wappen, Künstlermonogramme.

III. Andere Persönlichkeitsrechte

1. Andere Bereiche der Persönlichkeit, deren Schutz anerkannt wird, sind: das Recht auf Leben, Gesundheit, körperliche Unversehrtheit, Erhaltung der Arbeitskraft, auf Freiheit, Gleichheit, Ehre; das Recht am eigenen Bild, an der eigenen Stimme, an Briefen, nicht veröffentlichten Werken, am Geheimbereich und der persönlichen Privatsphäre; das Recht auf Achtung religiösen Empfindens und des Pietätsgefühls. Die Fälle werden heute als Ausflüsse eines einheitlichen Persönlichkeitsrechtes betrachtet, dessen Grenzen durch Interessenabwägung abzustecken sind.

2. Der Schutz ist wie beim Namensrecht auf juristische Personen u. dgl. sinngemäß auszudehnen, denn auch sie sind Träger von Persönlichkeitsrechten, wenn auch nicht von allen.

Abgesehen vom Schutz durch öffentlichrechtliche Vorschriften, z. B. durch das Strafrecht, hat der in seinem Persönlichkeitsrecht Verletzte Anspruch auf Beseitigung und Widerruf, Feststellung und Unterlassung; bei Verschulden auf Schadenersatz und restitutio in integrum, z. B. durch Ehrenerklärung.

3. Das Persönlichkeitsrecht ist zwar höchstpersönlich, doch können auch nach dem Tod des Menschen und nach Endigung der juristischen Person noch schutzwürdige Persönlichkeitsrechte bestehn. Darüber, wer diesen Schutz geltend machen kann, siehe § 75 UrhRG. für das Recht am eigenen Bilde. Wie lange über den Tod hinaus solche Rechte bestehn, darüber gibt es nur für einzelne Rechte, z. B. das Urheberrecht, Bestimmungen.

4. Die Persönlichkeitsrechte hängen eng mit der Person zusammen. Doch können sich Geisteswerke von ihrem Schöpfer lösen und selbständigen Vermögenswert haben. Im Gegensatz zu den materiellen Gütern spricht man hier von Immaterialgütern. Sie schlagen die Brücke zu den Sachen. Eine Regelung finden sie in Sondergesetzen (Urheberrecht, Patentrecht, Marken- und Musterschutz). Einerseits kann über sie wie über andere Vermögensrechte verfügt, z. B. Urheber- und Patentrecht übertragen oder der Ausübung nach gestattet und vererbt werden. Andererseits bleibt die Verbindung mit dem Schöpfer, dessen Urheberschaft und Erfinderschaft gewahrt.

§ 14. Beginn und Ende der natürlichen Person

A. Gemeinsames

1. Die Persönlichkeit des Menschen beginnt mit der Geburt und endet mit dem Tode.

Nach älterem Recht konnte die Rechtsfähigkeit durch besonderen Rechtsakt, z. B. Freilassung, begründet werden und vor dem Tod enden; im römischen Recht durch capitis deminutio maxima (Versklavung); im deutschen Recht durch Friedlosigkeit und Schuldknechtschaft. Auch der bürgerliche Tod und Klostertod sind unserm Recht nicht mehr bekannt.

2. So klar die Begrenzung durch Geburt und Tod ist, erheben sich bei näherer Prüfung folgende Fragen:

a) Nicht immer ist leicht feststellbar, wann die Geburt vollendet und ob sie eine Lebendgeburt ist; ähnlich beim Tod, ob und wann er erfolgt ist (Scheintod, Wiederbelebung, Verschollenheit).

b) Wenn auch das Kind erst mit der Geburt sein selbständiges Leben beginnt, lebt es doch schon vorher im Mutterleib, also treten Vorwirkungen der Rechtspersönlichkeit ein. — Mit dem Tode endet zwar das Leben, das schließt aber gewisse Nachwirkungen nicht aus.

B. Beginn

1. Das Kind ist geboren, wenn es aus dem Mutterleib ausgetreten, auch wenn die Nabelschnur noch nicht durchtrennt ist. Nach den Lehren der Medizin ist es lebend geboren, wenn es nach Austritt aus dem Mutterleib mindestens eines der drei Lebenszeichen (Einsetzen der Lungenatmung oder Herzschlag oder Pulsieren der Nabelschnur) zeigt. Im Zweifel wird Lebendgeburt vermutet (§ 23). Lebensfähigkeit — ein zu unsicheres Merkmal — verlangt unser Recht nicht mehr; für Mißgeburten und Zwitter macht es keine Ausnahme.

Den Beweis der Geburt sichert das PersonenstandsG. (PStG.) durch Anzeigepflicht und Geburtenbuch.

2. Dem Erzeugten, noch nicht Geborenen werden Rechte für den Fall der Lebendgeburt vorbehalten. § 22/2 gibt fast wörtlich den Satz wieder: nasciturus pro jam nato habetur quoties de commodis ejus agitur. Es wird also nicht die Leibesfrucht als solche für rechtsfähig erklärt, es werden nur dem später zur Welt Kommenden, dem Nasciturus, Rechte reserviert. Wird das Kind tot geboren, ist es so zu betrachten, als wäre es nie empfangen worden.

Die Rechte, um die es sich handelt, betreffen in erster Linie die Erbfolge. Doch kann z. B. für das noch ungeborene uneheliche Kind die Sicherstellung des Unterhaltes für die ersten drei Monate verlangt werden (§ 168). Der Ersatzanspruch wegen schuldhafter Tötung des Unterhaltspflichtigen steht auch zu, wenn sie vor der Geburt des Kindes erfolgte; vgl. EKHG. § 12/I. Schließlich begründet eine Einwirkung auf die reifende Frucht, woraus das zur Welt Kommende Schaden leidet, dessen Ersatzanspruch (Ansteckung mit einer Geschlechtskrankheit; Unfall der Schwangeren; Kontergan läßt das Kind verkrüppelt zur Welt kommen). Der in § 22/1 der Leibesfrucht verheißene Schutz der Gesetze zeigt sich besonders im Strafrecht (Abtreibung). Auch ist dem erzeugten Ungeborenen ein Kurator zur Wahrung seiner Rechte zu bestellen (§ 274). Selbst noch Unerzeugten können Rechte für den Fall der Geburt zugewendet und kann ein Kurator bestellt werden (§§ 274, 612; Hofdekr. 1845). Auch ist die Frage aufgetreten, ob eine Schädigung *vor* der Erzeugung (z. B. Keimschädigung durch Strahlen) dem später Erzeugten Ersatzansprüche gibt.

Wie wichtig es sein kann, festzustellen, ob ein Kind lebend oder tot geboren wurde, und, wenn es bei der Geburt stirbt, wann es gestorben ist, zeigt das folgende Beispiel:

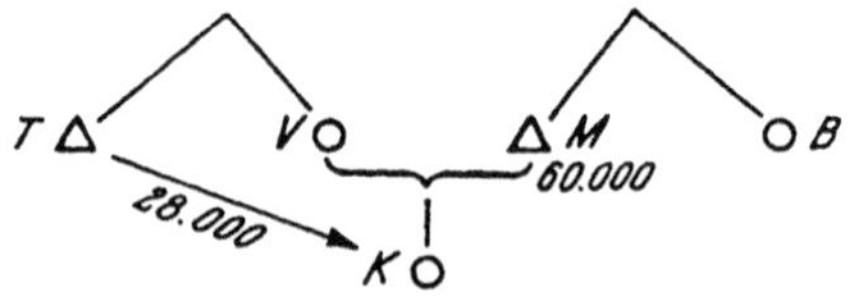

Bei der Geburt des ersten Kindes sterben Mutter (M) und Kind (K). Der Nachlaß der Mutter beträgt 60 000. Eine während der Schwangerschaft der Mutter gestorbene Schwester des Vaters, die Tante des Kindes (T), hat dem Kind 28 000 vermacht. Nächste Angehörige: der Vater des Kindes und Ehemann der Mutter (V) und der Bruder der Mutter (B).

Kind tot geboren. Vermächtnis der 28 000 durch Wegfall von K. erledigt. Ein Todesfall, daher ein Nachlaß, der der M:

Nachlaß M 60 000	$V\,^1/_2 = 30\,000$	$B\,^1/_2 = 30\,000$

Kind lebend geboren, zwei Todesfälle, daher zwei Nachlässe: M 60 000, K 28 000.

a) K stirbt *nach* M (auch wenn es sich nur um Stunden handelt).

Nachlaß M 60 000	$V\,^1/_4 = 15\,000$	$K\,^3/_4 = 45\,000$	$B = 0$
Nachlaß K 28 000			
45 000			
73 000	$V\,1 = 73\,000$		$B = 0$
zusammen:	88 000 (alles)		

b) K stirbt *vor* M.

Nachlaß K 28 000	$V\,^1/_2 = 14\,000$	$M\,^1/_2 = 14\,000$	$B = 0$
Nachlaß M 60 000			
14 000			
74 000	$V\,^1/_2 = 37\,000$		$B\,^1/_2 = 37\,000$
zusammen:	51 000		37 000

c) M und K sterben gleichzeitig bzw. es ist nicht feststellbar, wer früher gestorben ist (Kommorienten, § 11 TodErklG.).

Nachlaß K 28 000	$V\,1 = 28\,000$	$M = 0$	$B = 0$
Nachlaß M 60 000	$V\,^1/_2 = 30\,000$	$K = 0$	$B\,^1/_2 = 30\,000$
zusammen:	58 000		30 000

C. Ende der Person

1. So wie bei der Geburt ist auch beim Tod nach den Lehren der Medizin zu bestimmen, ob und wann er eingetreten. Den Beweis des Todes sichert das PStG. durch Anzeigepflicht und Sterbebuch.

2. Während vor der Geburt schon Leben da ist, ist nach dem Tode kein Leben mehr da. Dennoch gibt es analog den Vorwirkungen auch Nachwirkungen der Rechtspersönlichkeit. So wie aber der Nasciturus nur geschützt wird, wenn und weil er zum Leben kommt, wird der Tote geschützt, weil er gelebt hat. Der Wille des Lebenden wirkt in der Verfügung von Todes wegen über den Tod hinaus. § 547/2 fingiert sogar, daß der Erblasser bis zur Antretung durch den Erben die Erbschaft besitze. Der Leichnam ist keine Sache wie andere; er genießt besonderen Schutz. Auch Persönlichkeitsrechte (Urheberrecht) wirken über den Tod hinaus.

D. Todeserklärung

Regelmäßig wird der Tod durch eine Amtsperson festgestellt und in einer öffentlichen Urkunde, Totenschein, beurkundet. Der Beweis kann aber auch auf andere Art, z. B. durch Zeugen, erbracht werden; § 21 TodErklG. ordnet dafür ein eigenes Verfahren an. Ist ein strikter Beweis nicht zu erbringen, macht aber Verschollenheit den Tod wahrscheinlich, sieht die Rechtsordnung ein Verfahren zur TE. vor, die eine Todesvermutung begründet.

I. Entwicklung und Rechtsquellen

„Unser Leben währet siebzig Jahre und wenn es hoch kommt, so sind es achtzig." An diese Worte des 90. Psalms anknüpfend, begründet das *italienisch-sächsische System* die Todesvermutung für einen Verschollenen, der das 70. Lebensjahr vollendet hätte. Es stellt also auf die Dauer des Lebens ab; das *französisch-schlesische* dagegen auf die Dauer der Verschollenheit: 30, später 20 oder 10 Jahre. Das neuere Recht kombiniert beides.

So schon § 24 ABGB. Der Ringtheaterbrand machte eine Regelung des Verfahrens nötig (1883). Der erste Weltkrieg brachte eine Neufassung des § 24 und Sondervorschriften für Vermißte sowie für Aufhebung und Berichtigung der TE. und des Todesbeweises. An die Stelle der österreichischen Vorschriften trat dann das TodErklG. v. 4. 7. 1939 mit zwei Ergänzungsverordnungen während des zweiten Weltkrieges. 1950 (BGBl. 1951/23) wurde es wiederverlautbart.

II. Verschollenheit

Verschollen ist nach § 1:

1. „Wessen Aufenthalt während längerer Zeit unbekannt ist." Kürzere Nachrichtenlosigkeit kann keine Verschollenheit begründen.

2. „Ohne daß Nachrichten darüber vorliegen, ob er in dieser Zeit noch gelebt hat." Gemeint sind Lebenszeichen jeder Art, auch wenn sie nicht vom Verschollenen selbst stammen; nicht bloße Gerüchte.

3. „Sofern nach den Umständen hiedurch ernstliche Zweifel an seinem Fortleben begründet werden." Damit werden zwei Gruppen von Fällen ausgeschieden: jene, in denen die Nachrichtenlosigkeit keine Zweifel am Leben begründet (ein flüchtiger Verbrecher gibt kein Lebenszeichen), und jene, in denen der Tod gewiß ist (bei einem Flugzeugabsturz werden die Leichen agnosziert; anders, wenn sie nicht agnosziert werden).

III. Arten der Verschollenheit

Es wird unterschieden, ob nur Verschollenheit vorliegt (allgemeine Verschollenheit mit langen Fristen, § 3) oder ob der Verschollene sich vorher in Lebensgefahr befand, die die Wahrscheinlichkeit des Todes erhöht (Gefahrenverschollenheit mit verkürzten Fristen). Typische Gefahrenfälle sind Kriegs-, See- und Luftgefahr (§§ 4, 5, 6). Liegen die Voraussetzungen sowohl für Kriegs- als auch für See- oder Luftgefahr gleichzeitig vor, gelten die Bestimmungen über Kriegsverschollenheit (§ 8). Die atypischen Fälle begründen die generelle Gefahrenverschollenheit (§ 7); sie greift erst ein, wenn weder Kriegs- noch See- noch Luftverschollenheit gegeben ist. Die allgemeine Verschollenheit erfaßt Fälle, in denen das Gefahrenmoment keine Rolle spielt. Wir ordnen danach aufsteigend an. Beachte, wann jeweils die Frist beginnt.

1. *Kriegsverschollen* (§ 4) ist, wer einer bewaffneten Macht angehört oder sich bei ihr aufgehalten und an einem Krieg, kriegsähnlichen Unternehmen oder besonderen Einsatz teilgenommen hat, während dieser Zeit im Gefahrengebiet vermißt und seitdem verschollen ist.

Frist ein Jahr. Sie beginnt:

a) mit dem Ende des Jahres, in dem der Friede geschlossen oder der Krieg tatsächlich beendet wurde;

b) mit dem Zeitpunkt, in dem der Verschollene vermißt wurde, wenn er unter Umständen vermißt ist, die seinen Tod sehr wahrscheinlich machen.

2. *Seeverschollen* (§ 5) ist, wer bei einer Fahrt auf See (gemeint die See, nicht der See!) verschollen ist. Das Gesetz erwähnt und regelt besonders den Schiffsuntergang. Seeverschollen ist aber auch, wer vom Schiff stürzt oder während der Fahrt verschwindet.

Frist sechs Monate. Sie beginnt:

a) mit dem Schiffsuntergang oder dem die Verschollenheit begründenden Ereignis.

b) Ist der Schiffsuntergang auch nicht feststellbar, also das Schiff verschollen, wird eine Frist von einem Jahr seit der letzten Nachricht vom Schiff vorgeschaltet; sie kann auf drei Monate verkürzt werden, wenn nach seemännischer Erfahrung anzunehmen ist, daß das Schiff schon früher unterging.

3. *Luftverschollen* (§ 6) ist, wer bei einem Flug verschollen ist. Das Gesetz erwähnt und regelt besonders die Zerstörung des Flugzeuges. Luftverschollen ist aber auch, wer aus dem Flugzeug stürzt oder während der Fahrt verschwindet.

Frist drei Monate. Sie beginnt:

a) mit der Zerstörung des Flugzeuges oder dem die Verschollenhei. begründenden Ereignis;

b) wenn dieses Ereignis nicht feststellbar, mit der letzten Nachricht vom Verschollenen.

4. *Allgemeine Gefahrenverschollenheit* (§ 7) betrifft die in einer andern Lebensgefahr (z. B. Hochwasser, Erdbeben, Feuersbrunst, Grubenunglück, schwierige Bergbesteigung) Verschollenen.

Frist ein Jahr. Sie beginnt, sobald die Lebensgefahr beendet ist oder ihr Ende nach den Umständen erwartet werden konnte. Also z. B. mit Ende des Hochwassers oder des Wettersturzes im Gebirge, mit Einstellung der Rettungsarbeiten bei Grubenunglück.

5. *Allgemeine Verschollenheit* (§ 3) erfaßt alle Fälle bloßer Verschollenheit; aber auch, wenn z. B. die Kleider des Verschollenen am Ufer des Sees gefunden werden; wenn er einen Brief hinterläßt, in dem er Selbstmord ankündigt.

Frist zehn Jahre. Sie beginnt mit Ende des Jahres, in dem der Verschollene nach den vorhandenen Nachrichten noch gelebt hat. Die Frist verkürzt sich auf fünf Jahre, wenn der Verschollene zur Zeit der Todeserklärung das 80. Lebensjahr vollendet hätte. Andererseits kann die Todeserklärung nicht vor dem Ende des Jahres ausgesprochen werden, in dem der Verschollene das 25. Lebensjahr vollendet hätte.

IV. Grundzüge des Verfahrens

Das Verfahren zur TE. wird über Ansuchen eines Beteiligten (rechtliches Interesse!) oder des Staatsanwaltes (§ 20) eingeleitet. Zuständig ist der Einzelrichter beim Gerichtshof 1. Instanz des letzten Wohnsitzes (Aufenthaltes) des Verschollenen (§ 13). Das Verfahren ist außerstreitig, Amtsmaxime (§§ 14, 15). Für den Verschollenen ist ein Kurator zu bestellen (§ 17), der zu erheben und vorzubringen hat, was gegen die TE. spricht. Befindet das Gericht, daß die Voraussetzungen für das Verfahren gegeben sind, fordert es mit Edikt den Verschollenen auf, sich bis Ablauf der Ediktalfrist, die zwischen sechs Wochen und einem Jahr betragen kann, zu melden (§ 18; Ausnahme für Teilnehmer am zweiten Weltkrieg s. § 28). Nach Ablauf der Ediktalfrist entscheidet das Gericht auf erneutes Ansuchen über das Begehren um TE. (§ 19).

V. Wirkung
(§§ 9, 10)

Die TE. begründet die Vermutung des Todes. Im Beschluß ist der Zeitpunkt des vermuteten Todes anzugeben (§ 19). Der durch Beschluß festgesetzte Zeitpunkt ist wohl zu unterscheiden von jenem Zeitpunkt, in dem die TE. erfolgen kann; s. o., III. Als Todeszeitpunkt ist der nach dem Ergebnis der Ermittlungen wahrscheinlichste festzustellen. Ist das nicht möglich, gilt:

a) bei Kriegsgefahr der Zeitpunkt, in dem der Verschollene vermißt worden ist;

b) bei See- und Luftgefahr der Zeitpunkt des Schiffsunterganges bzw. der Zerstörung des Luftfahrzeuges oder der Eintritt des sonstigen, die Verschollenheit begründenden Ereignisses und, falls dies nicht feststellbar, der Zeitpunkt, in dem der Verschollene zuerst vermißt wurde;

c) bei allgemeiner Gefahrenverschollenheit der Beginn der Lebensgefahr;

d) bei allgemeiner Verschollenheit das Ende des fünften (bei 80jährigen des dritten) Jahres der Verschollenheit.

Kann nur der Tag des vermuteten Todes festgestellt werden, gilt das Ende des Tages als Todeszeitpunkt.

Der Beschluß begründet die Vermutung, daß der Verschollene in dem festgestellten Zeitpunkt gestorben ist. Außerdem begründet § 10 eine Lebensvermutung, solange ein Verschollener nicht für tot erklärt ist, bis zu dem Zeitpunkt, der bei einer Todeserklärung als Todeszeitpunkt hätte angenommen werden müssen.

Mit dem festgestellten Todeszeitpunkt gilt die Erbfolge als eingetreten, gelten höchstpersönliche Rechte als erloschen und kann der hinterbliebene

Gatte wieder heiraten. Von da ab gilt auch die Frist des § 138 von 302 Tagen, nach deren Ablauf ein von der hinterbliebenen Gattin geborenes Kind nicht mehr als Kind des für tot Erklärten vermutet wird.

E. Berichtigung und Aufhebung. §§ 23 ff.

Stellt sich heraus, daß der für tot Erklärte an einem andern als dem vermuteten Todestag gestorben ist, kann die TE. berichtigt werden. Die Folge kann sein, daß der eingeantwortete Erbe sich als Scheinerbe herausstellt, was dem wahren Erben die Möglichkeit der Erbschaftsklage gibt.

Stellt sich aber heraus, daß die Voraussetzungen für die TE. nicht gegeben waren, ist sie über Antrag aufzuheben. Erscheint insbesondere der für tot Erklärte vor Gericht, ist nur seine Identität festzustellen und ohne weiteres Verfahren die TE. aufzuheben. Das Verlassenschaftsgericht muß ihn in den Besitz seines Vermögens wieder einführen. (Für redliche Dritterwerber von Vermögensstücken gilt § 824/2 analog.) Ebenso erhält er wieder die väterliche Gewalt. Seine Ehe lebt wieder auf. Hat aber der hinterbliebene Gatte inzwischen geheiratet, treffen die §§ 43, 44 EheG. eine Sonderregelung; s. Familienrecht, § 17.

F. Kommorienten

Kommen mehrere Personen in gemeinsamer Gefahr um (Kommorienten), stellt das römische und ihm folgend das gemeine Recht die Vermutung auf, daß Eltern vor ihren mündigen, nach ihren unmündigen Kindern gestorben seien. Das moderne Recht hat diese willkürliche Annahme durch die Vermutung gleichzeitigen Todes ersetzt; so schon § 25 ABGB., nunmehr § 11 TEG. Die Vermutung gilt allgemein, wenn die Reihenfolge mehrerer Todesfälle nicht bewiesen werden kann, auch falls keine gemeinsame Gefahr bestand und auch falls der Tod nicht erwiesen ist, sondern kraft TE. vermutet wird. Die Vermutung des § 11 hat zur Folge, daß die Kommorienten für die gegenseitige Erbfolge nicht in Betracht kommen.

§ 15. Rechtserhebliche Eigenschaften und Zustände des Menschen

A. Entwicklung

Alte Rechte verweigern manchen Gruppen die Rechtsfähigkeit, geben sie andern nur in beschränktem Maße. Das römische Recht kennt den status libertatis, civitatis, familiae. Das deutsche Recht versagt die Rechtsfähigkeit den Unfreien und Fremden; beschränkt die Rechtsfähigkeit der Frauen, Juden, Ehrlosen; entwickelt überdies das Erfordernis der Ebenbürtigkeit. Seit der Aufklärung zeigt das moderne Recht einen fortschreitenden Zug zur Ausgleichung all dieser Unterschiede und Abstufungen.

B. Der Gleichheitsgrundsatz im geltenden Recht

1. Art. 2 StaatsgrundG v. 21. 12. 1867 über die allgemeinen Rechte der Staatsbürger: „Vor dem Gesetze sind alle Staatsbürger gleich.“

2. Art. 66 Staatsvertrag von St. Germain v. 10. 9. 1919: „Alle österreichischen Staatsangehörigen ohne Unterschied der Rasse, der Sprache

oder Religion sind vor dem Gesetze gleich. Unterschiede in Religion, Glauben oder Bekenntnis sollen keinem österreichischen Staatsangehörigen beim Genuß der bürgerlichen und politischen Rechte nachteilig sein."

3. Art. 7 B.-VG. von 1920 i. d. F. von 1929: „Alle Bundesbürger sind vor dem Gesetz gleich. Vorrechte der Geburt, des Geschlechtes, des Standes, der Klasse und des Bekenntnisses sind ausgeschlossen."

4. Art. 16 Z. 1 Satz 2 UNO-Deklaration der Menschenrechte v. 10. 12. 1948: „Sie (sc. Mann und Frau) haben in der Ehe — während derselben und nach deren Auflösung — gleiche Rechte."

5. Art. 14 der Europäischen Konvention zum Schutz der Menschenrechte und Grundfreiheiten von 1950: „Der Genuß der in der vorliegenden Konvention festgelegten Rechte und Freiheiten ist ohne Benachteiligung zu gewährleisten, die insbesondere im Geschlecht, in der Rasse, Hautfarbe, Sprache, Religion, in den politischen und sonstigen Anschauungen, in nationaler und sozialer Herkunft, in der Zugehörigkeit zu einer nationalen Minderheit, im Vermögen, in der Geburt oder im sonstigen Status begründet ist."

6. Art. 6 Staatsvertrag von Wien v. 15. 5. 1955: „. . . Österreich verpflichtet sich weiter dazu, daß die in Österreich geltenden Gesetze weder in ihrem Inhalt noch in ihrer Anwendung zwischen Personen österreichischer Staatsangehörigkeit auf Grund ihrer Rasse, ihres Geschlechtes, ihrer Sprache oder ihrer Religion, sei es im Bezug auf ihre Person, ihre Vermögenswerte, ihre geschäftlichen, beruflichen oder finanziellen Interessen, ihre Rechtsstellung, ihre politischen oder bürgerlichen Rechte, sei es auf irgendeinem andern Gebiet, diskriminieren oder Diskriminierungen zur Folge haben werden."

7. Alle genannten Rechtsquellen verkünden den Gleichheitssatz, indem sie Gleichstellung anordnen, Diskriminierung verbieten. Differenzierte rechtliche Behandlung aus sachlichen Gründen ist dadurch nicht ausgeschlossen. Oft ist freilich streitig, ob eine Vorschrift eine gerechtfertigte Differenzierung oder eine nicht gerechtfertigte Diskriminierung enthält; eignet sich doch der Gleichheitssatz infolge seiner — notwendig höchst allgemeinen — Fassung eher als Richtlinie für den Gesetzgeber (de lege ferenda) denn als geltender Rechtssatz (de lege lata).

C. Einzelne rechtserhebliche Eigenschaften und Zustände

I. Mangelndes Alter, geistige Gebrechen

§ 21/1: „Diejenigen, welche wegen Mangels an Jahren, Gebrechen des Geistes oder anderer Verhältnisse wegen ihre Angelegenheiten selbst gehörig zu besorgen unfähig sind, stehen unter dem besonderen Schutze der Gesetze." Das Gesetz betont, daß die Beschränkungen die Betroffenen schützen und nicht benachteiligen wollen. Der Schutzgedanke kann auch sonst das Abgehn vom Gleichheitsgrundsatz rechtfertigen.

Mangelndes Alter und geistige Gebrechen sowie die wegen geistiger Gebrechen oder ähnlicher Zustände mögliche Entmündigung berühren die Handlungsfähigkeit. Näheres s. u., § 16.

II. Geburt

Der Geburtsstand spielte im alten römischen Recht (status libertatis, status civitatis; Patrizier, Plebejer) und im deutschen Recht (Freie und Unfreie; Adel, Bürger, Bauern; Ebenbürtigkeit) eine entscheidende Rolle. Im späteren römischen Recht und seit dem 18. Jahrhundert in unserm Recht vollzieht sich eine fortschreitende Angleichung.

1. Nach Art. 7/I/2 B.-VG. sind Vorrechte der Geburt ausgeschlossen. Insbesondere wurde „der Adel ... österreichischer Staatsbürger“, gleich, ob inländischer oder ausländischer Adel, aufgehoben und die Führung von Adelsbezeichnungen untersagt (G. 1919/211).

2. „Die uneheliche Geburt kann einem Kinde an seiner bürgerlichen Achtung und an seinem Fortkommen keinen Abbruch tun“ (§ 162). Auf die Stellung der unehelichen Kinder in der Familie bezieht sich das nicht (§ 155/1) und ebensowenig auf das Erbrecht (§ 754). So de lege lata; de lege ferenda wird zu prüfen sein, wieweit die unterschiedliche Rechtsstellung sachlich gerechtfertigt ist oder aber dem Gleichheitsgrundsatz widerspricht. Volle Gleichstellung ginge jedoch auf Kosten der ehelichen Familie, ohne dem unehelichen Kind angesichts der faktisch ungleichen Lage entsprechenden Schutz zu gewähren.

III. Stand und Klasse

1. Da der Geburtsstand im geltenden Recht ohne Bedeutung ist, versteht Art. 7 B.-VG. unter Stand offenbar den Berufsstand (vgl. § 148: Standeswahl = Berufswahl; ebenso das Wort „anständig“ in § 91 und an andern Stellen im Sinne von „standesgemäß“). Der Gleichheitsgrundsatz schließt sachlich gerechtfertigte Differenzierungen nach dem Beruf nicht aus. Solche gibt es vielmehr in wachsender Zahl: für Kaufleute (Handelsrecht), Soldaten (Wehrrecht), Geistliche und Ordensleute (z. B. §§ 179, 195, 573, 761), Beamte (z. B. § 195 und AHG.), Arbeitnehmer (Arbeitsrecht), Bauern (Anerbenrecht).

2. Art. 7 B.-VG. verbietet auch Vorrechte der Klasse. Klasse ist eine Gruppe, deren gesamte Lebensführung sich von der anderer Gruppen unterscheidet (VerfGH. Slg. 384).

IV. Rasse und Sprache

1. Art. 66 StV. von St. Germain und Art. 6 Punkt 1 StV. von Wien verbieten ausdrücklich Diskriminierungen wegen Rasse und Sprache, wobei unter Rasse eine nach biologischen Gesichtspunkten zusammengefaßte Menschengruppe zu verstehn ist.

2. Art. 7 StV. von Wien sowie schon die Art. 66, 67 StV. von St. Germain und Art. 19 StaatsgrundG. von 1867 über die allgemeinen Rechte der Staatsbürger lassen es für nationale Minderheiten nicht beim Diskriminierungsverbot bewenden, sondern sichern ihnen besonderen Schutz in Sprache und Kultur gegen Assimilierung zu.

V. Geschlecht

1. Im alten römischen, griechischen und germanischen Recht war nur der Wehrhafte mündig; Frauen standen unter der Gewalt (manus, munt) des Vaters, Ehemannes oder Geschlechtsvormundes. Das deutsche Recht gab überdies der Frau kein oder nur ein beschränktes Erbrecht (Schwert- und Kunkelteil). Aber schon im klassischen römischen Recht emanzipierte sich die Frau: Die freie Ehe löste die Manusehe ab, die Geschlechtsvormundschaft bildete sich zurück und verschwand.

2. Im öffentlichen Recht blieb der Frau bis in die jüngste Zeit die Gleichberechtigung versagt (Wahlrecht, Beamtenstellen). Erst 1918 erreichte sie sie. Auch Art. 7 B.-VG. hatte nur das öffentliche Recht, besonders das Wahlrecht, im Auge. Die Wehrpflicht ist noch immer auf Männer beschränkt.

Im Privatrecht stellt schon das ABGB. die Frau grundsätzlich gleich. Eine Ausnahme macht das Familienrecht: Der Ehemann als Haupt der Familie hat das Entscheidungsrecht und die väterliche Gewalt, ist freilich auch primär unterhaltspflichtig. Frauen mit Ausnahme der Mutter und Großmutter müssen Vormundschaften nicht annehmen und erhalten einen Mitvormund. Das Anerbenrecht bevorzugt — zum Unterschied vom Erbrecht des bürgerlichen Gesetzbuches — das männliche Geschlecht. Andererseits bildet das Arbeitsrecht einen besondern Frauen- und Mutterschutz aus.

Im allgemeinen kann man sagen, daß das ABGB. sachlich gerechtfertigte Unterscheidungen treffen, nicht aber ungerechtfertigt bevorzugen bzw. diskriminieren wollte. Soll die Rechtssicherheit nicht erschüttert werden, kann es wieder nur Sache des Gesetzgebers sein, zu prüfen, wieweit eine Neuregelung durch Änderung des Verhältnisses geboten erscheint, und sie am Gleichheitsgrundsatz auszurichten.

VI. Religionsbekenntnis

Schon nach § 39 hat die Verschiedenheit der Religion auf das Privatrecht grundsätzlich keinen Einfluß. Ausnahmen beseitigten Art. 7 B.-VG. und Art. 6 StV. von Wien. Auch das geltende EheG. ist — zum Unterschied vom Eherecht des ABGB. — nicht mehr konfessionell. Für die religiöse Erziehung der Kinder ist das Religionsbekenntnis der Eltern naturgemäß von Bedeutung.

VII. Staatsbürgerschaft und Wohnsitz

1. *Staatsbürgerschaft.* — Ursprünglich nahm der Fremde an der Rechtsgemeinschaft der Bürger nicht teil. Für das öffentliche Recht verbleibt es dabei; privatrechtlich wird er aber, soweit nicht der Grundsatz der Gegenseitigkeit (vgl. z. B. § 7 AHG.) bzw. das Verwaltungsrecht (Retorsion) eingreift, dem Staatsbürger gleichgestellt (§ 33). Mit geringen Ausnahmen: Der Erwerb von Grundstücken durch Ausländer wird gelegentlich Beschränkungen unterworfen; Ausländern soll i. d. R. keine Vor-

mundschaft aufgetragen werden (§ 192). Sie haben Prozeßkostensicherheit zu leisten. Ausländische Arbeiter bedürfen der Arbeitsbewilligung. Nach wie vor ist die Staatsbürgerschaft ein Anknüpfungspunkt im internationalen Privatrecht.

Art. 7 B.-VG. spricht den Gleichheitsgrundsatz nur für Staatsbürger aus. Die Europäische Konvention zum Schutz der Menschenrechte und Grundfreiheiten, der Österreich beigetreten ist, beseitigt für diese Rechte und Freiheiten die Einschränkung.

Fremde Staaten, Kriegsschiffe, militärische Flugzeuge und Truppenkörper, Staatsoberhäupter und Diplomaten samt ihren Angehörigen und Bediensteten sowie internationale Gemeinschaften und ihre Organe genießen die Begünstigungen der *Exterritorialität.*

2. *Wohnsitz* ist der räumliche Schwerpunkt der Lebensverhältnisse einer Person. Er ist nach § 66 JN. „an dem Orte begründet, an welchem sie sich in der ... Absicht (a) niedergelassen hat (b), daselbst ihren bleibenden Aufenthalt zu nehmen (c). Einen gesetzlichen Wohnsitz, d. h. ohne Rücksicht auf ihren Willen, haben Heeresangehörige am Orte der Garnison (§ 68 JN.), die Ehefrau am Wohnsitz des Mannes, eheliche Kinder an dem des Vaters, uneheliche an dem der Mutter.

Nach dem Wohnsitz bestimmt sich der allgemeine Gerichtsstand und im Zweifel der Erfüllungsort. Auch das IPR. knüpft oft an ihn an.

VIII. Ehre

1. Geminderte Ehre bewirkte geminderte Rechtsfähigkeit. So im römischen Recht die infamia; sie war eine Folge der Untreue, z. B. bei fiducia, aber auch mit der Vollstreckung in das Vermögen des Schuldners verbunden. So im mittelalterlichen Recht die Ehrloserklärung wegen Verurteilung zu schimpflicher Strafe und die Ehrlosigkeit wegen Begehung ehrloser Handlungen, Betrieb eines unehrlichen Gewerbes, aber auch wegen unehelicher Geburt.

2. Nach dem ABGB. in der Gestalt von 1812 konnte ein verurteilter Verbrecher weder eine Ehe schließen noch ein Testament errichten und war in seiner Handlungsfähigkeit beschränkt (§§ 61, 574, 868). Diese Bestimmungen wurden 1867 aufgehoben. Die §§ 191, 281, wonach der Verbrecher zur Vormundschaft und Pflegschaft absolut untauglich war, wurden dahin geändert, daß das Gericht den Einzelfall zu prüfen hat. Das Ruhen der väterlichen Gewalt des auf mehr als ein Jahr Verurteilten (§ 176) ist eher eine Folge der tatsächlichen Behinderung als eine Ehrenfolge.

3. Heute löst ehrloses und unsittliches Verhalten nur mehr wenige privatrechtliche Wirkungen aus. Es ist ein Grund für:

a) Entziehung der väterlichen Gewalt (§ 178) und Unfähigkeit zur Vormundschaft und Kuratel (§§ 191, 281);

b) Verweigerung der Einwilligung nach § 3 EheG. zur Eheschließung;

c) Verlängerung der väterlichen Gewalt bzw. der Vormundschaft (§§ 173, 251);

d) Enterbung (§ 768 Z. 4; ebenso die Verurteilung zu lebenslänglicher oder 20jähriger Kerkerstrafe, § 768 Z. 3);

e) Scheidung (§ 49 EheG.);

f) Untersagung der Führung des Ehenamens durch die geschiedene Frau (§ 65 EheG.);

g) Verwirkung des Unterhaltsanspruches aus geschiedener Ehe (§ 74 EheG.);

h) Kündigung von Dauerrechtsverhältnissen;

i) Verlust der Ansprüche der ehelichen Mutter aus § 168.

4. Konkurs und Ausgleich nehmen dem Schuldner die Handlungsfähigkeit nicht, doch sind

a) nach Konkurseröffnung Rechtshandlungen des Gemeinschuldners den Konkursgläubigern gegenüber unwirksam (§ 3 KO.);

b) nach Eröffnung des Ausgleichsverfahrens Geschäfte, die nicht zum gewöhnlichen Geschäftsbetrieb gehören, nur mit Zustimmung des Ausgleichsverwalters wirksam und auch gewöhnliche Geschäfte zu unterlassen, wenn der Verwalter widerspricht (§ 8 AusglO.).

Konkurs- und Ausgleichsschuldner werden gemäß § 191 für untauglich zur Vormundschaft anzusehn sein.

§ 16. Altersstufen. Leibes- und Geistesgebrechen. Entmündigung

A. Altersstufen

I. Allgemeines und Geschichte

1. Mangelndes Alter beeinträchtigt nicht die Rechtsfähigkeit (Fähigkeit, berechtigt und verpflichtet zu sein), wohl aber die Handlungsfähigkeit (Fähigkeit, sich durch eigenes Handeln zu berechtigen und zu verpflichten). Die Handlungsfähigkeit teilt sich in Geschäftsfähigkeit (durch eigenes rechtsgeschäftliches Handeln sich berechtigen und verpflichten) und Deliktsfähigkeit (für eigenes rechtswidriges Verhalten verantwortlich sein).

2. Das römische Recht unterscheidet:

a) Infantes, qui fari non possunt, die die Worte der Formalakte nicht sprechen können, daher geschäftsunfähig sind.

b) Impuberes infantia majores, die noch nicht Geschlechtsreifen, nur beschränkt Geschäftsfähigen, d. h. nur mit auctoritas tutoris Verpflichtungsfähigen.

c) Puberes, qui generare possunt, die Vollhandlungsfähigen.

Pubertati proximi können je nach ihrer Einsicht in das Unrecht deliktsfähig sein.

Zuerst werden die Merkmale von Fall zu Fall geprüft (Sabinianer), dann feste Altersgrenzen gesetzt (Prokulianer), und zwar als Grenze der infantia das vollendete 7., für dic pubertas bei Männern das vollendete 14., bei Frauen das vollendete 12. Jahr.

d) Mit zunehmender Kompliziertheit der Lebensverhältnisse erweist sich ein Schutz der puberes minores XXV annis vor Übervorteilung als nötig: sie können einen Kurator erhalten und bedürfen dann seiner Zustimmung.

nasciturus	infans	impubes infantia major	pubes minor	→
0	7	14	25	

3. Das deutsche Recht stellt auf die mit der Geschlechtsreife eintretende Wehrhaftmachung (Mündigkeit) ab, setzt dafür später gleichfalls eine feste Grenze, die sich dann hinausschiebt, so daß zuletzt die Mündigkeit mit 25 Jahren eintritt. Im hohen Alter büßte der nicht mehr Wehrfähige, „über seine Tage Gekommene“ die Handlungsfähigkeit ein; die bäuerliche Gutsübergabe bewahrt eine Erinnerung daran.

II. Geltendes Recht

Auch § 21/2 kennt drei Altersstufen: „Kinder, die das siebente, Unmündige, die das vierzehnte, Minderjährige, die das einundzwanzigste Jahr ihres Lebens noch nicht zurückgelegt haben.“

Bis 1919 trat die Volljährigkeit mit zurückgelegtem 24. Lebensjahr ein.

Kinder bis zum vollendeten 7. Lebensjahr sind handlungsunfähig. Minderjährige zwischen dem vollendeten 7. und dem vollendeten 21. Lebensjahr beschränkt handlungsfähig. Näheres s.u., § 27, II.

Die Vorschriften des bürgerlichen Rechtes über die Handlungsfähigkeit gelten im Zweifel auch für das Verwaltungsrecht (§ 9 AVG.).

Die ursprünglich entscheidende Altersstufe der Mündigkeit tritt in den Hintergrund. — Der Zeitraum von 7—21 erweist sich als zu lang. — Schon im ABGB. und zusätzlich in andern Gesetzen hat sich eine Menge anderer Altersstufen systemlos ausgebildet. Im folgenden eine Übersicht ohne Anspruch auf Vollständigkeit.

Vollendetes 5. Jahr	Bei Adoption ist das Kind zu hören; § 181 a Z. 1.
Vollendetes 7. Jahr	Beschränkte Geschäftsfähigkeit; § 865.
Vollendetes 10. Jahr	Bei Änderung des Religionsbekenntnisses ist das Kind zu hören; G. über die religiöse Kindererziehung § 3.
Vollendetes 12. Jahr	Religionswechsel gegen den Willen des Kindes nicht möglich; ebenda § 5.
Vollendetes 14. Jahr	Deliktsfähigkeit; § 248/II. Vorher Diskretionsalter; § 1310. Freie Wahl des Bekenntnisses; G. über die religiöse Kindererziehung § 5, G. 1868 Art. 4. Mündlich vor Gericht oder Notar testieren; § 569. G. über die Beschäftigung von Kindern und Jugendlichen von 1948 (analoges G. für die Landwirtschaft von 1935) beschränkt Kinderarbeit, wobei es unter Kindern alle bis zum vollendeten 14. Lebensjahr versteht.
Vollendetes 16. Jahr	Ehemündigkeit der Frau; § 1/I EheG.

Vollendetes 18. Jahr	Jugendliche zwischen 14. und 18. Lebensjahr unterstehn als Arbeitnehmer den oben zitierten Schutzgesetzen. Volle Testierfähigkeit; § 569. Fähigkeit zum Testamentszeugen: § 591. Volljährigerklärung möglich; §§ 174, 252. Überschuß der Einkünfte kann zur freien Verwaltung überlassen werden; § 247. Der Minderjährige über 18, der sich als großjährig ausgibt, ist für den Schaden verantwortlich; § 248, I.
Vollendetes 20. Jahr	Zeugenfähigkeit nach § 57 NotO.
Vollendetes 21. Jahr	Volljährigkeit; § 21.
Vollendetes 24. Jahr	Fähigkeit zum Antritt eines Gewerbes; GewO. § 2/I/1. Vorhausung des Gatten endet, wenn Anerbe das 25. Lebensjahr erreicht; AnerbG. § 14/II.
Vollendetes 25. Jahr	Bei allgemeiner Verschollenheit Todeserklärung früher nicht zulässig; TEG. § 3.
Vollendetes 28. Jahr	Adoptionsalter der Frau; § 180.
Vollendetes 30. Jahr	Adoptionsalter des Mannes; § 180.
Vollendetes 55. Jahr	Anspruch auf Altersrente nach ASVG. für die Frau.
Vollendetes 60. Jahr	Anspruch auf Altersrente nach ASVG. für den Mann. Recht, die Vormundschaft abzulehnen; § 195. Anspruch auf Altersrente nach GSPVG. und LwZRG. für die Frau.
Vollendetes 65. Jahr	Anspruch auf Altersrente nach GSPVG. und LwZRG. für den Mann.
Vollendetes 80. Jahr	Bei allgemeiner Verschollenheit genügt nunmehr 5jährige Nachrichtenlosigkeit; § 3 TEG.

B. Leibes- und Geistesgebrechen

I. Leibesgebrechen

Anders als im alten Recht können Leibesgebrechen zwar tatsächlich, nicht aber rechtlich die Handlungsfähigkeit einschränken. Mit einer Ausnahme: Blinde, Taube und Stumme können nicht Testamentszeugen sein; § 591. Im übrigen ergreift das Gesetz zum Schutze solcher behinderten Personen Vorsichtsmaßnahmen. So die §§ 580, 581 für einen Testator, der nicht schreiben oder lesen kann. § 1 e NotZwG. verlangt die Aufnahme eines Notariatsaktes für Urkunden über Rechtsgeschäfte unter Lebenden, welche von Blinden oder welche von Tauben, die nicht lesen, oder von Stummen, die nicht schreiben können, in eigener Person errichtet werden. Ebenso sieht die NotO. §§ 56, 59–61, 72 besondere Vorsichtsmaßnahmen für die Aufnahme von Notariatsakten für behinderte Personen vor. Die väterliche (vormundschaftliche) Gewalt über solche Personen kann verlängert werden (§§ 173, 251). Die §§ 270, 275 sehen eine Kuratel über Taubstumme, aber nur auf eigenes Verlangen, vor. — Außerdem bilden ansteckende oder ekelerregende Krankheiten einen Scheidungsgrund (§ 52 EheG.) und geben die §§ 597, 598 Sondervorschriften für das Seuchentestament.

II. Geistesgebrechen

Geistesgebrechen beeinflussen dagegen die Handlungsfähigkeit. Mittelbar, indem Geisteskrankheit und ihr nahekommende Zustände (Süchtigtigkeit, Verschwendung) einen Grund zur Entmündigung geben; s. u., C). Aber auch ohne Entmündigung unmittelbar:

1. Vorübergehende Sinnesverwirrung ist ein Zustand von erfahrungsgemäß kurzer Dauer, z. B. Volltrunkenheit, Bewußtlosigkeit, Fieberphantasien, Fallsucht, Hypnose, Schlafwandeln. Eine heilbare Geisteskrankheit fällt nicht darunter. Solange die Sinnesverwirrung dauert, ist der Befallene handlungsunfähig; s. u., § 27, I.

2. Dauernde geistige Erkrankung. — Weder die ältere Einteilung des ABGB. in „Rasende, Wahnsinnige oder Blödsinnige" noch die jüngere des BGB. und der ihm folgenden EntmO. in Geisteskranke und Geistesschwache ist medizinisch haltbar. Auch für den Juristen kommt es nur darauf an, ob das geistige Gebrechen so schwer ist, daß es die Bildung eines einsichtigen Geschäftswillens und die deliktische Verantwortung ausschließt; dann macht es handlungsunfähig (§§ 310, 566, 865/1, 1308; § 2 EheG.); s. u., § 27, I.

Geisteskrankheit und geistige Störungen bilden außerdem einen Scheidungsgrund; §§ 50, 51 EheG.

C. Entmündigung

I. Entwicklung und Begriff

1. Nach altem römischen und deutschen Recht waren offenkundig Geisteskranke handlungsunfähig und erhielten einen Vormund (Kurator). Verschwender konnten schon nach dem Recht der 12 Tafeln entmündigt, d. h. durch behördlichen Akt in der Geschäftsfähigkeit beschränkt werden. In der Neuzeit wurde das auf Geisteskranke und -schwache, schließlich auf Süchtige ausgedehnt.

2. Die Entmündigung hebt durch Gerichtsbeschluß (rechtsgestaltend, konstitutiv!) die Handlungsfähigkeit auf oder beschränkt sie. Sie will eine klare Rechtslage schaffen, ohne daß jeweils geprüft werden muß, ob und wieweit die Geisteskrankheit die Einsicht beseitigt oder beeinträchtigt. Darin liegt zugleich ihre Gefahr.

Voraussetzungen und Verfahren der Entmündigung sind in der EntmO. v. 28. 6. 1916/207 geregelt.

II. Arten

1. Der Vollentmündigte (§ 1/I) ist geschäftsunfähig; er steht einem Kind vor dem vollendeten 7. Lebensjahr gleich und erhält einen Kurator (§ 3).

2. Der beschränkt Entmündigte (§ 1/II und § 2) ist beschränkt geschäftsfähig, steht im allgemeinen einem mündigen Minderjährigen, d. h. einer Person zwischen dem vollendeten 14. und vollendeten 21. Lebensjahr, gleich und erhält einen Beistand (§ 4).

Der eingebürgerte Ausdruck Entmündigung ist somit nicht ganz korrekt, da ein beschränkt Entmündigter immer noch einem mündigen Minderjährigen gleichsteht.

Steht der Entmündigte unter der Gewalt des Vaters oder unter der Vormundschaft der Mutter, ist der Vater (die Mutter) zum Kurator (Beistand) zu bestellen, wenn das Interesse des Entmündigten nicht dagegen spricht.

Die beschränkte Entmündigung ist nur für Volljährige sinnvoll; die volle Entmündigung nur für Personen, die das 7. Lebensjahr überschritten haben. Doch kann man vor Erreichung der betreffenden Altersstufe das Verfahren einleiten.

III. Voraussetzungen

1. *Geisteskrankheit oder -schwäche* — eine medizinisch nicht haltbare Unterscheidung. Nicht nur Mängel des Intellekts kommen in Frage, auch Psychopathen fallen darunter. Ist die Person unfähig, ihre Angelegenheiten zu besorgen, kann sie voll entmündigt werden. Ist sie zwar nicht unfähig, bedarf aber zur gehörigen Besorgung ihrer Angelegenheiten eines Beistandes, kann sie beschränkt entmündigt werden.

Dabei ist nicht nur der Grad der Geisteskrankheit, sondern auch Art und Schwierigkeit der zu besorgenden Angelegenheiten zu berücksichtigen. Lebt die Person in einfachen Verhältnissen, wird man auf Entmündigung verzichten oder sich mit beschränkter Entmündigung begnügen müssen. Die volle Entmündigung ist nämlich besonders gefährlich: einem Vollentmündigten würde auch der Arbeitserwerb nicht gehören, und es könnte ihm nicht das Geringste zur freien Verfügung überlassen werden. Sie ist jedenfalls nur zulässig, wenn die geistige Fähigkeit die eines Siebenjährigen nicht übersteigt. Man wird auch darauf Rücksicht nehmen, ob die Schwere der Erkrankung erkennbar ist. Andererseits sind unter Angelegenheiten nicht nur die des Vermögens, sondern auch die der eigenen Person zu verstehn; die Personensorge kann die Entmündigung rechtfertigen, um den Kranken, selbst wenn er sein Vermögen tadellos verwaltet, unter Aufsicht stellen zu können.

2. *Verschwendung* rechtfertigt beschränkte Entmündigung nur, wenn der Verschwender sich *oder* seine Familie der Gefahr des Notstandes preisgibt.

Verschwendung ist nicht nur unvernünftiges Ausgeben, sondern auch grobe Vernachlässigung der Wirtschaft, die zu Einnahmenverlust führt. — Notstand ist das Fehlen des entsprechenden Unterhaltes (Verarmung). Er muß noch nicht eingetreten sein; Entmündigung kann und soll schon der Gefahr des Notstandes vorbeugen. — Unter Familie sind alle zu verstehn, für die der Verschwender kraft Gesetzes oder übernommener Verpflichtung zu sorgen hat. — Der Verschwender handelt aus Charakterschwäche (Leichtsinn); ob auch der, welcher wohl überlegt, aus Überzeugung sein Vermögen für karitative Zwecke verwendet und damit die Gefahr des Notstandes herbeiführt, entmündigt werden kann, ist zweifelhaft.

3. Gewohnheitsmäßiger Mißbrauch von Alkohol und Nervengiften (auch maßloses Rauchen könnte darunter fallen) rechtfertigt gleichfalls beschränkte Entmündigung; aber nur wenn eine der weiteren Voraussetzungen vorliegt:

a) Der Süchtige gibt sich oder seine Familie der Gefahr des Notstandes preis (so wie der Verschwender).

b) Er gefährdet die Sicherheit anderer (fehlt bei Geisteskrankheit — ein Mangel des Gesetzes).

c) Er bedarf eines Beistandes zur gehörigen Besorgung seiner Angelegenheiten (so wie der beschränkt zu entmündigende Geisteskranke). Das ist hier wichtig, weil man so dem Süchtigen die Mittel und den Kredit, um seiner Sucht zu fröhnen, entziehen, ihn unter Aufsicht stellen und auch gegen seinen Willen in einer Heilanstalt unterbringen kann.

IV. Wirkungen

Überblick. — Während geistige Erkrankung schon an sich je nach ihrer Schwere die Handlungsfähigkeit — nicht nur die Geschäftsfähigkeit! — beschränkt oder ausschließt, führt Entmündigung wegen Verschwendung oder Sucht beschränkte Geschäftsfähigkeit erst herbei.

Die Deliktsfähigkeit wird durch die Entmündigung überhaupt nicht berührt, sonst gäbe sie einen Freibrief für unerlaubtes Handeln. Hier ist also immer zu prüfen, ob und wieweit die nötige Einsicht vorhanden ist.

Aber auch was die Geschäftsfähigkeit anlangt, kann ein nur beschränkt entmündigter Geisteskranker nach seinem tatsächlichen Zustand geschäftsunfähig sein. Dagegen schließt die Entmündigung den Beweis aus, daß der Entmündigte, weil geistig gesund, voll geschäftsfähig sei.

Die beschränkte Entmündigung von Geisteskranken hat übrigens nicht dieselben Folgen wie die von Verschwendern und Süchtigen.

Näheres s. u., § 27.

V. Anhalteverfahren

Das gerichtliche Verfahren bei Aufnahme in geschlossene Anstalten (§§ 16—24) soll verhindern, daß geistig Gesunde in Irrenanstalten, psychiatrischen Kliniken u. dgl. irrtümlich oder mißbräuchlich festgehalten werden.

Der Anstaltsleiter muß dem Gericht i. d. R. binnen 24, längstens binnen 48 Stunden die Aufnahme anzeigen. Der freiwillige Eintritt muß durch schriftliche Erklärung vor dem Anstaltsleiter und zwei Zeugen bestätigt werden. Diese Erklärung kann jederzeit widerrufen werden. Wird ein auf eigenes Verlangen Aufgenommener in der Bewegungsfreiheit oder im Verkehr mit der Außenwelt beschränkt, ist das ebenfalls anzeigepflichtig.

Das Gericht hat womöglich in drei Wochen über die Zulässigkeit der Anhaltung zu entscheiden. Es muß Sachverständige beiziehen und alles ermitteln, was zur Beurteilung des Geisteszustandes nötig oder nützlich ist; auch den Angehaltenen vernehmen, wenn keine Bedenken bestehen. Es entscheidet mit Beschluß. Dagegen ist binnen 14 Tagen Rekurs zulässig. Liegen Gründe dafür vor, daß die weitere Anhaltung nicht mehr nötig ist. kann auch vor der im Beschluß für die Anhaltung bestimmten Zeit neuerliche Untersuchung und Entscheidung beantragt werden. Mit Ablauf eines Jahres erlischt die Anhaltung jedenfalls. Ist längere Anhaltung nötig, wird Entmündigung geboten sein, um alljährliche Wiederholung des Verfahrens zu vermeiden.

VI. Grundzüge des Entmündigungsverfahrens

Zuständig ist das Bezirksgericht des ständigen Aufenthaltes. Das — außerstreitige — Verfahren gliedert sich in:

Vorverfahren, Einleitung des Verfahrens genannt (§§ 25—28);
Verfahren selbst (§§ 29—36).

1. Die *Einleitung des Verfahrens* erfolgt zunächst auf Antrag, bei Geisteskrankheit auch von Amts wegen. Antragsberechtigt ist ein weitgezogener Kreis naher Angehöriger; bei Entmündigung wegen Geisteskrankheit oder Sucht auch der Staatsanwalt; bei Verschwendung oder Sucht auch der Vorsteher der Aufenthaltsgemeinde oder der Armenfürsorge.

Einer angehaltenen Person oder einer Person, über die das Entmündigungsverfahren eingeleitet ist, soll, wenn es für ihren Schutz dringend nötig ist, ein *vorläufiger Beistand* bestellt werden. Damit — erst damit, nicht schon mit Einleitung des Entmündigungsverfahrens! — treten die Wirkungen der beschränkten Entmündigung (§ 4) ein. Die Bestellung des vorläufigen Beistandes ist im Grundbuch anzumerken (§ 8/V). Wird der Angehaltene für gesund erklärt, das Verfahren rechtskräftig eingestellt oder die Entmündigung rechtskräftig abgelehnt, berührt das die Gültigkeit der vom vorläufigen Beistand in der Zwischenzeit vorgenommenen Rechtshandlungen nicht. Doch gelten dann ebenso die vom Pflegebefohlenen selbst vorgenommenen Rechtshandlungen. Stehn beide miteinander in Widerspruch, entscheidet nicht die zeitliche Reihenfolge, sondern gelten die des Beistandes (§ 11).

2. *Das Verfahren* selbst sucht alle Garantien für eine richtige Sachverhaltsermittlung zu schaffen. Es endet mit Beschluß.

Dieser wird, wenn das Gericht nicht seine Wirksamkeit bis zum Tag der Rechtskraft aufschiebt, mit der Zustellung wirksam, und zwar auffälligerweise jeweils schon mit Beginn des Tages.

Bei Verschwendung oder Sucht kann das Gericht die endgültige Schlußfassung aussetzen und eine angemessene Bewährungsfrist bestimmen; u. U. mit der Bedingung, daß der zu Entmündigende sich (wenigstens sechs, höchstens zwölf Monate hindurch) in einer vom Gericht bestimmten Anstalt einer Kur unterziehe (§ 36).

3. Die Entmündigungsordnung sieht zwei *Rechtsmittel,* beide in der Frist von 14 Tagen, vor:

a) Das normale Rechtsmittel ist der *Rekurs,* den der Antragsteller, der zu Entmündigende und dessen Vertreter (vorläufiger Beistand) einbringen kann und worüber in nichtöffentlicher Sitzung ohne Anhörung der Parteien entschieden wird (§ 49).

b) Wenn auf Entmündigung erkannt wurde, ist außerdem der *Widerspruch* möglich (§§ 37 ff.). Ihn kann auch der weite Kreis der zum Antrag auf Entmündigung Berechtigten erheben. Über den Widerspruch ist mündlich zu verhandeln, wozu die Beteiligten zu laden und u. U. die Beweise zu wiederholen, zu ergänzen oder neu aufzunehmen sind. Kurz, der Gerichtshof kann ein neues Verfahren auf neuer Grundlage durchführen.

4. Analoges gilt für das Verfahren zur Aufhebung und Umwandlung der Entmündigung (§§ 50 ff.).

5. Die Kosten trägt, wenn die Entmündigung abgelehnt wird, i. d. R. der Antragsteller; sonst der Entmündigte oder der für ihn Unterhaltspflichtige (§§ 58 ff.)

§ 17. Juristische Person

Ein Verein baut ein Haus. Wer ist Eigentümer, steht im Grundbuch? Nicht der Vorsitzende, nicht der Vorstand, aber auch nicht die Mitglieder, sondern der Verein. — Die juristische Person ist Rechtssubjekt, hat eigenes Vermögen, getrennt von dem der Mitglieder. Es wäre schlimm, wenn die Schulden der Mitglieder Schulden des Vereines wären, und nicht weniger schlimm, wenn die Schulden des Vereines Schulden der Mitglieder wären oder austretende Mitglieder ihren Anteil am Vereinsvermögen verlangen könnten.

Die Selbständigkeit des Vereins zeigt sich auch im Handeln. Es ist wohl zu unterscheiden, ob der Vorsitzende im eigenen oder im Namen des Vereins auftritt.

A. Geschichte

I. Römisches und deutsches Recht

Das alte römische wie das alte deutsche Recht unterscheiden nicht zwischen der Einheit des Verbandes und der Vielheit der Mitglieder. Ihnen erscheint als Rechtsträger entweder die Gesamtheit der Mitglieder (genossenschaftlicher Verband) oder die an der Spitze stehende Person (herrschaftlicher Verband); eine selbständige juristische Person ist ihnen fremd.

Der römische Staat und die römische Gemeinde waren nichts anderes als die Bürgschaft, civitas. Die Familie, das Haus verkörperte sich in der Person des Hausvaters. Ein privates Vereinsrecht hat das römische Recht kaum ausgebildet. Stiftungen, vorzüglich zu frommen und karitativen Zwecken (piae causae) als selbständige Zweckvermögen anerkennt es erst spät.

So auch das alte deutsche Recht. Z. B. wurde die Allmende entweder als res omnium communis oder auch als res nullius, extra commercium, daher als nicht aneigenbar aufgefaßt. Das reichte hin, solange die Benützungsweise eine Bewirtschaftung nicht nötig machte. Sobald eine Bewirtschaftung nötig wird, wird auch gemeinsame Verwaltung erforderlich; das zeigt sich besonders beim Mauerbau in den mittelalterlichen Städten.

II. Mittelalter

Im Mittelalter entwickelt sich dann eine Vielzahl von Verbänden:

a) genossenschaftliche: Markgenossenschaften, Gewerkschaften, Gewerbegenossenschaften, Gilden, Zünfte, Deich- und Sielverbände, Universitäten, Kollegien und Bursen, Bruderschaften, Stadtgemeinden und Städtebünde wie die Hansa;

b) herrschaftliche: Anstalten und Stiftungen, beherrscht vom Willen des Stifters; insbesondere die Kirche sowie fromme und wohltätige Stiftungen, aber auch der Staat, dieser freilich mit körperschaftlichem Einschlag.

Nunmehr wurde auch die Körperschaft (Anstalt, Stiftung) als eigenes Rechtssubjekt, verschieden von den Mitgliedern (Genießern), erfaßt, dessen Willensbildung sich durch Organe nach dem Mehrheitsprinzip vollzog.

III. Rezeption: universitas und societas

1. Zur Verfolgung gemeinsamer Zwecke haben sich Menschen immer zusammengeschlossen und werden es immer tun. Nach der Verschiedenartigkeit der Zwecke sind auch solche Zusammenschlüsse verschiedenartig.

a) Vereinigungen zu begrenztem, vorübergehendem Zweck (gemeinsame Reise) erfordern keine besondere Organisation.

b) Vereinigen sich einige auf Dauer zu bestimmtem gemeinsamem Zweck (Betrieb eines Handelsgewerbes), so kann ihre Vereinigung schon eine gewisse Selbständigkeit gewinnen. Vermögen kann dem gemeinsamen Zweck gewidmet und dafür gebunden werden, bleibt jedoch in Abhängigkeit von den einzelnen Mitgliedern, so zwar, daß sie in ihrer Gesamtheit Träger der gemeinschaftlichen Rechte und Pflichten sind. Das schließt nicht aus, daß die Gesellschaft den Tod oder Austritt eines Mitgliedes überdauert; doch ist sie nicht auf Mitgliederwechsel angelegt.

c) Übersteigt der gemeinsame Zweck nach Umfang und Dauer die Kraft dieser einzelnen, wäre die Abhängigkeit von den Einzelmitgliedern der Zweckverfolgung hinderlich. Sie erfordert eine den Mitgliederwechsel überdauernde, von den einzelnen unabhängige, selbständige Organisation. Sie kann nicht mehr mit der Summe der jeweiligen Mitglieder identifiziert werden. Sie faßt ihre Beschlüsse durch eigene Organe mehrheitlich. Ihr zweckgebundenes Vermögen, Aktiven und Passiven, ist völlig getrennt von dem der Mitglieder.

2. Nach dem Gesagten schälen sich zwei Typen heraus, die die Rezeption als societas und universitas, Gesellschaft und Körperschaft (Verband), einander gegenüberstellt. Bei der Gesellschaft kann man noch sagen, daß das dem gemeinsamen Zweck gewidmete Vermögen (Aktiven und Passiven) den Gesellschaftern gemeinsam zusteht. Das Vermögen der Körperschaft gehört dagegen nicht mehr den Einzelmitgliedern, auch nicht den jeweiligen Mitgliedern gemeinsam, sondern der Körperschaft, unabhängig von den wechselnden Mitgliedern: Si quid universitati debetur, singulis non debetur; nec quod debet universitas, singuli debent. Die Gesellschaft i. e. S. erschöpft sich in schuldrechtlichen Beziehungen der Gesellschafter zueinander, die societas ist ein Schuldverhältnis. Die Körperschaft bildet dagegen ein eigenes Rechtssubjekt; ihre Lehre gehört in den Allgemeinen Teil.

Der Name tut dabei nichts zur Sache: AG. und GesmbH. sind juristische Personen. § 26 spricht von Gesellschaften und meint damit juristische Personen.

So klar die Zweiteilung ist, kann sie in dieser Schärfe nicht aufrechterhalten werden. Es gibt Übergänge; auch stellt sich heraus, daß auch bei der societas Schulden und Forderungen der Gesellschaft von denen der Gesellschafter zu unterscheiden sind.

B. Wesen

I. Theorien

1. Es liegt nahe, vom Menschen als der „natürlichen" (physischen) Person auszugehn und ihm die „juristische" Person gegenüberzustellen. Diese nun einmal eingebürgerte Ausdrucksweise darf aber nicht zum Irrtum verleiten, als wären Menschen selbstverständlich und notwendig, die Verbände dagegen künstliche, fiktive Rechtssubjekte. So die Fiktionstheorie von SAVIGNY und den Romanisten; ähnlich das ABGB., das von moralischer Person spricht.

Moralische Person ist die offizielle Bezeichnung; s. Überschrift vor § 26. Der § 26 selbst spricht im gleichen Sinn von erlaubten und unerlaubten Gesellschaften. Ebenso setzt § 286 beide Ausdrücke einander an die Seite. Häufig verwendet das ABGB. auch den Namen Körper, zuweilen mit dem Zusatz erlaubter, moralischer Körper (§§ 13, 559, 1023, 1454, 1472); schließlich gebraucht es auch den Namen Gemeinschaft (§ 1023) und Gemeinde, worunter es auch, aber nicht nur, die Gemeinde im heutigen Sinn versteht (§§ 21, 27, 337, 539, 867, 1454, 1472). Die Stiftung — die andere Art der JP. — erwähnt es nur in den §§ 646, 849, ohne sie zu regeln.

2. Der Fiktionstheorie nahe kommt es, als Subjekte die Mitglieder (Genießer) zu bezeichnen (IHERING) oder von subjektlosen, zu einem Zweck zusammengefaßten Rechten zu sprechen (BRINZ).

3. Andererseit kann man zwar sagen: So wie der Mensch bilde auch die JP. einen Willen und handle durch ihre Organe (Organtheorie von GIERKE und den Germanisten), muß sich aber bewußt bleiben, daß das nur bildlich gesprochen ist. In Wahrheit ist der Vorgang der Willensbildung bei der JP. etwas ganz anderes als der psychologische Vorgang beim Menschen und sind die Organe des Menschen etwas ganz anderes als die der JP. Diese Lehre hat aber doch den Vorzug, die Fiktionstheorie beseitigt zu haben.

4. Wohl aber sind die einzelnen wie die Verbände Realitäten des Gemeinschaftslebens (Theorie von der sozialen Realität; LEHMANN, EHRENZWEIG). Das veranlaßt die Rechtsordnung, beide mit Rechtsfähigkeit zu bekleiden, ihnen eine rechtliche Qualität zu verleihen.

Sie kann es, muß es aber nicht. Heute ist zwar jeder Mensch Person, das war aber nicht immer so; s. o., § 13 A II. Somit ist der Mensch als Rechtssubjekt genauso JP. wie der Verband. Noch besser vermeidet man den Pleonasmus und sagt: Menschen wie Verbände können Personen, d. h. rechtsfähig sein.

5. Bei Stiftungen und Einmanngesellschaften wird man am besten von Zweckpersonifikation sprechen.

II. Ergebnis

1. Der Verband ist nicht bloß fingierte, „moralische, juristische" im Gegensatz zur „natürlichen, physischen" Person. Er läßt sich auch nicht

in die Rechtsgenießer auflösen und nicht gut als subjektloses Zweckvermögen erfassen.

2. Der Verband ist vielmehr real, aber nicht Organismus wie der Mensch: Wille, Handeln, Organe des Verbandes sind bloß bildlich zu verstehn.

3. Der Verband ist soziale Realität, d. h. Erscheinung des menschlichen Zusammenlebens mit objektiv feststellbaren Wirkungen; z. B. ist der vereinte Wille nicht gleich der Summe der Einzelwillen.

4. Dieser sozialen Realität verleiht die Rechtsordnung die Rechtsfähigkeit, umsomehr, da die Rechtsordnung selbst von einer solchen sozialen Realität, nämlich dem Staate, ausgeht.

5. Die Rechtsordnung verleiht auch gewissen abgesonderten Vermögen, die zweckgebunden sind (Anstalten und Stiftungen), die Rechtsfähigkeit.

6. Ebenso verleiht die Rechtsordnung die Rechtsfähigkeit dem Menschen als sozialer, nicht als physischer Realität; vgl. ROBINSON.

7. Hier wie dort wird ein Sein Gegenstand rechtlicher Norm; denn die Rechtspersönlichkeit ist nichts Reales, beim Menschen sowenig wie beim Verband. Was die Rechtspersönlichkeit anlangt, sind beide fiktiv, d. h. Erscheinungen des Sollens; was das damit Bekleidete anlangt, sind beide soziale Realitäten.

8. Nicht jeder Mensch und nicht jeder Verband (Stiftung) müssen Rechtspersönlichkeit besitzen.

9. Der Name JP. und die Gegenüberstellung von natürlicher und juristischer Person ist irreführend. Person im technischen Sinn heißt Rechtsfähigkeit, Rechtspersönlichkeit. Der Mensch ist Person heißt: er ist rechtsfähig. Der Verband ist Person heißt dasselbe. JP. hieße juristisch rechtsfähig, physische Person physisch rechtsfähig. Das eine ein Pleonasmus, das andere ein Widerspruch in sich. Immer noch besser, wenn auch pleonastisch, hieße man beide JP., d. h. Rechtspersönlichkeiten. Richtig heißt man beide, soweit sie rechtsfähig sind, Personen.

10. Die Rechtsfähigkeit kann, wie schon oben bemerkt, in verschiedenem Umfang verliehen werden. Sie kann sich auf alle oder doch den größten Teil der Rechte oder nur auf einzelne Rechte erstrecken (volle und geminderte Rechtsfähigkeit).

C. Arten

I. Verbandsperson — Stiftung (Anstalt)

1. *Verbandsperson und Stiftung (Anstalt)* unterscheiden sich nach *Ent*stehn wie *Be*stehn.

Die Verbandsperson entsteht durch Gesamtakt der künftigen Mitglieder; die Stiftung (Anstalt) durch Einzelakt des Stifters.

Gesamtakte der Mitglieder bestimmen das Weiterbestehn und die Entwicklung der Verbandsperson eigengesetzlich (autonom). Obwohl die ins Leben getretene Stiftung sich von der Person des Stifters loslöst, wirkt doch der im Statut gleichsam erstarrte Wille des Stifters fort, so daß weder die Genießer noch die Organe der Stiftung Einfluß darauf nehmen können (fremdgesetzlich, heteronom). Ein bestimmt abgegrenzter Personenkreis braucht bei der Stiftung nicht gegeben zu sein (Waisenhausstiftung).

Von einer Anstalt pflegt man zu sprechen, wenn die Stiftung nicht nur aus Kapital besteht, sondern sich in einer sichtbaren Einrichtung (z. B. Altersheim) verkörpert — immer unter der Voraussetzung, daß die Einrichtung nicht körperschaftlich organisiert ist (Universität).

2. *Verselbständigung von Sonderzwecken.* — Nicht nur Vereinigungen von Menschen können Sonderzwecke verfolgen; auch ein einzelner kann das einem Sonderzweck gewidmete Vermögen verselbständigen, und die Rechtsordnung kann dem Sondervermögen Rechtsfähigkeit verleihen. So schon bei der Stiftung, so auch, wenn alle Anteile in einer Hand vereint sind (Einmann-Gesellschaft). Von Verbandsperson kann auch im zweiten Fall nicht die Rede sein, vielmehr wird in beiden Fällen ein Sonderzweck personifiziert.

Wird damit Mißbrauch getrieben, so kann die Rechtsordnung die — immerhin künstliche — Trennung zwischen Gesellschaft und Alleingesellschafter, Stifter und Stiftung aufheben, den Schleier der juristischen Person lüften, „durchgreifen". Z. B. der Ein-Mann-Gesellschafter, der auch nicht Repräsentant oder Organ der Gesellschaft ist, zündet das der Gesellschaft gehörige feuerversicherte Haus an; die Gesellschaft (das wäre ja wieder er!) hat keinen Anspruch gegen die Versicherungsanstalt.

3. Für *zeitlich begrenzte Übergangsstadien* scheint es nicht zweckmäßig, eine JP. anzunehmen.

a) *Der ruhende Nachlaß* — eine Vermögensmasse, die nicht mehr dem Erblasser zugerechnet werden kann, da seine Persönlichkeit mit dem Tod erloschen ist, die aber auch noch nicht dem Erben zugerechnet werden kann, da noch ungewiß ist, wer Erbe wird — ist am besten als Komplex zweckgebundener, derzeit subjektloser Rechte anzusehn. Dasselbe gilt für die dem nasciturus für den Fall der Lebendgeburt vorbehaltenen Rechte.

b) *Sammlungen,* deren Ertrag nicht einem schon bestehenden Rechtssubjekt, z. B. dem Roten Kreuz, zukommen und für einen vorübergehenden uneigennützigen Zweck (z. B. Errichtung eines Denkmals) verwendet werden soll, haben schwierige Rechtsfragen aufgeworfen: Was ist mit dem Geld, wenn der Zweck nicht erreicht werden kann, und wer haftet für Schulden? Das Gesammelte gehört nicht mehr den Spendern, ist aber auch vom Vermögen der Sammler zu sondern. Gegen die Annahme einer JP. spricht der vorübergehende Charakter. Es dürfte genügen, fiduziarisches Eigentum der Sammler anzunehmen, so daß das Gesammelte zweckgebunden ist. Für die Schulden haften die Sammler.

II. Juristische Personen des privaten und öffentlichen Rechtes

1. Man hat nach folgenden Kriterien zu unterscheiden versucht:

a) Nach dem Zweck, d. h. danach, ob sie privaten oder öffentlichen Interessen dienen. Allein, viele private Vereine und Stiftungen dienen öffentlichem Zweck (Alpenverein, Carnegiestiftung).

b) Danach, ob sie unter Staatsaufsicht stehn oder nicht. Allein, unter Staatsaufsicht stehn alle Stiftungen, aber auch Versicherungsanstalten und -vereine, obwohl es sich um private Unternehmungen handelt.

c) Danach, ob freiwillige oder Zwangsmitgliedschaft besteht. Nach diesem Kriterium ist z. B. die österreichische Hochschülerschaft juristische Person öffentlichen Rechtes. Öffentlichen Rechtes sind aber auch die Kirchen, obwohl keine Zwangsmitgliedschaft besteht.

2. *Das entscheidende Kriterium* ist vielmehr *der Entstehungsakt.*

a) Beruht die juristische Person auf privater Satzung, privatem Stiftungsakt, ist sie eine des Privatrechtes. So trotz des öffentlichen Zweckes der Gewerkschaftsbund, aber auch die politischen Parteien (str., s. u., § 18 A III.

b) Juristische Personen des öffentlichen Rechtes entstehn dagegen durch Gesetz oder Verwaltungsakt oder werden durch solchen anerkannt. Sie dienen der mittelbaren Staatsverwaltung, sind mit Hoheitsbefugnissen ausgestattet und können Zwangsmittel anwenden. So insbesondere die Gebietskörperschaften und der Staat selbst; die Kammern; die Träger der Sozialversicherung. Die Hochschulen sind nach § 1 HochschulorganisationsG. nicht Körperschaften, sondern Anstalten des Bundes mit sehr beschränkter Rechtspersönlichkeit. Immerhin können sie Schenkungen und letztwillige Zuwendungen im eigenen Namen annehmen und verwenden und Mitglieder von Vereinen werden — gedacht ist an internationale wissenschaftliche Vereinigungen. Auch die Kirchen sind juristische Personen öffentlichen Rechtes.

D. Rechts- und Handlungsfähigkeit

I. Rechtsfähigkeit

JP. können öffentliche und private Rechtsfähigkeit besitzen. Das deckt sich nicht mit der Einteilung in JP. öffentlichen und privaten Rechtes.

Rechtsfähigkeit	JP. öffentlichen Rechtes z. B. Kammer	JP. privaten Rechtes z. B. Molkereigenossenschaft
öffentliche	hoheitl. Funktion, Umlage, Petitionsrecht	Steuerpflicht, Petitionsrecht
private	hat Eigentum	hat Eigentum

Hier ist die private Rechtsfähigkeit juristischer Personen zu behandeln.

1. Die JP. besitzt keine Staatsangehörigkeit. Spricht man von in- und ausländischer JP., meint man den Sitz. Die Staatsangehörigkeit der Mitglieder kann über die der JP. nicht entscheiden, da sie z. B. bei Aktiengesellschaften nicht feststellbar ist. Anders die Kontrolltheorie, wonach eine JP. dem Staate zugehört, wo sich der größte Teil des Vermögens befindet oder dem die Mehrheit der Mitglieder angehört. Nach dieser Theorie gilt z. B. eine Stiftung mit Sitz in Vaduz, deren Stifter deutscher Staatsangehöriger ist, als deutsche JP.

2. Die JP. kann ein Gewerbe betreiben, sei es durch gewerbeberechtigte Stellvertreter, sei es durch Pächter. Sie hat das Namens- und Zeichenrecht, aber auch andere Persönlichkeitsrechte, z. B. das Recht am Brief. Sie ist beleidigungsfähig. Sie kann zwar nicht originäre, wohl aber abgeleitete Urheber- und Erfinderrechte haben.

3. Die JP. ist partei-, konkurs- und ausgleichsfähig. Selbst der nicht rechtsfähige Verein ist passiv parteifähig, da man einfach nicht alle Mitglieder klagen kann.

4. Die JP. kann Mitglied einer andern JP. oder einer Gesellschaft sein.

Eine GesmbH. kann Mitglied einer OHG., mehrere Kapitalgesellschaften können Mitglieder eines Gründungskonsortiums oder Trusts, d. h. einer Gesellschaft bürgerlichen Rechtes sein. Der Alpenverein besteht aus Sektionen, d. s. Zweigvereine, in die statutengemäß der Hauptverein sich gliedert. Nicht damit zu verwechseln sind Zweig(Geschäfts-, Zahl)stellen, die keine eigene Rechtspersönlichkeit besitzen.

5. Die JP. kann bevollmächtigt werden (§ 1023); sie übt die Vertretungsmacht durch Organe und Gehilfen aus. Sie kann Ausgleichs- und Masseverwalter, Testamentsvollstrecker sein.

6. *Familienrechte* sind der JP. im allgemeinen nicht zugänglich, doch ist das Jugendamt Amtsvormund; genaugenommen ist Amtsvormund die Bezirksverwaltungsbehörde und Träger der Amtsvormundschaft in vermögensrechtlicher Hinsicht damit das Land, das für Schäden haftet, die der Amtsvormund dem Mündel zufügt.

7. *Vermögensrechte* stehn der JP. grundsätzlich zu: Sachen- und Schuldrechte, auch der Besitz (ausgeübt durch Organe; s. § 337), auch persönliche Dienstbarkeiten; s. § 529/3. Die JP. kann wegen Eigenbedarfes kündigen; Schmerzengeld kann sie grundsätzlich nicht beanspruchen; s. aber § 16/II UWG: „Außerdem kann das Gericht einen angemessenen Geldbetrag als Vergütung für erlittene Kränkungen oder andere persönliche Nachteile zusprechen." Ebenso § 87/II UrhG. und § 103 PatG.

8. *Erbrecht.* — Die JP. kann erben, aber nicht beerbt werden.

a) *JP. als Erbe.* — Sie kann zum Erben eingesetzt werden. Das geschieht häufig in der Weise, daß letztwillig eine Stiftung errichtet und zugleich bewidmet wird. In diesem Fall werden ihr wie einem nasciturus die Rechte für den Fall vorbehalten, daß sie behördlich genehmigt wird. — Die JP. kann auch gesetzlicher Erbe sein. So der Bezirksfürsorgeverband für das Armendrittel bei der Erbfolge nach Geistlichen; vgl. HfD. von 1807. — Eine Ausnahme macht das Anerbenrecht: Anerbe kann nur eine natürliche Person sein.

b) *JP. als Erblasser?* — Die Vorgänge bei Endigung der JP. (was dem Tode der natürlichen Person entspräche) sind nicht Erbfolge, obgleich manche Ähnlichkeit besteht. So bestimmt § 46 BGB. entsprechende Anwendung des Erbrechtes, wenn bei Auflösung eines Vereins das Vermögen an den Fiskus fällt.

II. Handlungsfähigkeit

1. Daß die Rechtsfähigkeit der JP. ebenso wie der natürlichen Person zukommt, besagt nichts für ihre Willens- und Handlungsfähigkeit; ist doch auch der willens-(handlungs-)unfähige Mensch (Kind, Geisteskranker) rechtsfähig.

Nach einer Meinung sind JP. rechts-, aber nicht handlungsfähig und bedürfen wie das Kind eines Vertreters (*Vertretertheorie;* vgl. § 21 am Schluß „Gemeinden"). Nach einer andern Meinung sind die JP. auch handlungsfähig; sie handeln durch ihre Organe *(Organtheorie).* Wie oben, B, I, 3, klargestellt, kann freilich von Organen wie vom Willen und Handeln der JP. nur bildlich gesprochen werden.

2. Für die *Geschäftsfähigkeit* führen beide Lehren zum selben Ergebnis; ebenso für die Prozeß(prozessuale Handlungs)fähigkeit. Es kommt auf dasselbe hinaus, ob ich sage, die JP. handelt durch ihre Organe oder sie wird durch ihre Organe vertreten.

Die Geschäftsfähigkeit kann auch beschränkt sein, z. B. ist zur Veräußerung oder Belastung von Kirchengut Zustimmung der Aufsichtsbehörde nötig.

3. Bei der Frage der *Deliktsfähigkeit* zeigt sich der Unterschied. Nach der Organtheorie ist die JP. deliktsfähig, d. h. sie muß sich deliktisches Handeln, das ihre Organe als Organe setzen, zurechnen lassen. — Nach der Vertretertheorie ist sie nicht deliktsfähig, denn Vertretung gibt es nur bei rechtmäßigem Verhalten. Danach wäre z. B. deliktisches Verhalten des Vorstandes nur den Vorstandsmitgliedern, nicht der JP. zuzurechnen.

4. Aus praktischen Gründen ist die *zivilrechtliche* Haftung der JP. für unerlaubtes Verhalten ihrer verfassungsmäßig bestellten Organe (Vertreter) unbedingt zu bejahen; so auch einhellige Praxis. Die Rechtsordnung kann zwar nicht dulden, daß, wenn A rechtswidrig handelt, die Folgen nur den B treffen (Stellvertretung); der Delinquent muß jedenfalls haften. Wohl aber können die Folgen zusätzlich den von ihm Repräsentierten, hier die JP., treffen.

Daß volle Gleichstellung der JP. mit dem Menschen nicht möglich ist, zeigt das Strafrecht. Nach österreichischem Strafrecht ist strafbar nur der Mensch; also nicht eine Körperschaft oder Gesellschaft, Stiftung oder Anstalt, sondern nur ihre Organe. So ausdrücklich StG. § 205 a und

§ 486c; § 19/II UWG.; § 88 GenG.; § 46/II GoldBilG.; § 9/1 VerwStG. Zum Teil anders ausländische Rechte.

Immerhin machen einzelne Gesetze den Verband für die über seine Organe verhängten Geldstrafen haftbar: § 9, letzter Satz, VerwStG.; § 8 PreistrG.; §§ 4, 5 PressG.; § 30 DevG.; § 44 KartellG. Den letzten Schritt tat das deutsche FinanzstrafG. § 393: Wenn in Betrieben von JP. oder Personenvereinigungen Steuervergehn begangen werden, kann da, wo das Gesetz die Strafe für verwirkt erklärt, ohne daß ein Verschulden einer natürlichen Person festgestellt zu werden braucht, die Geldstrafe gegen die JP. oder Personenvereinigungen selbst erkannt und diese in die Kosten des Strafverfahrens verurteilt werden. Das österreichische FinanzstrafG. § 28 ist wieder zum alten Grundsatz zurückgekehrt: „Juristische Personen und Personenvereinigungen ohne Rechtspersönlichkeit, die aber abgabepflichtig sind, haften für Geldstrafen und Wertersatz, die über ihre Organe verhängt worden sind."

§ 18. Verein und Stiftung

A. Verein

I. Allgemeines

1. Der Verein ist eine Verbindung mehrerer Personen (> Stiftung) zur Verfolgung gemeinsamer Zwecke, und zwar eine freiwillige (> Zwangsverband, z. B. Kammer), auf Dauer bestimmte (> Festkomitee), organisierte (> Leserunde, Stammtisch), auf Mitgliederwechsel angelegte (> Gesellschaft).

2. Der Staat kann aus zwei Gründen die Vereinsbildung nicht unbeaufsichtigt lassen: wegen der eigenen Sicherheit und wegen der Sicherheit des Rechtsverkehrs, d. h. dem Dritten muß erkennbar sein, daß er es mit einem eigenen Rechtssubjekt zu tun hat und wer dafür zeichnungsberechtigt ist.

3. Drei Systeme wurden ausgebildet:

a) Die Vereinsbildung ist an behördliche Genehmigung gebunden (Konzessionssystem). Das schafft zwar Rechtsklarheit, entspricht aber polizeistaatlichem Denken, da kein Recht auf Konzessionserteilung besteht.

b) In vollem Gegensatz dazu soll nach dem System der freien Körperschaftsbildung (Vereinsfreiheit) der Staat keinen Einfluß auf die Bildung von Vereinen nehmen. Das gefährdet die Sicherheit des Staates und des Rechtsverkehrs.

c) Ein Mittelweg schafft die nötige Klarheit, ohne die Vereinsbildung von behördlicher Willkür abhängen zu lassen: Die beabsichtigte Vereinsbildung muß angezeigt und die gesetzlichen (!) Voraussetzungen müssen erfüllt werden. Das Gesetz kann bestimmen, *daß und wie* gewisse Gegenstände im Statut zu regeln sind (System der Normativbestimmungen, z. B. bei der Aktiengesellschaft Mindestnennbetrag des Grundkapitals) oder nur, *daß, nicht wie* sie zu regeln sind (Anmeldungssystem, z. B. bei idealen Vereinen Angabe des Zweckes und der Organe). Das Gesetz kann weiter bestimmen, daß dann die Vereinigung durch Registrierung ins Leben tritt oder aber, wenn sie nicht binnen bestimmter Frist untersagt wird, was wieder nur aus bestimmten Gründen geschehn kann.

II. Entwicklung des Vereinsrechtes in Österreich

1. *Vor 1867.* — § 26 erweckt den Anschein freier Körperschaftsbildung für alle erlaubten Gesellschaften. Zu Unrecht! Unerlaubte Gesellschaften sind nach § 26/4 „diejenigen, welche durch die politischen Gesetze insbesondere verboten werden", und die politischen Gesetze verboten, ohne behördliche Genehmigung einen Verein zu bilden (Konzessionssystem). So auch noch das Vereinspatent von 1852, § 1: „Die besondere Bewilligung der Staatsverwaltung ist zur Errichtung aller Arten von Vereinen erforderlich."

2. *Seit 1867.* — a) Das VereinsG. v. 15. 11. 1867 ersetzt für die nicht auf Gewinn berechneten Vereine das Konzessionssystem durch das Anmeldungssystem, sieht jedoch die Möglichkeit der Untersagung und Auflösung aus bestimmten Gründen vor. Art. 12 des StaatsgrundG. über die allgemeinen Rechte der Staatsbürger v. 21. 12. 1867 hat den Grundsatz der Vereinsfreiheit für österreichische Staatsbürger proklamiert.

b) Die Zeit von 1933 bis 1945 brachte starke Eingriffe in die Vereins- und Versammlungsfreiheit. Das VereinsreorganisationsG. von 1945 stellte einerseits die zwischen 1933 und 1945 verbotenen Vereine wieder her, hob andererseits die NS.-Vereinigungen auf.

c) Eine besondere Entwicklung nahm die Vereinsfreiheit im Arbeitsrecht. Sie zeigt dort zwei Seiten: positiv die Freiheit *zur* Vereinigung, negativ die Freiheit *von* der Vereinigung. — Die Freiheit zur Vereinigung mußte im Arbeitsrecht erst erkämpft werden. Koalitionen, d. s. Zusammenschlüsse, um — notfalls durch Arbeitskämpfe — die Arbeitsbedingungen zu beeinflussen, waren zunächst verboten und strafbar (§ 481 StG.). Nach dem KoalG. von 1870 waren sie zwar nicht mehr strafbar, hatten aber „keine rechtliche Wirkung". Die erste Republik brachte die Anerkennung der Gewerkschaften und damit wohl auch des Koalitionsrechtes, aber zugleich Auswüchse des Koalitionszwanges, so daß das AntiterrorG. von 1930 die Freiheit von der Vereinigung schützen mußte.

d) Das internationale Abkommen über die Vereinigungsfreiheit und den Schutz des Vereinigungsrechtes von 1948, durch Österreich 1950 ratifiziert, und Art. 6 Z. 1 des Staatsvertrages dehnten die Vereinsfreiheit auf Ausländer aus.

3. *Geltendes Recht.* — a) Grundlage ist immer noch das VereinsG. von 1867 (1951 wiederverlautbart; mehrfach, zuletzt 1962, novelliert). Es unterstellt nicht alle Vereinigungen seiner Regelung.

„Vereine und Gesellschaften, welche auf Gewinn berechnet sind", unterfallen nach § 2 nicht dem Vereinsgesetz, sondern nach wie vor dem Vereins*patent* von 1852 (Konzessionssystem). Doch greifen weitgehend Sondervorschriften, besonders des Handelsrechtes (System der Normativbestimmungen), ein; so für die AG. und KommanditAG., GesmbH., Erwerbs- und Wirtschaftsgenossenschaften; für Bankgeschäfte, Sparkassen;

Versicherungsanstalten und -vereine, für Wassergenossenschaften, Werksgenossenschaften und Gewerkschaften nach dem BergG.

b) Die beabsichtigte Bildung eines nicht auf Gewinn berechneten (idealen) Vereins haben die Proponenten unter Vorlage der Statuten schriftlich anzuzeigen. Das Statut muß gewisse Punkte enthalten (s. u., IV, 3). Die Bildung des Vereins kann vom Landeshauptmann (Sicherheitsdirektor) untersagt werden, wenn der Verein nach Zweck oder Einrichtung gesetz- oder rechtswidrig oder staatsgefährlich ist (§ 6). Die Novelle 1962 hat dazugefügt: „... wenn nach dem Inhalt der Statuten oder nach der Person der Proponenten die Annahme begründet erscheint, daß im Rahmen des Vereines die rechtswidrige Tätigkeit eines behördlich aufgelösten Vereines fortgesetzt werden soll". Gegen die Untersagung, die schriftlich und begründet erfolgen muß, kann binnen zwei Wochen an das BM. f. Inneres berufen werden (§ 8). Der Verein kann seine Tätigkeit beginnen, wenn er nicht binnen sechs (vor der Novelle 1962 binnen vier) Wochen nach Überreichung der Anzeige untersagt wird. Beginnt er seine Tätigkeit aber binnen Jahresfrist nicht, gilt die Anzeige als zurückgezogen (§ 7).

c) Das Vereinsgesetz und Vereinspatent betreffen das sogenannte äußere Vereinsrecht, d. h. das Verhältnis Verein — Staat, also öffentliches Recht. Das innere Vereinsrecht — Entstehung, Verfassung, Erlöschen des Vereins und seine Haftung, also Privatrecht betreffend — ist im ABGB. nicht geregelt und im Vereinsgesetz und Vereinspatent nur, soweit sie gewisse Bestimmungen im Statut verlangen. Ausführlich regeln das innere Vereinsrecht die Gesetze über die AG., GesmbH. und Genossenschaften. Für das bürgerliche Recht füllen Lehre und Praxis die Lücke, wobei sie handelsrechtliche Vorschriften analog heranziehen.

III. Entstehung und Rechtsfähigkeit

1. Der Gründungsakt ist ein auf Vereinigung gerichteter Vertrag mehrerer Personen. Die Gründer haften zunächst persönlich für die Rechtsakte, die sie für den zu gründenden Verein setzen. Kommt der Verein zustande und genehmigt die Rechtsakte der Gründer, haftet er an ihrer Stelle; vgl. § 34 AktG. Die Frage, ob und wieweit Gründungsmängel heilen, wenn die Vereinigung ins Leben tritt, wird im Handelsrecht erörtert.

2. Die Rechtsfähigkeit des Vereins beginnt für die wirtschaftlichen Vereinigungen mit der Konzession, für solche nach Handelsrecht mit der Registrierung. Ideale Vereine „können ihre Tätigkeit beginnen", wenn sie gewisse statutarische Voraussetzungen erfüllen, sich anmelden und die Untersagungsfrist abgewartet haben; s. o., II 3 b.

Nicht rechtsfähig wäre schon nach § 26 ABGB. ein Verein, der offenbar der Sicherheit, öffentlichen Ordnung oder den guten Sitten widerstreitet, auch wenn er nicht nach § 6 VereinsG. untersagt worden wäre.

ÖVP., SPÖ. und KPÖ. haben ihre Tätigkeit 1945 begonnen und seitdem fortgesetzt, ohne sich anzumelden (während die FPÖ. sich ordnungsgemäß angemeldet hat). Daher hat sich die Frage erhoben, ob sie rechtsfähig seien. Sie ist zu bejahen und das wohl damit zu begründen, daß die Anmeldung zwar geboten, aber nicht Voraussetzung für die Rechtspersönlichkeit eines erlaubten Vereines ist.

IV. Verfassung

1. Unter Verfassung verstehn wir die in der Satzung (den Statuten) zusammengefaßten Regeln über die Organisation des Vereins. Die Satzung ist nicht objektive Rechtsnorm, denn ihre Wirkung beschränkt sich auf die Mitglieder, die sich ihr durch Beitritt unterwerfen.

2. § 4/I VereinsG. verlangt Schriftlichkeit der Satzung, doch ist zu ihrer Auslegung und Ergänzung auch die ungeschriebene Übung (Observanz) heranzuziehen.

3. Der schriftlichen Satzung müssen zu entnehmen sein: der Vereinszweck, die Mittel hiezu und die Art ihrer Aufbringung; der Sitz; der Name, der einen Schluß auf den Vereinszweck zulassen und Verwechslungen mit anderen Vereinen oder Einrichtungen ausschließen muß (eingefügt durch Novelle 1962); die Art der Bildung und Erneuerung des Vereins (unter Bildung wird die Konstituierung verstanden, wozu jedenfalls eine Mehrzahl von Mitgliedern gehört; unter Erneuerung die Bestimmungen über Aufnahme und Ausscheiden von Mitgliedern); die Rechte und Pflichten der Mitglieder; die Organe, insbesondere ein Schlichtungsorgan; die Erfordernisse gültiger Beschlußfassungen, Ausfertigungen und Bekanntmachungen; die Vertretung des Vereines; schließlich die Bestimmungen über die Auflösung.

V. Mitgliedschaft

1. Mitglieder können natürliche und juristische Personen sein.

2. Mitglied wird man durch Beitritt, sei es bei der Gründung, sei es später. Der Beitritt ist ein Vertrag. Ein Recht auf Aufnahme besteht im allgemeinen nicht, doch kann die Aufnahme in eine wirtschaftliche oder Berufsvereinigung nicht abgelehnt werden, wenn die Ablehnung eine sachlich nicht gerechtfertigte ungleiche Behandlung darstellt und zu unbilliger Benachteiligung im Beruf und Wirtschaftsleben führt.

3. Die Mitgliedschaft begründet ein personenrechtliches Verhältnis. Daraus entspringen Rechte und Pflichten:

a) Organschaftsrechte und -pflichten und Wertrechte und -pflichten. Während die ersten (z. B. Teilnahme am Vereinsleben, Antrags- und Stimmrecht, aktives und passives Wahlrecht) i. d. R. höchstpersönlich, d. h. unübertragbar oder höchstens der Ausübung nach übertragbar, unverpfändbar und unpfändbar, unvererblich sind, sind die Wertrechte (Beitragsleistung, Genußrechte, Gewinnanteile) als Vermögensrechte i. d. R. übertragbar und vererblich.

b) Allgemeine Mitgliedschaftsrechte und Sonderrechte. — Die allgemeinen Mitgliedschaftsrechte stehn jedem Mitglied zu, sind i. d. R. durch Mehrheitsbeschluß, allenfalls mit qualifizierter Mehrheit bzw. durch Satzungsänderung, abänderbar und entziehbar. Doch sind der Majorisierung Grenzen gesetzt; insbesondere verstößt unsachliche Differenzierung gegen den Gleichheitsgrundsatz. Sonderrechte, seien es Organschaftsrechte (Vorzugsstimmrecht, Sitz im Vorstand), seien es Wertrechte (Vorzugsaktien, Beitragsfreiheit), stehn nur gewissen Mitgliedern zu; sie können ohne Zustimmung der bevorrechteten Mitglieder nicht beeinträchtigt werden.

4. Von den Mitgliedschaftsrechten (allgemeinen oder Sonderrechten) sind die nicht aus der Mitgliedschaft entspringenden Rechte und Pflichten von Mitgliedern gegenüber dem Verein zu unterscheiden. Zum Beispiel ein Mitglied gewährt dem Verein ein Darlehn, oder der Verein mietet im Hause eines Mitgliedes ein Lokal. Diese Rechte sind wie Rechte Dritter zu behandeln, daher auch Drittrechte genannt. Sie unterstehn der Verfügung des Vereins nicht und bleiben vom Ausscheiden des Mitgliedes unberührt.

5. Die Mitgliedschaft erlischt:

a) durch Austritt; er muß dem Mitglied freistehn, kann aber an Fristen und Termine gebunden sein. Selbst dann ist aus wichtigem Grund sofortiger Austritt zulässig;

b) durch Ausschluß. Er kann jedenfalls aus wichtigem Grund erfolgen. Die Satzung kann aber auch freies Ausschlußrecht anordnen, doch sind ihm dieselben Grenzen gezogen wie der Aufnahmefreiheit. Richterliche Überprüfung der Berechtigung des Ausschlusses kann immer verlangt werden, beschränkt sich aber darauf, ob das satzungsmäßige Verfahren eingehalten wurde, nicht offenbar Unbilligkeit vorliegt und die Grenzen der Ausschlußfreiheit nicht überschritten wurden;

c) im Zweifel durch Tod.

6. Mit dem Erlöschen der Mitgliedschaft erlöschen ex nunc alle Mitgliedschaftsrechte und -pflichten; schon erwachsene (z. B. auf Beitragsleistung oder Gewinnanteil für die abgelaufene Periode) bleiben bestehn.

7. Für Rechtsstreitigkeiten zwischen Verein und Mitglied hat die Satzung ein Schiedsorgan vorzusehn. Die richterliche Überprüfung der formellen Ordnungsmäßigkeit seiner Entscheidung kann dadurch aber nicht ausgeschlossen werden.

VI. Organe

1. Die Organe dienen der inneren Willensbildung des Vereins. Das VereinsG. verlangt, daß die Organe den Statuten zu entnehmen seien, ordnet aber nur ein Organ zur Schlichtung von Streitigkeiten zwischen Verein und Mitglied zwingend an.

2. Unerläßlich sind überdies:

a) die Mitglieder(General, Haupt, Voll)versammlung als oberstes Organ. Es ist aber Dritten gegenüber nicht vertretungsberechtigt;

b) der Vorstand, den die Vollversammlung zu bestellen hat, besteht i. d. R. aus Vorsitzendem, Schriftführer und Kassier. Der Vorstand leitet den Verein und hat die Stellung eines gesetzlichen Vertreters (§ 21 ABGB.). Er kann aber den Verein nur verpflichten, soweit das abgeschlossene Geschäft nicht erkennbar außer dem Rahmen des Vereinszweckes liegt (nicht ultra vires). Das wird besonders bei juristischen Personen öffentlichen Rechtes betont. Eine Gemeinde soll durch Rechtshandlungen des Bürgermeisters (Gemeindeausschusses) nur verpflichtet werden, wenn sie sich im Rahmen der dem Organ eingeräumten Befugnisse bewegen (vgl. § 867);

c) regelmäßig tritt dazu noch ein Kontrollorgan, sei es Aufsichtsrat, seien es Rechnungsprüfer.

3. Das Statut muß auch bestimmen, wer den Verein nach außen vertritt, wer zeichnungsberechtigt ist (z. B. mindestens zwei Vorstandsmitglieder). Die Vertretungsmacht entspringt hier der Organstellung. Man kann sie der Vertretungsmacht kraft Gesetzes und kraft Rechtsgeschäftes als Vertretungsmacht kraft Amtes an die Seite stellen.

4. Das Statut hat auch zu bestimmen, wie die Beschlüsse von den Organen gefaßt werden (i. d. R. mit sei es einfacher, sei es qualifizierter Mehrheit), wie sie auszufertigen sind, wie die Bekanntmachungen (z. B. Einberufung der Hauptversammlung) zu erfolgen haben. — Ist über Satzungsänderungen nichts im Statut bestimmt, ist fraglich, ob dazu nicht Einstimmigkeit erforderlich ist; so jedenfalls bei völliger Zweckänderung.

5. Haftung des Vereins für seine Organe. — Unter Organen sind nur die verfassungsmäßig bestellten zu verstehn. Für Angestellte und Gehilfen haften juristische Personen wie natürliche (§§ 1313 a, 1315). Für Organe haften sie:

a) bei Verletzung bestehender Schuldverhältnisse (§ 1313 a „gesetzlicher Vertreter");

b) auch bei Delikten; vgl. § 337, wonach sich Redlichkeit oder Unredlichkeit des Besitzes einer juristischen Person nach den im Namen der Mitglieder handelnden Machthabern beurteilt. Voraussetzung ist, daß die Organe als Organe handeln;

c) die Organe selbst haften dem Dritten und der juristischen Person nach allgemeinen Vorschriften;

d) das Amtshaftungsgesetz enthält eine Sonderregelung, versteht auch Organ in einem viel weiteren Sinn; s. Schuldrecht, Besonderer Teil, § 48 D.

VII. Erlöschen

1. Selbstauflösung durch satzungsmäßigen Beschluß der Vollversammlung (§ 26 VereinsG.), doch besteht die Rechtspersönlichkeit fort, solange Vermögen — auch nur Passiven — vorhanden. Andererseits bewirkt Wegfall des Vermögens oder Konkurs für sich allein das Erlöschen nicht.

2. Wegfall sämtlicher Mitglieder. Bleibt auch nur eines übrig, besteht die Vereinigung fort. Die Ein-Mann-Gesellschaft spielt im Handelsrecht eine Rolle.

3. Auflösung durch behördlichen Bescheid, wenn der Verein Beschlüsse faßt, die dem Strafgesetz zuwiderlaufen, wenn er seinen statutenmäßigen Wirkungskreis überschreitet oder überhaupt den Bedingungen seines rechtlichen Bestandes nicht mehr entspricht (§§ 24 ff. VereinsG.).

4. Verlegung des Sitzes ins Ausland dürfte nicht als Erlöschen anzusehn sein, wenn auch die juristische Person sich damit einer andern Rechtsordnung unterstellt (str.).

5. Fusion ist die Vereinigung juristischer Personen entweder nur nach der Verwaltung (Verwaltungsfusion) oder nach der Rechtssubjektivität (Vollfusion). Im zweiten Fall erlöschen die fusionierten Subjekte und ein neues entsteht.

6. Aber auch wenn der Verein erlischt, gilt die Rechtspersönlichkeit als fortbestehend bis zur Beendigung der Liquidation (Abwicklung der laufenden Geschäfte und Ausantwortung des verbleibenden Vermögens an die Berechtigten). Über das Vermögen kann die Satzung selbst oder ein satzungsmäßiger Beschluß der Organe bestimmen. Sonst gilt als allgemeiner Grundsatz, daß bei Erwerbsvereinen das Vermögen an die Mitglieder fällt, bei andern möglichst verwandten Zwecken gewidmet bleiben soll. Nach § 27/II VereinsG. (Nov. 1950, 1954) ist für das Vermögen eines behördlich aufgelösten Vereins ein Liquidator zu bestellen. Unrichtig wäre die These, daß das Vermögen erloschener juristischer Personen einfach analog § 760 dem Staate anheimfällt.

B. Stiftung

I. Begriff

Zum Begriff der Stiftung und ihrer Unterscheidung von der Verbandsperson s. o., § 17 C I.

Das ABGB. regelt die Stiftung nicht selbst; vielmehr verweist § 646 auf die Vorschriften des öffentlichen Rechtes. Er nennt als Stiftungszweck die Widmung von Einkünften aus „Kapital, Grundstücken oder Rechten zu gemeinnützigen Anstalten als: für geistliche Pfründen, Schulen, Kranken- oder Armenhäuser oder zum Unterhalte gewisser Personen auf alle folgende Zeiten". Die Aufzählung ist eine bespielsweise. § 849 erwähnt noch die Familienstiftung.

Wesentlich ist zweierlei:

1. daß der Zweck nicht bloß vorübergehend, sondern dauernd ist;

2. daß ein neues Rechtssubjekt geschaffen, nicht ein schon bestehendes bedacht wird. Das wäre die sogenannte unselbständige Stiftung, bei der in Wahrheit der Bedachte Treuhänder des mit einer Auflage empfangenen Vermögens wird; z. B. Stipendienstiftung an eine Universität im Gegensatz etwa zur Carnegie- oder Nobelstiftung.

II. Entstehung

Außer dem Stiftungsakt (1) bedarf nach einem Hofdekret von 1841 die Stiftung behördlicher Genehmigung (2).

1. Der Stiftungsakt ist ein einseitiges Rechtsgeschäft. Er setzt sich aus dem Schöpfungs- und Bewidmungsakt zusammen. Unter Lebenden ist keine Form vorgesehn, doch wird er regelmäßig schriftlich erfolgen (Stiftungsurkunde). Wird eine Stiftung — wie häufig — durch ein Geschäft

von Todes wegen begründet, gilt die dafür vorgeschriebene Form. So und so bleibt die Stiftungserklärung frei widerruflich, solange behördliche Genehmigung die Stiftung noch nicht ins Leben gerufen hat.

2. Die Verwaltungsbehörde hat die Stiftung zu genehmigen, wenn die gesetzlichen Voraussetzungen vorliegen, d. h. der Stiftungszweck erlaubt ist und die Mittel für seine dauernde Betreuung sichergestellt sind.

Ob reine Familienstiftungen zu genehmigen sind, erscheint fraglich, weil auf diese Weise Vermögensmassen für die Zwecke einer oder mehrerer Familien auf unabsehbare Geschlechterfolgen gebunden werden und dadurch der mit der Aufhebung der Familienfideikommisse verfolgte Gesetzeszweck umgangen werden könnte.

3. Erfolgt die Genehmigung, so wird der Stiftungsbrief errichtet, der die Erklärung des Stifters — allenfalls ergänzt und berichtigt — wiederholt und das maßgebende Statut der Stiftung bildet.

Gründet jemand von Todes wegen eine Stiftung und setzt sie zum Erben ein oder bedenkt sie mit einem Vermächtnis, so ist bei seinem Tode mangels behördlicher Genehmigung die Stiftung noch nicht ins Leben getreten. Sie ist wie ein nasciturus zu behandeln, d. h. die Rechte werden ihr für den Fall vorbehalten, daß sie mit der Genehmigung ins Leben tritt.

III. Verfassung

1. Verfassung und Organe der Stiftung bestimmen sich nach der Anordnung des Stifters. Ist diese lückenhaft oder entstehn Lücken im Lauf der Zeit, z. B. weil die vom Stifter bestimmten Organe gestorben sind oder ihr Amt niedergelegt haben, ohne daß die Nachfolge geregelt ist, hat die Aufsichtsbehörde möglichst im Sinn des Stifters die Lücken zu schließen.

2. Das der Stiftung gewidmete Vermögen geht nicht schon mit Errichtung der Stiftung auf sie über. Vielmehr bedarf es des entsprechenden Übertragungsaktes; bei der letztwillig begründeten Stiftung der Einantwortung; bei der unter Lebenden ist der Stifter verpflichtet, das gewidmete Vermögen zu übertragen.

3. Stiftungsgenießer. — Wer Genießer der Stiftung (Destinatär) ist, bestimmt sich nach dem Statut. Es kann entweder

a) selbst die Auswahl treffen oder

b) sie gewissen Personen, i. d. R. den Stiftungsorganen, sei es nach Richtlinien, sei es nach ihrem Ermessen, überlassen.

Nach dem Hfd. von 1841 sind im Fall a) Streitigkeiten darüber, ob jemand Stiftungsgenießer ist, vom Gericht zu entscheiden; im Fall b) von der Aufsichts(Verwaltungs)behörde. Irrig ist es, die Genießer als Subjekte der Stiftung anzusehn.

IV.

Die Stiftung steht unter Staatsaufsicht. Die Verwaltungsbehörde hat auch über Abänderung und Aufhebung der Stiftung zu entscheiden; nur sie, nicht etwa der Stifter oder die Stiftungsorgane. Das kann sich als notwendig erweisen, wenn der Stiftungszweck unmöglich oder bedeutungslos geworden ist oder das Gemeinwohl gefährdet. Dabei muß immer getrachtet werden, dem Willen des Stifters möglichst nahe zu bleiben, z. B. einen verwandten Zweck zu bedenken. Änderung und Aufhebung sind zu unterscheiden: Durch die Änderung soll die Stiftung eben nicht erlöschen, sondern mit geändertem Zweck aufrechterhalten werden.

Von selbst erlischt die Stiftung auch durch Verlust des Vermögens nicht.

§ 19. Rechtsobjekt (Sache), Begriff und Arten

A. Begriff

„§ 285. Alles, was von der Person unterschieden ist und zum Gebrauche der Menschen dient, wird im rechtlichen Sinne eine Sache genannt."

Damit definiert das ABGB. das Rechtsobjekt. — Die Bezeichnung Sache nimmt es vom römischen res; heute ist der Ausdruck Gegenstand, Gut (französisch: bien, englisch: thing) üblicher.

Das ABGB. stellt die Sache der Person, das Rechtsobjekt dem Rechtssubjekt gegenüber. Rechtssubjekt ist der Träger von Rechten und Pflichten, Rechtsobjekt der Gegenstand von Rechten. Gegenstände (Sachen i. w. S. des ABGB.) sind z. B. Grundstücke und Häuser; Pflanzen und Tiere; Maschinen, Kraftwagen, Möbel; Kleider und Schmuck; Nahrungsmittel; Geld; Elektrizität und andere Energien; das Unternehmen; Rechte, z. B. Erbrecht, Nießbrauch, Pfandrecht, Urheberrecht, Forderungen.

Zwei Tatbestandselemente besorgen die Abgrenzung: „Was von der Person unterschieden ist" (I) „und zum Gebrauche der Menschen dient" (II).

I. „Was von der Person unterschieden ist"

Der Mensch ist Person, nicht Sache (§ 16/1).

1. Unsere Rechtsordnung duldet nicht, daß Menschen als Sklaven, als Unfreie zu Rechtsobjekten werden (§ 16/2).

2. Der *Leichnam* ist zwar nicht mehr Person, genießt aber aus Pietät besonderen Schutz. Störung der Grabesruhe und Mißhandlung von Leichen sind eigene Delikte. Über Bestattungsrecht und -pflicht s. Erbrecht § 2 C I 2. Mit langem Zeitablauf entfallen die Pietätsgründe: alte Gräberfunde sind Schatzfund.

3. *Körperteile* sind als Teil der Person nicht Sache, werden es aber durch Loslösung vom Körper. Kauf des Haares am Kopf ist Kauf einer künftigen Sache. Ähnlich der Vertrag mit dem Blutspender. Aus Respekt vor der Integrität der Person kann die Erfüllung nicht erzwungen werden. Die Beschädigung von Prothesen am Leib des Trägers ist nicht nur Sachbeschädigung, sondern auch Körperverletzung.

4. *Leistung.* — § 303 zählt zu den Sachen „auch Dienstleistungen, Hand- und Kopfarbeiten". Doch ist klarzustellen, daß die Arbeitsleistung als Teil der Person nicht Objekt (Ware) ist.

Anders als das römische Recht, das Sach-, Dienst- und Werkmiete unter einem zusammenfaßt, scheidet das ABGB. die Verträge über Arbeitsleistungen von denen über Sachgebrauch und -nutzung.

Das gilt nicht nur für Arbeitsleistungen. Der Schuldner ist mit seiner Leistung nicht dem Gläubiger unterworfenes Objekt, sondern gleichgestelltes Subjekt.

Bezeichnet man eine Sache als Gegenstand des Eigentums und des Kaufes, so ist das Wort in verschiedenem Sinn gebraucht. Im ersten Fall übe ich unmittelbare Sachherrschaft aus. Im zweiten steht zwischen mir und der Sache das zur Leistung verpflichtete Subjekt; die Sache ist nur mittelbares Objekt, nämlich Objekt der Leistung des Schuldners. Im ersten Fall ist jedermann gehalten, mich in meinem Recht nicht zu stören; im zweiten ist mir jemand zu einer speziellen Leistung verpflichtet (§ 307).

Diesen Unterschied zwischen Sachenrecht und Schuldrecht hat das römische Recht in seiner Klageformel präzise ausgedrückt: Die intentio der Formel für die Eigentumsklage nennt nur die Sache und den klagenden Eigentümer: „Si paret hanc mensam Auli Agerii esse." Die intentio der Formel der Schuldklage nennt dagegen den Schuldgegenstand, den klagenden Gläubiger und den beklagten Schuldner: „Si paret Numerium Negidium Aulo Agerio mensam dare oportere."

5. Die *Forderung* als Ganzes kann selbst wieder Rechtsobjekt, z. B. Gegenstand der Veräußerung oder Verpfändung, sein. Aber auch dann bleibt der Unterschied zwischen Sache und Forderung bestehn. Der Eigentümer der Sache hat direkten Zugriff, der „Eigentümer" der Forderung kann nicht direkt auf die Leistung greifen, die der Schuldner zu erbringen verpflichtet ist.

6. Auch das *Familienrecht* gibt Rechte gegen Personen (Rechte der Gatten und der Eltern und Kinder gegeneinander), wobei zum Unterschied vom Schuldrecht Über- und Unterordnung bestehn kann. Doch kann nach unserm Recht der Untergeordnete nicht Objekt, Gewaltunterworfener sein. Die ihm gegenüber bestehenden Rechte sind zugleich Pflichten, was zwischen Subjekt und Objekt undenkbar wäre.

7. *Tiere* sind, je näher sie dem Menschen stehn, umso willens- und empfindungsfähiger; sie sind daher Sachen besonderer Art (Tierschutz). Bis zu einem gewissen Grade gilt das selbst von Pflanzen.

II. „und zum Gebrauche der Menschen dient"

1. Damit scheiden Gegenstände aus, die außer dem menschlichen Bereich stehn: *Himmelskörper,* solange sie unzugänglich sind, sofern wir nicht, auch ohne sie zu beherrschen, von ihren Wirkungen Gebrauch machen (Sonnenlicht und -wärme).

2. Freie Luft, fließendes Wasser, große Seen, offenes Meer sind als Ganzes der Einzelherrschaft nicht unterworfen. Sachen werden sie erst durch Ausscheidung (Wasser in der Leitung, eine Flasche Preblauer) oder bestimmte Benützungsweise (Ebbe-Flut-Kraftwerk). Da ihre Nutzung in gewissen Grenzen allen offensteht (Wasserschöpfen im Gegensatz zur Wasserableitung), pflegt man sie als Sachen des Gemeingebrauches, res communes omnium, zu bezeichnen. Analoges müßte für Geistesprodukte gelten, für die Urheberschutz nicht besteht (Operationsmethode). Mit der freien Luft ist der Luft*raum* nicht zu verwechseln; s. u., B VIII 1.

3. *Alles,* was zum Gebrauch der Menschen dient, ist Sache. Fremd ist dem ABGB. die Begrenzung anderer Gesetzbücher auf körperliche Sachen. (Sache im Sinne des BGB., französisch chose, englisch corporeal thing). Damit hat das ABGB. die Erkenntnis der modernen Naturwissenschaft vorweggenommen, die zwischen Materie und Energie keine scharfe Trennung mehr kennt. Daher hat es dem österreichischen Recht keine Schwierigkeit bereitet, Energien, aber auch geistige und wirtschaftliche Werte wie das Unternehmen als Rechtsobjekt zu erfassen. Stromdiebstahl ist Sachdiebstahl; die entgeltliche Lieferung von Strom genauso Kauf wie die von Wasser oder Gas. Treten Mängel auf (zu geringe Spannung), gelten die Vorschriften über Sachmängel. Der Irrtum des Käufers eines Unternehmens über dessen Umsatz ist wesentlicher Eigenschaftsirrtum. Der vom Gast dem Wirt übergebene Gepäckschein ist mit dem darin repräsentierten Wert eingebrachte Sache, für die der Wirt haftet.

Auch die körperlichen Sachen sind im Grunde für den Juristen nicht als physikalische Körper interessant, sondern als Energieträger (Kohle), allgemeiner als Güter, d. h. wegen des wirtschaftlichen Wertes, den sie haben. Auch die Sachbeschädigung ist, richtig gesehen, Eigentumsschädigung; sie kann vorliegen, ohne daß der Körper der Sache verletzt wird: Verscheuchen eines Bienenschwarmes, Auslassen von Fischen aus dem Behälter.

4. Ob eine *einheitliche Sache* vorliegt, ist gleichfalls nicht nach den Lehren der Naturwissenschaft, sondern nach der Verkehrsanschauung zu beurteilen. Einheitliche Sachen sind: 1 m Stoff, 1 Sack Zement, der Bienenschwarm (§ 384), das Kartenspiel, der Ring mit Stein, die Maschine. — Keine einheitliche Sache ist das Grundstück mit dem Weinkeller (das Haus mit dem Geschäftsportal), an dem Sondereigentum besteht; s. u., § 20 I 3.

5. So wie die Rechtsordnung die Fähigkeit, Träger von Rechten und Pflichten zu sein, unbeschränkt oder beschränkt verleihen kann, bestimmt sie darüber, ob Gegenstände Objekte des Rechtsverkehrs sein können. Sie kann ihn verbieten (res extra commercium) oder beschränken, d. h. nur gewisse Rechte daran zulassen (Grabstätten); Näheres s. u., B VIII 2.

III. Sachenrechte

Die dinglichen Rechte (Sachenrechte i. e. S.) beschränken sich jedoch auf körperliche Sachen und Energien und greifen nur ausnahmsweise (Rechtsbesitz, Rechtspfand) darüber hinaus. Es hat z. B. keinen Sinn, den Gläubiger als „Eigentümer" der Forderung zu bezeichnen, was das ABGB. gelegentlich (§ 1424) tut. Auch kann man eine Forderung, ein Unternehmen nicht so verpfänden, wie man ein Grundstück oder ein Auto verpfändet. Ein Unternehmen kann Gegenstand des Kaufes (Schuldrecht) sein, das Eigentum aber bezieht sich nur auf die dazu gehörigen Grundstücke und beweglichen Sachen; Forderungen und Schulden gehn auf den Erwerber nach eigenen Regeln über. Kurz: Die Erstreckung des weiten Sachbegriffes auf dingliche Rechte würde die notwendige Differenzierung der Regeln aufheben. Eben deshalb gehört die Lehre vom Rechtsobjekt nicht ins Sachenrecht, wo das ABGB. sie darstellt, sondern in den Allgemeinen Teil.

B. Arten der Sachen

I. Übersicht

1. Wie der Sachbegriff hängt auch die Einteilung der Sachen von der jeweiligen Rechtsordnung ab: den gleichen Regeln unterstellte Gruppen von Sachen werden zusammengefaßt und von andern unterschieden. So können Einteilungen, die für eine Rechtsordnung wichtig sind, für eine andere bedeutungslos sein, z. B. ist die wichtigste Einteilung der Sachen für das alte römische Recht, die in res mancipi und nec mancipi, später verblaßt und verschwunden. Andererseits war die Einteilung in bewegliche und unbewegliche Sachen im römischen Recht von geringer Bedeutung, während sie im alten deutschen und in unserm Recht die wichtigste ist.

2. Die in § 291 enthaltene Einteilung der Sachen ist nicht vollständig. Wir teilen die Gegenstände in:

1. körperliche und unkörperliche (vgl. § 292; s. o., A II 3);
2. bewegliche und unbewegliche (vgl. § 293; s. unter II);
3. verbrauchbare und unverbrauchbare (vgl. § 301; s. unter III);
4. vertretbare und unvertretbare (s. unter IV);
5. teilbare und unteilbare (vgl. § 843; s. unter V);
6. schätzbare und unschätzbare (vgl. §§ 303 ff.; s. unter VI und VII);
7. verkehrsfähige und nicht verkehrsfähige (vgl. §§ 311, 880, 1048; s. unter VIII).

II. Bewegliche und unbewegliche Sachen

Der Boden ist eine der Grundlagen des Staates (Land und Leute machen den Staat) und ein Hauptproduktionsmittel. Aus beiden Gründen genießt er eine Sonderbehandlung. Privateigentum hat sich an Fahrnis früher entwickelt als am Boden. Das spätere römische Recht hat dann freilich die rechtlichen Unterschiede abgeschliffen. Anders das deutsche Recht, auf dem unser Recht beruht. Heute ist die Einteilung in bewegliche und unbewegliche Sachen die Haupteinteilung.

1. *Begriff.* — Unbewegliche Sachen sind Liegenschaften (Grundstücke) und ihr Zugehör (§§ 294—297; s. u., § 20). Bewegliche Sachen sind nach § 293/1 „Sachen, welche ohne Verletzung ihrer Substanz von einer Stelle zur andern versetzt werden können". Die Fahrnis bietet das Bild verwirrender Vielfalt (das deutsche Recht unterteilte sie daher in Schreinsgut

und zehrendes Gut); demgegenüber ist der Boden eins, wobei freilich städtischer und ländlicher Grundbesitz rechtlich vielfach verschieden behandelt wird. Fahrnis besteht, soweit es sich um körperliche Sachen handelt, aus selbständigen Gegenständen; Grundstücke sind dagegen nur künstlich begrenzte Teile des Bodens — eigentlich gar keine Sachen, sondern geometrische Gebilde. Der unlösliche Zusammenhang mit dem Nachbargrund bedingt die als Nachbarrecht zusammengefaßten Rechtsvorschriften. Aber auch in der Höhe (Luftraum) und Tiefe fehlt eine feste Grenze. Boden ist unvernichtbar, aber auch unvermehrbar; Fahrnis vernichtbar und bis auf Ausnahmen (berühmte Kunstwerke) vermehrbar. Die Fahrnis macht den Boden erst nutzbar, kann mit ihm in engere und losere Verbindung treten und als Bestandteil oder Zubehör sein rechtliches Schicksal teilen; umgekehrt werden Bodenerzeugnisse mit der Trennung Fahrnis.

In einfachen Wirtschaftsformen bildet Grund und Boden den Hauptwert; heute steht ihm die Fahrnis an Wert nicht nach. Während ursprünglich der Wert des Bodens weit überwog, so daß der Satz ‚superficies solo cedit' fast selbstverständlich war (man denke an das Bauerngut), wird — vor allem in der Stadt, aber auch im industriellen Betrieb — die superficies zum Hauptwert, die Zweckmäßigkeit des Satzes daher zweifelhaft. Bei Boden wie bei Fahrnis gibt es Stücke geringen wie höchsten Wertes: Baugrund im Zentrum und Ödland; Originalradierung und Altpapier.

2. *Rechtliche Bedeutung der Einteilung.* — Eigentum und andere Rechte am Boden unterscheiden sich von denen an Fahrnis dem Inhalt nach; aber auch Erwerb und Verlust sind verschieden geregelt (Grundbuch).

Neuere Werke finden daher die gemeinschaftlichen Begriffe farblos und inhaltsarm und teilen das ganze Sachenrecht in Liegenschafts- und Fahrnisrecht. Das ABGB. hält dagegen die Einheit aufrecht.

Die Einteilung ist auch außerhalb des Sachenrechtes von Bedeutung: Die Fristen für Gewährleistung, Ausübung des Vorkaufsrechtes und Probezeit sind verschieden (§§ 933, 1075, 1082); Wiederkaufs- und Rückverkaufsrecht sind auf unbewegliche Sachen beschränkt; verdinglichtes (verbüchertes) Vorkaufs- und Bestandrecht kann es nur an unbeweglichen Sachen geben; für Streitigkeiten um unbewegliches Gut gilt der Gerichtsstand der gelegenen Sache (§ 81 JN.); die EO. gibt eigene Vorschriften für die Exekution auf das unbewegliche Vermögen; im IPR. gilt für Liegenschaften das Statut der gelegenen Sache; gehört eine Liegenschaft zum Nachlaß, kann er nicht armutshalber abgetan werden.

3. Innerhalb der beweglichen Sachen fehlt eine besondere Hervorhebung der *Tiere,* so interessant sie wäre (herrenlose Tiere, Bienen, Jagdrecht, Viehmängel, Beschädigung durch Tiere; Viehpfändung).

4. Die Einteilung wird über die körperlichen Sachen hinaus auf das ganze Vermögen erstreckt.

Aber auch sonst muß von der bloß körperlichen Auffassung abgegangen werden. Unternehmen sind in mancher Hinsicht den unbeweglichen Sachen gleichzustellen, z. B. was die Fristen der §§ 933, 1075, 1082 betrifft. § 298 spricht von unbeweglichen Rechten. Dazu gehören: Realrechte, d. s. Grunddienstbarkeiten und Reallasten, Wohnungseigentum, Bergwerkseigentum, radizierte Gewerbe, Baurecht, Jagdrecht; nicht dazu gehören: der Fruchtgenuß an Liegenschaften, die Hypothek (§ 299). Schiffe werden, obwohl sie der Fortbewegung dienen, als schwimmende Häuser dem Liegenschaftsrecht angenähert, z. B. Schiffspfandrecht. So auch die Schiffmühlen (ZPO. § 560, EO. § 1 Z. 4 und § 18 Z. 2). Ähnlich Luftfahrzeuge. Andererseits sind Praterhütten, Markthütten, Baracken bewegliche Sachen.

5. *Ware* — ein vorzüglich im Handelsrecht verwendeter Begriff — ist eine umsatzfähige und zum Umsatz (Handel) bestimmte bewegliche Sache.

Das Buch in meiner Hand ist nicht Ware, in der Hand des Buchhändlers wohl. — Boden ist nie Ware; die Rechtsordnung will nicht, daß damit Handel getrieben werde.

6. *Geld.* Siehe Schuldrecht, Allgemeiner Teil, § 9.

III. Verbrauchbare und unverbrauchbare Sachen

1. *Begriff.* — Verbrauchbar heißen Sachen, die durch bestimmungsgemäßen *einmaligen* Gebrauch verbraucht werden. Dasselbe sagt mit andern Worten § 301.

Unbewegliche Sachen und unbewegliche Rechte (s. o., II 4) sind unverbrauchbar.

Von den beweglichen sind unverbrauchbar: Bücher, Kleider und Schuhe, Möbel, Maschinen und Kraftfahrzeuge; verbrauchbar: Lebensmittel, Brennstoffe. Taschentücher aus Papier sind verbrauchbar, aus Stoff unverbrauchbar. Zu den verbrauchbaren Sachen zählen auch Ware und Geld, da man sie gebraucht, indem man sie verbraucht. Dagegen ist nutzbringend angelegtes Kapital eine unverbrauchbare Sache. Eine Forderung, die dauernder Ausübung fähig ist, z. B. die auf Gebrauch der Mietsache, ist unverbrauchbar; eine einmalige Forderung, z. B. die auf Zahlung des Preises, verbrauchbar.

2. *Abweichende Bestimmung.* — Das Merkmal ist objektiv durch die Verkehrssitte bestimmt.

Die Bücher einer Bibliothek sind unverbrauchbare Sachen; die Bücher im Lager des Buchhändlers — und das gilt für Warenlager allgemein —, weil zur Veräußerung bestimmt, verbrauchbare Sachen. Die Parteien können aber einen andern als den bestimmungsmäßigen Gebrauch vereinbaren: Lebensmittel zu Ausstellungszwecken leihen, eine Baracke auf Abbruch als Brennholz verkaufen.

3. *Bedeutung der Einteilung.* — Rechtsverhältnisse, die auf Gebrauch und Rückgabe derselben Sache gerichtet sind, wie Leihe, Miete, Pacht

und Nießbrauch, können nur an unverbrauchbaren Sachen begründet werden (die Parteien hätten denn einen andern als den bestimmungsgemäßen Gebrauch vereinbart; s. o., 2). Ist die Sache verbrauchbar (Geld), ändert das Rechtsverhältnis seinen Charakter: es entsteht Darlehn bzw. ususfructus irregularis (§§ 510, 959, 1227/3) mit Eigentumsübergang und der Pflicht, Sachen gleicher Art und Menge zurückzustellen.

4. Da alle Sachen durch Gebrauch sich abnützen und die meisten bei langdauerndem Gebrauch sich verbrauchen, gibt es zwischen verbrauchbar und unverbrauchbar Übergänge. Kerzen sind verbrauchbar, weil jeder Gebrauch ihre Substanz wesentlich vermindert. Ist Gebrauch auf lange Dauer vereinbart, können auch an sich unverbrauchbare Gegenstände verbraucht werden: Stücke des Gutsinventars bei langdauernder Pacht; die Sandgrube, die abgebaut wurde, bis sie erschöpft ist.

IV. Vertretbare und unvertretbare Sachen

1. *Begriff.* — Vertretbar (fungibel) sind Sachen, die im Verkehr nach Maß, Zahl, Gewicht bestimmt zu werden pflegen, bei denen es also auf individuelle Eigenschaften des Einzelstückes nicht ankommt.

Unbewegliche Sachen und unbewegliche Rechte (§ 298, s. o., II 4) sind unvertretbar.

Von den beweglichen Sachen sind unvertretbar: Werke der Kunst und Wissenschaft, qualifizierte Leistungen, z. B. die des Operateurs; der Maßanzug; Pferd, Kuh, Hund; Altwaren; der Wechsel. — Vertretbar: Lebensmittel, neue, frabriksmäßig erzeugte Gegenstände, unqualifizierte Leistungen, Energien, Inhaberpapiere und — als die vertretbare Sache schlechthin — das Geld (nicht aber die alte Münze).

2. *Abweichende Bestimmung.* So wie bei der Verbrauchbarkeit handelt es sich um ein objektives, nach der Verkehrssitte zu beurteilendes Merkmal. Die Parteien können auch Abweichendes bestimmen, schaffen damit aber keine Sachkategorie; es ist daher irreführend, von Gattungssachen zu sprechen. Sie entscheiden nur darüber, ob Gattungs- oder Stückschuld vorliegt; s. Schuldrecht, Allgemeiner Teil, § 8 A.

Hat ein Maler ein Porträt anzufertigen, ist das Stückschuld, gerichtet auf eine unvertretbare Sache; bestellt jemand ein Auto der neuen Serie, ist das Gattungsschuld, gerichtet auf eine vertretbare Sache. Kauft jemand das beim Händler stehende fabriksneue Auto, ist das Stückschuld, obwohl vertretbare Sache. Beauftragt jemand einen Kunsthändler, ihm einen van Gogh zu verschaffen, ist das Gattungsschuld, obwohl unvertretbare Sache.

3. *Bedeutung der Einteilung.*

a) Im Sachenrecht. — Die Eigentumsklage kann wegen des Beweises der Identität i. d. R. nur auf unvertretbare Sachen gerichtet sein (§§ 370, 371). Ausnahme: Quantitätseigentum bei Sammeldepot.

b) Im Schuldrecht. — Darlehn, depositum irregulare. — Schadenersatz ist bei vertretbaren Sachen durch Stücke gleicher Art möglich.

c) Im Verfahrensrecht. — Mandatsverfahren nur bei Klage auf Geld oder andere vertretbare Sachen (§§ 548 ff. ZPO.); Exekution auf vertretbare Handlungen (§ 353 EO.).

4. Das ABGB. kennt die Einteilung in vertretbare und unvertretbare Sachen nicht. Es nimmt offenbar an, daß sie sich mit der in verbrauchbare und unverbrauchbare Sachen decke (vgl. § 983). Das ist irrig. Zwar sind verbrauchbare Sachen i. d. R. auch vertretbar (nicht ausnahmslos: Geburtstagstorte mit Initialen), aber vertretbare Sachen durchaus nicht immer verbrauchbar (Nadeln, Nägel).

V. Teilbare und unteilbare Sachen

1. *Begriff.* — Unteilbar heißen wir eine Sache, die „entweder gar nicht oder nicht ohne beträchtliche Verminderung des Wertes geteilt werden“ kann (§ 843).

Danach sind unteilbar: bebaute Grundstücke, lebende Tiere, Kunstwerke, ein Paar Schuhe, ein Buch, auch wenn es aus mehreren Bänden besteht, Forderungen auf unteilbare Leistung. Es kommt auf die wirtschaftliche, nicht auf die physikalische Teilbarkeit an: der Diamant ist unteilbar, obwohl physikalisch teilbar.

Teilbar sind: Stoffe, Metalle, Getreide, der Sandhaufen; unbebaute Grundstücke, soweit sie nicht durch Zerlegung in zu kleine Teile entwertet werden; dingliche Rechte, Immaterialgüterrechte; Forderungen auf teilbare Leistung, besonders Geld. Die Teilung kann nicht nur räumlich, sie kann auch zeitlich erfolgen: Wasserbezug zwischen mehreren nach Stunden aufgeteilt.

2. *Abweichende Bestimmung.* — Die Rechtsordnung kann etwas an sich Teilbares für unteilbar erklären und umgekehrt. Der geschlossene Hof ist nach dem Tiroler Höfegesetz unteilbar, genauer gesagt „alle Veränderungen an dem Bestande und Umfange . . . bedürfen der Bewilligung der Höfebehörde.“ Andererseits hat sich in Österreich das Stockwerkseigentum erhalten und gibt es in Tirol real geteilte Häuser, doch ist eine Neubegründung rechtlich unmöglich.

Die Rechtslage beim real geteilten Eigentum ist mit der bei Miteigentum nicht zu verwechseln: Eigentümer eines real geteilten Hauses haben Einzeleigentum an ihrem Hausteil (Stockwerk); Miteigentümer haben geteiltes Eigentum am ganzen Haus. Dort ist die Sache, hier das Recht geteilt. Das Wohnungseigentum ist nicht real geteiltes Eigentum, sondern besonders ausgestaltetes Miteigentum (§§ 1 und 3 WEG.).

3. Bedeutung der Einteilung. — Bei teilbaren Sachen ist Naturalteilung, bei unteilbaren nur Zivilteilung, d. h. Teilung des Erlöses, möglich. Eine teilbare Leistung kann anteilig geschuldet und gefordert werden, eine unteilbare nur zur gesamten Hand (§§ 889, 890). Nur bei teilbaren Leistungen kann sich der Mangel, z. B. Unerlaubtheit, Unmöglichkeit, Verzug, auf einen Teil beschränken; sonst ergreift er das Ganze (§§ 878/2, 918/II, 920/2).

VI. Schätzbare und unschätzbare Sachen

1. *Schätzbar* sind Sachen, „deren Wert durch Vergleich mit andern zum Verkehre bestimmt werden kann" (§ 303). Gemeint ist damit der Wert einer Sache im Verkehr, Sache wieder im weiteren Sinn zu verstehn: § 303 bezieht ausdrücklich auch „Dienstleistungen, Hand- und Kopfarbeiten" ein. Kostbarkeiten sind schätzbare Sachen, die auf kleinem Raum großen Wert repräsentieren (SZ. II/147).

2. Nach dem Gesagten sind *unschätzbar* nicht nur unnütze, d. h. wertlose Sachen (verdorbene Lebensmittel), sondern auch nützliche Sachen, wenn sie in Überfluß vorhanden sind (sogenannte freie Güter: Luft, Licht und Wasser) oder wenn sie weder Tausch- noch Ertragswert haben (Beweisurkunden, Zeugnisse, Legitimationspapiere). Doch schließt das zweite die Schätzung des Schadens nicht aus, den der Besitzer durch Verlust erleidet; so bei der Bemessung des Finderlohnes für ein Sparbuch.

Mit der Person verbundene Persönlichkeitsrechte sind keine Sachen. Die für ihre Verletzung zu leistende Buße tritt anstelle der Entschädigung, weil eben der Wert nicht schätzbar ist. Soweit sie sich von der Person losgelöst und verselbständigt haben, z. B. zur Ausübung überlassene Urheberrechte, können sie auch geschätzt werden.

3. Die Einteilung in schätzbare und unschätzbare Sachen ist von Bedeutung für den Schadenersatz, für die Bemessung des Erb- oder Pflichtteiles und des Finderlohns. An unschätzbaren Sachen gibt es, da sie keine Verwertung zulassen, kein Pfandrecht, sondern nur ein Retentionsrecht.

VII. Wert und Preis
§§ 304—306

1. § 304/1 identifiziert Wert und Preis. Der allgemeine Sprachgebrauch versteht unter Preis den zum Zweck des Umsatzes in Geld bestimmten Wert: Der Wert einer Sache pflegt aber auch sonst in Geld ausgedrückt zu werden. § 304/2 verlangt das für den gerichtlichen Schätzwert, die §§ 54 ff. JN. für den Wert des Streitgegenstandes.

2. § 305 unterscheidet den ordentlichen (gemeinen) und den außerordentlichen Wert (Preis). Ebenso die §§ 335/2, 378, 418, 654, 661, 934 und 935, 1331, 1332; HGB. § 430; §§ 3 und 5 RatG.; § 10 BewertungsG. 1955 u. a.

„§ 305. Wird eine Sache nach dem Nutzen geschätzt, den sie mit Rücksicht auf Zeit und Ort gewöhnlich und allgemein leistet, so fällt der ordentliche und gemeine Preis aus; nimmt man aber auf die besondern Verhältnisse und auf die in zufälligen Eigenschaften der Sache gegründete besondere Vorliebe desjenigen, dem der Wert ersetzt werden muß, Rücksicht, so entsteht ein außerordentlicher Preis."

3. *Der gemeine Wert* ist somit der Wert für jedermann. Außer Betracht bleiben die besonderen Verhältnisse und die besondere Vorliebe dessen, dem der Wert ersetzt gebührt (ebenso § 10 BewertungsG.). Ort und Zeit sind aber zu berücksichtigen. Es geht also um einen objektiven Wert. Dennoch ist die Bestimmung nicht eindeutig. Der Wert kann sein: Tausch(Verkehrs)wert und hier wieder Ein- oder Verkaufspreis; Gebrauchswert; Ertragswert; Anschaffungs-(Herstellungs-)Kostenwert. Steuer- und Gebührenrecht verwenden noch andere Wertansätze: Einheitswert; Bilanz- oder Buchwert. Diese Werte können voneinander stark abweichen.

I. d. R. ist der Tausch(Verkehrs)wert, und zwar der *Verkaufswert* maßgebend. Bei Marktwaren ist er leicht feststellbar, bei andern, z.B. Grundstücken, freilich unsicher. Als Ersatz für Nichterfüllung ist aber der Anschaffungs(Einkaufs)wert zu leisten. Wird eine Sache beschädigt oder entzogen, folgt aus dem Grundsatz der Naturalrestitution die Pflicht, jenen Wert zu ersetzen, der ausreicht, um ein Ersatzstück anzuschaffen, wobei die Differenz zwischen alt und neu durch einen Abschlag zu berücksichtigen ist. Nach § 88 VVG. gilt als Versicherungswert bei Gebäuden der Bauwert, d. i. der Herstellungskostenwert abzüglich eines Betrages für Alter und Abnützung. Landwirtschaftliche Betriebe werden i. d. R. nicht nach dem Verkehrswert, sondern nach dem niedrigeren Ertragswert bemessen.

4. Der *außerordentliche Wert* stellt demgegenüber auf die subjektiven Verhältnisse dessen ab, dem der Wert ersetzt werden muß. Besser als von Wert sprechen wir von Interesse (id quod interest). Versieht der Eigentümer ein Buch mit Anmerkungen, kann das objektiv seinen Wert mindern, subjektiv (für ihn) aber erhöhen. Als Schadenersatz ist i. d. R., wenn auch nicht immer, das Interesse zu leisten; vgl. § 1332.

5. Der *Wert der besonderen Vorliebe* ist der Gefühlswert, immaterielle Wert, z. B. eines Andenkens, das materiell ohne Wert sein kann. Im Ersatz des Wertes der besonderen Vorliebe liegt eine Genugtuung, eine Art Schmerzensgeld. Der Liebhaberwert kann, muß aber nicht Wert der besonderen Vorliebe sein: Bei Kunstgegenständen, für die sich ja auch ein Markt bildet, ist er in Wahrheit der gemeine Wert. § 305 bezieht den Wert der besonderen Vorliebe in den außerordentlichen Wert ein, § 1331 unterscheidet beide.

VIII. Nicht verkehrsfähige Sachen

Die Hauptmasse der Sachen ist „im Verkehr befindlich", „Gegenstand des Rechtsverkehrs" (§§ 303, 311). Es gibt aber solche, die „dem Verkehr entzogen", „durch Verbot außer Verkehr gesetzt" (§§ 880, 1048), res extra commercium sind. Damit ist nicht gesagt, daß sie überhaupt nicht Gegenstand von Rechten sein können; sie sind im Verkehr nur beschränkt, soweit es ihre Zweckbestimmung (Widmung) verlangt.

1. *Res omnium communes* (Luft, freifließendes Wasser, offenes Meer), die man auch zu den nicht verkehrsfähigen Sachen gerechnet hat, sind als Ganzes genommen menschlicher Herrschaft unzugänglich, überhaupt keine begrenzten Gegenstände der Außenwelt und darum außerhalb des Rechtsverkehrs. „Eingefangen", abgegrenzt werden sie Gegenstände des Verkehrs: das geschöpfte Wasser, das Wasser in der Leitung, in der Flasche; die Meeresküste, aber auch der Luftraum über einem Grundstück.

2. *Geweihte Gegenstände* (Kirchen, kirchliche Geräte, Friedhöfe) stehn nicht außer Eigentum; Sonderrechte (Kirchstuhl-, Gruft- und Grabstellenrechte) sind nicht ausgeschlossen. Der Rechtsverkehr mit ihnen ist aber durch die Widmung beschränkt; sie unterliegen z. B. nicht der Exekution. Die Widmung kann durch öffentlichrechtlichen Akt aufgehoben werden.

3. *Sachen im Gemeingebrauch (res publico usui destinatae).* — Sachen im Gemeingebrauch sind die öffentlichen Wege und die Gewässer. Sie sind zum Großteil öffentliches Gut; doch kann Gemeingebrauch auch an Privateigentum bestehn, so an privaten Gewässern oder an privatem Grund, über den ein öffentlicher Weg führt, z. B Durchhäuser.

Unter *öffentlichem Gut* verstehn wir Sachen im Eigentum der öffentlichen Hand (des Staates, der Länder, Gemeinden), an denen Gemeingebrauch besteht. Davon unterscheiden wir das *Verwaltungsvermögen*, das bestimmten einzelnen Zwecken der öffentlichen Verwaltung dient (z. B. Amtsgebäude, Schulen), und das *Finanzvermögen* (Ärar), das finanziell durch Kapitalwert und -ertrag öffentlichen Zwecken dient (z. B. Salinen, Staatsgüter).

In diesem Sinn sind die in den §§ 286–290 getroffenen Unterscheidungen, die den heutigen Anschauungen nicht mehr entsprechen, richtigzustellen.

a) *Öffentliche Wege.* — Über Eigentum, Besitz, Dienstbarkeiten an öffentlichen Wegen entscheiden die ordentlichen Gerichte. Die Regelung des Gemeingebrauches (z. B. Aufstellen von Parkuhren) ist dagegen Sache des Verwaltungsrechtes. Ebenso die Gewährung von Sonderrechten (Betrieb von Straßenbahnen, Abhaltung von Straßenrennen, Errichtung von Kiosken, Benützung des Straßengrundes als Gastgarten, des Luftraumes zur Reklame).

Ob ein subjektives Recht auf Gemeingebrauch besteht, ist streitig. Den Anliegern erwachsen Pflichten, z. B. die Anbringung von Verkehrszeichen zu dulden; wieweit sie subjektive Rechte haben, die zu Schadenersatz berechtigen, wenn die Straße geändert oder verlegt wird, ist ebenfalls streitig.

b) Öffentliche und private *Gewässer.* — Die öffentlichen Gewässer sind im WasserrechtsG. 1959 § 2 und Anhang A aufgezählt. Privatgewässer (§ 3) sind: das in einem Grundstück enthaltene Grund-, Quell- und Regenwasser; das Wasser in Behältern, wie Teichen, Kanälen, Röhren, Brunnen; Seen, die nicht von einem öffentlichen Gewässer gespeist werden; die Abflüsse dieser Gewässer, bis sie in öffentliche Gewässer münden. Salz- und Heilquellen sind besonders geregelt.

Öffentliche Gewässer und ihr Bett sind Eigentum des Staates; private sind Eigentum des oder der Grundeigentümer. An beiden besteht Gemeingebrauch. In öffentlichen Gewässern kann man baden, waschen, tränken, schwemmen, schöpfen; Pflanzen, Schlamm, Erde, Sand, Schotter, Steine, Eis gewinnen und eislaufen, ohne jedoch die gleiche Nutzung durch andre (eben den Gemeingebrauch) auszuschließen.

An privaten Gewässern beschränkt sich der Gemeingebrauch darauf, mit Benützung der erlaubten Zugänge das Wasser zum Trinken und zum Schöpfen mit Handgefäßen zu verwenden.

Besonderer Bewilligung der Wasserrechtsbehörde braucht es, um feste Stoffe, Flüssigkeiten oder Gas in öffentliche Gewässer einzubringen oder eigene Benutzungsanlagen zu errichten oder zu ändern; ebenso eine Nutzung privater Gewässer, die öffentliche Gewässer oder fremde Privatgewässer beeinflußt (§ 9).

Für die Erschließung des Grundwassers gibt § 10 eigene Vorschriften. Für Schiff- und Floßfahrt und Überfuhren gelten Sondernormen (§ 6). Die Holztrift unterliegt außerdem dem Forstrecht (§ 7). So wie den Anliegern von Wegen erwachsen auch denen von Gewässern gewisse Pflichten; vgl. § 47.

4. *Besondere Verkehrsverbote.* — Die Rechtsordnung kann den Verkehr mit gewissen Gegenständen verbieten oder beschränken. Beispiele: Sprengstoffe, Waffen und Munition, Suchtgifte; Edelmetalle ohne den vorgeschriebenen Feingehalt; ausländische Lotterielose. Der Denkmalschutz trachtet zu verhindern, daß Gegenstände von geschichtlicher, künstlerischer oder kultureller Bedeutung ins Ausland verbracht werden. Verkehrsbeschränkungen sind auch in den Vorschriften über Naturschutz, Landesplanung und Verbauungspläne enthalten.

5. Wie von nicht verkehrsfähigen körperlichen Sachen könnte man auch von nicht verkehrsfähigen Rechten sprechen; man pflegt sie höchstpersönliche zu nennen. Dazu gehören in erster Linie öffentliche Rechte, soweit sie nicht reine Vermögensrechte sind; Familienrechte; persönliche Rechte, soweit sie sich von der Person nicht lösen lassen, z. B. das Namensrecht, aber auch die Firma, die nur mit dem Unternehmen zusammen übergehn kann; höchstpersönliche Forderungen (Schmerzengeld) und Schulden (Unterhaltspflicht).

§ 20. Zugehör (Bestandteil und Zubehör), Gesamtsache, Vermögen, Unternehmen

I. Problem

1. Sachen können auf verschiedene Art verbunden sein:

Verbindung	Über- und Unterordnung (Hauptsache und Zugehör)	Gleichordnung
körperlich	Acker und Saat, Haus und Zentralheizung, Auto und Reifen	Seiten eines Buches Ring und Stein
wirtschaftlich	Gutshof und Inventar, Hotel und Einrichtung	Schuhpaar, mehrbändiges Werk, Kartenspiel

2. Ob und wieweit sollen verbundene Sachen sonderrechtsfähig sein?

a) Ist die Verbindung so eng, daß Trennung auf Kosten des wirtschaftlichen Wertes des Ganzen oder der Teile geht, empfiehlt sich rechtliche Selbständigkeit nicht.

An der Zentralheizung kann Sondereigentum nicht bestehn. Nicht daß die Trennung unmöglich wäre! Der Eigentümer des Hauses kann die Zentralheizung durch eine neue ersetzen. Aber Sondereigentum wird nicht geduldet, weil es zu unwirtschaftlicher Zerstörung von Werten führen könnte. Hier bedingt die körperliche auch die wirtschaftliche und rechtliche Einheit.

b) Doch darf nicht nur auf den körperlichen Zusammenhang abgestellt werden; einerseits gibt es engsten wirtschaftlichen ohne körperlichen Zusammenhang (Schuhpaar, Kartenspiel), andererseits können Sachen trotz körperlichen Zusammenhanges wirtschaftlich trennbar sein: Waschbecken, schlagbarer Wald, reifes Korn, hängende reife Frucht (die reife, noch nicht geerntete Frucht steht der geernteten näher als der unreifen!).

3. Die Rechtsordnung kann — freilich nicht ohne triftigen Grund — Einheiten künstlich schaffen oder natürliche Einheiten scheiden. Schließlich ist jede Parzelle ein rechtlich verselbständigter unselbständiger Teil des Bodens. Der Hof samt Zugehör bildet rechtlich eine Einheit (§ 10 AnerbG., § 15 Tiroler HöfeG., § 6 Kärntner ErbhöfeG.); der geschlossene Hof sogar eine unteilbare Einheit (§ 2 Tiroler HöfeG.); er ist i. d. R. freilich auch eine wirtschaftliche Einheit, doch können zwei oder mehrere geschlossene Höfe ausnahmsweise vereinigt werden. Es gibt Sondereigentum an Bäumen; an Stockwerken, aber auch sonst an realen Teilen eines Hauses; an Kellern in, an Bauten auf fremdem Grund (§ 435). Nach § 6 BaurechtsG. ist das Bauwerk — eine körperliche Sache — Zugehör (was hier wohl unselbständigen Bestandteil bedeutet) des Baurechtes, einer unkörperlichen Sache. Nach § 74 BergG. sind Grundstücke Zugehör des Bergrechtes; nach § 25/V UrhG. Vervielfältigungsmittel, z. B. Filme, Zugehör des Vervielfältigungsrechtes. — Wie bei der Verkehrsfähigkeit kann der Teil in einer Beziehung sonderrechtsfähig sein, in anderer nicht.

II. Zugehör

1. Das ABGB. hat den Vorzug, nicht auf den körperlichen Zusammenhang abzustellen. Umfassender Begriff ist das Zugehör — das, was zu einer Sache gehört, „was mit einer Sache in fortdauernde Verbindung gesetzt wird" (§ 294/1). „Dahin gehören nicht nur der Zuwachs einer Sache, solange er von derselben nicht abgesondert ist; sondern auch die Nebensachen, ohne welche die Hauptsache nicht gebraucht werden kann, oder die das Gesetz oder der Eigentümer zum fortdauernden Gebrauche der Hauptsache bestimmt hat" (§ 294/2).

2. Die folgenden Paragraphen handeln vom Hauptfall, dem Zugehör zu Liegenschaften. Das ABGB. zählt dazu sowohl körperliche Teile als auch körperlich selbständige Sachen: § 295 Gras, Bäume, Früchte, aber auch lebende Fische und Wild; § 296 Getreide, Holz, Viehfutter und andere Erzeugnisse nicht nur vor, sondern auch nach der Einbringung; ebenso Vieh, Werkzeuge und Gerätschaften, insofern sie zur Fortsetzung des ordentlichen Wirtschaftsbetriebes erforderlich sind; § 297 „nicht nur alles, was erd-, mauer-, niet- und nagelfest ist . . . , sondern auch diejenigen Dinge, die zum anhaltenden Gebrauche eines Ganzen bestimmt sind".

„Sachen, die an sich beweglich sind (also offenbar keinen körperlichen Zusammenhang mit der unbeweglichen Hauptsache aufweisen), werden im rechtlichen Sinne für unbeweglich gehalten, wenn sie vermöge des Gesetzes oder der Bestimmung des Eigentümers das Zugehör einer unbeweglichen Sache ausmachen" (§ 293/2).

3. Die h. L. und neuere Gesetzgebung, von der Pandektenwissenschaft und dem BGB. beeinflußt, unterscheidet dagegen innerhalb des Zu*ge*hörs Bestandteile mit körperlichem Zusammenhang (s. u., II) und Zu*be*hör (Pertinenz) ohne körperlichen, jedoch mit wirtschaftlichem Zusammenhang (s. u., III).

III. Bestandteile

Die Bestandteile werden wieder in unselbständige und selbständige eingeteilt.

1. *Unselbständige,* die ohne Zerstörung wirtschaftlichen Wertes nicht trennbar, daher sonderrechtsunfähig sind (Tapeten, Ziegel der Mauer, Blätter des Buches, verlegte Leitungen).

Nicht zu Recht werden als unselbständige Bestandteile und sonderrechtsunfähig hängende und stehende Früchte, auch wenn sie reif sind, betrachtet. Eigentum kann daran erst mit Abtrennung erworben werden; obligatorische Verträge auf Abtrennung sind zulässig. Andere Rechtsordnungen lassen selbständige Exekution auf reife oder der Reife nahe Früchte zu.

2. *Selbständige,* die zwar körperlich verbunden, aber ohne erheblichen Wertverlust abtrennbar, daher sonderrechtsfähig sind, wenn sie auch im Zweifel das Schicksal der Hauptsache teilen (Geschäftsportal, Autoreifen, elektrische Birne, Waschbecken).

IV. Zubehör

Zubehör sind „Nebensachen, ohne welche die Hauptsache nicht gebraucht werden kann oder die das Gesetz oder der Eigentümer zum fortdauernden Gebrauche der Hauptsache bestimmt hat" (§ 294); „Dinge, die zum anhaltenden Gebrauche eines Ganzen bestimmt sind" (§ 297).

1. *Nebensachen.* — Damit scheiden unselbständige, daher sonderrechtsunfähige Bestandteile aus. Dagegen ist eine feste Grenze zwischen Zubehör und selbständigem Bestandteil nicht zu ziehen (Bild und Rahmen, Schloß und Schlüssel, Ring und Stein, Pflanze und Topf), aber auch überflüssig, da beide rechtlich gleich behandelt werden (sonderrechtsfähig, doch im Zweifel gleiches Schicksal mit der Hauptsache).

2. *Hauptsache* kann auch eine bewegliche Sache sein (Reservetank, Ersatzreifen, Werkzeugtasche beim Auto); i. d. R. ist sie aber eine unbewegliche Sache. Vielfach verkörpert sie nur sinnfällig das Ganze, nämlich das Unternehmen, den wirtschaftlichen Betrieb (§ 296).

Die Einrichtung ist Zubehör des Hotels, der Pension, nicht der vom Eigentümer bewohnten Villa; das Gutsinventar Zubehör des Hofes, nicht des Hauses. Zum Neudecken des Daches bereitliegende Ziegel sind dagegen Zubehör des Hauses. Die Kaffeehauseinrichtung ist Zubehör des Betriebes; des Gebäudes nur, wenn es baulich für einen solchen Betrieb bestimmt ist.

3. Zubehör muß *zum dauernden (anhaltenden) Gebrauch bestimmt* sein. Vorübergehende Entfernung, z. B. zur Reparatur, hebt die Zubehöreigenschaft sowenig auf, wie vorübergehender Gebrauch sie begründet. § 296 macht von der Regel keine Ausnahme, denn die dort genannten Erzeugnisse werden zwar verbraucht, dienen aber bei ständiger Erneuerung dauernd dem ordentlichen Wirtschaftsbetrieb.

4. *Bestimmung durch Gesetz oder Eigentümer;* vgl. auch § 293/2. Dieses Erfordernis hat eine Reihe von Zweifeln ausgelöst. Klar ist, daß nur tatsächlich zum dauernden Gebrauch der Hauptsache bestimmte Nebensachen Zubehör sind, ob nun das Gesetz oder der Eigentümer sie dazu bestimmt. Streitig aber, ob der äußere Tatbestand zur Herstellung der Zubehöreigenschaft genügt oder Widmung durch den Eigentümer erforderlich ist. Nicht Zubehör sind Sachen, die Fruchtnießer, Mieter oder Pächter nicht zum dauernden, sondern nur zum Gebrauch während der Dauer ihres Rechtes bestimmen. Vom Pächter einer Baumschule gepflanzte Bäume werden nicht Zubehör und nicht Eigentum des Grundstückeigentümers. Ebenso vom Mieter hineingestellte Öfen, während vom Mieter verlegte Leitungen als unselbständige Bestandteile ihre Sonderrechtsfähigkeit freilich verlieren.

Wie aber, wenn der Eigentümer der Hauptsache, z. B. der Hotelier, Einrichtungsstücke unter Eigentumsvorbehalt erwirbt? Bei Überspannung des Kredits kommt es zur Kollision zwischen Liegenschafts- und Fahrniskredit. Können die Hypothekare auf das Hotel samt Einrichtung greifen oder die Lieferanten die unter Eigentumsvorbehalt gelieferte Einrichtung aussondern, so daß den Hypothekaren nur das uneingerichtete, dadurch stark entwertete Gebäude als Haftungsgrundlage bleibt? Der Wortlaut der §§ 293 und 294 sagt nicht, ob der Widmende Eigentümer der Hauptsache oder des Zubehörs oder von beiden sein müsse. Ein Gutachten des OGH. (PlB. v. 6. 7. 1938 SZ. XX/98) hat zu Gunsten der Vorbehaltseigentümer entschieden: „Bewegliche Sachen, die nicht dem Eigentümer der Liegenschaft gehören, mit welcher sie nach dem äußeren Tatbestand in jener dauernden Verbindung stehn, in der Hilfssachen zur Hauptsache zu stehn pflegen, sind nicht Liegenschaftszugehör und gelten auch gegenüber Erwerbern eines dinglichen Rechtes an der Liegenschaft nicht als Liegenschaftszugehör." *Verwendung als Zubehör schafft somit nicht Eigentum,* setzt vielmehr Eigentum an Haupt- und Nebensache voraus.

V. Maschinen
§ 297 a

Die eben behandelten Fragen haben sich besonders für Maschinen gestellt. Da streitig war, ob der Eigentumsvorbehalt die Zubehöreigenschaft oder die Zubehöreigenschaft den Eigentumsvorbehalt verhindre (Ehrenzweig), konnten weder die Hypothekenanstalten noch die Lieferanten die Anschaffung von Maschinen kreditieren. Die III. TN. wollte durch § 297 a den Zweifel beheben.

1. *Voraussetzungen.*

a) Es muß sich um *Maschinen* handeln — Maschinen, gleich welcher Art, insbesondere auch landwirtschaftliche, nicht aber um Möbel und andere Einrichtungsgegenstände.

b) Sie müssen *mit einer unbeweglichen Sache in Verbindung gebracht* werden. Maschinen, die in keiner Beziehung zur Liegenschaft stehn

(Schreib- und Rechenmaschinen, Nähmaschinen, Haushaltsmaschinen), scheiden aus. Andererseits sind Maschinen, die unselbständige Bestandteile werden (Aufzug), notwendig Eigentum des Grundeigentümers (str.); bleiben jene Maschinen, die nach dem äußeren Tatbestand Zubehör oder selbständiger Bestandteil wären. In diesem eingeschränkten Sinn ist „Zugehör" im § 297 a zu verstehn. Vom Mieter oder Pächter beigestellte, gemietete und entlehnte Maschinen sind, da nicht zum dauernden Gebrauch der Hauptsache bestimmt, nicht Zubehör; sie bleiben auch ohne Anmerkung fremdes Eigentum.

2. *Anmerkung.*

a) § 297 a sieht vor, daß mit Zustimmung des Liegenschaftseigentümers bücherlich angemerkt werden kann, „daß die Maschinen Eigentum eines anderen sind". Die Anmerkung hat bei Einbringung der Maschinen zu erfolgen. Werden Maschinen, die als Zubehör gelten, ausgewechselt, ist zur Anmerkung auch die Zustimmung der früheren Hypothekare erforderlich (§ 297 a/2).

b) Die Anmerkung verhindert die Entstehung der Zubehöreigenschaft, aber nur soweit und solange fremdes Eigentum wirklich besteht. Ist z. B. der Eigentumsvorbehalt durch Preiszahlung erloschen, verliert die Anmerkung ihre Wirkung.

c) Die Anmerkung wirkt nach § 297 a/3 nur fünf Jahre ab Eintragung — ein Zeitraum, der für die Amortisation des Maschinenkredits genügen soll. Konkurs und Zwangsversteigerung — nicht Ausgleich — hemmen den Fristablauf.

3. *Unterlassen der Anmerkung.* — Die Maschinenlieferanten bestehn selten auf der dem Liegenschaftseigentümer unerwünschten Anmerkung. Das Gesetz schweigt, die Meinungen sind geteilt. Festzuhalten ist, daß § 297 a die Hypothekare schützen will. Daher wirkt auch bei unterlassener Anmerkung der Eigentumsvorbehalt gegenüber dem Liegenschaftseigentümer und dessen persönlichen Gläubigern, kann somit auch gegen die Konkursmasse geltend gemacht werden. Gegenüber den Hypothekaren gelten jedoch die Maschinen bei unterlassener Anmerkung als Zubehör; fraglich, ob nur gegenüber den gutgläubigen oder auch gegenüber jenen, die die Rechtslage, z. B. aus der Bezettelung der Maschinen, kannten oder kennen konnten. Die Lieferanten unter Eigentumsvorbehalt stehn daher bei Maschinen, wenn sie die Anmerkung unterlassen, schlechter als bei andern Einrichtungsstücken, bei denen nach dem Gutachten des OGH. der Eigentumsvorbehalt die Zubehörseigenschaft nicht entstehn läßt.

4. Das MastkreditG. (§§ 3 und 7 lit b) sieht vor, daß mit einem Pfandzeichen versehenes Vieh nicht als Zubehör eines liegenden Gutes gilt. Doch soll damit nur Vieh bezeichnet werden, das nicht zur ordentlichen Bewirtschaftung der Liegenschaft erforderlich, also nicht eigentlich Zubehör ist. Zusätzlich ist ein Register zu führen.

Diese Vorschrift wie die des § 297 a sind *Ansätze zum Registerpfand,* das andere Rechtsordnungen kennen.

VI. Wirkung und Erlöschen der Zubehöreigenschaft

1. Zubehör teilt im Zweifel das Rechtsschicksal der Hauptsache. Nichts anderes will § 293 besagen, wonach bewegliches Zubehör einer unbeweglichen Sache für unbeweglich gehalten wird.

2. Schuldrechtliche Geschäfte über die Hauptsache erstrecken sich im Zweifel auf das Zubehör: §§ 912 f.; für Tausch und Kauf §§ 1047, 1050, 1061; für das Legat § 686; für den Erbschaftskauf §§ 1279, 1280.

3. Wer vom Besitzer und Eigentümer der Hauptsache und des Zubehörs abgeleitet Besitz und Eigentum an der Hauptsache erwirbt, erwirbt sie auch i. d. R. am Zubehör. Die Verpfändung umfaßt i. d. R. das Zubehör mit (§ 457), was aber den Eigentümer nicht hindert, Zubehörstücke auszuwechseln oder auszubringen, wogegen gegebenenfalls nur einstweilige Verfügung schützen kann. Abgesonderte Exekution auf Liegenschaftszubehör ist unzulässig (§ 252 EO.). Zubehör sind die am Zuschlagstag vorhandenen Vorräte und abgesonderten Früchte, soweit zur ordentlichen Wirtschaft erforderlich, nicht aber die zum Verkauf bestimmten Fertigwaren. Dagegen ergreift das Eigentum an der Hauptsache nicht automatisch auch jene Nebensachen, die äußerlich im Zubehörverhältnis stehn; vielmehr sind sie nur Zubehör, wenn sie im Eigentum des Eigentümers der Hauptsache stehn.

4. Die Zubehöreigenschaft erlischt, wenn eine der Voraussetzungen wegfällt: wenn der Eigentümer Zubehör veräußert, nicht schon, wenn er es verpfändet; wenn der Betrieb dauernd eingestellt oder so umgestellt wird, daß bisheriges Zubehör überflüssig wird.

VII. Früchte

1. *Natürliche Früchte.*

a) Natürliche Früchte sind „aus der Sache entspringende" (§ 330), d. h. *organische Erzeugnisse,* die die Sache hervorbringt, ohne daß sie beeinträchtigt wird. Zum Beispiel Früchte des Bodens: Gras, Getreide, Bäume; des Baumes: Obst; der Kuh: Milch und Kalb, nicht ihr Fleisch.

b) Man erstreckt den Fruchtbegriff auf *anorganische Erzeugnisse:* Öl, Kohle, Erz, Steine, Sand.

Sie sind eigentlich nicht Früchte, da sie die Muttersache aufzehren. Doch geschieht das so allmählich, daß i. d. R. darauf nicht Rücksicht genommen werden muß; die Muttersache erschöpft sich ja auch bei organischen Erzeugnissen.

c) Für Fruchtbezugsrechte wird man unter Frucht nur den bei ordnungsgemäßer Wirtschaft erzielten Ertrag verstehn. Pächter- und Fruchtnießer dürfen nicht Raubbau treiben; Wind- und Lawinenwurf stehn ihnen nicht zu (§ 511). Für den Fruchterwerb des Eigentümers oder redlichen Besitzers gilt die Beschränkung nicht.

d) Die ältere Einteilung in fructus mere naturales, industriales, mixtae (natürlicher, künstlicher, vermischter Zuwachs §§ 404—420) ist, soweit sie sich auf Früchte bezieht, überholt und greift mit dem künstlichen Zuwachs durch Verarbeitung, Überbau über den Fruchtbegriff hinaus.

e) Aktuell bleibt die Einteilung in stehende und abgesonderte, bezogene und vernachlässigte Früchte (§§ 330, 335). *Stehende* Früchte sind noch nicht selbständige, sondern erst künftige Sachen. Auf ihren Erwerb gerichtete schuldrechtliche Verpflichtungen sind möglich; sachenrechtliche Verfügungen erst, sobald die Frucht durch Absonderung, die dem Erwerber auch selbst vorzunehmen erlaubt werden kann, selbständige Sache geworden ist. Eigentum an abzustockendem Holz geht erst durch Fällen und Bezeichnen über, bei Nutzholz erst mit der Aufarbeitung und Sonderung vom Brenn- und Schleifholz.

Bezogene Früchte sind die in Besitz genommenen abgesonderten Früchte. *Vernachlässigte* Früchte sind zu beziehen verabsäumte.

2. *Zivilfrüchte.*

a) Bezieht die Früchte nicht der Eigentümer, sondern der Nießbraucher, Pächter, Jagdberechtigte, Bergwerksberechtigte aufgrund seines Rechtes, spricht man gelegentlich von Rechtsfrüchten. Der Ausdruck ist überflüssig, ja irreführend, weil es sich immer um Sachfrüchte handelt.

b) Das Entgelt, das der Eigentümer für Überlassung des Gebrauches und der Nutzung, also anstelle der Naturalfrüchte, bezieht, bezeichnet man als Zivilfrüchte. Die Bezeichnung ist treffend, weil i. d. R. die Rechtssätze für natürliche Früchte auch für Zivilfrüchte gelten, man auch bei ihnen von bezogenen und vernachlässigten spricht. Dazu tritt noch die Einteilung in fällige und nicht fällige.

Das ABGB. faßt Natural- und Zivilfrüchte unter dem Ausdruck *Nutzungen* (§ 330) zusammen. Man versteht unter Nutzungen aber auch Gebrauch und Früchte.

3. Bedeutung. — Der Fruchtbegriff ist von Bedeutung für Fruchtziehungsrechte (Nießbrauch, Pacht, Vorerbschaft); Rückstellung der Sache cum omni causa; Zwangsverwaltung und -versteigerung; Eigentumserwerb, der aber nur für Sachfrüchte in Frage kommt.

VIII. Gesamtsache

„Ein Inbegriff von mehreren besondern Sachen, die als eine Sache angesehen und mit einem gemeinschaftlichen Namen bezeichnet zu werden pflegen, macht eine Gesamtsache aus und wird als ein Ganzes betrachtet“ (§ 302). Das ABGB. folgt damit der gemeinrechtlichen Lehre seiner Zeit von der universitas rerum distantium. Altbewährte Beispiele: Bibliothek und Herde.

1. Voraussetzungen.

a) Ein Inbegriff, der als ein Ganzes angesehn wird, was im Namen zum Ausdruck kommt;

b) aber wieder aus selbständigen Sachen besteht.

Kurz: Einheit in der Vielheit. Der Ausdruck universitas stellt die Parallele zur universitas personarum her. So wie dort eine Person aus Personen, besteht hier eine Sache aus Sachen.

Keine Sachgesamtheit ist die aus Bestandteilen bestehende Sache, z. B. Maschine, Auto. Keine Gesamtsache bilden auch Stücke, die zwar nicht körperlich, aber wirtschaftlich und rechtlich eine unlösbare Einheit bilden: Schach- und Kartenspiel, Schuhpaar.

Wer einige Bücher der verkauften Bibliothek zurückhält, erfüllt mangelhaft; wer zwei ungleiche Schuhe oder nur einen liefert, erfüllt nicht.

Auch Mengensachen scheiden aus: Eine Tonne Weizen bildet wirtschaftlich und rechtlich eine Einheit, besteht zwar auch aus selbständigen Sachen, aber ohne inneren Zusammenhang.

Beispiele für Gesamtsachen: Warenlager (§ 427), wissenschaftliche oder Kunstsammlung, Speiseservice; Wohnungseinrichtung nur, wenn sie eine künstlerische Einheit bildet.

Die Gesamtsache ist ein Inbegriff, eine Einheit, sei es eine organische wie die Herde, sei es eine ideelle wie die Bibliothek oder Sammlung. Oft ist ein Unternehmen das einigende Band; so beim Warenlager das kaufmännische, bei der Herde das landwirtschaftliche. Aber nicht immer: Bibliothek und Sammlung werden nach einheitlichen Gesichtspunkten des Sammlers aufgebaut, ohne ein Unternehmen zu sein.

2. Wirkungen: „... wird als ein Ganzes betrachtet."

Unrichtig wäre es, über den Einzelsachen die höhere Einheit; ebenso unrichtig, über dem Ganzen die Einzelsachen zu vernachlässigen. Der Gesamtsache wird nur gerecht, wer sie als zur Einheit verbundene Vielheit auffaßt.

a) Gesamtsachen werden laut § 427 durch Zeichen übergeben; z. B. ein Warenlager durch Inventar, eine Werkstätteneinrichtung durch Übergabe des Schlüssels.

b) Das Ganze bleibt, auch wenn Einzelstücke wechseln: die Bibliothek, auch wenn Bücher ausscheiden und andere dazukommen. Ja, manche Gesamtsachen sind so sehr auf Wechsel angelegt, daß das Ganze nur bleibt, wenn die Einzelstücke wechseln: Eine Herde würde sonst veralten; aber auch ein Warenlager verlangt Umsatz und Nachschaffung.

c) Bei Fruchtbezugsrechten ist zwischen Ganzem und Einzelstück zu unterscheiden: Frucht des Tieres ist das Junge, Frucht der Herde das nach ordentlicher Wirtschaft veräußerungsreife Tier; Fleisch ist niemals Frucht des Tieres, kann aber Frucht der Herde sein. Der Verpächter verliert das Eigentum an den ausscheidenden Tieren und erwirbt es an den angeschafften (Eisern-Vieh-Vertrag).

d) Beim Pfandrecht wagt man diese letzte Konsequenz wegen des Spezialitätsgrundsatzes nicht zu ziehen. Man löst das Problem z. B. beim Warenlager, indem der Gläubiger entweder die Mitsperre erhält oder einen Angestellten als Vertrauensmann (Pfandhalter) bestellt.

IX. Unternehmen

Das Unternehmen besteht nicht nur aus körperlichen Sachen und Rechten, sondern auch aus der Organisation des Betriebes, Einkaufs und Absatzes und aus seinem Ruf. Daß sein Wert sich nicht in der Summe der Einzelstücke erschöpft, beweist der bedeutende Wertverlust bei Liquidierung.

Das Unternehmen ist Gegenstand des Rechtsverkehrs, kann verkauft, verpachtet, vererbt, vermacht werden, doch bedarf der Übergang der Einzelsachen, z. B. des Fabriksgrundstückes, des vorgeschriebenen Einzelerwerbsaktes. Auch kann das Unternehmen als Ganzes mangels eines Registerpfandes nicht verpfändet werden, wohl aber Gegenstand der Zwangsvollstreckung (§§ 341 ff. EO.) und Enteignung (VerstaatlichungsG.) sein.

X. Vermögen

1. Während Gesamtsache und Unternehmen einen inneren Zusammenhang haben, wird das Vermögen nur durch das Subjekt zusammengehalten. Als Vermögen bezeichnet man bald Aktiven und Passiven, bald Aktiven allein, denen dann die Passiven als Lasten gegenübertreten. Zum Vermögen zählen in erster Linie geldwerte Rechte, aber auch immaterielle (das Geisteswerk, ob verwertbar und verwertet oder nicht), veräußerliche und unveräußerliche, vererbliche und unvererbliche, auch Anwartschaften (die des Nacherben), nicht bloße Aussichten (z. B. einen Verwandten zu beerben). Familienrechte zählen nicht zum Vermögen, doch können aus ihnen vermögensrechtliche Ansprüche, z. B. auf Unterhalt, entstehn.

Dingliche Rechte am Vermögen als Ganzem sind nicht möglich. Insbesondere schließt der Spezialitätsgrundsatz ein sogenanntes Generalpfand aus. Zu Recht! Das Vermögen wechselt und kann sich auf Null reduzieren, die Haftungsgrundlage wäre also schwankend.

§ 353 bezeichnet das Vermögen („alles, was jemandem zugehört") in weiterem Sinn als Eigentum. In Wahrheit besteht das Vermögen aus Eigentum und Besitz an Einzelstücken, aus begrenzten dinglichen Rechten, Forderungen usw.

XI. Unternehmen und Vermögen als Haftungsgrundlage

Das Unternehmen/Vermögen bildet die Kredit- und Haftungsgrundlage. Daher haftet nach § 1409 bei Veräußerung eines Unternehmens/Vermögens der Erwerber neben dem Veräußerer für dazugehörige Schulden, die er bei Übergabe kannte oder kennen mußte, bis zur Höhe des Wertes (pro viribus) des Vermögens/Unternehmens. Die Praxis hat daraus, gestützt auf § 302: „wird als ein Ganzes betrachtet", den allgemeinen Satz entwickelt, daß der Übernehmer mit dem Vermögen/Unternehmen (cum viribus) für die darauf lastenden Schulden auch in jenen Fällen haftet, die nicht unter § 1409 fallen. So der Legatar eines Unternehmens, so der Rückstellungsberechtigte für Zwischenschulden des Unternehmens aus Rechtsgeschäften des Entziehers.

Dritter Teil

Juristischer Tatbestand, insbesondere das Rechtsgeschäft

§ 21. Juristischer Tatbestand

A. Tatbestand und Rechtsfolge

1. Die Rechtsvorschriften bestehn aus Tatbestand und Rechtsfolge (Gesetzesbefehl), aus Sein und Sollen. Schematisch: Wenn a, b, c ist, soll x, y, z sein.

§ 727. Wenn der Verstorbene keine gültige Erklärung des letzten Willens hinterlassen ... hat (Tatbestand), so findet die gesetzliche Erbfolge ... statt (Rechtsfolge).

§ 870. Wer von dem anderen Teile durch List oder durch ungerechte und gegründete Furcht (§ 55) zu einem Vertrage veranlaßt worden (Tatbestand), ist ihn zu halten nicht verbunden (Rechtsfolge).

EheG. § 47/I. Ein Ehegatte kann Scheidung begehren (Rechtsfolge), wenn der andere die Ehe gebrochen hat (Tatbestand).

2. Damit die Rechtsfolge eintrete, muß die konkrete Sachlage (der „Fall“) unter den abstrakten Tatbestand subsumiert werden können.

Wenn A den B durch Vorhalten des Revolvers gezwungen hat, ihm 500 S zu geben, erfüllt das den Tatbestand des § 870, und B kann das Geld zurückverlangen.

3. Eine Tatsache, die allein oder zusammen mit andern eine Rechtswirkung herbeiführt, ist eine juristische Tatsache.

Gesellschaftliche Verabredungen, ein Regen, das Ballspiel von Kindern lösen im allgemeinen keine Rechtsfolgen aus. Doch läßt sich von vornherein nie sagen, ob nicht doch Rechtsfolgen eintreten. Zum Beispiel das Ausflugsgasthaus ist regenversichert oder die Kinder werfen ein Fenster ein.

B. Arten der juristischen Tatsachen

Verschiedenartige Elemente bilden den Tatbestand: vom menschlichen Willen unabhängige *Ereignungen* einerseits, *Handlungen,* d. h. menschliche Willensakte, andererseits.

§ 727 stellt u. a. auf eine Ereignung, den Tod, ab. Andere Ereignungen sind: Geburt, Zeitablauf, Elementarereignis. — Die Tatbestände des § 870 und § 47 EheG. enthalten Handlungen.

Ereignungen und Handlungen sind zwar die hauptsächlichen, nicht aber die einzigen Tatbestandselemente. Tatbestände können auch auf rechtliche Eigenschaften (z. B. daß der Tradent Eigentümer und geschäftsfähig sei) oder auf das Wissen (Nichtwissen) oder auf den Irrtum abstellen. Immer aber müssen es Vorgänge sein, die nicht rein innere Vorgänge bleiben, sondern irgendwie nach außen dringen.

§ 326. Wer aus wahrscheinlichen Gründen die Sache, die er besitzt, für die seinige hält, ist ein redlicher Besitzer.

§ 871. ... offenbar auffallen mußte ...

Nach § 1395 „ist der Schuldner, solange ihm der Übernehmer nicht bekannt wird, berechtigt, den ersten Gläubiger zu bezahlen". Nach § 572 ist eine letztwillige Verfügung ungültig, wenn der Wille des Erblassers erweislich (!) einzig und allein auf einem irrigen (!) Beweggrunde beruhte.

Nach § 43 EheG. ist eine Ehe nichtig, wenn beide Gatten bei der Eheschließung wissen, daß der für tot erklärte Gatte erster Ehe die Todeserklärung überlebt hat.

C. Die Handlung

I. Begriff

1. Die Handlung, das gewollte äußere Verhalten, ist abzugrenzen von:

a) rein inneren Vorgängen, die in keiner Weise nach außen dringen: Gedanken, heimliche Entschlüsse;

b) äußeren, nicht gewollten Vorgängen: Schlafwandeln, Fieberphantasien, Geburt und Tod; sie sind Ereignungen.

Stößt X den Y in eine Auslagenscheibe (vis absoluta), begeht X und nicht Y eine unerlaubte Handlung. Beißt ein Hund, ist das Ereignung; hetzt ihn aber jemand, unerlaubte Handlung.

Das Kriterium für die Abgrenzung ist daraus zu gewinnen, daß der Gesetzesbefehl sich an den menschlichen Willen richtet, ihn zu bestimmen sucht. Wo das aussichtslos ist, liegt keine Handlung vor. Grenzfälle: Kind, Wahnsinniger. Hier liegt zwar ein menschlicher Willensakt vor, doch kann der Handelnde dafür nicht verantwortlich gemacht werden.

2. Daß nicht nur Handeln, sondern auch *Unterlassen* verantwortlich machen kann, steht außer Zweifel, bietet aber theoretische Schwierigkeiten. Absichtlich etwas unterlassen ist gewolltes äußeres Verhalten und der Handlung gleichzusetzen. Verantwortlich kann aber auch fahrlässige Unterlassung machen. Ob Schuldner die geschuldete Leistung absichtlich nicht erbringt oder sie zu erbringen vergißt — er ist dafür verantwortlich. Festzuhalten ist jedoch: Nicht das Unterlassen schlechthin macht verantwortlich, sondern nur, wenn jemand etwas nicht tut, was er hätte tun sollen, wenn z. B. der Schrankenwärter vergißt, den Schranken zu schließen.

3. Handlung und Körperbewegung sind also zu unterscheiden: Die unwillkürliche Körperbewegung ist nicht Handlung, und das Unterlassen einer Körperbewegung kann Handlung sein. Die fahrlässige Unterlassung ist zwar nicht Handlung, kann aber in gleicher Weise verantwortlich machen; vgl. Schuldrecht, Allgemeiner Teil, § 7 II, und Besonderer Teil, § 41 B 3 und C 2.

II. Arten

Die Handlung kann *rechtmäßig oder rechtswidrig* sein. Unter den rechtmäßigen Handlungen bildet das Rechtsgeschäft, unter den rechtswidrigen das Delikt den Hauptfall.

1. Rechtswidrig/widerrechtlich/unerlaubt ist ein Verhalten (Unterlassen eingeschlossen) nicht nur, wenn es eine allgemeine Verhaltenspflicht, sondern auch, wenn es eine besondere Pflicht gegenüber einer bestimmten Person verletzt: Delikt einerseits, Forderungsverletzung andererseits. Rechtswidrig ist nicht nur schuldhaftes Verhalten: § 1294/2. Das moderne Recht kennt aber auch in zunehmenden Maße Haftung ohne rechtswidriges Verhalten, d. h. für erlaubtes Risiko einer erlaubten Handlung (Gefährdungshaftung).

2. Das Rechtsgeschäft als rechtmäßige private Willenserklärung (Näheres s. u., § 22) führt die Rechtswirkung herbei, weil und wie sie als gewollt erklärt ist. Doch gibt es neben den Rechtsgeschäften noch Rechtshandlungen und Realakte und neben der Willenserklärung, die den Kern des Rechtsgeschäftes bildet, noch Wissens- und Gefühlsäußerungen mit Rechtswirkung.

3. Während beim Rechtsgeschäft der Wille direkt auf Rechtswirkung abzielt, ist das bei Rechtshandlungen und Realakten nicht nötig.

a) Für die *Realakte (Tathandlungen)* ist das klar: Schafft der Künstler ein Werk, entsteht Urheberrecht, ohne daß sein Wille darauf gerichtet ist, ob er will oder nicht. So auch beim Finder.

b) Die *Rechtshandlungen* nähern sich dagegen den Rechtsgeschäften so sehr, daß die Grenze zweifelhaft wird. Die Anzeige von Mängeln ist eine Wissensäußerung (Mitteilung), die — ob gewollt oder nicht — die Rechte des Käufers wahrt, während ihre Unterlassung — gewollt oder nicht — sie verwirkt. Die Rechtswirkung tritt ex lege, nicht ex voluntate ein. Ebenso bei der Nachfristsetzung und der Anzeige an den Schuldner von der Abtretung der Forderung mit der Folge, daß der Schuldner dem Zedenten nicht mehr mit befreiender Wirkung zahlen kann. Die Mahnung wird dagegen eher zu den Rechtsgeschäften zu zählen sein; str. Es ist eben zu bedenken, daß auch beim Rechtsgeschäft die Parteien von den Rechtsfolgen nur ungenaue Vorstellungen haben.

4. Vom Rechtsgeschäft als Willensäußerung unterscheiden sich die *Wissens- und Gefühlsäußerungen.* Das Geständnis, in der Empfängniszeit beigewohnt zu haben, ist Wissensäußerung; die Anerkennung der Vaterschaft dagegen die Erklärung des Willens, die damit verbundenen Pflichten zu übernehmen. Wissensäußerungen sind auch die verschiedenen Mitteilungen, z. B. die von der Forderungsabtretung. Die Verzeihung — eine

Gefühlsäußerung — beseitigt die Erbunwürdigkeit (§ 540); der Verzicht ist dagegen das Rechtsgeschäft, wodurch ein Recht aufgegeben wird.

5. Die Vorschriften über das Rechtsgeschäft sind auf Rechtshandlungen analog, dagegen auf Realakte sowie auf Wissens- und Gefühlsäußerungen nicht uneingeschränkt anwendbar. Eine Wissens- oder Gefühlsäußerung kann auch ein nicht voll Geschäftsfähiger abgeben, wenn er die dafür nötige Einsicht hat; einen Realakt kann sogar ein Geschäftsunfähiger setzen. Bei beiden gibt es keine Stellvertretung und gelten die Vorschriften über Willensmängel nicht.

D. Rechtserwerb, Rechtsverlust, Rechtsänderung

Juristische Tatbestände führen zu Rechtserwerb, Rechtsverlust und Rechtsänderung.

1. Rechtserwerb(verlust) kann kraft Gesetzes ohne Willen des Erwerbenden (Verlierenden) eintreten.

Geburt bewirkt Erwerb, Tod den Verlust von Rechten. Rechtsverlust ohne Willen des Berechtigten ist häufiger als Rechtserwerb. Untergang der Sache bewirkt Verlust der Rechte an der Sache. Erwerb des Erbrechtes vollzieht sich nach BGB ipso jure mit dem Tod des Erblassers, nach ABGB. jedoch durch Willensakt des Erben (Erbserklärung) und Einantwortung.

2. Rechtserwerb(verlust) durch Willensakt.

Den Willensakt, welcher die *unmittelbare* Übertragung, Belastung, Veränderung oder Aufhebung eines Rechtes bewirkt, heißen wir *Verfügung,* z. B. Übertragung des Eigentums, Einräumung des Pfandrechtes, Abtretung einer Forderung, Erlaß, Dereliktion, Verzicht. Dagegen ist *Verpflichtung* auf *künftige* Rechtsänderung gerichtet; s. u., § 23 B V.

Die Rechtsverlust bewirkende Verfügung kann das Recht

a) aufheben; dazu genügt ein einseitiger Akt: Dereliktion, Verzicht, Erlaß;

b) übertragen (veräußern) oder belasten. Dazu braucht es die Zustimmung des Erwerbers. Stimmt der nicht zu, wird das Recht weder übertragen (belastet) noch aufgehoben, denn Veräußernwollen bedeutet nicht Verzichtenwollen: Das liegen gelassene Trinkgeld darf der Kellner, nicht ein Gast nehmen.

Die Verfügung kann durch ein dingliches Veräußerungs- oder Belastungsverbot (§ 364 c) beschränkt sein. Aber auch der Erwerb kann durch Verbote ausgeschlossen oder beschränkt werden, so der Erwerb von Grund durch Ausländer.

3. Der Erwerb von Rechten (aber auch von Pflichten) kann *ursprünglich (originär) oder abgeleitet (derivativ)* sein.

a) Abgeleitet, d. h. beruhend auf dem Recht eines Vormannes (auctor). Das Recht des Vormannes kann ganz oder bruchteilweise übergehn; so wenn Eigentum zur Gänze oder zu einem Bruchteil (Miteigentum) übertragen wird. Der Vormann kann aber auch auf sein Recht ein begrenztes Recht einräumen, es z. B. mit einem Pfandrecht, einer Dienstbarkeit belasten. Im ersten Fall spricht man von translativem Erwerb und Rechtsnachfolger; im zweiten von konstitutivem Erwerb und Rechtsnehmer. Abgeleitet ohne Rechtsnachfolge, da vom eigenen Recht, ist der Fruchterwerb des Eigentümers (§ 405).

b) Ursprünglicher Rechtserwerb stützt sich demgegenüber nicht auf einen Vormann. Sei es, daß ein solcher nicht existiert wie bei der Aneignung herrenloser Sachen; sei es, daß nicht *von* ihm, sondern *gegen* ihn erworben wird wie bei der Ersitzung oder beim redlichen Erwerb vom Nichtberechtigten.

Der redliche Erwerb vom Nichtberechtigten vollzieht sich in der Form des abgeleiteten Erwerbs, erfolgt aber *gegen* den Berechtigten, ist somit ursprünglicher Erwerb.

c) Abgeleiteten und ursprünglichen Erwerb gibt es nicht nur bei Sachenrechten: Abgeleitet ist die Schuldübernahme (§ 1407); abgeleitet der Forderungserwerb des Zessionars (§ 1394); während der des Indossatars ursprünglich ist.

d) Mehr als an Recht da ist, kann im allgemeinen nicht übertragen werden: nemo plus juris transferre potest quam ipse habet. Ausnahme: Der Pfandgläubiger kann durch rechtmäßige Pfandverwertung Eigentum übertragen, obwohl er es selbst nicht hat.

4. Betrifft der abgeleitete Erwerb *einzelne* Rechte (Forderungsübertragung), Pflichten (Schuldübernahme) oder Rechtsverhältnisse (Vertragsübernahme), sprechen wir von *Einzelnachfolge (Singularsukzession)*. Demgegenüber geht bei der *Gesamtnachfolge (Universalsukzession)* ein Vermögen als Ganzes (mit Aktiven und Passiven) uno actu (ohne die für die einzelnen Stücke sonst vorgeschriebenen Erwerbsakte) auf den Rechtsnachfolger über.

Hauptfall der Universalsukzession ist die Erbfolge; ein anderer Fall die Veräußerung des Vermögens einer AG. als Ganzes an eine andere gegen Gewährung von Aktien (Verschmelzung); vgl. §§ 219, 226/III AktienG. Dagegen müssen

Rechtserwerb

- **ursprünglich (originär)** nicht auf Vormann sich stützend
  - **Vormann existiert nicht**: Aneignung herrenloser Sachen
  - **gegen ihn wird erworben**: Ersitzung, redlicher Erwerb vom Nichtberechtigten, Indossament
- **abgeleitet (derivativ)** vom Recht eines Vormannes
  - **translativ**: Eigentumsübertragung, Forderungsabtretung
    - **Singularsukzession**: einzelne Rechte, Pflichten, R. Verhältnisse gehn durch Einzelakte über
    - **Universalsukzession**: ganzes Vermögen (Aktiven und Passiven) gehn uno actu über
  - **konstitutiv**: Pfandrechtsbegründung

bei der Vermögensübernahme nach § 1409 die verschiedenen Aktiven einzeln übertragen werden. Auch bei der Gütergemeinschaft kennt das österreichische Recht keine Gesamtnachfolge.

5. Beim Rechtserwerb folgt das ABGB. der gemeinrechtlichen *Lehre vom titulus und modus acquirendi:* Zum Rechtserwerb genügt also der Erwerbungsakt, z. B. das Verfügungsgeschäft, etwa die Übergabe, allein nicht; es muß auch ein gültiger Titel, z. B. ein Verpflichtungsgeschäft, etwa Kauf, vorliegen. Näheres im Sachenrecht.

6. Die *Rechtsänderung* kann das Rechtssubjekt, das Rechtsobjekt, den Inhalt des Rechtes betreffen. Ob dadurch ein neues Recht entsteht (Novation) oder das Recht trotzdem identisch bleibt, läßt sich nicht allgemein, sondern nur für den Einzelfall nach Zweckmäßigkeitsgründen entscheiden; vgl. Schuldrecht, Allgemeiner Teil, § 20 A.

§ 22. Das Rechtsgeschäft und seine Auslegung

A. Rechtsgeschäft

I. Begriff

Immer noch geben die Motive zum BGB. die anschaulichste Definition des Rechtsgeschäftes, wenn sie auch kleiner Korrekturen bedarf: *Rechtsgeschäft ist Privatwillenserklärung, gerichtet auf Rechtswirkung, die willensgemäß eintritt, weil sie rechtmäßig ist.*

1. Rechtsgeschäft ist nur die *private* Willenserklärung, nicht die öffentlichrechtliche, ob sie nun vom Staat oder vom einzelnen abgegeben wird: völkerrechtlicher Vertrag, Ernennung eines Beamten, Ausübung des Wahlrechtes, Klage und Urteil.

Anders, wenn der Staat als privates Rechtssubjekt auftritt, z. B. ein Haus kauft oder sich zur Erfüllung öffentlicher Aufgaben privater Rechtsgeschäfte bedient, z. B. eine Subvention in Form eines Darlehns gibt.

Für Verträge öffentlichen Rechtes gelten zum Teil ähnliche Vorschriften wie für private Verträge. Die Eheschließung ist privater Vertrag, obwohl sie vor dem Standesbeamten erfolgt, untersteht aber besonderen Vorschriften.

2. *Gerichtet auf Rechtswirkung,* die willensgemäß eintritt, weil sie rechtmäßig ist. Zwar müssen die Parteien nicht alle mit dem Rechtsgeschäft verbundenen Folgen bedenken; sie müssen sich aber bewußt sein, einen Rechtsakt zu setzen. Das fehlt z. B. bei rein gesellschaftlichen Verabredungen.

3. Die Rechtswirkung, die die Parteien beabsichtigen, tritt *willensgemäß* ein. Auch hier muß wieder gesagt werden, daß das nur in großen Zügen, nicht aber in allen Einzelheiten gilt. Über die Vertragsfreiheit und ihre Grenzen s. Schuldrecht, Allgemeiner Teil, § 3.

4. Die Rechtswirkung tritt ein, weil der Wille der Parteien auf *rechtmäßigen Erfolg* gerichtet ist. Überschreiten sie die Grenze der Rechtmäßigkeit, kommen wir auch an die Grenze des Rechtsgeschäftes: es ist, da unerlaubt, nichtig; s. u., § 33 B.

II. Willenserklärung als wesentlicher Teil des Rechtsgeschäftes

Da die Rechtsordnung vieles der Partei-Autonomie(-Initiative) überläßt, erscheint der Parteiwille als treibender Faktor. Man kann zwar einwenden, daß er regelmäßig nicht alle Rechtsfolgen umfaßt, die den Parteien vielfach gar nicht bewußt sind. Man kann aber erwidern, daß sie immerhin einen wirtschaftlichen Erfolg auf rechtlich gesichertem Wege erreichen wollen, also ihr Wille pauschal auch die Rechtsfolgen mitumfasse.

Zu beachten ist, daß der geäußerte Wille zwar den Kern des Rechtsgeschäftes bildet, aber nicht mit dem Rechtsgeschäft identisch ist; so entfaltet der Letzte Wille seine Wirkung erst mit dem Tod; so ist der Wille des nicht voll Geschäftsfähigen erst unter der weiteren Voraussetzung wirksam, daß der gesetzliche Vertreter genehmigt.

Die Willenserklärung ist ferner zu unterscheiden von Wissens- und Gefühlsäußerungen; s. o., § 21 C II 4.

Vor allem ist aber festzuhalten, daß der Wille nicht feststellbar und daher nicht wirksam ist, wenn er sich nicht irgendwie geäußert hat. Telegraphiert A dem B „Ich kaufe" und denkt eine halbe Stunde später „Ich will doch nicht", ist dieser nicht geäußerte Wille wirkungslos.

III. Die Vorgänge bei der Willenserklärung

1. *Wille und Erklärung.* — Paßt dem A sein gemietetes Zimmer nicht und macht er ein anderes ausfindig, wird für ihn die *Vorstellung* der damit verbundenen Vorteile, der *Zweck*, den er dadurch zu erreichen hofft, zum *Motiv*. Es bestimmt seinen Entschluß, der vorläufig ein innerer Wille und von dem noch nicht gesagt ist, ob er ihn auch durchführt. Tut er es, kündigt er, tritt zum Willen die Erklärung.

2. *Willensäußerung.* — Der Vorgang läßt sich noch weiter aufgliedern. Einmal ist zu unterscheiden die Willensäußerung von der Willenserklärung i. e. S. Die Willenserklärung ist Willensäußerung mit Kundgebungszweck. Wer eine verlorene Sache an sich nimmt, äußert seinen Willen, ohne ihn kundzugeben; vielleicht will er im Gegenteil den Fund verheimlichen. Dagegen ist ein Testament, ein Kaufantrag, die Kündigung im obigen Beispiel Äußerung mit Kundgebungsabsicht, also Willenserklärung.

3. Die *Willensbetätigung* ist Willensäußerung durch Tätigwerden. Sie kann wieder bloße Äußerung oder auch Erklärung sein. Wer einen Kaufantrag durch Zusenden der Ware ausführt, erklärt durch diese Betätigung zugleich dem Käufer die Annahme. Wer das zugesandte Buch mit Notizen versieht, äußert den Willen, es zu behalten, tut ihn aber nicht kund.

4. Ob die Kundgebung in Wort, Schrift, durch andere verkehrsübliche oder verabredete Zeichen (Kopfnicken, Kopfschütteln, Chiffretelegramm) oder durch Willensbetätigung erfolgt, ist gleichgültig. Hier ist ein Verhalten direkt auf Willenskundgebung gerichtet. *Schlüssige* (konkludente) *Handlungen* sind dagegen zunächst auf einen andern Zweck gerichtet, mittelbar kann aus ihnen aber auf einen Willen geschlossen werden: Nimmt der Vermieter den Zins für mehrere Perioden an, erklärt er dem Mieter damit schlüssig, daß er nicht kündigen werde.

5. Man unterscheidet auch *ausdrückliche und stillschweigende Willenserklärung* (§ 863/I, Überschrift zu den §§ 719, 720 und zu den §§ 721 bis 723). Stillschweigend heißt in diesem Fall konkludent. Eine solche Willenserklärung ist nicht weniger deutlich als die ausdrückliche und hat daher dieselbe Wirkung. Stillschweigend kann aber auch vermuteten (hypothetischen) Willen (§ 724) bedeuten. Die Vermutung kann sich zur praesumptio juris ac de jure steigern, d. h. der Gegenbeweis nicht zulässig sein; sogenannte unechte Willenserklärung; vgl. §§ 1027 ff., 1152; s. u., § 25 H.

6. Man unterscheidet ferner *Handlungs-, Geschäfts-, und Erklärungswillen.* Der Schöpfer eines Geisteswerkes hat Handlungs-, aber weder Geschäfts- noch Erklärungswillen. Wer findet, um abzugeben, hat Handlungs- und Geschäfts-, aber keinen Erklärungswillen. Wer ein Testament schreibt oder einen Antrag stellt, hat normalerweise Handlung-, Geschäfts- und Erklärungswillen; ausnahmsweise können sie auseinanderfallen; s. u., bei den Willensmängeln, §§ 28–32.

Ein Erblasser wollte seine vollbürtigen Geschwister zu Erben einsetzen, seine halbbürtigen aber ausschließen. Er erhielt die falsche Rechtsbelehrung, daß vollbürtige Geschwister die halbbürtigen ohnehin ausschlössen. Daraufhin setzte er „die gesetzlichen Erben" ein. Er hat den Handlungs- und Erklärungswillen, aber der Geschäftswille fehlt bezüglich der halbbürtigen Geschwister. Das Testament kann angefochten werden.

B. Auslegung

I. Allgemeines

1. Die Auslegung der Rechtsgeschäfte geschieht nach ähnlichen Grundsätzen wie die der Gesetze (s. o., § 7 B und C); ist doch das Rechtsgeschäft, besonders der Vertrag, gleichsam das Gesetz, das sich die Parteien selbst geben (lex contractus).

Doch sind die Unterschiede nicht zu übersehen. Das Gesetz ist generelle, das Rechtsgeschäft individuelle Norm. Beim Rechtsgeschäft ist der Erklärende Partei, während der Gesetzgeber über den Parteien stehn soll. Beim Gesetz handelt es sich um die Auslegung ausdrücklicher Erklärungen, beim Rechtsgeschäft kann es auch um den Sinn eines nicht auf Erklärung gerichteten Verhaltens gehn. Beim Vertrag – und das gilt auch für einseitige empfangsbedürftige Willenserklärungen – ist schließlich zu beachten, daß es darauf ankommt, welchen Sinn die Erklärung für den Empfänger hat. – Kollektivverträge sind in ihrem normativen Teil wie Gesetze auszulegen; ebenso Betriebs- und Arbeitsordnungen.

2. Das ABGB. gibt Auslegungsregeln

a) für Rechtsgeschäfte unter Lebenden in den §§ 863/II, 914, 915;

b) für letztwillige Erklärungen im Erbrecht. Näheres s. Erbrecht § 10 A IV.

Die letztwilligen Erklärungen bieten besondere Probleme. Einmal weil der Erklärende tot ist, wenn man an die Auslegung seines letzten Willens schreitet. Zum andern weil in dem oft langen Zeitraum zwischen Errichtung des Testamentes und Tod unvorhergesehene Änderungen eintreten können. Zum dritten weil hier ausschließlich der wahre Wille des Erblassers — beim Erbvertrag der Wille beider — zu erforschen ist, ohne daß auf einen Erklärungsgegner Rücksicht genommen werden müßte. Die Grundlagen der Auslegung sind freilich dieselben.

II. Gegenstand der Auslegung

1. § 914 behandelt die Auslegung von Verträgen, ist aber auch auf einseitige Rechtsgeschäfte und auf Vorverhandlungen anzuwenden. Auch formbedürftige Rechtsgeschäfte sind auszulegen und dabei auch außer der Urkunde liegende Umstände heranzuziehen: Sprechen österreichische Partner bei einem in Österreich geschlossenen und zu erfüllenden Vertrag von Schilling, sind darunter österreichische zu verstehn. Wieweit mündliche Nebenabreden zu einem Formalvertrag zu berücksichtigen sind, s. u., § 35 E III.

Auch bei Wertpapieren ist ohne Auslegung nicht auszukommen, doch ist zu beachten, daß ein fernstehender Dritter sich auf den Text der Urkunde verlassen können muß.

Selbst ein durch Urteil ausgesprochenes Konkurrenzverbot wurde mit Hilfe des § 914 ausgelegt.

2. Während § 914 die Auslegung von rechtsgeschäftlichen Erklärungen regelt, eine solche also voraussetzt und nur ihren Inhalt ermitteln will, handelt § 863/II von der „Bedeutung und Wirkung von Handlungen und Unterlassungen“. Ist § 914 auf Rechtsgeschäfte und Rechtshandlungen anwendbar, so § 863/II auf Realakte, z. B. Verarbeitung, Fund. Nach § 863/II ist auch zu beurteilen, wie ein Verhalten überhaupt rechtlich zu qualifizieren, ob z. B. das Zuwinken an einen Bekannten in einer Versteigerung als Mitbieten aufgefaßt werden konnte.

3. § 914 spricht nur von Auslegung. Ist aber der Vertrag nach Treu und Glauben auszulegen, bedeutet das, daß er auch nach Treu und Glauben zu erfüllen ist; s. Schuldrecht, Allgemeiner Teil, § 7 VI.

4. Die Auslegung richtet sich grundsätzlich nach dem Zeitpunkt der Errichtung des Geschäftes, doch kann u. U. der Wille bei Geschäften, die erst in Zukunft wirksam werden sollen, die zukünftige Lage einbeziehen, Veränderungen in der Zwischenzeit berücksichtigen. So vor allem bei letztwilligen Erklärungen: „Alle sich vorfindenden Schuldforderungen sind erloschen“ meint die beim Tode bestehenden, auch wenn sie erst nach Testamentserrichtung entstanden sind.

III. Stufen der Auslegung

1. Auszugehn ist vom wörtlichen Sinn der Erklärung (Buchstabeninterpretation, § 914, Anfang, § 655, 1. Halbsatz).

Haftet die Versicherungsanstalt für „durch Brand vernichtete" Gegenstände, fallen beim Brand abhanden gekommene nicht darunter. — Die Zusage, sich für die Leistung eines Dritten zu verwenden, ist keine Garantiezusage (§ 880 a).

2. Doch ist nicht am Buchstaben „zu haften" (§ 914), sondern der Sinn zu ermitteln, „welcher aus der eigentümlichen Bedeutung der Worte in ihrem Zusammenhange" sich ergibt (logisch-grammatische Auslegung; § 6, § 655, 2. Halbsatz).

Die Bestimmung eines Testamentes: „Weder B noch dessen Nachkommen sollen das Gut verkaufen", könnte für sich allein betrachtet ein Veräußerungsverbot enthalten. Der darauffolgende Satzteil: „wenn sie es verkaufen, haben die Verwandten des Erblasser ein Vorkaufsrecht", ergibt aber, daß der erste Satzteil nur die Begründung für den zweiten ist, d. h. daß nicht ein Veräußerungsverbot, sondern ein Vorkaufsrecht angeordnet ist.

3. Und die „klare Absicht" zu erforschen. Bei Gesetzen die des Gesetzgebers (§ 6), bei Rechtsgeschäften die der Partei(en) (Auslegung nach dem Zweck des Vertrages, § 914).

Spricht der Erblasser von seinen gesetzlichen Erben, ist das an sich ein klarer Ausdruck. Erweist sich jedoch, daß er darunter seine Noterben verstand, ist sein Wille, nicht der Buchstabe maßgebend.

§ 914 spricht — absichtlich! — von der Absicht, nicht vom Willen der Parteien. Es kommt bei Verkehrsgeschäften nämlich nicht auf den inneren Willen, sondern auf die Erklärung an, in dem Sinne (§ 6 in dem Verstande), den sie nach der Sachlage notwendigerweise für den Partner haben mußte.

Daher ist die Mentalreservation wirkungslos. Dagegen gilt beim Scheingeschäft zwischen den Parteien nicht das simulierte, sondern das dissimulierte (verdeckte) Geschäft. Falsche Bezeichnung (falsa demonstratio) schadet nicht, wenn beide Teile wußten, was gemeint war. Zunächst muß also Auslegung den objektiven Sinn der Erklärung ermitteln. Er ist maßgebend. Das schließt nicht aus, daß, wer sie anders verstand, unter den sonstigen Voraussetzungen wegen Irrtums anfechten kann.

4. „Läßt sich ein Rechtsfall weder aus den Worten noch aus dem natürlichen Sinne eines Gesetzes (hier des Rechtsgeschäftes) entscheiden" (§ 7), muß an die Ergänzung oder Korrektur geschritten werden. Bei Rechtsgeschäften kann man dabei nicht wie bei Gesetzen „auf ähnliche, bestimmt entschiedene Fälle und auf die Gründe anderer damit verwandten Gesetze" zurückgreifen. Vielmehr ist „in Bezug auf die Bedeutung und Wirkung von Handlungen und Unterlassungen auf die im redlichen Verkehr geltenden Gewohnheiten und Gebräuche Rücksicht zu nehmen" (§ 863/II,

vgl. auch § 346 HGB.) „und der Vertrag so zu verstehen, wie es der Übung des redlichen Verkehrs entspricht" (§ 914, vgl. auch § 864 „Verkehrssitte"). Die Übung des redlichen Verkehrs ergibt gleichsam die natürlichen Rechtsgrundsätze für die Auslegung von Rechtsgeschäften.

5. Wie man sieht, schreitet die Auslegung stufenweise von Gebundenheit zu immer größerer Freiheit fort. So wie die Auslegung der Gesetze durch das Gesetz über das mangelhafte Gesetz hinaus zu den natürlichen Rechtsgrundsätzen vorstoßen soll, soll die Auslegung der Rechtsgeschäfte durch das Rechtsgeschäft über das mangelhafte Rechtsgeschäft hinaus an Hand der Übung des redlichen Verkehrs Lücken ergänzen, notfalls auch Mängel verbessern.

IV. Übung des redlichen Verkehrs

1. Nur die *redliche* Verkehrssitte ist maßgebend. Nicht redlich wäre eine Verkehrssitte, die dem zwingenden Recht, der öffentlichen Ordnung oder den guten Sitten widerspricht. Auch allgemein eingerissene Mißbräuche können nicht als Verkehrssitte anerkannt werden.

2. Die Übung des redlichen Verkehrs muß alle Beteiligten, nicht etwa nur eine Seite ergreifen: Spediteure können eine nur unter ihnen bestehende Übung nicht dem Kunden als Verkehrssitte aufdrängen. Wohl aber kann die Verkehrssitte örtlich beschränkt sein. Wann ein Vertrag einem örtlichen Brauch unterfällt, ist eine Frage des interlokalen Privatrechtes; s. o., § 9, Anhang, und § 11 F I und II.

3. Die Verkehrssitte ist schon zur Auslegung des Parteiwillens heranzuziehen: Haben die Parteien einen Mietzins vereinbart, ohne zu sagen, für welche Periode, ergibt sich das aus der ortsüblichen Zinshöhe. Hier wird die Verkehrssitte mittelbarer Vertragsinhalt, vorausgesetzt, daß sie den Parteien bekannt war.

4. Darin erschöpft sich aber die Funktion der Verkehrssitte nicht. Wird die Verkehrssitte zur Vertragsergänzung oder -verbesserung herangezogen, fungiert sie als mittelbarer Gesetzesinhalt, und es kommt nicht mehr darauf an, ob sie den Parteien bekannt war. Höchstens könnte eine Partei, der sie nicht bekannt war, sich unter den sonstigen Voraussetzungen auf Irrtum berufen.

Dient die Verkehrsübung der Auslegung des Parteiwillens, beruht das auf der Annahme, daß die Parteien das Verkehrsübliche wollten; greift sie als ergänzende Rechtsvorschrift ein, beruht das nicht mehr auf dem vermutlichen Parteiwillen, sondern setzt nur voraus, daß die Parteien nicht etwas anderes gewollt haben. — Der Unterschied ist oft schwer festzuhalten.

V. Umdeutung

Ein Fall der Vertragskorrektur durch Auslegung ist die Umdeutung (Konversion); s. u., § 26 C II 5.

Ebenso die Beseitigung fehlerhafter Vertragsteile unter Aufrechterhaltung des Ganzen, „wenn anders aus dem Vertrage nicht hervorgeht, daß kein Punkt von dem anderen abgesondert werden könne“ (§ 878/2), d. h. wenn anzunehmen ist, daß die Parteien den Vertrag auch ohne diesen Punkt geschlossen hätten; s. u., § 26 C II 6.

VI. Grenzen der Auslegung

Für die Vertragsergänzung und -verbesserung muß es eine Grenze geben. Ist die Erklärung ganz unverständlich, ganz unbestimmt oder widerspruchsvoll, muß der Ausleger kapitulieren: sie ist wirkungslos (§ 869/2). Ebenso wenn eine Lage eintritt, mit der die Parteien nicht gerechnet haben, und der Richter zur Überzeugung kommt, daß sie den Vertrag nicht oder so ganz anders geschlossen hätten, wie er ihn nachträglich nicht mehr umgestalten kann. Die sogenannte hypothetische Auslegung (was hätten die Parteien gewollt, wenn . . .) — übrigens eine Fiktion — hilft hier auch nicht weiter.

Ein Beispiel bietet der alte Lehrfall: Ist das erwartete Kind ein Knabe, soll er $^2/_3$ und die Mutter $^1/_3$ erben; ist es ein Mädchen, dieses $^1/_3$ und die Mutter $^2/_3$. Zwillinge, und zwar ein Knabe und ein Mädchen, kommen zur Welt.

1869 schloß eine Stadt einen Vertrag mit einem Gaswerk, wodurch diesem die ausschließliche Beleuchtung auf 40 Jahre zugesichert wurde. 1894 wollte die Stadt ein Elektrizitätswerk errichten.

Immerhin kann in solchen Fällen aus § 914 die clausula rebus sic stantibus abgeleitet werden.

VII. Revisibilität

Die an Hand der aufgenommenen und gewürdigten Beweise vom Richter vorgenommene Tatsachenfeststellung ist von der Auslegung wohl zu unterscheiden. Die Auslegung stellt nicht mehr Tatsachen fest, sondern wendet Regeln der Sprache, allgemeine Erkenntnisgrundsätze und gesetzliche Auslegungsregeln an. Darin liegt eine rechtliche Beurteilung.

Während Tatsachenfeststellung und Beweiswürdigung der Überprüfung durch die 3. Instanz nicht mehr unterliegen, kann die Auslegung mit dem Revisionsgrund der unrichtigen rechtlichen Beurteilung bekämpft werden.

Tatsachenfeststellung ist die Feststellung dessen, was die Parteien erklärt und wie sie sich verhalten haben. Auslegung die Deutung der festgestellten Erklärungen, z. B. was die Parteien unter „neuwertig“ verstanden oder welche Bedeutung das Schweigen hat.

VIII. § 914 und § 863/II als Instrumente der Rechtsfortbildung

Die Auslegung nach der redlichen Verkehrsübung, d. h. nach Treu und Glauben, wird — so wie andere Generalklauseln, z. B. die Gute-Sitten-Klausel — auch zur Rechtsfortbildung verwendet. So hat die Praxis die Verträge zu Gunsten Dritter und die Zählung der Monate nach dem Kalender statt nach 30 Tagen, als dem Parteiwillen und redlichen Verkehr entsprechend, anerkannt. Die III. TN hat dann beides gesetzlich festgelegt.

Gegenwärtig wird auf § 914 gestützt, daß der falsus procurator auch auf Erfüllung in Anspruch genommen werden kann. Aus § 863/II folgert man, daß ein Recht durch nicht rechtzeitige Ausübung verwirkt wird.

IX. § 915

§ 915 gibt noch zwei spezielle Auslegungsregeln. Sie sind immer im Rahmen des § 914 anzuwenden und insoweit entbehrlich.

Unter ein- und zweiseitig verbindlichen Verträgen sind die unentgeltlichen und entgeltlichen Geschäfte gemeint. Ob ein entgeltliches oder unentgeltliches Geschäft geschlossen werden sollte, dafür stellt § 915 keine Vermutung auf.

1. § 915, 1. Halbsatz. — Wurde ein unentgeltliches Geschäft geschlossen, ist im Zweifel anzunehmen, daß, wer ohne Entgelt gewährt, sich „eher die geringere als die schwerere Last auflegen wollte"; zum Beispiel, daß eine Geldsumme nur geliehen, nicht geschenkt, eine Forderung gestundet, nicht erlassen werden sollte.

2. § 915, 2. Halbsatz. — Bei entgeltlichen Geschäften „wird eine undeutliche Äußerung zum Nachteile desjenigen erklärt, der sich derselben bedient hat". Das gilt z. B. für einen Kostenvoranschlag, eine undeutliche Kündigung, die unklare Verständigung des Zessionars, einen mißverständlichen Anschlag, vor allem auch bei von einer Seite ausgearbeiteten Vertragsformularen und allgemeinen Geschäftsbedingungen, z. B. bei Versicherungsverträgen.

3. Die Verweisung auf § 869 am Schluß des § 915 bedeutet:

a) Wer sich, um einen andern zu bevorteilen, unklarer Ausdrücke bedient, muß Genugtuung leisten.

b) Der Erklärende kann sich auf eine, unter dem bewußt unklaren Ausdruck verborgene Mentalreservation nicht berufen.

§ 23. Einteilung der Rechtsgeschäfte

Man kann die Rechtsgeschäfte nach Entstehung (A) und nach Wirkungen (B) einteilen.

A. Nach Entstehung

Das Rechtsgeschäft kann aus einer, zwei oder mehreren Willenserklärungen bestehn.

I. Das einseitige Rechtsgeschäft

Das einseitige Rechtsgeschäft besteht aus der Willenserklärung einer Partei. Beispiele: Testament, Auslobung, Aneignung, Kündigung, Erlaß.

2. Ein Teil der einseitigen Rechtsgeschäfte kommt durch Abgabe der Erklärung zustande; so das Testament, die Dereliktion, Auslobung. Ein anderer Teil wird erst wirksam, wenn die Willenserklärung dem Adressaten zugegangen ist, so die Kündigung; wir sprechen von empfangsbedürftigen Willenserklärungen. Analoges gilt für Rechtshandlungen,

z. B. die Mängelrüge. Empfangsbedürftig sind vor allem auch die einander entsprechenden Willenserklärungen, aus denen der Vertrag sich zusammensetzt; s. u., II 1. Näheres über das Wirksamwerden empfangsbedürftiger Willenserklärungen s. u., § 24 A.

II. Das zweiseitige Rechtsgeschäft, der Vertrag

1. Der Vertrag besteht aus einander entsprechenden (korrespondierenden) gegenseitigen empfangsbedürftigen Willenserklärungen zweier Parteien. Er ist das Hauptinstrument der Privatautonomie.

Vom Ausnahmsfall der Stellvertretung abgesehen, kann ein Privatrechtssubjekt nur sich selbst, nicht andere Privatrechtssubjekte verpflichten. Auch der Vertrag entsteht aus zwei Selbstverpflichtungserklärungen, Antrag und Annahme. Sie zielen auf den Vertrag ab und sind, sobald er zustande gekommen, unselbständige Bestandteile des Vertrages. Sie sind aber zugleich selbständige einseitige Rechtsgeschäfte; str. Das zeigt sich darin, daß sie Wirkungen entfalten, noch bevor der Vertrag und auch wenn er nicht zustande kommt. Insbesondere bindet der Antrag den Antragsteller, solange die Frist für die Annahme läuft (§ 862/3) und bringt die erkennbar rechtzeitig abgesandte, aber verspätet zugegangene, daher auf den nicht mehr wirksamen Antrag stoßende Annahme den Vertrag zustande, wenn der Antragsteller nicht unverzüglich seinen Rücktritt anzeigt (§ 862 a/2; Näheres s. u., § 25 D). Für die Selbständigkeit der zwei Erklärungen spricht auch, daß § 1346/II die Schriftform auf die Verpflichtungserklärung des Bürgen beschränkt. Näheres § 24 B V.

2. Der Vertrag ist ein Zwei-Parteien-, nicht notwendig ein Zwei-Personen-Verhältnis.

Jede Partei kann aus mehreren Personen bestehn: Ein Ehepaar mietet eine Wohnung in einem Haus, das im Miteigentum steht. Eine Partei besteht aus Vertreter und Vertretenem, z. B. die Willenserklärung des Minderjährigen braucht zur Vollwirksamkeit die Genehmigung des gesetzlichen Vertreters. Beim Vertrag zu Gunsten Dritter (§§ 881 f.) spaltet sich die eine Partei in der Weise, daß der eine Teil zur Leistung verpflichtet, der andere auf die Gegenleistung berechtigt ist.

III. Mehrseitige Rechtsgeschäfte

1. Gründen mehrere eine OHG. oder eine AG., einen Verein, haben wir — zum Unterschied vom Vertrag mit den zwei gegenseitigen Willenserklärungen — mehrere, inhaltlich übereinstimmende, parallel laufende Willenserklärungen vor uns. Doch gelten die Vertragsregeln auch für sie: Einstimmigkeit ist nötig, und wenn auch nur eine der Willenserklärungen einen Mangel aufweist, kann der ganze Vertrag angefochten werden.

2. Ist die Gesellschaft, der Verein entstanden, können Beschlüsse gefaßt werden. Sie entstehn wieder aus inhaltlich übereinstimmenden parallelen Willenserklärungen. Soweit das Prinzip der Einstimmigkeit besteht, finden die Vertragsregeln Anwendung. Gilt aber das Mehrheitsprinzip, ist zwischen der Einzelstimme und dem Beschluß zu unterschei-

den. Willensmängel einer Einzelstimme können, müssen aber nicht den Beschluß ergreifen. Der Beschluß selbst kann auch Mängel aufweisen, z. B. wenn ihm die vorgesehene qualifizierte Mehrheit fehlt. Die Vertragsregeln gelten für den Gesamtakt nicht.

B. Nach Wirkungen

I. Haupteinteilung

1. Personenrechtliche Geschäfte: Ablegung des Namens durch die geschiedene Frau.
2. Familienrechtliche Geschäfte: Eheschließung, Adoption.
3. Sachenrechtliche Geschäfte: Eigentumsübertragung.
4. Schuldrechtliche Geschäfte: Kauf.
5. Erbrechtliche Geschäfte: Testament und Erbvertrag – übrigens ein gutes Beispiel für die Unterscheidung von ein- und zweiseitigen Rechtsgeschäften, wobei das gemeinschaftliche Testament einen Übergang bildet.

Die schuldrechtlichen Rechtsgeschäfte, besonders die Schuldverträge, bilden so sehr das Hauptgebiet, daß das ABGB. die Vorschriften über Verträge und Rechtsgeschäfte dort, 17. Hauptstück, §§ 859 ff., eingereiht hat.

Gliedern wir nach der Wichtigkeit, so überwiegen:

unter den Tatbeständen	die Handlungen (> Ereignungen)
unter den Handlungen	die rechtmäßigen (> rechtswidrigen)
unter den rechtmäßigen Handlungen	die Rechtsgeschäfte = Partei*willens*erklärungen (> Wissenserklärungen, Tathandlungen)
unter den Rechtsgeschäften	die zweiseitigen = Verträge (> einseitige und Gesamtakte)
unter den Verträgen	die Schuldverträge (> personenrechtliche, familienrechtliche, sachenrechtliche, erbrechtliche)

II. Vermögensrechtliche und personenrechtliche Rechtsgeschäfte

Diese Einteilung überschneidet sich mit der vorigen. Personenrechtlich ist das Verlöbnis; vermögensrechtlich sind nicht nur die Geschäfte des Sachenrechtes, Schuldrechtes und Erbrechtes, sondern auch die Ehepakten und die Überlassung des Urheberrechtes (eines Persönlichkeitsrechtes) zur gewerblichen Ausnützung.

III. Rechtsgeschäfte unter Lebenden und von Todes wegen

Die Einteilung stellt darauf ab, ob die Wirkung schon bei Lebzeiten oder erst für den Fall des Todes eintreten soll.

IV. Entgeltliche und unentgeltliche Rechtsgeschäfte

Ein Rechtsgeschäft, wodurch das Vermögen eines andern vermehrt wird, heißt Zuwendung. Die Zuwendung kann entgeltlich oder unentgeltlich geschehen. Bei den entgeltlichen Rechtsgeschäften, die im Rechtsverkehr die Hauptrolle spielen, wird die Leistung durch eine Gegenleistung vergolten. Bei den unentgeltlichen Rechtsgeschäften wird eine Leistung aus Freigebigkeit, ohne Gegenleistung, obwohl man sie beanspruchen könnte, erbracht.

Das ABGB. hat Vorschriften für entgeltliche Geschäfte in den §§ 918 bis 935 zusammengefaßt. Auch für unentgeltliche Geschäfte gibt es gemeinsame Vorschriften, z. B. §§ 901, 915/1.

Entgeltlich und unentgeltlich erschöpfen aber nicht den ganzen Bereich. Es gibt Leistungen, die nicht als Freigebigkeit erscheinen, obwohl für sie kein Entgelt geleistet wird, und zwar deshalb, weil sie außer den Kategorien entgeltlichen Denkens liegen: entgeltfremde Leistungen und Rechtsgeschäfte, z. B. Leistung des gesetzlichen Unterhaltes, Erbeinsetzung und Vermächtnis, Rückstellung geliehenen Gutes, Leistung von Ersatz, Sicherungsgeschäfte (Pfand und Bürgschaft). Auch die Beiträge der Gesellschafter zum gemeinsamen Zweck können nicht als entgeltliche Leistungen angesehen werden. Näheres Schuldrecht, Allgemeiner Teil, S. 54. Wieweit die entgeltfremden Geschäfte den Regeln für entgeltliche oder jenen für unentgeltliche Geschäfte zu unterstellen sind, muß im Einzelfall geprüft werden.

V. Verfügungs- und Verpflichtungsgeschäfte

Unter Verfügung versteht man die *unmittelbare* Übertragung, Belastung, Veränderung oder Aufgabe eines Rechtes; z. B. Übertragung des Eigentums, Einräumung eines Pfandrechtes, Abtretung einer Forderung, Dereliktion, Verzicht, d. i. Aufgabe eines Rechtes ohne Übertragung auf einen andern.

Eine Verpflichtung ist noch nicht Verfügung: Wer eine Sache verkauft, verpflichtet sich, sie zu übergeben; erst wenn er sie übergibt, verfügt er darüber, veräußert er die Sache. Wer eine Sache zweimal verkauft, ist beiden Käufern verpflichtet; hat er einem übergeben, die Sache an ihn veräußert, somit darüber verfügt, so kann er seine Verpflichtung gegen den andern nicht einhalten und muß Ersatz leisten; vgl. § 430, der aber das Wort „Veräußerung" nicht im technischen Sinn gebraucht.

Es gibt Rechte, über die man nicht verfügen kann, die unveräußerlich und unverzichtbar sind; so i. d. R. Familienrechte. Aber auch sonst schließt das Gesetz öfters den Verzicht aus; z. B. den auf die Rechtswohltat des Inventars (§ 803) und den unbestimmten Verzicht auf Einwendungen (§ 937). § 364 c kennt auch das rechtsgeschäftliche, verbücherbare Belastungs- und Veräußerungsverbot.

VI. Kausale und abstrakte Rechtsgeschäfte

1. Causa (titulus). Gibt A dem B ein Buch, hat das seinen Grund, dient einem Zweck; z. B., um zu schenken (donandi causa) oder zu leihen credendi causa) oder zurückzugeben oder weil B es gekauft hat (solvendi

causa). Diesen unmittelbaren, typischen Grund (Zweck), der den rechtlichen Charakter der Zuwendung bestimmt, heißen wir Rechtsgrund, causa, auch titulus.

Entferntere Gründe (Zwecke, Motive), z. B. damit B nach dem Buche studieren kann oder weil B das Buch weiterschenken will, sind für den rechtlichen Charakter und Erfolg belanglos, stehn außerhalb des Geschäftsinhaltes. Sie sind nur beachtlich,

a) wenn sie auf unerlaubte Weise, z. B. durch Drohung oder Täuschung, bestimmt wurden;

b) bei unentgeltlichen und letztwilligen Geschäften, wenn sie einen Motivirrtum begründeten (Willenstheorie);

c) sonst nur, wenn sie zur Bedingung erhoben und damit zum Geschäftsinhalt gemacht worden sind; s. u., § 32 D I.

2. Abstrakte Geschäfte. — In der Regel hängt die Wirksamkeit der Zuwendung von der Wirksamkeit der Causa ab (*kausale* Geschäfte). Eigentum geht nur über, wenn das Kausalgeschäft (der Kauf) gültig ist (kausale Natur der Tradition; s. u., d).

Aus bestimmten Gründen können aber Geschäfte vom Rechtsgrund losgelöst, *abstrakt* sein.

a) Orderpapiere (Wechsel, Art. 17 WG.; Scheck, Art. 22 ScheckG.; kaufmännische Anweisung, § 364/II HGB.) und Inhaberschuldverschreibungen lassen, um die Zirkulationsfähigkeit zu erleichtern, nur solche Einwendungen des Schuldners zu, „welche die Gültigkeit seiner Erklärung in der Urkunde betreffen oder sich aus dem Inhalte der Urkunde ergeben oder ihm unmittelbar gegen den Besitzer zustehn". E contrario also nicht: Einwendungen aus dem Grundgeschäft, es fiele denn dem Erwerber Arglist zur Last.

b) Die Verpflichtung des Akzeptanten aus der Anweisung bürgerlichen Rechtes ist — nicht völlig! — vom Valuta- und Deckungsverhältnis losgelöst (§ 1402); s. Schuldrecht, Allgemeiner Teil, S. 112.

c) Ebenso die Forderungsabtretung vom Verhältnis zwischen Zedenten und Zessionar und die Schuldübernahme vom Verhältnis zwischen Urschuldner und Schuldübernehmer; s. Schuldrecht, Allgemeiner Teil S. 101, lit. d, und S. 104, II.

d) Nach BGB. ist auch die Tradition abstrakt, d. h. überträgt Eigentum, auch wenn das Grundgeschäft ungültig, z. B. der Kauf wegen Irrtums erfolgreich angefochten wird. Das BGB. folgt der Anschauung des klassischen römischen Rechtes, das der Verkehrssicherheit dienen wollte, indem es den Eigentumsübergang eintreten ließ, unabhängig von den — einem Dritten regelmäßig nicht erkennbaren — Mängeln des Schuldvertrages. Nun ist aber heute die Verkehrssicherheit auf andere Weise, nämlich dadurch gewährleistet, daß — dem deutschen Recht folgend — der redliche Dritte auch vom Nichteigentümer Eigentum erwerben kann. Das macht die Lehre von der abstrakten Natur der Tradition überflüssig, denn der redliche Dritte ist ohnehin geschützt und der unredliche Dritte verdient keinen Schutz. Daher wird an der Regelung des BGB. Kritik geübt, weil sie gegen die natürliche Auffassung verstößt, die zwischen schuldrechtlichem

Grundgeschäft und sachenrechtlichem Erfüllungsgeschäft nicht scharf trennt. — Das ABGB. folgt der Lehre von der kausalen Natur der Tradition, d. h. Übergabe mit dem Willen, Eigentum zu übertragen (modus), genügt allein nicht; es braucht auch einen gültigen Titel, z. B. einen gültigen Kaufvertrag (§ 380).

VII. Treuhandgeschäfte

s. u., § 37, Anhang

§ 24. Wirksamwerden empfangsbedürftiger Willenserklärungen, insbesondere der Vertragsschluß

A. Wirksamwerden empfangsbedürftiger Willenserklärungen

I. Das Problem

Nicht empfangsbedürftige Willenserklärungen sind wirksam, sobald sie erkennbar geäußert sind. Das eigenhändige Testament mit der Niederund Unterschrift, auch wenn es erst nach dem Tode kundgemacht wird.

Wann werden empfangsbedürftige Willenserklärungen (Antrag und Annahme, Kündigung) wirksam, d. h. von wann ab müssen Erklärender und Anerklärter sie für und gegen sich gelten lassen? Die Wissenschaft des gemeinen Rechtes entwickelte vier Theorien:

1. Mit Äußerung: Äußerungstheorie.
2. Mit Absendung: Absendungs-(Entäußerungs-)Theorie.
3. Mit Zugang beim Anerklärten: Empfangstheorie.
4. Mit Kenntnisnahme durch den Anerklärten: Vernehmungstheorie.

Die III. TN. regelt die Frage bei Antrag und Annahme als den Hauptanwendungsfällen in den §§ 862, 862a. Sie unterscheidet — dem BGB. folgend — zwischen Anträgen an Anwesende und an Abwesende.

II. Erklärung unter Anwesenden

1. Unter Anwesenden werden regelmäßig mündliche Erklärungen gewechselt. Die vier Zeitpunkte fallen dann praktisch zusammen. Ausnahmsweise können jedoch Äußerung und Vernehmung auseinanderfallen, z. B. wenn der Anerklärte nicht vernehmen kann (nicht versteht) oder nicht vernehmen will (sich die Ohren zuhält); dazu s. u., III 3.

2. Der Erklärung unter Anwesenden wird gleichgestellt die fernmündliche Erklärung „von Person zu Person“, d. h. zwischen Erklärendem und Adressaten selbst. Andererseits liegt sinngemäß keine Erklärung unter Anwesenden vor, wenn einem Anwesenden eine schriftliche Erklärung übergeben wird. Die Ausdrucksweise „unter Anwesenden“ ist in dieser zweifachen Hinsicht richtigzustellen.

III. Erklärung an Abwesende

Zunächst ist an schriftliche oder telegraphische, durch die Post übermittelte Erklärungen gedacht. Doch zählt dazu nach dem eben Gesagten auch die einem Mittelsmann des Adressaten gemachte fernmündliche Erklärung und die einem Anwesenden übergebene schriftliche Erklärung.

Welche der vier angeführten Theorien empfiehlt sich?

Zu 1. Die Erklärung schon mit der Äußerung wirksam werden zu lassen, geht nicht an, weil der Erklärende noch anders disponieren kann.

Daher kann sich die Vermieterin nicht auf eine an sie gerichtete Kündigung berufen, die sie in der Schreibtischlade des Mieters entdeckt.

Zu 2. Aber auch die abgesendete Erklärung kann verlorengehn oder noch zurückgeholt werden.

Daher wirkt die briefliche Kündigung nicht, wenn spätestens gleichzeitig ein telegraphischer Widerruf beim Empfänger eintrifft; die telegraphische Erklärung nicht, wenn sie unkenntlich verstümmelt ankommt.

Zu 3. Hat jedoch der Adressat die Erklärung empfangen, ist sie ihm zugegangen, so liegt es an ihm, ob er sie zur Kenntnis nimmt. Die *Erklärung ist mit Empfang (Zugang) wirksam.*

Zu 4. Die Wirkung der Erklärung von der Kenntnisnahme (Vernehmung) durch den Empfänger abhängig zu machen, geht nicht an, weil der Erklärende keinen Einfluß darauf hat, ob und wann der Empfänger zur Kenntnis nimmt.

Die Erklärung wirkt, auch wenn der Empfänger den Briefkasten wochenlang nicht leert oder die Briefe nicht liest oder wenn sein Angestellter den erhaltenen Fernruf nicht bestellt.

IV. Empfangstheorie

1. Die Empfangstheorie ist heute unbestritten. Die III. TN. hat sie ausdrücklich anerkannt; vgl. § 862 a/1 (zugekommen), § 862 (angekommen), § 871 (zugegangen).

Grundgedanke: Erklärender und Anerklärter haften jeder für seine Sphäre sowie für die Anstalt und Personen, deren sie sich bedienen. Der Erklärende daher für die Post und seinen Boten, der Empfänger für die Organisation des Betriebes und den Empfangsboten.

2. Die Erklärung ist zugegangen (empfangen), wenn sie so in den Machtbereich des Anerklärten gelangt ist, daß unter normalen Umständen erwartet werden kann, er könne sich von ihr Kenntnis verschaffen.

Zugegangen ist: das an Hausangehörige zugestellte Telegramm; das von einem Angestellten aufgenommene Telephonat, das beim Portier des Hotels für den Gast abgegebene Paket.

Nicht zugegangen: der in einer Warensendung verborgene Brief; das dem Sechsjährigen für seinen Vater übergebene Buch, wenn er es dem Vater nicht aushändigt.

3. Vereitelung des Zuganges.

a) Vereitelt der Empfänger vorsätzlich den Zugang, ist es so anzusehen, als ob er empfangen hätte. (Analogie zur Bedingung: die wider Treu und Glauben vereitelte Bedingung gilt als eingetreten.)

Der Anerklärte hält sich die Ohren zu, der Angerufene hängt auf, der Adressat verweigert die Annahme.

b) Zufällige Verhinderung des Zuganges geht dagegen zu Lasten des Erklärenden.

Telephonstörung; der Angeredete versteht nicht.

c) Für fahrlässige Verhinderung kann der Empfänger haften.

Er ändert seine Adresse oder verreist, ohne für Nachsendung Sorge zu tragen. VVG. §§ 10, 107 a stellen sogar in diesem Fall die Fiktion des Empfanges auf.

4. Wenn zwischen Entäußerung und Empfang der Erklärung der Erklärende stirbt oder handlungsunfähig wird, ist es Auslegungsfrage, ob seine Erklärung wirksam bleibt. § 862, Schlußsatz, bestimmt das für den empfangenen Antrag; es wird aber schon für den abgesendeten zu gelten haben. Man pflegt zu sagen, die Erklärung werde *mit Absendung* (Entäußerung) *existent,* doch erst *mit Empfang* für beide Teile *wirksam;* s. u., B III.

V.

Die Frage über den maßgebenden Entstehungsakt bei Wertpapieren ist bis zu einem gewissen Grade mit der hier besprochenen verwandt. Die dazu entwickelten Theorien sind im Schuldrecht, Allgemeiner Teil, § 5 B 7 behandelt.

B. Vertragsschluß

I. Allgemeines

Der Vertrag entsteht aus zwei übereinstimmenden — richtiger gesagt einander entsprechenden, nicht notwendig gleichlautenden — Willenserklärungen: Antrag (Offert) und Annahme.

Oft braucht es geraume Zeit, ehe ein Antrag erfolgt, und gibt es noch ein Hin und Her (Ablehnung des Antrags, Gegenantrag usw.), bis es zur Annahme des letzten Antrages und damit zum Vertragsschluß kommt. Der Streit kann dann darum gehn, ob ein wirksamer Antrag gestellt und ob und wann er angenommen wurde. Antrag und Annahme müssen also von den Vorverhandlungen abgegrenzt werden; gesetzliche oder gewillkürte Form kann das erleichtern.

Vorverhandlungen sind zwar nicht völlig unverbindlich (so ist für culpa in contrahendo zu haften; s. Schuldrecht, Allgemeiner Teil, § 2 C), erzeugen aber keinesfalls Ansprüche auf Erfüllung; diese entspringen erst dem perfekten Vertrag.

II. Erfordernisse des Antrags

Der Antrag als erster bindender Akt muß so beschaffen sein, daß das Ja des andern Teiles den Vertrag zustande bringt. — Er muß somit

a) im allgemeinen inhaltlich bestimmt sein, d. h. die wesentlichen Vertragspunkte enthalten, und

b) an bestimmte Personen gerichtet sein.

Fehlt die inhaltliche Bestimmtheit, liegt kein Antrag vor; der Antragsteller hätte denn die Bestimmung einzelner Punkte, z. B. der Menge innerhalb einer Höchstgrenze oder der Masse, dem Empfänger überlassen. Über Angebote an unbestimmte Personen s. u., § 25 A.

III. Beginn der Antragsbindung

Der Antrag wird

a) zwar *schon mit Entäußerung (Absendung) existent,* d. h. nicht dadurch hinfällig, daß der Antragsteller oder -empfänger stirbt oder handlungsunfähig wird, wenn nicht ein anderer Wille des Antragstellers aus den Umständen hervorgeht (§ 862, letzter Satz);

b) aber als empfangsbedürftige Willenserklärung *erst mit Zugang wirksam,* d. h. für den Antragsteller bindend, so daß er ihn nicht mehr widerrufen kann.

Der Empfänger erhält damit ein Gestaltungsrecht: er kann durch Annahme den Vertrag zustande bringen. Dieses Gestaltungsrecht ist unübertragbar, doch im Zweifel vererblich (§ 862, Schlußsatz).

Bindung bedeutet nicht schon Leistungsverpflichtung; sie entsteht erst, wenn der Empfänger angenommen hat und der Vertrag dadurch zustande gekommen (perfekt) ist; s. auch oben, I.

IV. Dauer der Bindung

1. Zunächst ist es nach § 862/1 Sache des Antragstellers, die Dauer seiner Bindung zu bestimmen.

2. Nur wenn er die Dauer nicht bestimmt hat, was freilich häufig der Fall ist, kommen die dispositiven Regeln des § 862/2 zur Anwendung. Sie unterscheiden zwischen Anträgen unter Anwesenden und Anträgen unter Abwesenden (s. o., A II und III).

a) *Anträge unter Anwesenden* müssen sogleich angenommen werden. — Natürlich kann auch bei Anträgen unter Anwesenden der Antragsteller eine Überlegungsfrist einräumen.

Zum Unterschied von ‚unverzüglich', d. h. ohne schuldhaftes Zögern, ist ‚sogleich' eine objektive Zeitbestimmung. Verhindert z. B. bei fernmündlichem Antrag eine Störung die sofortige Annahme, erlischt der Antrag.

b) *Anträge unter Abwesenden* müssen in einer Frist angenommen werden, die sich zusammensetzt aus: Postlauf hin, angemessener Überlegungsfrist, Postlauf zurück. Während dieser Frist kann der Antrag nicht zurückgenommen werden (§ 862/3). Die Überlegungsfrist hängt von der Wichtigkeit des Geschäftes und vom ordentlichen Geschäftsgang (Wochenende, Feiertage!) ab. Brieflicher Antrag kann nur mit brieflicher Annahme rechnen, telegraphischer aber wieder mit telegaphischer. Auch auf die Überlegungsfrist ist es von Einfluß, wenn der Antragsteller durch das verwendete Verkehrsmittel Eile bekundet.

Die Regelung enthält unvermeidliche Unsicherheitsfaktoren; der Antragsteller muß daher die Frist reichlich bemessen und selbst außergewöhnliche Störungen (Poststreik) einkalkulieren, wenn er darum weiß. Will er solche Ungewißheit vermeiden, muß er eben eine Frist setzen.

V. Selbständige Wirkungen des Antrags

Der Antrag ist zwar auf Vertragsschluß gerichtet, entfaltet aber, unabhängig davon, ob der Vertrag zustande kommt, auch selbständige Wirkungen; s. o., § 23 A II 1.

Insoweit könnte man ihn als einseitiges Rechtsgeschäft bezeichnen. Zu eng ist es freilich, wenn § 861 den Antrag mit der älteren Lehre als Versprechen auffaßt: Der Antrag bindet nur, enthält aber noch kein Leistungsversprechen. Immerhin liegt der Ausdrucksweise des ABGB. die richtige Erkenntnis zugrunde, daß man nur sich selbst verpflichten kann.

1. Wenn der Antragsteller oder -empfänger zwischen Absendung und *Annahme* stirbt oder handlungsunfähig wird, bleibt der Antrag dennoch im Zweifel aufrecht.

2. Der Antrag hat bindende Kraft. Auch der Antrag eines Minderjährigen zu einem ihn verpflichtenden Vertrag ist unter der Bedingung der Genehmigung durch den gesetzlichen Vertreter bindend (§ 865); der Minderjährige selbst kann ihn nicht widerrufen.

3. Wenn für den Vertrag eine Form vorgeschrieben ist, ist sie i. d. R. auch für den Antrag nötig. So bedarf der Antrag zu einem Kauf zwischen Ehegatten des Notariatsaktes; der Antrag zur Bürgschaft der Schriftform, wenn er vom Bürgen, nicht wenn er vom Gläubiger gestellt wird (§ 1346/II). Bei der Schenkung müßte streng genommen nicht nur der Antrag *des* Schenkers, sondern auch der *an den* Schenker in die Form des Notariatsaktes gekleidet sein.

4. Räumt jemand ein *Optionsrecht,* z. B. ein Wiederkaufsrecht ein, kann das auch als Antrag gedeutet werden; s. Schuldrecht, Besonderer Teil, § 11 B. Zum Unterschied vom normalen Antrag kann hier die Bindung lange, beim Vorkaufsrecht unabsehbar dauern.

VI. Annahme

Durch rechtzeitige Annahme des Antrags kommt der Vertrag zustande. Auch sie wird mit Entäußerung existent, mit Zugang wirksam. Rechtszeitig ist sie, wenn sie zugeht, solange die Bindungswirkung des

Antrags dauert. Mit dem Zeitpunkt des Zuganges treten dann die Vertragswirkungen ein; nunmehr kann auf Leistung geklagt werden.

Vorgang bei Vertragschluß

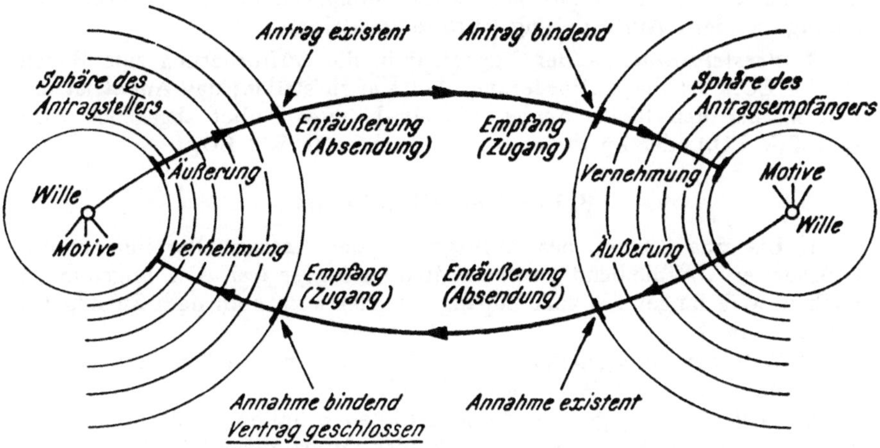

§ 25. Vertragsschluß: Sonderfälle

A. Angebote an unbestimmte Personen

1. Art. 337 AHGB. bestimmte ausdrücklich, daß Angebote an einen unbestimmten Personenkreis (Preisliste, Waren im Schaufenster, Speisekarte, Annonce, Plakat) keine Anträge seien.

Daher verwende man für Anträge (Offerte) lieber nicht das doppelsinnige Wort Angebot.

HGB. und ABGB. kennen zwar keine solche Auslegungsregel, doch ist klar, daß der Anbotsteller hier keine Bindung eingehen kann und will, da er u. U. nicht imstande wäre, die Nachfrage zu befriedigen. Entweder nimmt man (wie das AHGB.) bloße Aufforderung zu Offerten an, die dann angenommen oder abgelehnt werden können, oder Offert, ‚solange Vorrat reicht'. Die zweite Auslegung ist bei Automaten, Brotkörben und Ansichtskarten auf Gasthaustischen u. dgl. vorzuziehen. Ähnlich bei öffentlichen Verkehrsmitteln, wo der Vertrag zwischen Verkehrsgast und Straßenbahn regelmäßig durch Einsteigen zustande kommt. Auch Opferstöcke und aufgestellte Sammelbüchsen wird man, obwohl an unbestimmte Personen gerichtet, als Anträge auffassen, Geschenke nach Belieben zu machen.

2. Erklärungen an unbestimmte Personen nähern sich der *Auslobung*. Eine ältere Lehre deutete die Auslobung geradezu als Antrag an unbestimmte Personen, der durch Leistung angenommen werde; s. Schuldrecht, Allgemeiner Teil, § 5 A III. Beiden gemeinsam ist eine einseitige Erklä-

rung an die Öffentlichkeit. Während aber Aufforderungen auf Gegenäußerungen und zuletzt auf Vertragsschluß abzielen, bleibt die Auslobung mit bloß einseitiger Bindung bestehn, und den Anspruch auf Belohnung hat auch, wer ohne Kenntnis der Auslobung tätig wird. Gebunden ist nur der Auslobende. Die öffentliche Ausschreibung von Bauten ist nicht Auslobung, sondern Aufforderung, Offerte zu stellen.

3. *Versteigerung.* — Der Ausruf, d. h. die Aufforderung zum Bieten (§ 179 EO.), ist die Aufforderung, Anträge zu stellen; das Anbot ist der Antrag, der den Bieter bindet, bis ein höheres Anbot abgegeben wird (§ 180/V EO.); der Zuschlag ist die Annahme (§ 183 EO.).

B. Das Freibleibend-Offert

1. Bis zum Zugang des Antrages ist der Antragsteller immer frei. Offeriert er „freibleibend", will er offenbar länger frei, d. h. ungebunden bleiben. Wie lange? Bis zum Zugang (a) oder auch noch nach Zugang (b) der Annahme?

a) Will der Antragsteller bis zum Zugang der Annahme frei bleiben, ist es ein Antrag mit Widerrufsvorbehalt.

b) Will der Antragsteller die Möglichkeit behalten, auch die zugegangene Annahme noch abzulehnen, sinkt das Offert zur Aufforderung, Anträge zu stellen, herab, und die ‚Annahme' ist in Wahrheit ein Antrag, der angenommen oder abgelehnt werden kann. Das gilt im Zweifel. Wer freibleibend offeriert, muß aber unverzüglich ablehnen, widrigenfalls er als annehmend gilt. Man könnte das auch als Vorbehalt des Rücktrittes vom geschlossenen Vertrag deuten, der aber unverzüglich erklärt werden muß.

2. Preise freibleibend bedeutet, daß der Verkäufer zwar an den Antrag, nicht aber an den Preis gebunden sein will. Erhöht er die Preise, ist fraglich, ob der Käufer gebunden bleibt (so wohl bei angemessener Preiserhöhung) oder das als neuen Antrag annehmen oder ablehnen kann; s. u., C.

C. Veränderte Annahme?

Nur die unveränderte Annahme ist Annahme; die veränderte ist Ablehnung des Antrags, der dadurch erlischt. Zugleich ist sie freilich ein neuer Antrag (Gegenantrag), den der ursprüngliche Antragsteller seinerseits annehmen oder ablehnen kann.

Oft wird die Annahme unter Änderungen als Annahme hingestellt: A offeriert um 120, B erwidert „einverstanden um 100". Damit ist der Antrag des A abgelehnt und erloschen. B kann also nicht, wenn er sieht, daß A um 100 nicht verkauft, einfach auf die 120 zurückkommen; vielmehr ist es Sache des A, ob er diesen neuen Antrag des B annimmt oder ablehnt. Auch wenn der Antrag weiterginge als die Annahme (A offeriert 100 t, B nimmt 50 t an), liegt im Mehr nicht das Weniger: Wer weiß, ob A den Preis nicht nur für die größere Menge günstig gestellt hat?! Dem ursprünglichen Antragsteller A bleibt ja unbenommen, den Gegenantrag auf 50 t anzunehmen.

D. Verspätete Annahme?

1. Auch sie ist nicht Annahme, denn sie erfolgt, nachdem der Antrag erloschen ist, trifft also ins Leere. Auch sie ist aber zugleich ein Gegenantrag. Verspätet ist die Annahme, wenn sie verspätet zugeht (§ 862 a/1).

2. Eine Ausnahme macht § 862 a/2, wenn die Annahme zwar verspätet zuging, aber rechtzeitig abgesendet wurde, *und das dem Empfänger* (z. B. aus dem Poststempel) *erkennbar ist.* Die Annahme gilt dann als rechtzeitig, der Vertrag daher als zustande gekommen, sofern der Empfänger seinen Rücktritt nicht unverzüglich anzeigt.

Die Ausnahme ist berechtigt; sie berücksichtigt die Lage des Absenders wie des Empfängers. Da der Zugang verspätet ist, kann der Empfänger anders disponiert haben, darf also nicht mehr gebunden sein. Andererseits konnte der Absender mit dem rechtzeitigen Zugang der rechtzeitig abgesandten Erklärung rechnen. Ist das für den Empfänger erkennbar, verpflichten ihn daher Treu und Glauben zu unverzüglicher Verständigung, widrigenfalls er zum Vertrag stehn muß. Das kann dann als Rücktritt vom zustande gekommenen Vertrag konstruiert werden (so § 862 a) oder als Zustandekommen des Vertrages, wenn die Verständigung unterbleibt.

E. Sich kreuzende Anträge

Streng genommen fehlt jedem die Annahme. Stimmen sie aber überein, ist es richtiger, den Vertrag als zustande gekommen anzusehen, da der Wille beider Parteien darauf gerichtet ist. Stimmen sie nicht überein, fehlt der Konsens.

Bietet A dem B um 100 zum Kauf an, nimmt B verspätet an und kreuzt sich damit ein neues, auf 90 ermäßigtes Offert des A, so ist m. E. der Kauf nicht um 90 zustande gekommen (wie Ehrenzweig, Schuldrecht, S. 130, lehrt). Genausogut wie B auf den Antrag des A, um 90 zu verkaufen, kann A sich auf den in der verspäteten Annahme liegenden Antrag des B berufen, um 100 zu kaufen — kurz: es besteht Dissens.

F. Verzicht auf ausdrückliche Annahme

Normalerweise kommt der Vertrag durch Zugang der Annahmeerklärung zustande. Der Antragsteller kann aber darauf — ausdrücklich oder stillschweigend — verzichten. Stillschweigend in den Fällen, wo nach Natur des Geschäftes oder Verkehrssitte eine Annahmeerklärung nicht zu erwarten ist (§ 864). Das ist häufig genug, z. B. bei Warenbestellung oder telegraphischer Bestellung eines Hotelzimmers, aber auch, wenn Waren unbestellt zugesendet werden (Realoffert).

Wie erfolgt hier die Annahme und kommt der Vertrag zustande?

a) Durch Erfüllungshandlung, z. B. der Gastwirt stellt das Zimmer bereit, der Kaufmann sendet die bestellte Ware ab (die Transportgefahr trägt daher der Besteller; vgl. § 429 und Art. 8 Nr. 20 der 4. hr. EinfVO.). Die Erfüllungshandlung muß — wie jede Annahme — erfolgen, solange der Antrag bindet, also während „der hierfür bestimmten oder den Umständen angemessenen Frist“ (§ 864).

b) Bei Realoffert durch Aneigungshandlung. So, wenn ich das mir unbestellt zugesandte Buch aufschneide; wenn der Kunde im Selbstbedienungsladen die gewählte Ware an der Kasse vorlegt (nicht schon, wenn er sie im Laden aussucht!).

Ob auf die Aneignungshandlung die Vorschriften der §§ 869—875 anzuwenden sind, ist zweifelhaft, doch eher zu verneinen, da sie nicht „einer anderen Person gegenüber“ (§ 876) abzugeben ist. — SCHOPENHAUER schnitt ein übersandtes Buch in der Meinung auf, es sei ein Widmungsexemplar des Verfassers, während es vom Buchhändler zum Kauf angeboten war; mußte er es behalten?

G. Annahme durch Schweigen?

I. Im allgemeinen gilt Schweigen als Ablehnung

Qui tacet consentire videtur ist ein gefährlicher Satz. Das Publikum würde vergewaltigt, wenn alles unbestellt Zugegangene zurückgeschickt und jedes Angebot beantwortet werden müßte. Wir müssen vielmehr den gegenteiligen Grundsatz aufstellen: Nichtreagieren (Schweigen) bedeutet i. d. R. Ablehnung.

So vor allem, wenn eine Frist zur Erklärung gesetzt wird, wenn der gesetzliche Vertreter das Geschäft des Minderjährigen, der Vollmachtgeber die Überschreitung der Vollmacht, der Gläubiger die Schuldübernahme nicht genehmigt. Das gilt auch für das Offert; selbst wenn der Offerent schreibt, daß er Schweigen als Annahme auffasse, kann er eine Gegenäußerung nicht erzwingen. Auch wenn der Offerent auf ausdrückliche Annahme verzichtet (s. o., F), bedeutet Untätigbleiben des Antragempfängers nicht Annahme, sondern Ablehnung.

Es gibt aber nicht wenige Fälle, in denen kraft Gesetzes (s. u., II—IV) oder kraft Verkehrsübung (s. u., V) Schweigen als Zustimmung gilt.

II. Schweigen gilt kraft Gesetzes als Zustimmung

a) Wenn der Offerent auf die verspätet angekommene, aber erkennbar rechtzeitig abgesandte Annahmeerklärung nicht unverzüglich seinen Rücktritt anzeigt (§ 862 a/2).

b) Wenn bei Vertrag zu Gunsten Dritter der Dritte das aus dem Vertrag erworbene Recht nicht zurückweist (§ 882 I). Man kann daraus den allgemeinen Gedanken ableiten, daß Schweigen als Zustimmung gilt, wenn der Schweigende nur berechtigt werden soll, z. B. bei Anerkennung durch den andern Teil.

c) Wenn beim Kauf auf Probe die Sache übergeben wird und der Käufer sie bis nach Ablauf der Probezeit behält (§ 1081).

d) Wenn der Bestandnehmer nach Verlauf der Bestandzeit die Sache zu gebrauchen oder zu benützen fortfährt und der Bestandgeber es dabei bewenden läßt (§ 1114/3).

e) Bei der Hypothekenübernahme unter den Voraussetzungen des § 1408/2 u. 3.

f) Fälle dieser Art enthalten auch JN. § 88 II und ZPO. EG. Art. XIV/I Z. 3 Schlußsatz und XIV a.

III. § 362 HGB.

Den Hauptfall dieser Art bildet § 362 HGB.

1. Sein Tatbestand:

a) Geht ein Antrag zur Besorgung von Geschäften für andere, d. h. zu einem Auftrag, z. B. Kommission, Spedition,

b) einem Kaufmann zu,

c) der gewerbsmäßig solche Geschäfte besorgt *und* in Geschäftsverbindung mit dem Antragsteller steht

d) *oder* der sich ihm gegenüber zur Besorgung solcher Geschäfte erboten hat.

2. Seine Rechtsfolge:

So ist er verpflichtet, unverzüglich zu antworten; sein Schweigen gilt als Annahme des Antrags.

§ 362 HGB arbeitet mit einer von Art. 323 AHGB. übernommenen Fiktion. Heute ist man nicht mehr geneigt, einen Willen zu fingieren, sondern gründet in solchen Fällen die Verpflichtung auf das Gesetz.

IV. § 1003 ABGB.

Nicht so weit wie § 362 HGB. geht der verwandte § 1003 ABGB.: „Personen, welche zur Besorgung bestimmter Geschäfte öffentlich bestellt wurden, sind schuldig, über einen darauf sich beziehenden Auftrag ohne Zögerung gegen den Auftragenden sich ausdrücklich zu erklären, ob sie denselben annehmen oder nicht; widrigenfalls bleiben sie dem Auftragenden für den dadurch veranlaßten Nachteil verantwortlich."

Nach § 1003 gilt zwar Schweigen nicht als Annahme, doch hat der Schweigende den Vertrauensschaden (negatives Vertragsinteresse) zu ersetzen. Nach § 362 HGB. kann der Antragsteller dagegen Erfüllung bzw. Erfüllungsinteresse (positives Vertragsinteresse) verlangen.

Die Tatbestände beider Paragraphen überschneiden sich. Greifen beide ein, geht gemäß Art. 4 der 4. hr. EinfVO. der § 362 vor. § 1003 gilt somit vor allem für Rechtsanwälte und andere berufsmäßige Parteienvertreter.

V. Äußerungspflicht nach Treu und Glauben

Auch ohne besondere Gesetzesvorschrift besteht eine Äußerungspflicht, wenn die Unterlassung (das Schweigen) nach den im redlichen Verkehr geltenden Gewohnheiten und Gebräuchen (§ 863 II ABGB. und § 346 HGB.) als Zustimmung aufzufassen ist, d. h. wenn der nicht Zustimmende hätte reden müssen.

Die Praxis hat dazu u. a. folgende Regeln entwickelt:

a) *Bestätigungsschreiben* sollen vorangegangene Vereinbarungen niederlegen. Weichen sie von ihnen ab oder enthalten neue Bedingungen und widerspricht der Empfänger nicht, gilt sein Schweigen — Arglist des Kontrahenten ausgenommen — als Zustimmung. Ähnlich die ausdrückliche Vorschrift des § 5 VVG, wenn der Versicherungsschein vom Versicherungsantrag oder den getroffenen Vereinbarungen abweicht.

Das Schweigen *gilt* hier als Zustimmung (Fiktion!). Der Schweigende kann daher nicht einwenden, er sei über die Bedeutung des Schweigens im Irrtum gewesen.

Dagegen werden Vermerke auf nachträglich (!) zugesandten Rechnungen (wie ‚zahlbar und klagbar' in X oder eine Eigentumsvorbehaltsklausel) durch Entgegennahme der Rechnung nicht genehmigt. Auch Schweigen auf Mahnung bedeutet nicht Anerkennung des Rechtes.

b) *Ständige Geschäftsverbindung* im Handelsverkehr kann Reden auch dort zur Pflicht machen, wo Schweigen sonst nicht als Zustimmung gilt, z. B. auf einen mit Änderungen angenommenen Antrag.

c) Besteht eine *Mitteilungs(Aufklärungs)pflicht,* kann Schweigen als Irreführung erscheinen, z. B. wenn jemand zuläßt, daß sich in seiner Gegenwart ein Dritter als Bevollmächtigter ausgibt, oder nicht unverzüglich aufklärt, daß eine Warenbestellung ohne Vollmacht erfolgte, ein Wechsel fälschlich mit seinem Namen unterzeichnet wurde.

d) Schweigen kann zur Verschweigung und damit zur *Verwirkung* führen. Z. B. dauerndes Nichterbringen der eigenen und Nichtinanspruchnahme der Gegenleistung zur Beendigung des Rechtsverhältnisses. Von der Verjährung unterscheidet sich die Verwirkung dadurch, daß sie nicht an bestimmte Fristen gebunden ist und andererseits das Schweigen beim Gegner nach Treu und Glauben den Eindruck erwecken muß, daß man das Recht nicht mehr ausüben wolle; vgl. § 40 B III.

H. Vermutete Willenserklärungen

Das Gesetz arbeitet auch mit vermuteten Willenserklärungen, z. B. hebt nach § 713 ein späteres Testament ein früheres auf, „dafern der Erblasser in dem letztern nicht deutlich zu erkennen gibt, daß das frühere ganz oder zum Teil bestehen solle". Oder § 608/3: „Die fideikommissarische Substitution begreift stillschweigend die gemeine in sich." Oder § 724 über den „vermuteten Widerruf" eines Legates.

Eine solche Vermutung (praesumptio juris) kann durch jedes Beweismittel widerlegt werden; so z. B. im Falle des § 721. Anders die praesumptio juris ac de jure, z. B. § 1152: Obwohl weder ein Entgelt noch Unentgeltlichkeit vereinbart ist, gilt unwiderleglich angemessenes Entgelt als vereinbart. Es handelt sich hier um eine unechte Willenserklärung, die nicht mehr den Regeln über Rechtsgeschäfte, z. B. der Irrtumsanfechtung, unterliegt.

I. Verwahrung (Protestation), Vorbehalt

Die Verwahrung ist eine Willenserklärung, dazu bestimmt, eine mögliche Deutung eines Verhaltens auszuschließen (‚Freiwillig gestatteter Durchgang'). Der Vorbehalt verwahrt sich dagegen, ein Verhalten als Verzicht auf ein Recht oder als Anerkennung fremder Rechte aufzufassen, z. B. Annahme der nicht vertragsmäßigen Leistung unter Vorbehalt. Wirkungslos ist die protestatio facto contraria, weil sie gegen Treu und Glauben verstößt: Wer ein Buch aufschneidet und mit Bemerkungen versieht, kann sich nicht vorbehalten, es trotzdem nicht zu nehmen; wer jahrelang eine Wohnung gegen Entgelt überläßt, begründet eine Miete, auch wenn er ausdrücklich erklärt, keinen Mietvertrag schließen zu wollen.

J. Kontrahierungszwang

Am weitesten geht der Kontrahierungszwang. Im Falle des § 362 HGB. gilt zwar Schweigen als Annahme, doch kann ausdrücklich abgelehnt werden; ähnlich im Falle des § 1003 und bei Verzicht auf ausdrückliche Annahme. Beim Kontrahierungszwang können dagegen ordnungsgemäß gestellte Anträge nicht abgelehnt werden. Näheres s. Schuldrecht, Allgemeiner Teil, § 3 A I 1.

§ 26. Erfordernisse (Mängel) des Rechtsgeschäftes. Übersicht

A. Erfordernisse

Nach der Überschrift zu den §§ 865 ff. sind „Erfordernisse eines gültigen Vertrages":

1. Fähigkeit der Person. § 865–868.
2. Wahre Einwilligung. §§ 869–877. Fehlt es daran, sprechen wir von Willensmängeln, doch ist nicht der innere Wille maßgebend, sondern was der Partner als Wille erkennen konnte; s. u., § 28 A I und II.
3. Möglichkeit und Erlaubtheit. §§ 878–880.
4. Form, wenn solche vorgesehen. §§ 883–887.

All das gilt für Rechtsgeschäfte überhaupt; so die durch die III. TN. ergänzte Überschrift des 17. HSt.

B. Das mangelhafte Rechtsgeschäft

1. Das mangelhafte Rechtsgeschäft muß immerhin nach seinem gesamten Habitus als Rechtsgeschäft erscheinen; andernfalls liegt nicht ein mangelhaftes, sondern überhaupt kein Rechtsgeschäft vor.

Die sogenannte wilde Ehe ist keine Ehe. — Eine Einladung zum Abendessen mangels eines auf rechtlichen Erfolg gerichteten Willens kein Rechtsgeschäft. — Dagegen bietet ein unerlaubter, ein erzwungener Vertrag immerhin das Bild eines (wenn auch mit einem Mangel behafteten) Vertrages.

2. Ein mangelhaftes Rechtsgeschäft kann nicht die volle Wirkung entfalten, muß aber deshalb nicht wirkungslos sein; es kann z. B. Ersatzpflicht auslösen.

3. Unter Mängeln sind hier Mängel in der Wurzel, d. h. im Rechtsgeschäft selbst gemeint. Mängel in der Abwicklung des aus dem Rechtsgeschäft entstandenen Rechtsverhältnisses berühren die Gültigkeit nicht.

Den Mängeln in der Wurzel entspricht rückwirkende Vernichtung. Aber auch die Mängel in der Abwicklung (Schlechterfüllung i. w. S.) können zur rückwirkenden Aufhebung des Rechtsverhältnisses führen. So ähnelt die Wandlung wegen Mängel und die Aufhebung wegen laesio enormis der Anfechtung insoweit, als auch sie auf Begehren des Verletzten durch Klage oder Einrede erfolgt. Dennoch sind die Wirkungen andere. Die Anfechtung beseitigt den Rechtsgrund für die erfolgten Leistungen und damit den Titel für den Eigentumsübergang. Wandlung und Aufhebung lassen ihn bestehn und verpflichten nur obligatorisch zur Rückgabe der Leistungen und des übergegangenen Eigentums (obligatorische, im Gegensatz zur dinglichen Rückwirkung). — Dessenungeachtet ist nicht zu übersehen, daß auch bei wesentlichen Mängeln und bei der laesio enormis von einem Mangel in der Wurzel gesprochen werden kann.

Auch der Rücktritt wegen nicht oder nicht gehöriger Erfüllung und die nachträgliche Unmöglichkeit verpflichten zur Rückstellung von Leistungen; §§ 921/2, 1447/3 s. Schuldrecht, Allgemeiner Teil, § 16 A I 5 und § 17 E III.

C. Wirkungen der Mängel

I. Allgemeines

1. Mängel in der Wurzel lassen das Rechtsgeschäft jedenfalls nicht die vollen Wirkungen hervorbringen, sonst aber richten sich die Rechtsfolgen nach der Art des Mangels.

Zur Entstehungszeit des ABGB. hat man nicht scharf unterschieden, daher kennt das ABGB. in der Gestalt von 1812 keine feste Terminologie. Am häufigsten spricht es unterschiedslos von Gültigkeit bzw. Ungültigkeit. (Vgl. §§ 865, 867, 875, 878, 879 alt. So durchwegs im Erbrecht und im Eherecht des ABGB.) Doch verwendet es auch andere Ausdrücke: der Vertrag ist ohne Rechtskraft (§ 55); für nicht geschlossen anzusehen (§§ 880 und 1048); es entsteht kein Vertrag (§ 869); er ist nur dann verbindlich (§ 936); es wird vermutet, daß die Parteien nicht gebunden sein wollen (§ 884); der Getäuschte und Bedrohte ist den Vertrag zu halten nicht verbunden (§ 870); für den Irrenden entsteht keine Verbindlichkeit (§ 871); aus einer formmangelhaften Schenkung entsteht kein Klagerecht (§ 943).

Wie wenig das ABGB. unterscheidet, zeigt die Verwendung des Wortes Aufhebung sowohl bei Mängeln in der Wurzel (§ 877) wie in der Abwicklung (§§ 932, 934, 1118). Bald soll sie den vorigen Stand wieder herstellen (§§ 877, 932, 934; § 1386 spricht in diesem Fall von Anfechtung), bald das Rechtsgeschäft nur auflösen (§§ 1118, 1366, Überschrift zum 3. HSt. des 3. Teiles und zu § 1411). Widerruf der Schenkung bewirkt Aufhebung ex tunc, Widerruf der Vollmacht oder des Auftrages Auflösung ex nunc.

2. Die neuere gemeinrechtliche Lehre hat sich bemüht, einzelne Arten der Ungültigkeit herauszuarbeiten, und die neuere Gesetzgebung (auch die III. TN. dem BGB. folgend) hat ihre Terminologie übernommen. Sie unterscheidet insbesondere Nichtigkeit (§§ 879, 916, WucherG., NichtigkeitsG., NotZwG., HGB. § 339, AktG. §§ 199 ff.) und Anfechtbarkeit

(AnfO., AktG. §§ 195 ff.); das französische Recht act nul und annulabl, das englische contract void und voidable. Diese neuen Begriffe werden in das ABGB. hineingelesen.

II. Nichtigkeit

1. Nichtig ist ein Rechtsgeschäft, dem die Rechtsordnung die rechtsgeschäftlichen Wirkungen endgültig versagt.

2. Die Nichtigkeit wirkt regelmäßig absolut, d. h. jeder daran rechtlich Interessierte kann sich darauf berufen. Doch gibt es auch Fälle relativer Nichtigkeit, wenn nämlich die Ungültigkeit dem Schutz gewisser Personen dient; so sind Rechtshandlungen des Gemeinschuldners nach der Konkurseröffnung nur den Konkursgläubigern gegenüber unwirksam (§ 3 KO.). Eine nur relative Wirkung ergibt sich auch, wenn der auf die Gültigkeit des Geschäftes Vertrauende geschützt wird und die Nichtigkeit ihm gegenüber nicht geltend gemacht werden kann; so beim Scheingeschäft (§ 916/II, bei der nichtigen Ehe (§§ 31, 32 EheG.) bei der widerrufenen Adoption (§ 184/II und III).

3. Die Nichtigkeit ist von Amts wegen wahrzunehmen; die Klage, die sie geltend macht, eine Feststellungsklage.

4. Quod ab initio vitiosum est, non potest tractu temporis convalescere — die Nichtigkeit kann nicht heilen (§ 576). Bestätigen die Parteien ein nichtiges Rechtsgeschäft (natürlich nach Behebung des die Nichtigkeit bewirkenden Mangels!) ist das ein neuer, erst von der Vornahme ab wirksamer Geschäftsabschluß.

Der vorangestellte Satz gilt nicht ausnahmslos. Eine aus Formmangel ungültige Schuld heilt durch Erfüllung (§ 1432); das vom falsus procurator abgeschlossene Geschäft durch Genehmigung. Das EheG. (§§ 21, 22, 23, 25, 26, jeweils Abs. II) kennt Fälle der Heilung (sanatio ex radice), ebenso das Gesellschaftsrecht.

Auch der in § 575 formulierte umgekehrte Satz, daß etwas anfänglich Gültiges nicht später ungültig werde, erfährt Durchbrechungen. Das Testament eines kinderlosen Erblassers wird ungültig, wenn er ein Kind erhält, heilt aber wieder, wenn es vor ihm stirbt (§ 778). Nach § 880 und § 1048 wird ein Vertrag ungültig, wenn zwischen Vertragsschluß und Übergabe der Gegenstand außer Verkehr gesetzt oder „ganz oder doch über die Hälfte am Werte zu Grunde gerichtet“ wird.

5. Nicht mit der Heilung ist die *Umdeutung (Konversion)* zu verwechseln. Sie rettet ein nichtiges Rechtsgeschäft, indem sie es als ein anderes aufrechthält — vorausgesetzt, daß es dessen Erfordernisse erfüllt und die Absicht der Parteien, wenn auch nur unvollkommen, verwirklicht.

Der ungültige Erbvertrag eines pflegebefohlenen Ehegatten ist nach § 1250 in ein Testament umzudeuten. Die Annahme unter Änderungen gilt als neuer Antrag. Eine fristlose außerordentliche Kündigung, der der wichtige Grund fehlt, kann als befristete ordentliche Kündigung wirken. Ein formmangelhaftes fremdhändiges Testament kann als mündliches, ein formmangelhaftes öffentliches als privates aufrechterhalten werden. — Die Umdeutung darf aber nicht dem Gesetzeszweck widersprechen: Eine formmangelhafte Bürgschaft kann nicht in ein formlos gültiges Garantieversprechen umgedeutet werden.

6. *Voll- und Teilnichtigkeit.* — Die III. TN. regelt diese Frage bei der anfänglichen Unmöglichkeit in § 878/2: „Ist Mögliches und Unmögliches zugleich bedungen, so bleibt der Vertrag in ersterem Teile gültig, wenn anders aus dem Vertrage nicht hervorgeht, daß kein Punkt von dem anderen abgesondert werden könne." „Wenn anders", d. h. im Zweifel Teilnichtigkeit.

Die Vorschrift ist analog auf die teilweise Unerlaubtheit anzuwenden. Auch hier spricht die Vermutung dafür, den unerlaubten Teil zu beseitigen und den Vertrag sonst bestehn zu lassen. Während es aber im Falle der Unmöglichkeit vom Vertrag, d. h. vom Parteiwillen abhängt, ob er ein unteilbares Ganzes bildet oder nicht, kann sich bei der Unerlaubtheit die Partei auf ihren unerlaubten Willen nicht berufen. Vielmehr entscheidet der Zweck der Verbotsnorm darüber, ob die Nichtigkeit den ganzen Vertrag oder nur den unerlaubten Teil ergreift. Daraus ergibt sich:

a) Die unerlaubt hohe Leistung wird ermäßigt; so bei Konventionalstrafe, aber auch bei Preistreiberei, nicht jedoch bei Wucher; s. u., § 34 B.

b) Unerlaubte Klauseln können herausgelöst werden. Ungültigkeit einer Wertsicherungsklausel bewirkt nicht Ungültigkeit der Forderung. Verbotene Zinsvereinbarung macht nur sie, nicht den Mietvertrag ungültig. Dasselbe muß für verbotene Ablöse gelten.

c) Das gilt umsomehr bei selbständigen Verträgen. Deshalb, weil der Vermittlungsvertrag ungültig ist, bleibt das vermittelte Geschäft gültig. Freilich, ein auf den Abschluß verbotener Geschäfte gerichteter Vermittlungsvertrag ist wie diese ungültig.

d) Ungültigkeit des Hauptvertrages ergreift die Nebenabreden: ungültiger Hauptvertrag macht auch die Konventionalstrafe ungültig.

e) Es kann auch der Vertrag als Ganzes nichtig sein, wenn zwar keine seiner einzelnen Klauseln, wohl aber ihr Zusammenspiel und ihre Häufung unerlaubt ist.

7. Weist eine *letzte Anordnung* die Gültigkeitserfordernisse schon äußerlich nicht auf, wird der, welcher sich auf sie beruft, im Abhandlungsverfahren auf den Klageweg verwiesen. Weist sie äußerlich die Gültigkeitserfordernisse auf, muß dagegen klagen, wer sie umstoßen, d. h. anfechten will (§ 1487).

8. Der Begriff der *Ehenichtigkeit* der §§ 20—32 EheG. stimmt mit dem eben entwickelten allgemeinen Nichtigkeitsbegriff nicht überein. Dem nichtigen Rechtsgeschäft entspricht vielmehr die sogenannte Nichtehe. Dagegen ist die sogenannte nichtige Ehe laut § 27 EheG. voll wirksam, solange sie nicht durch Richterspruch für nichtig erklärt ist. Klageberechtigt sind nur: der Staatsanwalt, die Ehegatten und bei Doppelehe auch der Gatte der früheren Ehe. Das Urteil wirkt rechtsgestaltend. Die nichtige Ehe ist also nur vernichtbar. Auch das nur in Grenzen, denn die Kinder bleiben grundsätzlich ehelich, und der Gatte, der die Nichtigkeit nicht gekannt hat, kann in vermögensrechtlicher Hinsicht zwischen Nichtigkeits- und Scheidungsfolgen wählen.

III. Anfechtbarkeit

1. Unter Anfechtbarkeit versteht man das Recht gewisser Personen, ein Geschäft zu vernichten. Sie ist somit ein *Fall der Vernichtbarkeit.* Das erfolgreich angefochtene Geschäft ist im vorher entwickelten Sinn nichtig; also i. d. R. absolut, u. U., so bei der Gläubigeranfechtung, aber auch nur relativ; voll- oder nur zum Teil nichtig.

2. Die Anfechtbarkeit will die Seite schützen, deren Willenserklärung Mängel aufweist. Sie stellt dem *Anfechtungsberechtigten* anheim, ob er das Geschäft gelten lassen will. *Anfechtungsgegner* ist bei empfangsbedürftigen Erklärungen der Anerklärte; bei nicht empfangsbedürftigen, wer aus der Erklärung einen rechtlichen Vorteil erlangt, z. B. beim anfechtbaren Testament der Testamentserbe.

3. Die Anfechtung kann nach österreichischem Recht durch *Klage (Rechtsgestaltungsklage!) oder Einrede* erfolgen. Anders als bei Rücktritt genügt die bloße Gestaltungs*erklärung* nicht.

Während § 918 von „Rücktritt erklären" spricht, sagt § 877 „Die Aufhebung verlangen".

4. Das Anfechtungsrecht ist *befristet,* während die Nichtigkeitsklage zeitlich unbegrenzt erhoben werden kann. Das Anfechtungsrecht erlischt ferner durch Bestätigung, die hier Verzicht auf das Anfechtungsrecht bedeutet.

5. Die *Bestreitung der Ehelichkeit* des Kindes ist der Anfechtung verwandt, steht aber unter besonderen Regeln (§§ 156 ff.). Dagegen ist die *Gläubigeranfechtung* ein Fall der Anfechtung; str.

6. Das EheG. hat anstelle der Anfechtung die *Aufhebung* gesetzt, die die Ehe nicht vernichtet, sondern mit Scheidungswirkung ex nunc löst. So nunmehr auch das AdoptionsG. § 184 a I Z. 1, während der gerichtliche Widerruf der Adoption (§ 184) das Adoptionsverhältnis rückwirkend vernichtet.

7. *Anfechtbare und schwebend unwirksame Geschäfte.* — Geschäfte, durch die beschränkt Handlungsfähige sich verpflichten, sind grundsätzlich schwebend unwirksam; s. u., § 27 II 4. Wie bei den anfechtbaren Geschäften ist auch hier die Wirksamkeit in Schwebe, und wenn sie nicht genehmigt werden, sind sie so wie das erfolgreich angefochtene Geschäft von Anfang an ungültig.

Zwischen schwebend unwirksamen und anfechtbaren Geschäften bestehn aber folgende Unterschiede:

a) Die Wirksamkeit hängt dort nicht vom Willen dessen, der das Geschäft schließt, sondern vom Willen eines Dritten ab.

b) Das anfechtbare Geschäft entfaltet Wirkungen, sofern und solange es nicht angefochten wird. Es ist also schwebend wirksam. Das schwebend unwirksame Geschäft entfaltet — bis auf eine Bindung — zunächst keine Wirkungen, ist eben schwebend unwirksam. Es wird erst durch die positive Erklärung der Genehmigung wirkungsvoll, das anfechtbare Geschäft umgekehrt erst durch die Anfechtung — nicht eine bloße Erklärung! — wirkungslos.

IV. Rechtsfolgen der Vernichtung des Rechtsgeschäftes

1. *Rückabwicklung.* — Ist ein Geschäft nichtig oder wird es durch Anfechtung vernichtet, ist Eigentum mangels Rechtsgrundes (Titels) nicht übergegangen, und die ohne Rechtsgrund bewirkten Leistungen können zurückgefordert werden. § 877 spricht das für den Fall der Anfechtung wegen Willensmangels (Drohung, Täuschung, Irrtum) aus. Es ist auf die wegen Willensmangels (Geschäftsunfähigkeit, Scheingeschäft, Dissens) nichtigen Geschäfte zu erstrecken. Es wird aber auch für die wegen Unmöglichkeit oder Unerlaubtheit nichtigen Geschäfte zu gelten haben. Dort freilich mit der Ausnahme des § 1174/I/1 u. II: „Was jemand wissentlich zur Bewirkung einer unmöglichen oder unerlaubten Handlung gegeben hat, kann er nicht wieder zurückfordern."

Näheres über den Umfang der Rückstellungspflicht, die Zug um Zug zu erfolgen hat, s. Schuldrecht, Besonderer Teil, § 37 D u. E.

2. *Dauerrechtsverhältnisse,* deren Abwicklung begonnen hat, sind nicht mehr rückgängig zu machen. Daher besteht die Tendenz, anstelle der Vernichtung die Auflösung mit Wirkung ex nunc treten zu lassen. Die Nichtigkeits- und Anfechtungsgründe wandeln sich bei ihnen in wichtige Gründe zur außerordentlichen Kündigung; s. Schuldrecht, Allgemeiner Teil, § 4 C 3.

3. *Vertrauensinteresse.* — § 878/3: „Wer bei Abschließung des Vertrages die Unmöglichkeit kannte oder kennen mußte, hat dem anderen Teile, falls von diesem nicht dasselbe gilt, den Schaden zu ersetzen, den er durch das Vertrauen auf die Gültigkeit des Vertrages erlitten hat." Es handelt sich um einen Fall der culpa in contrahendo; die Regel gilt aber allgemein. So, wenn die Vorverhandlungen gar nicht zum Vertragsschluß gediehen; so auch bei unerlaubten Geschäften (der Inländer, der das Ausfuhrverbot kannte oder kennen mußte, hat dem Ausländer, von dem nicht dasselbe gilt, das Vertrauensinteresse zu ersetzen); bei Vorspiegelung der Geschäftsfähigkeit (§§ 248/I, 866); bei Täuschung und Drohung (§ 874); bei durch unklare Ausdrücke verschuldetem Dissens.

Darüber, was als Vertrauensinteresse zu leisten ist, s. Schuldrecht, Allgemeiner Teil, § 2 C 5.

D. Zusammenfassung

1. Mit der Nichtigkeit verhängt die Rechtsordnung über das Geschäft und das darauf gegründete Rechtsverhältnis gleichsam die Todesstrafe. Begreiflich, daß das nur die ultima ratio, das letzte und äußerste Mittel sein darf, das womöglich vermieden wird:

a) Die Vernichtbarkeit, auch in Form der Anfechtbarkeit, läßt das Geschäft zunächst bestehn, kann aber dann zur Nichtigkeit führen.

b) Die relative Nichtigkeit oder Vernichtbarkeit macht das Geschäft nur in gewisser Richtung, der Schutzrichtung, wirkungslos, läßt es in anderer Richtung bestehn.

c) Die Heilung beseitigt eine zunächst bestehende Vernichtbarkeit.

d) Die Umdeutung versucht das nichtige Rechtsgeschäft als ein anderes zu retten.

e) Die Teilnichtigkeit ergreift nur den mangelhaften Teil; das kranke Glied wird amputiert, um den gesunden Körper zu retten.

f) Bei angelaufenen Dauerrechtsverhältnissen tritt anstelle der Vernichtung ex tunc die Auflösung ex nunc.

2. Diese vor allem in der neueren Gesetzgebung und Praxis unverkennbare Tendenz verbindet sich mit einer anderen:

a) Nach älterer Auffassung regiert der Parteiwille das Geschäft. Verstößt er gegen die Rechtsordnung oder weist grobe Mängel auf, kann er nicht gelten; damit ist aber auch dem Geschäft die Grundlage entzogen, es ist wirkungslos.

b) Die neuere Auffassung neigt demgegenüber dazu, anstelle des fehlerhaften, besonders des unerlaubten Willens das zu setzen, was die Parteien vernünftigerweise gewollt hätten (sogenannte hypothetische Auslegung), was sie erlaubterweise hätten wollen müssen. Das Geschäft wird nicht vernichtet, sondern verbessert.

Die ältere Auffassung begnügte sich damit, negativ zu sagen: So kannst du nicht wollen, daher wirkt dein Wille nicht. Darin liegt immer noch ein gewisser Respekt vor dem Parteiwillen, ohne den das Geschäft nicht wirken kann. — Die jüngere Rechtsauffassung sagt positiv: statt dessen hast du so zu wollen. Sie ist bereit, über den mangelhaften, unerlaubten Willen sich hinwegzusetzen, ihn zu korrigieren. Das entspricht der auch sonst im modernen Recht vorwaltenden, der Parteiautonomie abträglichen Tendenz.

In diese Richtung weist schon die Umdeutung und die Bevorzugung der Teilnichtigkeit, wobei freilich unterstellt wird, daß die Parteien auch das andere Geschäft bzw. den mangelfreien Geschäftsteil für sich gewollt hätten. Eine ältere Vorschrift dieser Art ist das richterliche Mäßigungsrecht bei der Konventionalstrafe (§ 1336/II). Ebenso läßt die AusbeutungsVO. übermäßige Gegenleistungen zurückfordern, während die Wucherbekämpfung noch Vollnichtigkeit anordnet; s. u., § 34 B III b. Die stärkste Ausprägung findet der Gedanke in der Unabdingbarkeit der Kollektivverträge und in der richterlichen Vertragshilfe — diese kennen wir in Österreich nur im Rahmen des Pächterschutzes; s. Schuldrecht, Besonderer Teil, § 20, 8.

§ 27. Handlungsunfähigkeit und beschränkte Handlungsfähigkeit

A. Handlungsunfähigkeit

1. *Delikte.*

a) Kinder sind grundsätzlich deliktsunfähig, doch ist nach § 1310 das Maß der Einsicht (besonders bei Verkehrsunfällen) zu prüfen.

b) Auch während der Dauer der Sinnesverwirrung besteht Deliktsunfähigkeit, doch haftet, wer sich oder andere schuldhaft in diesen Zustand versetzt, für den darin angerichteten Schaden (§ 1307).

c) Geisteskrankheit kann die deliktische Verantwortung ausschließen, muß es aber nicht. Lichte Zwischenräume sind zu berücksichtigen (Beweislast!). § 1310 ist ebenfalls heranzuziehen. Das gilt auch bei voll entmündigten Geisteskranken.

2. *Geschäfte.*

a) Rechtsgeschäfte Handlungsunfähiger sind ungültig (§§ 865/1, 565, 566, EheG. § 2 und § 102), selbst wenn sie zu ihrem Vorteil wären. Nachträgliche Genehmigung ist nicht möglich. Ausnahme: Die nichtige Ehe eines Geschäftsunfähigen oder Sinnesverwirrten heilt, wenn er nach Wegfall der Störung zu erkennen gibt, daß er die Ehe fortsetzen will (§ 22 EheG.).

b) Bei nicht entmündigten Geisteskranken ist Untersuchung im Einzelfall geboten. Lichte Zwischenräume sind zu berücksichtigen. Auch kann ein von einer fixen Idee, z. B. Querulantenwahn, Besessener in anderer Hinsicht geschäftsfähig sein.

Voll Entmündigte sind für Verkehrsgeschäfte jedenfalls geschäftsunfähig. Anders beim Testament, da § 6 EntmO. den § 567 nicht berühren wollte. Hier und bei der Testamentszeugenschaft (§ 591) sind auch lichte Zwischenräume zu berücksichtigen.

Auch wenn der andere Teil von der Geisteskrankheit oder Entmündigung weder Kenntnis hatte noch haben konnte, ist das Geschäft ungültig; in dieser Hinsicht kein Gut-Glaubens-Schutz.

3. Für *Rechtshandlungen* gilt dasselbe. Nach § 310/1 ist auch Besitzerwerb ausgeschlossen. Wohl aber können Geschäftsunfähige *Realakte* wirksam vornehmen, z. B. innehaben, Urheberrechte durch geistige Produktion erwerben. Auch schuldlos rechtswidriges Verhalten erfordert keine Zurechnungsfähigkeit. Insoweit sind die Geschäfts- und Deliktsunfähigen nicht voll handlungsunfähig.

B. Beschränkte Handlungsfähigkeit

I. Delikte

Der mündige Minderjährige ist voll deliktsfähig (§ 248/II). Der Unmündige ist zwar gemäß § 1308 deliktsunfähig, doch hat nach § 1310 der Richter das Maß seiner Einsicht in das Unrecht zu prüfen (Diskretionsalter). Beschränkte Entmündigung berührt die Deliktsfähigkeit nicht; sie würde sonst einen Freibrief für unerlaubtes Handeln geben. Vielmehr ist in jedem Fall zu prüfen, ob und wieweit die nötige Einsicht vorhanden ist.

II. Geschäfte

1. Nach § 865/2, 3 können beschränkt Handlungsfähige Geschäfte gültig schließen, die sie nur berechtigen, sie können aber in der Regel (Ausnahmen s. u., III) nur mit Zustimmung des gesetzlichen Vertreters verfügen oder sich verpflichten. Die Zustimmung heißt, wenn vor oder bei Geschäftsschluß gegeben, Einwilligung; wenn nachträglich gegeben, Genehmigung.

2. Es kommt also nicht darauf an, ob das Geschäft im ganzen „zu ihrem Vorteil“ ist. § 865/2 verdeutlicht, daß Geschäfte beschränkt Geschäftsfähiger zustimmungsbedürftig sind, „wenn sie eine damit verknüpfte Last übernehmen oder selbst etwas versprechen“. Noch deutlicher § 244: „Ein Minderjähriger ist zwar berechtigt, durch erlaubte Handlungen etwas für sich zu erwerben; allein, er kann ohne Genehmhaltung der Vormundschaft weder etwas von dem Seinigen veräußern noch eine Verpflichtung auf sich nehmen.“
Daher kann der Minderjährige einen Kaufantrag entgegennehmen, da er damit nur ein Gestaltungsrecht erhält; aber nicht annehmen, da er sich dadurch verpflichtet. — Ob auf die Einwilligung zur ärztlichen Behandlung (insbesondere zur Operation) die Regeln über Rechtsgeschäfte angewendet werden können, ist zweifelhaft.

3. Zur *Eheschließung* ist die Zustimmung des gesetzlichen Vertreters nötig, sonst ist die Ehe aufhebbar (§§ 3 und 35 EheG.). Der Unmündige ist *testierunfähig* (§ 569/1); der mündige Minderjährige kann bis zum vollendeten 18. Lebensjahr nur vor Gericht oder Notar mündlich testieren (§ 569/2); ebenso der beschränkt entmündigte Geisteskranke (§ 4 II EntmO.). Entmündigte Verschwender und Süchtige können zwar in beliebiger Form, aber nur über die Hälfte ihres Vermögens testieren (§§ 568, 718 und § 6 II EntmO.).
Ausdrücklich bestimmt § 1421, daß Zahlungen *von* beschränkt Handlungsfähigen nur wirksam sind, wenn es sich um eine richtige und fällige Schuld handelt. Und § 1424/2, daß Zahlungen *an* beschränkt Handlungsfähige nur wirksam sind, soweit das Bezahlte vorhanden ist oder zum Nutzen des Empfängers verwendet wurde.

4. Hat der beschränkt Geschäftsfähige ein zustimmungsbedürftiges Geschäft ohne Einwilligung geschlossen, ist es *schwebend unwirksam*. Kein Teil ist vorläufig zur Erfüllung verpflichtet, beide sind aber gebunden. § 865, Schlußsatz, sagt vom Vertragsgegner ausdrücklich, daß er nicht zurücktreten kann; es gilt aber auch für den beschränkt Geschäftsfähigen, da die Gültigkeit des Vertrages nicht von ihm, sondern vom Willen des gesetzlichen Vertreters abhängt. Der Vertragsgegner ist gebunden, auch wenn ihm die mangelnde Geschäftsfähigkeit des Partners schuldlos unbekannt war; kein Gut-Glaubens-Schutz (s. aber unten, III, 8, zu den §§ 866 und 248 I). Er kann aber die Beendigung des Schwebezustandes herbeiführen, indem er dem gesetzlichen Vertreter eine angemessene Frist zur Erklärung setzt (§ 865, Schlußsatz). Äußert sich dieser in der gesetzten Frist nicht, gilt das als Ablehnung.

Eine andere Lösung wählte das römische Recht: Der impubes wurde aus Geschäften ohne auctoritas tutoris zwar berechtigt, aber nicht verpflichtet; daher negotium claudicans.

5. Die Zustimmung tritt als Rechtsbedingung zu dem vom beschränkt Geschäftsfähigen geschlossenen Geschäft dazu. Sie wird mit Zugang wirksam (vorher widerruflich), macht aber dann den Vertrag rückwirkend gültig.

Ist der beschränkt Geschäftsfähige in der Schwebezeit gestorben, erlischt damit auch die gesetzliche Vertretung; genehmigen könnten hier nur die Erben.

Wird er in der Schwebezeit voll geschäftsfähig, kann er selbst genehmigen oder ablehnen. Wäre freilich schon vorher die Genehmigung vom gesetzlichen Vertreter verweigert worden und damit das Geschäft ungültig, könnte er es nur neu schließen.

6. Die Vorschrift des § 865 ist auf Rechtsgeschäfte, die durch Genehmigung eines Dritten, z. B. der Aufsichtsbehörde, erst voll wirksam werden, analog anzuwenden. Der Aufsichtsbehörde steht frei, ob sie genehmigt oder nicht; einen Anspruch auf Genehmigung, ein Rechtsmittel gegen die Verweigerung gibt es nicht.

7. Bezieht sich § 865 nur auf Verträge (so seine Überschrift) oder auch auf einseitige Rechtsgeschäfte (so die neue Überschrift zum 17. HSt.)? Es ist darauf abzustellen, ob das einseitige Rechtsgeschäft den nach § 865 eintretenden Schwebezustand duldet oder nicht. Wenn ja, steht nichts im Wege, § 865 auch darauf zu beziehen; wenn nein, kann es nicht durch Genehmigung gültig werden. Die Kündigung z. B. duldet im allgemeinen einen solchen Schwebezustand nicht, da damit die Vorbereitungsfrist ganz oder zum Teil verlorenginge.

8. Wiederum sind *Rechtshandlungen* wie Rechtsgeschäfte zu behandeln. Durch *Realakte,* z. B. Verarbeitung, aber auch durch Quasikontrakte (Geschäftsführung ohne Auftrag) kann sich der beschränkt Geschäftsfähige nur berechtigen, nicht verpflichten; er kann aber u. U. aus Delikt und wegen ungerechtfertigter Bereicherung haften.

III. Ausnahmen

In einer Reihe von Fällen können beschränkt Geschäftsfähige allein verfügen und sich allein verpflichten.

1. § 152/2 und § 246/1. — Minderjährige, außer der Verpflegung der Eltern stehende Kinder sowie unter Vormundschaft Stehende können selbständige *Arbeitsverträge* schließen, doch kann der Vater (Vormund) aus wichtigen Gründen kündigen. Die wichtigen Gründe sind hier nicht im Sinne des Arbeitsrechtes (§ 1162), sondern im Sinne des Familienrechtes zu verstehn, z. B. weil Erziehung und Ausbildung leiden.

2. § 151, erster Fall, und § 246/2, erster Fall. — Der Minderjährige kann über den *Arbeitserwerb* (nicht über Geschenke und Schmerzensgeld) frei verfügen; der mündige Minderjährige auch über ihm zustehende Leistungen der Sozialversicherung. Im Rahmen dieser Mittel kann er sich dann auch verpflichten, darf aber seinen Lebensunterhalt dadurch nicht gefährden.

3. § 151, zweiter Fall, § 246/2, zweiter Fall. — Dem mündigen Minderjährigen können Gegenstände *zur freien Verfügung überlassen werden.* Zum Gebrauch überlassene Gegenstände sind deshalb noch nicht zur Verfügung überlassen; in diesem Sinne ist das Gesetz richtigzustellen.

4. § 152/1. — Außer der Einzelzustimmung gibt es auch eine, freilich nicht unbegrenzte *Pauschalermächtigung,* z. B. für den Studenten, der nicht am Heimatort studiert.

5. Der beschränkt Entmündigte ist dem Minderjährigen gleichgestellt, doch kann einem wegen Süchtigkeit Entmündigten die Verfügung über den Arbeitserwerb vorenthalten werden.

6. § 247 und § 152/3. – Nach vollendetem 18. Lebensjahr kann dem Minderjährigen die freie Verwaltung des reinen Überschusses seiner *Einkünfte* überlassen werden.

7. Einen redlichen Erwerb durch Dritte gibt es in diesen Fällen nicht. Geschützt wird nur, wer auf das Eigentum des Vormannes, nicht wer auf die Gültigkeit des Geschäftes des beschränkt Geschäftsfähigen, zum Beispiel darauf vertraute, daß ihm die Sache zu freier Verfügung überlassen sei. Der Schutz des Minderjährigen geht hier dem Vertrauensschutz vor; streitig.

8. § 866: „Wer listiger Weise vorgibt, daß er Verträge zu schließen fähig sei und dadurch einen andern, der darüber nicht leicht Erkundigung einholen konnte, hintergeht, ist zur Genugtuung verpflichtet." Es ist ein Fall der Haftung für culpa in contrahendo, das Geschäft ist nicht gültig, es wird auch nicht das Erfüllungs-, sondern das Vertrauensinteresse prästiert. § 248 schränkt das bei mangelndem Alter auf den Fall ein, daß sich ein Minderjähriger nach vollendetem 18. Lebensjahr als volljährig ausgibt – vorher ist eine Täuschung kaum möglich.

§ 28. Willensmängel: Allgemeines. Geheimer Vorbehalt. Scheingeschäft

A. Allgemeines

I. Das Problem

Wille und Erklärung bilden eine Einheit. Nur der erklärte Wille ist rechtlich wirksam. Wie aber, wenn Wille und Erklärung nicht übereinstimmen? Soll dann die Erklärung, wenn und soweit sie vom Willen des Erklärenden abweicht, wirkungslos sein oder soll er an seiner Erklärung festgehalten werden? Das erste liegt im Interesse des Erklärenden und sein Interesse scheint schutzwürdig, wenn er sich in der Erklärung vergriffen hat (Irren ist menschlich). Das zweite liegt im Interesse des Anerklärten und sein Interesse scheint schutzwürdig, wenn er den inneren Mangel nicht erkennen konnte. Das Problem wurde verschieden zu lösen versucht.

II. Entwicklung

Formalismus kennzeichnet das alte römische und deutsche Recht: Nur formrichtige Akte erzeugen Wirkungen. Wird die Form verfehlt, tritt die Wirkung nicht ein; wird die Form gesetzt, wirkt sie, auch wenn die Wirkung nicht gewollt sein sollte (Formgefahr).

Analog entscheidet bei rechtswidrigem Handeln nicht die subjektive, sondern die objektive Tatseite, der Erfolg (Erfolgshaftung).

Das spätere römische Recht prüft und berücksichtigt den Willen — ein entschiedener Fortschritt; im nachklassischen römischen Recht geschieht das freilich bis zum Übermaß.

1. Die dadurch beeinflußte gemeinrechtliche Doktrin legte das Hauptgewicht auf den Willen (*Willenstheorie*, SAVIGNY und die Romanisten). Man hielt ihn für ein so unentbehrliches Element, daß man eine stillschweigende Willenserklärung (WE.) fingierte, wo vielleicht gar kein Wille vorlag, um damit die entsprechende Rechtsfolge zu begründen. Beispiele: § 377/II HGB. und schon Art. 347/II AHGB.: Unterlassen der Mängelrüge gilt als Genehmigung der Ware; § 362 HGB. und schon Art. 323 AHGB.: Schweigen gilt als Annahme. § 1152: Im Zweifel gilt angemessenes Entgelt für Dienstleistungen als vereinbart.

Berühmt-berüchtigtes historisches Beispiel einer solchen Fiktion: Durch die Beiwohnung schließe der Vater „stillschweigend" einen Alimentationsvertrag für das daraus entstehende Kind.

2. Die Gegenwirkung blieb nicht aus. Die *Erklärungstheorie* (BECKER, KOHLER, Germanisten) betonte das Interesse des Geschäftspartners und des Rechtsverkehrs, der sich nur an das halten kann, was erklärt ist.

3. Interessenausgleich führt zu einer, je nach Art des Rechtsgeschäftes verschiedenen Regelung.

a) Auf den Willen kommt es bei den letztwilligen Geschäften an, denen ja ein Erklärungsempfänger fehlt (§§ 565, 570—572). Aber auch bei den unentgeltlichen Geschäften verdient der Wille des ohne Engelt Hingebenden volle Berücksichtigung; § 901/3 stellt sie den letztwilligen Geschäften gleich.

b) Im Gegensatz dazu muß bei Wertpapieren, die zirkulieren sollen, für Dritterwerber die im Papier verkörperte Erklärung gelten. Dasselbe gilt für Erklärungen an eine Behörde, z. B. Erbserklärung, gerichtliches Anerkenntnis. Für die Eheschließung gilt Besonderes: einerseits ist sie formeller Staatsakt, andererseits soll die Ehe sich nicht auf fehlerhaften Willen gründen.

c) Ist die Erklärung an einen Empfänger gerichtet (vor allem bei Antrag und Annahme) und handelt es sich um entgeltliche Geschäfte, die ja vorzüglich den Rechtsverkehr besorgen, wird der Geschäftspartner geschützt, soweit er auf die Erklärung vertrauen darf und sonst Schaden leidet. So die Regelung des ABGB., die es bei der Einwilligung in den Vertrag (§§ 869—875, 916) entwickelt und in § 876 auf einseitige empfangsbedürftige WE. ausdehnt *(Vertrauenstheorie)*.

III. Übersicht

§ 869/1. „Die Einwilligung in einen Vertrag muß frei, ernstlich, bestimmt und verständlich erklärt werden."

Frei ist im Sinne des § 565 als „frei von Zwang, Betrug und wesentlichem Irrtum" zu verstehn; s. u., §§ 28—32.

Mangelnde Ernstlichkeit liegt insbesondere bei geheimem Vorbehalt und Scheingeschäft (§ 869/3) vor; s. u., B—E.

Über die Bestimmtheit bei Antrag und Annahme s. o., § 24 B II. Entsprechendes gilt auch für einseitige Erklärungen (Kündigung).

Nicht verständlich ist eine Erklärung, wenn auch Auslegung keinen Sinn ergibt. — Unverständliche und ganz unbestimmte Erklärungen sind klarerweise wirkungslos; § 869/2; s. o., § 22 B VI.

§ 869/2 handelt außerdem vom Dissens; s. u., § 32 C.

B. Geheimer Vorbehalt

§ 869/3 behandelt jenen Fall mangelnder Ernstlichkeit, in welchem der Erklärende „sich, um einen andern zu bevorteilen, undeutlicher Ausdrücke bedient oder eine Scheinhandlung unternimmt", also absichtlich etwas erklärt, was er in Wahrheit insgeheim nicht will (geheimer Vorbehalt, Mentalreservation). Die Rechtsordnung kann solche Manöver nicht zulassen: sie hält den Erklärenden an seiner Erklärung fest, der geheime Vorbehalt ist wirkungslos.

§ 869/3 erweckt den falschen Eindruck, als wäre das Geschäft ungültig und nur „Genugtuung" zu leisten. Das ist im obigen Sinn richtigzustellen.

Die absichtliche Verwendung undeutlicher Ausdrücke ist ein Fall des geheimen Vorbehaltes, geht daher gleichfalls zu Lasten des Erklärenden, der sie so gelten lassen muß, wie sie der andere verstehn konnte; vgl. auch § 915/2.

Auch bei der Eheschließung ist der geheime Vorbehalt wirkungslos (§ 17 EheG. „erklären"; anders nach kanonischem Recht). Dagegen würde ein geheimer Vorbehalt letztwillige und unentgeltliche Geschäfte wohl ungültig machen (Willenstheorie; str.), u. U. aber Ersatzansprüche auslösen.

Geheim ist der Vorbehalt dem Geschäftspartner gegenüber; er muß aber doch irgendwie nach außen gedrungen, beweisbar sein. Mit bloß inneren Vorgängen kann sich die Rechtsordnung überhaupt nicht befassen. Durchschaut der Partner den geheimen Vorbehalt, wird er ihn wohl mangels schutzwürdigen Interesses gelten lassen müssen. Über die Abgrenzung des durchschauten Vorbehaltes vom Scheingeschäft s. u., D I 1.

C. Mangelnde Ernstlichkeit

1. Erklärungen auf der Bühne, im Hörsaal lösen keine Rechtsfolgen aus. Hier fehlt richtig gesehen nicht nur der Wille, sondern auch die rechtsgeschäftliche (!) Erklärung.

2. Bei höflichen Redensarten, Großsprecherei, Reklame, Ironie und Scherz kann es zweifelhaft werden. War der Mangel der Ernstlichkeit erkennbar, hat die Erklärung keine Rechtsfolgen. War er nicht erkennbar, wird der Erklärende an der Erklärung festgehalten. Wenn er fälschlich meinte, der Mangel sei erkennbar, wird er wegen Irrtums anfechten können, nach § 871 aber nur, sofern rechtzeitig aufgeklärt wurde.

Jener Scherz, der als Scherz nicht erkennbar war und vom andern auch nicht erkannt wurde, also der gelungene Scherz, ist der böse Scherz. Der Jurist versteht keinen Spaß: Die Erklärung gilt trotz geheimen Vorbehaltes. Auch dann, wenn der Scherz als solcher zwar objektiv erkennbar war, der Scherzende aber mit der Naivität des andern rechnet und dieser tatsächlich darauf hereinfällt. – Rechnet der Scherzende mit der Erkennbarkeit des Scherzes und tritt sie ein, ist die Erklärung mangels Ernstlichkeit nichtig. Hielt der Scherzende den Scherz für erkennbar, er war es aber nicht und wurde auch nicht erkannt, gilt die Erklärung, doch könnte der Scherzende sie wegen Irrtums anfechten, vorausgesetzt, daß sein Irrtum rechtzeitig aufgeklärt wurde (§ 871).

3. Die Rechtsprechung hat § 869 auch auf Geschäfte mit einem Angetrunkenen, aber nicht Volltrunkenen angewandt und sie wegen mangelnder Ernstlichkeit mit der Begründung aufgehoben, der Partner hätte Bedenken tragen müssen, daher komme ihm Vertrauensschutz nicht zu. Ja, die Praxis hat auch sonst unüberlegte Geschäfte mitunter als nicht ernstliche behandelt. Hiezu kann man nur sagen, daß der gute Zweck die Mittel heiligt.

D. Scheingeschäft (Simulation). § 916/I/1 und II

I. Tatbestand

1. Gleich wie beim geheimen Vorbehalt wird absichtlich erklärt, was nicht gewollt ist. Aber anders als dort handeln hier Erklärender und Anerklärter im Einverständnis. (Deshalb, weil der Anerklärte den geheimen Vorbehalt durchschaut, besteht noch kein Einverständnis!) Anders als beim geheimen Vorbehalt soll nicht der Partner, sondern ein Dritter getäuscht werden.

2. Wie ist das bei Erklärungen vor Behörden?

a) Anerklärter ist die Behörde; z. B. Erbserklärung. Hier wird das zum Scheingeschäft nötige Einverständnis der Behörden fehlen.

b) Wird dagegen, wenn auch *vor* der Behörde, einem andern etwas erklärt, kann das sehr wohl zum Schein geschehen. Ein Notariatsakt kann als Scheingeschäft nichtig sein; die gerichtliche Bewilligung zu einer Scheinadoption ist zu widerrufen (§ 184/I Z. 4); das kanonische Recht läßt den Einwand der Scheinehe allgemein, § 23 EheG. nur bei der Namens- und Staatsbürgerschaftsehe zu.

II. Rechtsfolgen

1. Das Geschäft ist weder gewollt noch erklärt – der andere Teil ja im Bilde! –, daher nichtig (§ 916/I/1).

Auf die Nichtigkeit kann sich der Partner berufen, wenn der andere Teil ihn am Scheingeschäft festhalten wollte. Vor allem aber der Dritte, der durch das Scheingeschäft getäuscht werden sollte.

2. Unter Umständen ist es aber für den Dritten günstiger, wenn er das Scheingeschäft als gültig behandeln kann. Das ermöglicht § 916/II: „Dem Dritten, der im Vertrauen auf die Erklärung Rechte erworben hat, kann die Einrede des Scheingeschäftes nicht entgegengesetzt werden."

Der getäuschte Dritte kann also das Scheingeschäft als gültig oder ungültig behandeln.

a) Hat ein Schuldner, um seine Gläubiger zu täuschen, Gegenstände zum Schein an seine Frau veräußert, können sich seine Gläubiger auf die Ungültigkeit der Veräußerung berufen und die Gegenstände trotzdem pfänden.

b) Im gleichen Fall kann der Mann aber auch den Gläubigern der Frau die Einrede des Scheingeschäftes nicht entgegensetzen; sie können ihrerseits die Gegenstände pfänden.

c) Konkurrieren die Gläubiger des Mannes und der Frau miteinander, haben die des wirklich Berechtigten, d. i. des Mannes, den Vorzug.

d) Hat A eine Sache zum Schein an B und dieser die Sache an C weiterveräußert, erwirbt C ungeachtet des Scheingeschäftes zwischen A und B Eigentum nach § 916/II. In der Regel wird C zugleich als redlicher Erwerber vom Nichtberechtigten geschützt sein; § 916/II schützt ihn aber auch, wenn keiner der drei Fälle des § 367 vorliegt, z. B. B ihm die Sache geschenkt hat.

e) Hat A seine Forderung gegen B zum Schein an C abgetreten und B im Vertrauen auf die Richtigkeit der Zession dem C gezahlt, kann A ihm die Einrede des Scheingeschäftes nicht entgegensetzen.

E. Dissimulation. § 916/I/2

1. Der Fall, daß beim Scheingeschäft in Wahrheit kein Geschäft geschlossen werden soll, ist seltener als der, daß das Scheingeschäft dazu dient, ein anderes Geschäft zu verbergen. Wir haben dann das verdeckende, simulierte Scheingeschäft vom verdeckten, dissimulierten, wahren Geschäft zu unterscheiden. Das Scheingeschäft ist als nichtig wegzuräumen und das verdeckte Geschäft „nach seiner wahren Beschaffenheit zu beurteilen" (§ 916/I/2).

Wurde aus Gebührengründen statt Schenkung Kauf vorgetäuscht, gilt das Geschäft als Schenkung; wurde Kauf zu niedrigerem Preis vorgetäuscht, gilt der höhere.

Oft wird das verdeckte Geschäft verborgen, weil es selbst an Unerlaubtheit leidet.

Wird z. B. zum Schein ein Kauf mit Wiederkaufsrecht zu höherem Preis geschlossen, um ein wucherisches Darlehn zu verdecken, sind Kauf und Wiederkauf als Scheingeschäfte und das Darlehn nach § 879 Z. 4 nichtig.

2. *Dissimulation und Umwegs(Umgehungs)geschäft.* — Stoßen die Parteien bei ihren Absichten auf rechtliche Hindernisse, können sie auf zweierlei Weise verfahren: Sie können ihre Absicht, in der Hoffnung, daß sie verborgen bleibt, insgeheim doch durchführen und, damit sie verborgen bleibe, ein anderes Geschäft vortäuschen (Scheingeschäft). Sie können aber auch, was sie auf direktem Weg nicht erreichen, auf einem Umweg erreichen wollen (Umwegs[Umgehungs]geschäft).

Den Unterschied macht ein Vergleich anschaulich: das Scheingeschäft ist ein Scheinmanöver, vorgetäuscht, um die wirkliche Operation zu verschleiern; das Umgehungsgeschäft ein Umgehungsmanöver, das wirklich durchgeführt wird.

Oft ist schwer zu sagen, ob die Parteien das eine oder andere wollen; ob sie z. B. Kauf und Wiederkauf nur zu schließen vorgeben, um das wucherische Darlehn zu verdecken, oder ob sie Kauf und Wiederkauf wirklich schließen, um auf diesem Umweg das Ziel zu erreichen. Die Lösung wäre in diesem Fall übrigens dieselbe; denn wenn nach Aufdekkung des Scheines das Darlehn wegen Wuchers verboten und nichtig ist, ist es auch das Umwegsgeschäft, weil es zur Umgehung des Wucherverbotes geschlossen wurde; s. u., § 33 C III.

Schließt der Arbeitgeber mit dem Arbeitnehmer eine fortlaufende Reihe zeitlich festbegrenzter Arbeitsverträge (Kettenvertrag), um den Arbeitnehmer der Vorteile eines langdauernden Arbeitsverhältnisses nicht teilhaft werden zu lassen, gelten trotzdem die Bestimmungen für Arbeitsverhältnisse auf unbestimmte Zeit. — Wollen die Parteien die gesetzliche Form für einen Vertrag umgehn, indem sie einen formlosen Vorvertrag schließen, ist dieses nicht zum Schein, sondern wirklich gewollte Geschäft als Gesetzesumgehung wirkungslos.

Nicht jedes Umwegsgeschäft muß aber auch Umgehungsgeschäft sein; s. u., § 33 C III.

5. Bei der *Treuhand* wird volle Rechtsmacht übertragen, die aber nur zu treuen Handen nach internen Weisungen ausgeübt werden soll. Zum Beispiel dem Treuhänder werden Wertpapiere übereignet, damit er sie verwalte (Verwaltungstreuhand) oder bestmöglich, jedoch nicht unter einem bestimmten Kurs, veräußere (Verfügungstreuhand). Es liegt kein Scheingeschäft vor, denn der Treugeber will die volle Rechtsmacht übertragen und nimmt die damit verbundene Gefahr in Kauf; Näheres s. u., § 37, Anhang.

Es kann aber ein Umgehungsgeschäft vorliegen. So bei der Sicherungsübereignung mittels Besitzkonstitut, durch die der Sicherungstreuhänder Eigentum erhält, es aber nur so weit verwenden soll, als das zur Sicherung seiner Forderung notwendig ist — eine Umgehung des Faustpfandprinzips.

6. Das römische Recht hat — ursprünglich von Inhalt erfüllte — Formen dieses Inhaltes entleert, um sie zu verschiedenen Zwecken zu verwenden; zum Beispiel die mancipatio, die Form des Handkaufes, als mancipatio nummo uno zur Schenkung, zur Eheschließung, als Testamentsform, zur emancipatio, adoptio, remancipatio; die Form des Scheinprozesses (in jure cessio) zur Übertragung von Eigentum, zur Bestellung und Aufhebung dinglicher Rechte, zur Abtretung von Forderungen. — Da jede Täuschung fern liegt, sind das keine Scheingeschäfte. Dagegen ist die mancipatio fiduciae causa, die Eigentumsübertragung zu Pfandzwecken, ein vom römischen Recht anerkanntes Umwegsgeschäft.

§ 29. Drohung und Täuschung. §§ 870, 874, 875, 565

Drohung und Täuschung motivieren den Willen auf unerlaubte Weise. Das römische jus civile sah ein solches Geschäft trotzdem für gültig an (coactus volui), doch gewährte der Prätor die actio quod metus causa/actio de dolo und die exceptio metus/exceptio doli. Nach gemeinem und geltendem Recht kann der Erklärende den Vertrag anfechten, wenn der Erklärungsempfänger (Vertragspartner) drohte oder täuschte. Drohte oder täuschte ein Dritter, trifft § 875 eine differenzierende Regelung. Auf jeden Fall kann der Bedrohte/Getäuschte Schadenersatz verlangen (§ 874).

A. Drohung

1. § 870 spricht von Furcht, nennt also die Wirkung statt der Ursache; er meint die Drohung, das ergibt sich aus der Beifügung „ungerechte" und aus § 565 „Zwang".

2. Die Drohung will ein Motiv, einen Beweggrund geben, sogenannte vis compulsiva.

Vis absoluta, d. i. Überwältigung, motiviert den Willen nicht, sondern schaltet ihn aus. Wem die Hand wider Willen zur Unterschrift geführt wird, wer in Hypnose oder Suggestion handelt, gibt keine Willenserklärung ab. Daher nicht Anfechtung nach § 870, sondern Ungültigkeit im Sinne der §§ 865/1 und 566; ebenso bei Eheschließung nicht Aufhebung nach den §§ 37, 38, sondern Nichtigkeit nach den §§ 17 und 21 EheG.

3. Drohung ist Ankündigung eines vom Drohenden zuzufügenden oder doch zu veranlassenden Übels.

4. Das angedrohte Übel kann auch nahe Angehörige und dadurch mittelbar den Bedrohten treffen.

5. Drohung bewirkt Zwangslage; Zwangslage wird aber nicht nur durch Drohung bewirkt.

Erklärt sich ein Bergführer nur gegen übermäßigen Lohn bereit, in Not geratene Bergsteiger zu retten, nützt er eine ohne sein Zutun entstandene Zwangslage aus; der Vertrag ist nicht wegen Drohung anfechtbar, doch wegen Wuchers nichtig. Will dagegen ein Bergführer seine in Not geratene Partie im Stich lassen, wenn sie ihn nicht höher entlohne, droht er mit einer rechtswidrigen, weil seine übernommene Pflicht verletzenden, Unterlassung.

6. Die durch Drohung erzeugte Furcht muß „gegründet" sein. Das ist nach dem in § 870 zitierten § 55 (der im übrigen durch das EheG. aufgehoben ist) „aus der Größe und Wahrscheinlichkeit der Gefahr und aus der Leibes- und Gemütsbeschaffenheit der bedrohten Person" zu beurteilen. Also nicht wie im römischen Recht rein objektiver Maßstab (metus qui et in hominem constantissimum cadat).

7. Drohung ist auch die Putativdrohung, d. h. es genügt, wenn man sich bedroht fühlen muß, ohne es objektiv zu sein.

8. Die Drohung muß ungerecht, d. h. rechtswidrig sein. Was macht eine Drohung rechtswidrig?

a) Klarerweise unerlaubte Mittel zu unerlaubtem Ziel: „Geld oder Leben!"

b) Aber auch unerlaubte Mittel zu erlaubtem Ziel: Drohung mit Schlägen, wenn die fällige Schuld nicht bezahlt wird.

c) Oder unerlaubtes Ziel, auch bei erlaubtem Mittel. Unerlaubt ist ein Ziel auch dann, wenn der Drohende weiß, daß er darauf keinen Anspruch hat: Arbeitgeber droht mit Kündigung, wenn die Arbeitnehmerin ihn nicht heiratet.

d) Selbst erlaubtes Mittel zu erlaubtem Ziel, wenn Mittel und Zweck einander nicht angemessen (adäquat) sind. Drohung mit Anzeige wegen Steuerhinterziehung, wenn die fällige Schuld nicht bezahlt wird, ist rechtswidrig; rechtmäßig dagegen Drohung, zu kündigen, wenn kein höherer Lohn bezahlt werde, oder Drohung mit Anzeige wegen Ehrenbeleidigung, wenn nicht Widerruf geleistet werde, oder Rücktrittsdrohung wegen Nichterfüllung.

B. Täuschung

1. Täuschung (List, Betrug) ist listige Erregung, Bestärkung oder Erhaltung des Irrtums oder der Unwissenheit eines andern.

Was man nicht ernst nehmen kann, kann nicht täuschen (Übertreibungen der Reklame, Höflichkeitsfloskeln).

2. Bei der Täuschung handelt es sich um Vorspiegelung falscher Tatsachen: X kommt seinen Zahlungen nicht nach. Werturteile (Meinungen) wie: „Ich halte X nicht für sicher“, sind im allgemeinen zu täuschen nicht geeignet, der Urteilende wüßte denn, daß der andere gerade auf sein Urteil vertraut.

Unter Umständen qualifizieren sich Lüge und falsche Angaben als Täuschung erst, wenn sie durch unlautere Mittel besonders glaubhaft gemacht werden. So ist Täuschung nicht schon die unwahre Parteibehauptung im Prozeß, wohl aber die Vorlage gefälschter Beweismittel.

3. Täuschen können nicht nur ausdrückliche Erklärungen, sondern auch konkludente Handlungen: Betrug begeht, wer im Gasthaus bestellt und weiß, daß er nicht bezahlen kann; wer einen falschen Ausweis zeigt; wer für unechten Schmuck den Preis eines echten verlangt. Betrug durch Schweigen liegt vor, wenn nach der Verkehrssitte Aufklärungspflicht besteht: der Versicherungsnehmer verschweigt ein schwere Erkrankung.

4. Angesichts des unerlaubten Verhaltens ist es gleichgültig, ob der durch Täuschung hervorgerufene, bestärkte oder aufrechterhaltene Irrtum Geschäfts- oder Motivirrtum, wesentlich oder unwesentlich ist. Sind überdies die Voraussetzungen der §§ 871, 872 gegeben, konkurriert die Täuschungsanfechtung mit der Irrtumsanfechtung.

C. Gemeinsame Erfordernisse

I. Tatbestand

1. Die Drohung/Täuschung muß die Willenserklärung „veranlaßt“ haben, d. h. ursächlich oder mitursächlich sein, so daß die Willenserklärung sonst nicht oder nicht so erfolgt wäre. Veranlassen ist ein objektives Element so wie in § 871 beim Irrtum. Das ABGB. stellt zum Unterschied vom BGB. nicht darauf ab, ob der Drohende/Täuschende die Willenserklärung bezweckt, doch wird das die Regel sein.

2. Kennzeichnend für Täuschung und Drohung ist immer, daß der Getäuschte/Bedrohte dann die Handlung selber vornimmt oder vorzuneh-

men unterläßt, z. B. die Klage zurückzieht, ein Rechtsmittel nicht einbringt.

3. Schädigung wird zwar i. d. R. beabsichtigt sein, ist aber nicht notwendig. Der Tatbestand des Zivilrechtes ist hier weiter als der des Strafrechtes (das im übrigen weitgehend heranzuziehen ist). Der Bedrohte/Getäuschte kann daher das Geschäft anfechten, auch wenn es für ihn nicht nachteilig war, er es sonst aber nicht geschlossen hätte.

4. Die bewirkte Willenserklärung muß auch keine Vermögensverfügung enthalten: Erschleichen der vormundschaftlichen Bewilligung zur Übernahme eines Pflegekindes, der Zustimmung der leiblichen Eltern zur Adoption, der Wiedereinsetzung in den vorigen Stand durch falsches ärztliches Zeugnis, eines Heimatscheines durch Verschweigung der Verehelichung mit einem Ausländer.

D. Rechtsfolgen

1. Wer *von dem andern Teil* bedroht oder getäuscht wird, ist den Vertrag zu halten nicht verbunden, d. h. kann *anfechten*. Näheres siehe unter Irrtum, § 31 E.

2. Hat dagegen *ein Dritter* durch Drohung oder Täuschung den Vertrag bewirkt, ist der Vertrag gültig, außer wenn „der andere Teil an der Handlung des Dritten teilnahm oder von derselben offenbar wissen mußte" (§ 875). Das entspricht der Vertrauenstheorie.

Bei letztwilligen und unentgeltlichen Geschäften berechtigt dagegen die von wem immer ausgehende Täuschung oder Drohung zur Anfechtung (§§ 565, 901/3; Willenstheorie).

Das EheG: macht, dem BGB. folgend, einen unberechtigten Unterschied zwischen Täuschung und Drohung: Täuschung durch einen Dritten, wenn sie ohne Wissen des andern Ehegatten verübt worden ist, berechtigt nicht zur Aufhebung der Ehe; bei der Drohung fehlt diese Einschränkung, sie berechtigt immer zur Aufhebung. Vgl. § 38 II mit § 39 II EheG.

3. *Dritter* ist nach § 875 eine Person, die zu keiner Vertragspartei gehört. Ist die Vertragspartei gespalten, so ist keiner ihrer Teile Dritter. Der vom Vertreter (Agenten) des Vertragspartners Getäuschte kann daher anfechten, auch wenn der Gewaltgeber nichts davon wußte. Dasselbe gilt, wenn bei Verträgen zu Gunsten Dritter der Begünstigte drohte oder täuschte. Bei empfangsbedürftigen Willenserklärungen (§ 876) sind der Adressat und seine Hilfspersonen anderer Teil, nicht Dritter. Bei einseitigen, nicht empfangsbedürftigen Willenserklärungen (Auslobung) entspricht dem ander Teil wohl der, welcher die Belohnung erwirbt.

4. *Genugtuung.* — „In jedem Falle muß derjenige, welcher einen Vertrag durch List oder ungerechte Furcht bewirkt, für die nachteiligen Folgen Genugtuung leisten" (§ 874). Also auch der andere Teil, wenn er an der Handlung des Dritten teilnahm oder von derselben offenbar wissen mußte (§ 875/2 zitiert § 874).

5. *Anfechtung und volle Genugtuung sind voneinander unabhängig.*

a) Die Anfechtung richtet sich gegen den Vertragspartner; der Anspruch auf volle Genugtuung gegen den Drohenden oder Täuschenden, ob dieser Vertragspartner oder Dritter ist.

b) Der Anspruch auf volle Genugtuung besteht „in jedem Falle", auch wenn keine Anfechtung möglich ist, weil der Vertragspartner an der Drohung oder Täuschung des Dritten weder teilnahm noch von ihr offenbar wissen mußte. Hier kann der Gezwungene oder Getäuschte den Schaden einschließlich des entgangenen Gewinnes ersetzt verlangen, den er durch den für ihn nachteiligen Vertrag erleidet.

c) Wurde andererseits angefochten, kann immer noch Ersatz des Schadens begehrt werden, der durch die Ungültigerklärung nicht beseitigt ist (Vertrauensschaden, z. B. Vertragskosten, Versäumnis eines andern Abschlusses).

d) Macht der Bedrohte oder Getäuschte von seinem Anfechtungsrecht keinen Gebrauch, kann ihm das eingewendet werden, soweit er dadurch den Schaden hätte abwenden können; str.

e) Der Getäuschte kann immer nur verlangen, was er hätte, wenn er die Täuschung erkannt hätte; niemals was er hätte, wenn das ihm Vorgespiegelte wahr wäre.

A kauft von B ein Grundstück, weil B arglistig versichert, die neue Straße werde daran vorbeiführen. — A kann anfechten und Ersatz des Vertrauensschadens begehren; oder beim Vertrag stehn bleiben und die Differenz zwischen bezahltem Preis und niedrigerem Wert des Grundstückes fordern; nicht aber ein Grundstück verlangen, an dem die neue Straße vorbeiführt bzw. was er hätte, wenn am gekauften Grundstück die Straße vorbeiführen würde.

f) Die Unabhängigkeit beider Ansprüche zeigt sich auch bei der Verjährung. Nach § 1489 verjährt der Ersatzanspruch des § 874 in 3, bei Verbrechen in 30 (40) Jahren; die Frist läuft a tempore scientiae. — Die Anfechtung wegen Drohung, auch wenn sie Verbrechen ist, verjährt nach § 1487 in 3 Jahren, die wegen Täuschung nach § 1485 und § 1487 in 30 (40) Jahren. Die Frist läuft nach überwiegender Meinung vom Vertragsschluß ab.

§ 30. Irrtum. Allgemeines

Die allgemeinen Regeln über den Irrtum finden sich im Hauptstück „Von Verträgen und Rechtsgeschäften überhaupt", §§ 871 ff. und § 901/1 u. 2. Sondervorschriften bestehn für die letztwilligen Geschäfte (§§ 570 ff. und 777 ff.); sie sind laut § 901/3 auf die unentgeltlichen Geschäfte anzuwenden. Während die allgemeinen Irrtumsregeln auf dem Vertrauensgrundsatz aufbauen, der in den §§ 871 ff. seine besondere Ausprägung gefunden hat, beruhen die Regeln für die letztwilligen und unentgeltlichen Geschäfte auf dem Willensgrundsatz. Die §§ 36, 37 EheG. enthalten eine Regelung für sich.

A. Begriff

Irrtum ist unbewußtes Nichtübereinstimmen von Vorstellung und Wirklichkeit.

1. Keinen Unterschied macht es, ob die *Vorstellung falsch* ist (Irrtum i. e. S.) *oder fehlt* (Unwissenheit). So begründet Unkenntnis des Gesetzes (§ 2) Rechtsirrtum (§ 1431). Bewußtes Nichtwissen begründet dagegen keinen Irrtum.

Wer eine Urkunde ungelesen, einen Schuldschein blanko unterschreibt, wer die allgemeinen Geschäftsbedingungen, ohne sie zu kennen, akzeptiert, nimmt bewußt den ihm unbekannten Inhalt in Kauf. Immerhin pflegt er eine Rahmenvorstellung zu haben, so daß außergewöhnliche, unübliche Klauseln dadurch nicht gedeckt werden und Anfechtung unter den Voraussetzungen des § 871 f. ermöglichen.

2. Der Irrtum kann *Rechts- oder Tatsachenirrtum* sein.

Ein Erblasser hinterläßt als nächste Angehörige Voll- und Halbgeschwister. Er will alles seinen Vollgeschwistern vermachen und die Halbgeschwister ausschließen. Fälschlich dahin belehrt, daß nach dem Gesetz neben Vollgeschwistern Halbgeschwister nicht erben, schreibt er in seinem Testament: „Ich vermache alles meinen gesetzlichen Erben." — Wesentlicher Irrtum nach § 570/2.

3. Das Gesetz stellt auch nicht mehr darauf ab, ob der Irrtum *entschuldbar oder unentschuldbar* ist.

Freilich wird ein entschuldbarer Irrtum nur selten zur Anfechtung berechtigen, denn er wird weder vom andern veranlaßt sein noch ihm offenbar auffallen müssen; wohl aber könnte er rechtzeitig aufgeklärt werden.

B. Erklärungs-, Geschäfts-, Motivirrtum

Das Rechtsgeschäft und sein Hauptbestandteil, die Willenserklärung, durchlaufen verschiedene Stadien (s. o., § 22 A III). Je nachdem, in welchem Stadium der Irrtum unterläuft, unterscheidet man Erklärungs-, Geschäfts- und Motivirrtum.

I. Motivirrtum

Unterläuft der Irrtum im Vorstadium des Geschäftes, beim Beweggrund, wozu auch der Endzweck gehört (§ 901), liegt ein Motivirrtum vor.

Jemand kauft eine alte Münze, um sie seinem Freund zur Vervollständigung seiner Sammlung zu schenken; dieser besitzt sie schon. — Jemand mietet eine Sommerwohnung an einem See, in der Annahme, dort Motorboot fahren zu können; es ist verboten. — In diesen Fällen will man erklären und erklärt auch das, was man will (die Münze zu kaufen, die Wohnung zu mieten). Der Irrtum steckt in dem Grund, warum — dem Zweck, wozu — man kaufen (mieten) will. Im Gegensatz zum Motivirrtum wird beim Geschäfts- und Erklärungsirrtum nicht das erklärt, was man erklären will; man irrt „über den Inhalt ... der Erklärung" (§ 871).

Der Motivirrtum ist grundsätzlich unbeachtlich, sonst würde Ausreden Tür und Tor geöffnet. Erklärungs- und Geschäftsirrtum sind dagegen grundsätzlich beachtlich.

II. Erklärungsirrtum

Der Erklärungsirrtum unterläuft im Endstadium des Geschäftes.

1 Unbewußt wird etwas anderes erklärt, als man erklären will *(mißlungene Erklärung):* Versprechen, Verschreiben, Vergreifen; von zwei Entwürfen den falschen unterschreiben. Der Fall bewußten Nichtwissens scheidet aus; s. o., A 1.

Gehört auch der Fall hieher, daß jemand sich gar nicht bewußt ist, eine rechtsgeschäftliche Erklärung abzugeben? A winkt in einer Versteigerung einem Bekannten zu — bietet er damit? Während bei der mißlungenen Erklärung immerhin ein Geschäftswille besteht und nur über den Inhalt geirrt wird, fehlt hier jeder Geschäftswille. Sind darauf die Irrtumsregeln anzuwenden, kann A also nur unter den Voraussetzungen des § 871 anfechten oder ist die Erklärung mangels Geschäftswillens hinfällig (so die deutsche Lehre)? Meines Erachtens verlangt der Vertrauensgrundsatz auch hier die Anwendung des § 871: Mußte der Irrtum dem andern Teil nicht offenbar auffallen, hat der Irrende jedenfalls rechtzeitig aufzuklären.

2. § 871 behandelt die unrichtig abgegebene Erklärung und die zwar richtig abgegebene, aber dem andern unrichtig zugegangene Erklärung gleich (*mißlungene Übermittlung:* Telegramm kommt verstümmelt an). Mit Recht; versagen dort die körperlichen, so hier die Vermittlungsorgane des Erklärenden.

3. Der mißlungenen Erklärung bzw. Übermittlung entspricht auf Seite des Adressaten der *mißlungene Erklärungsempfang:* Er verhört, verliest sich, sein Bote richtet ihm falsch aus.

Ob mißlungene Übermittlung oder mißlungener Empfang vorliegt, kann davon abhängen, ob die Mittelsperson auf Seite des Erklärenden oder auf Seite des Empfängers steht, ob sie Absendungs- oder Empfangsbote ist.

Das Gesetz regelt nur den Irrtum über den Inhalt der eigenen, nicht auch den über die Erklärung des andern.

a) Für den Vertrag ergeben sich folgende Lösungen: Beantragt A, er wolle um 200 kaufen, versteht B 300 und antwortet „einverstanden", liegt seiner Annahmeerklärung ein Irrtum zugrunde, und er kann anfechten, wenn die sonstigen Voraussetzungen des § 871 gegeben sind. Antwortet B „mit 300 einverstanden", liegt in seiner Erklärung kein Irrtum. Sie ist aber auch nicht Annahme, vielmehr besteht Dissens. Erkennt A die Abweichung, ist es offener Dissens; erkennt er sie nicht und repliziert „gemacht", so liegt nun der Irrtum auf seiner Seite und berechtigt ihn wieder unter den Voraussetzungen des § 871 zur Anfechtung; s. u., § 32 C II 2.

b) Wie, wenn der Adressat über den Inhalt der einseitigen empfangsbedürftigen Willenserklärung irrt? A kündigt auf 1. Juni, B liest irrtümlich 1. Juli. Meines Erachtens ist § 871 analog anwendbar. Daß der Irrtum des Empfängers durch den andern veranlaßt war, dürfte zwar ausscheiden; mußte er ihm aber offenbar auffallen oder wurde noch rechtzeitig aufgeklärt, entsteht für den Gekündigten keine Verbindlichkeit.

III. Geschäftsirrtum

1. Der Geschäftsirrtum unterläuft weder im Motiv noch in der Erklärung, sondern im Geschäft selbst. Anders als beim Erklärungsirrtum ist hier die Erklärungshandlung fehlerfrei, d. h. die Erklärung wird so abgegeben, wie sie gewollt ist. Sie entspricht aber nicht dem Geschäftswillen; man erklärt also – zum Unterschied vom Motivirrtum – trotzdem nicht das, was man erklären will. Der Punkt, über den der Erklärende irrt, muß zum Inhalt des Geschäftes gehören – zum Unterschied vom Irrtum im Motiv, das nicht zum Inhalt des Geschäftes gemacht worden ist.

2. Geschäftsirrtum ist der Irrtum über die Natur des Geschäftes (vgl. § 36 I 1 EheG.), über den Gegenstand oder über die Person (vgl. § 36 I 2 EheG.) sowie über Eigenschaften des Gegenstandes oder der Person (vgl. § 37 EheG.). Nur der Eigenschaftsirrtum spielt in der Praxis eine Rolle. Beispiele s. u., § 31 B 2 und 3.

IV. Unterscheidung

Für die Unterscheidung von Erklärungs-, Geschäfts- und Motivirrtum lassen sich typische Beispiele finden, doch ist die Abgrenzung nicht immer eindeutig.

1. So ist nicht zu verkennen, daß der Irrtum über den Gegenstand oder die Person sich dem Erklärungsirrtum nähert: beim Erklärungsirrtum vergreift man sich im Gegenstand, beim Geschäftsirrtum über den Gegenstand verwechselt man ihn.

A will dem B die Parzelle Nr. 571 verkaufen.

a) Er verschreibt sich in 517, so daß B meinen muß, es handle sich um die Parzelle 517. – A wollte 571 erklären, seine Erklärung mißlang aber.

b) A glaubte irrtümlich, die Parzelle trage die Nr. 517 und so schreibt er auch und B glaubt, es handle sich um die Parzelle 517. Hier wollte A 517 erklären und erklärt es auch (kein Erklärungsirrtum), er verwechselt aber die Parzellennummer: Geschäftsirrtum. Übrigens macht es nichts aus, ob Erklärungs- oder Geschäftsirrtum anzunehmen ist, denn beide sind Irrtümer über den Inhalt der Erklärung im Sinne der §§ 871 ff.

c) Wußte auch B, daß es sich um die Parzelle 571 handelt, liegt in der Sache Willensübereinstimmung vor und ist die Parzelle 571 ungeachtet der falschen Bezeichnung 517 (falsa demonstratio) verkauft; s. u., § 32 B II.

2. Der Eigenschaftsirrtum kann Geschäfts- oder Motivirrtum sein: Geschäftsirrtum, wenn die Eigenschaft zum Geschäftsinhalt gehört; Motivirrtum, wenn sie nicht in den Geschäftsinhalt aufgenommen ist.

Wird im Kunsthandel ein Bild als Original verkauft, gehört diese Eigenschaft zum Geschäftsinhalt, und der Irrtum darüber (das Bild ist Kopie) ist Geschäftsirrtum. Ohne solche Zusicherung kauft der Käufer auf eigene Gefahr, und wenn er irrt, ist es ein unbeachtlicher Motivirrtum. Die Zusicherung kann nicht nur ausdrücklich, sondern auch stillschweigend nach der Verkehrsübung geschehen, z. B. kann sich aus dem Preis ergeben, daß ein Schmuck als echt verkauft wurde.

§ 31. Wesentlicher Irrtum

A. Begriff

1. § 871 spricht vom Irrtum „über den Inhalt der von ihm abgegebenen oder dem anderen zugegangenen Erklärung". Darunter versteht er *Erklärungs- wie Geschäftsirrtum, nicht dagegen Motivirrtum,* der nach § 901/2 bei entgeltlichen Geschäften unbeachtlich ist.

2. *Wesentlicher und unwesentlicher Irrtum.* § 570 spricht von wesentlichem Irrtum, § 871 im gleichen Sinn von Irrtum über die Hauptsache. § 872 demgegenüber von Irrtum über einen Nebenumstand (= unwesentlichem Irrtum). Nach § 873 ist die Unterscheidung auch auf den Irrtum in der Person anzuwenden.

Ähnlich wird bei Gewährleistung zwischen Haupt- und Nebenmangel (wesentlichem und unwesentlichem Mangel) unterschieden. Ähnlich wie das Fehlen ausdrücklich bedungener Eigenschaften zum wesentlichen Mangel wird (§ 1167), wird der Irrtum über den als vorzügliche Absicht erklärten Nebenumstand zum wesentlichen Irrtum (§ 872). Ähnlich schließlich wie der Hauptmangel nur zur Wandlung, der Nebenmangel nur zur Minderung (§ 932), berechtigt der wesentliche Irrtum nur zur Anfechtung (§ 871), der unwesentliche nur zu angemessener Vergütung (§ 872).

3. Die *Unterscheidung von wesentlichem und unwesentlichem Irrtum* entnehmen wir § 873. Wesentlich ist der Irrtum, ohne den der Vertrag gar nicht errichtet worden wäre; unwesentlich, ohne den er „doch nicht auf solche Art errichtet worden wäre". Der wesentliche Irrtum ist für den Abschluß des Geschäftes kausal (error causam dans); es wäre sonst nicht geschlossen worden, daher die Anfechtungsmöglichkeit nach § 871. Bei unwesentlichem Irrtum wäre das Geschäft zwar geschlossen worden, aber nicht so (error incidens); daher keine Anfechtung, sondern nur angemessene Vergütung nach § 872.

Im Anschluß an § 119 BGB., dem § 37 EheG. nachgebildet wurde, können wir als wesentlich den Irrtum dann bezeichnen, wenn anzunehmen ist, daß der Irrende die Erklärung bei Kenntnis der Sachlage und verständiger Würdigung des Falles nicht abgegeben hätte. — Der Gebrauch des Wortes „unwesentlich" darf nicht zum Mißverständnis verleiten, es handle sich um Irrtümer, die unwesentlich sind d. h. das Geschäft überhaupt nicht beeinflussen; vgl. unwesentlicher Mangel und unerheblicher Mangel (§ 932 I und II).

B. Fälle

1. Der *Irrtum über das Geschäft.*

Jemand will eine Feuerversicherung abschließen, während es sich um Einbruchsversicherung handelt. — Jemand nimmt Geld in der Meinung, beschenkt zu werden, während er nur ein Darlehn erhalten soll. — Dagegen ist es ohne Belang, wenn der Mieter bei Abschluß des Mietvertrages nicht weiß, daß ein Vermieterpfandrecht besteht, oder wenn der Verkäufer über die Mängelhaftung nicht im Bilde ist (sogenannter Rechtsfolgenirrtum).

2. Der *Irrtum über den Gegenstand des Geschäftes „oder eine wesentliche Beschaffenheit"* des Gegenstandes, also sowohl der Identitätsirrtum wie der Irrtum über wesentliche Eigenschaften.

So, wer sich bei Speziessachen vergreift, ein Gemälde für echt hält, während es eine Kopie ist, oder umgekehrt; wer über den Umsatz eines Unternehmens irrt; wer bei Gattungssachen in der Gattung selbst oder in einer wesentlichen Eigenschaft der Gattung irrt.

Falsch wäre es, sich an das „Wesen" zu klammern und auf den Identitätsirrtum oder auf den Irrtum über solche Eigenschaften einzuschränken, die die Identität berühren, d. h. die Sache zu einer andern, einem Aliud machen. Wesentlich ist vielmehr, was nach der Verkehrsauffassung für das Geschäft von entscheidender Bedeutung ist.

Der Irrtum über die Menge oder über den Wert (Preis) oder in der Kalkulation kann wesentlich, kann freilich auch nur Motivirrtum sein; s. u., § 32 B I 3.

3 *Irrtum über die Person oder eine wesentliche Eigenschaft der Person* (§ 873 in Zusammenhalt mit § 871) — also wieder über die Identität der Person wie über Eigenschaften und Umstände in der Person, die für das Geschäft von entscheidender Bedeutung sind.

Zum Beispiel bei Kreditgeschäften über die Kreditwürdigkeit, bei Dienstvertrag oder Pacht über die erforderlichen Fähigkeiten des Dienstnehmers oder Pächters.

4. Der Zusatz *„worauf die Absicht vorzüglich gerichtet und (!) erklärt wurde"* meint zunächst nur, daß Wille und Erklärung sich selbstverständlich auf die Hauptsache (Person) und ihre wesentliche Beschaffenheit richten. Der Zusatz meint aber auch, daß Nebenumstände durch die vorzüglich darauf gerichtete und erklärte Absicht wesentlich werden (§ 872).

C. Weitere Erfordernisse nach § 871

1. Im römischen und gemeinen Recht, denen das BGB. folgt, berechtigte jeder wesentliche Irrtum zur Anfechtung (Willenstheorie). So auch das ABGB. bei letztwilligen und unentgeltlichen Geschäften (§§ 570, 572, 901/3). Auch die Ehe ist wegen Irrtums über die Bedeutung des Aktes oder über die Erklärung und wegen Irrtums in der Person und über wesentliche Eigenschaften (Um-

stände) der Person mit Wirkung ex nunc aufhebbar. Sonst aber hält das ABGB. den Irrenden an seiner Erklärung fest, wenn der Gegner darauf vertrauen durfte (Vertrauenstheorie). Danach ist Wesentlichkeit des Irrtums zwar *eine,* aber nicht die einzige Voraussetzung für die Anfechtbarkeit nach § 871.

2. Ein wesentlicher Irrtum über den Erklärungsinhalt berechtigt zur Anfechtung nur,

I. „falls der Irrtum durch den anderen veranlaßt war *oder*

II. diesem aus den Umständen auffallen mußte *oder*

III. noch rechtzeitig aufgeklärt wurde".

Zu I—III. Der andere ist die andere Partei; s. u., D 4.

I. Veranlaßt war

„Veranlassen" heißt verursachen. Gleich, ob vorsätzlich (Irreführung), fahrlässig oder ohne Verschulden (objektiv). Gleich, ob durch positives oder negatives Verhalten; auch Schweigen kann veranlassen, wenn der Kontrahent daraus den irrigen Schluß ziehen mußte.

Verkäufer verschweigt, daß die Ware die verkehrsüblichen Eigenschaften nicht besitzt.

II. Offenbar auffallen mußte

Das heißt, daß der andere bei verkehrsüblicher Sorgfalt den Irrtum hätte erkennen müssen. „Offenbar" ist ein für den Vertrauensschutz typisches Merkmal; vgl. § 875, 2; ähnlich § 326 „aus wahrscheinlichen Gründen".

Der gebotene Preis kann z. B. dem Verkäufer klarmachen, daß der Käufer Echtheit des Gegenstandes voraussetzt.

Erst recht gilt das, wenn der andere den Irrtum erkannt hat. Hat er nicht nur erkannt, daß der Erklärende irrte, sondern auch, was er wirklich wollte, gilt das Gewollte.

Wurde um 500 verkauft und verschreibt sich der Verkäufer in 50, muß er nicht anfechten; es ist um 500 verkauft.

Das BGB. gestattet die Anfechtung, auch wenn der andere den Irrtum weder kannte noch kennen mußte; doch muß der Irrende den Vertrauensschaden (das negative Vertragsinteresse) ersetzen. Das ABGB. hält ihn dagegen in diesem Fall am Vertrag fest, so daß er erfüllen bzw. Erfüllungsinteresse (positives Vertragsinteresse) leisten muß. Während also die Lösungen der Gesetzbücher auf den ersten Blick sehr gegensätzlich erscheinen (BGB. — Anfechtung, ABGB. — keine Anfechtung), reduziert sich der Unterschied zuletzt auf die Differenz zwischen Vertrauens- und Erfüllungsinteresse.

III. Rechtzeitig aufgeklärt wurde

1. *Durch den Irrenden* (Selbstberichtigung). Aufklärung von dritter Seite würde nicht klarstellen, ob der Irrende sich auch auf den Irrtum berufen will.

2. *Gegenüber dem andern Teil.* Gegenüber dem Partner, der den Irrtum veranlaßt hat oder dem er auffallen mußte, besteht jedoch keine Aufklärungspflicht. Es heißt „oder", nicht „und"!

3. *Noch rechtzeitig,* d. h. bevor der andere im Vertrauen auf die Erklärung gehandelt oder sich eingerichtet hat. Die Aufklärung muß nicht gerade in continenti erfolgen, wohl aber re integra, d. h. solange der andere keine rechtliche oder wirtschaftliche Verfügung getroffen hat. Andernfalls ist eine Anfechtung auch dann nicht zulässig, wenn der Anfechtende Ersatz für den entstandenen Schaden anbietet (str.).

D. Ein Dritter veranlaßt den Irrtum. § 875

1. Nur der vom andern, nicht der von einem Dritten veranlaßte Irrtum ist bei Verkehrsgeschäften beachtlich. Das ergibt sich schon aus § 871. Dasselbe gilt für Täuschung und Drohung nach § 870. Insoweit sagt § 875, 1 nichts Neues.

2. Aber auch § 875, 2 sagt im Grunde nichts Neues; denn wenn der andere an der Handlung des Dritten teilnahm, hat er den Irrtum mitveranlaßt und wenn er von derselben offenbar wissen mußte, mußte ihm auch der Irrtum offenbar auffallen, so daß schon nach § 871 der Vertrag anfechtbar ist.

3. Andererseits wird auch bei einem von einem Dritten veranlaßten Irrtum, an dem der Vertragspartner nicht teilnahm und von dem er offenbar nicht wissen mußte, rechtzeitige Aufklärung die Anfechtung ermöglichen.

4. Aus dem Begriff „anderer Teil" ergibt sich e contrario, daß der Dritte ein Außenstehender, nicht zur andern Vertragspartei Gehörender ist. Hilfspersonen, Vermittler, Stellvertreter gehören zur Vertragspartei. Ihr Verhalten ist ihr zuzurechnen. Führt ein Agent einen Kunden irre, hat sein Chef das zivilrechtlich zu verantworten, auch wenn er nicht daran teilnahm oder nicht davon wissen mußte.

5. Was für den Vertrag gilt, gilt gemäß § 876 entsprechend für die empfangsbedürftige Willenserklärung. Hier ist anderer Teil der Adressat und seine Hilfspersonen. Bei der Auslobung entspricht dem andern Teil wohl der, welcher die Belohnung erwirbt.

6. Letztwillige und unentgeltliche Geschäfte sind anfechtbar, von wem immer der Irrtum veranlaßt wurde oder die Drohung oder Täuschung ausging. Der Irrtum bei Eheschließung berechtigt zur Eheaufhebung, von wem immer er veranlaßt wurde, auch wenn der andere Teil daran nicht teilnahm oder keine Kenntnis davon hatte. Ebenso die Drohung; nicht aber (inkonsequenterweise) die Täuschung, wenn sie von einem Dritten ohne Wissen des andern Ehegatten verübt worden ist (§ 38 II EheG.).

E. Anfechtung

§ 871 bestimmt: „so entsteht ... für ihn (sc. den Irrenden) keine Verbindlichkeit." § 870 sagt dasselbe mit andern Worten: Der Bedrohte, Getäuschte ist „ihn (sc. den Vertrag) zu halten nicht verbunden". Im

Einklang mit der modernen Lehre wird das als Anfechtung verstanden und hilfsweise auf § 877 verwiesen: „Wer die Aufhebung eines Vertrages aus mangelnder Einwilligung verlangt.“

I. Voraussetzungen

1. Anfechten kann nur der Vertragsteil, der durch Drohung, Täuschung oder Irrtum zum Geschäft veranlaßt wurde. In seiner Hand liegt es, ob er das Geschäft bestehn läßt oder nicht.

2. Die Anfechtung hat gegen den andern Teil zu erfolgen.

Beim Vertrag zu Gunsten Dritter also gegen den Versprechensempfänger, doch kann der Versprechende nach der ausdrücklichen Vorschrift des § 882/II das auch dem begünstigten Dritten einwenden.

3. Die Anfechtung geschieht nicht wie beim Rücktritt durch einseitige empfangsbedürftige Erklärung (§ 918 „erklären“), sondern wie bei Gewährleistung und laesio enormis durch Klage oder Einrede (§ 933 „gerichtlich geltend machen“; § 934 „die Aufhebung fordern“; § 877 „Aufhebung verlangen“).

a) Hat der Anfechtungsberechtigte seine Leistung schon bewirkt, klagt er auf Rückstellung wegen Ungültigkeit.

b) Klagt der andere Teil auf Leistung, repliziert der Beklagte mit der Einrede.

c) Hat der Anfechtungsberechtigte noch nicht geleistet und wurde er noch nicht auf Leistung geklagt, kann er auf Nichtigerklärung des Geschäftes klagen.

4. Klage und Einrede verjähren nach § 1487 in 3, bei List in 30 (40) Jahren, und zwar ab Vertragsschluß (str.).

II. Wirkungen

1. Der Anfechtende erhält das Geleistete zurück, muß aber nach § 877 „dagegen auch alles zurückstellen, was er aus einem solchen Vertrag zu seinem Vorteil erhalten hat (condictio sine causa). Näheres über den Umfang der Rückstellung s. Schuldrecht, Besonderer Teil, § 37 D I.

2. Haben Drohung, Täuschung, Irrtum nur auf einen Teil des Geschäftes eingewirkt, z. B. auf die Beschaffenheit eines von mehreren Vertragsgegenständen oder auf eine Nebenabrede, ist § 878/2 anzuwenden.

3. Hat bei Dauerrechtsverhältnissen die Abwicklung begonnen, erscheint es untunlich, ja fast unmöglich, die eingetretenen Wirkungen rückgängig zu machen. Daher besteht — besonders im Gesellschafts- und Arbeitsrecht — die Tendenz, anstelle der Vernichtung die Auflösung mit Wirkung ex nunc treten zu lassen.

Der Dienstgeber kann wegen wesentlichen Irrtums den Arbeitsvertrag vor Dienstantritt anfechten, nachher fristlos kündigen.

4. Aus dem gleichen Gedanken ersetzen das EheG. §§ 33, 34 und die novellierten §§ 184 a I Z. 1, 185 bei der Adoption die Anfechtung durch Aufhebung ex nunc.

§ 32. Irrtum. Schluß

A. Unwesentlicher Irrtum. § 872

I. Fälle

1. Auch beim unwesentlichen Irrtum muß es sich um einen Erklärungs- oder Geschäftsirrtum handeln. Der Motivirrtum muß dagegen, soweit er überhaupt beachtlich ist, also bei letztwilligen und unentgeltlichen Geschäften, immer wesentlich sein (§ 572).

2. Durch Erhebung eines Nebenumstandes zur vorzüglichen Absicht wird der error incidens zum error causam dans (§ 872).

3. Ein Irrtum über Nebenumstände ist vor allem der über eine nicht wesentliche Beschaffenheit der Hauptsache.

Hauptfall: der Irrtum über die Größe eines Grundstückes, wenn sie nicht besonders zugesichert oder für die Bebaubarkeit nicht wesentlich ist, also den ordentlichen oder bedungenen Gebrauch nicht hindert. Auch der Personenirrtum kann unwesentlich sein; so, wenn der Arbeitgeber den Arbeitnehmer für besonders qualifiziert hielt und ihm daher einen höheren Lohn bewilligte.

4. *Irrtum über Nebenabreden.*

a) Regeln sie die Leistungspflicht (z. B. Erfüllungszeit und -ort; Folgen der Nichterfüllung oder nicht gehörigen Erfüllung), sind sie unselbständige Bestandteile des Vertrages. Ein dabei unterlaufener Irrtum berührt den ganzen Vertrag und berechtigt, je nachdem, ob er wesentlich oder unwesentlich ist, zur Anfechtung des ganzen Vertrages oder nur zu angemessener Vergütung.

b) Der Irrtum über selbständige Nebenabreden (Sicherung durch Pfand, Gerichtsstandsklausel) berührt zunächst nur die Abrede. Ist er in bezug auf sie wesentlich (z. B. der Irrtum über wesentliche Eigenschaften des Pfandes), macht er sie anfechtbar. Die Teilungültigkeit kann freilich den ganzen Vertrag ergreifen, wenn anzunehmen ist, daß kein Punkt von dem andern abgesondert werden könne (§ 878/2).

II. Weitere Erfordernisse

1. Wie der wesentliche Irrtum kann auch der unwesentliche nur gegen den „Urheber des Irrtums“ (§ 872, Schluß) geltend gemacht werden, d. h. wenn der andere ihn veranlaßt hat. Veranlaßte ihn ein Dritter, gilt das oben, § 31 D, Gesagte.

2. Dasselbe wird wohl zu gelten haben, wenn er dem andern offenbar auffallen mußte; vgl. § 875.

3. Dagegen ist der dritte Fall des § 871 (rechtzeitige Aufklärung) auf § 872 nicht zu erstrecken.

III. Angemessene Vergütung

1. Der unwesentliche Irrtum berechtigt nur zu angemessener Vergütung, nicht zur Anfechtung. — Listig erregter Irrtum berechtigt dagegen immer zur Anfechtung, denn § 870 unterscheidet nicht zwischen wesentlichem und unwesentlichem Irrtum.

2. Nur der unwesentliche, nicht der wesentliche Irrtum gibt den Anspruch auf angemessene Vergütung.

Sowenig wie bei Hauptmangel zwischen Wandlung und Minderung kann bei wesentlichem Irrtum zwischen Anfechtung und angemessener Vergütung gewählt werden. Mit Recht; es wäre ein Widerspruch, zu behaupten, den Vertrag ohne Irrtum überhaupt nicht geschlossen zu haben, und dann ihn doch gegen angemessene Vergütung aufrechterhalten zu wollen. Wurde irrtümlich echter Schmuck als unecht verkauft, kann der Verkäufer anfechten, nicht aber vom Käufer den Preis für den echten Schmuck verlangen.

3. Unter angemessener Vergütung ist wohl zu verstehn, daß der Irrende *wie bei der actio quanti minoris* verhältnismäßige Minderung seiner wegen des Irrtums überhöhten Leistung bzw. verhältnismäßige Erhöhung der wegen Irrtums zu niedrigen Gegenleistung (Aufzahlung) verlangen kann.

Der Käufer kann, wenn das Grundstück statt 1000 m^2 nur 900 m^2 groß ist, eine Minderung verlangen; der Verkäufer, wenn das Grundstück statt 1000 m^2 1100 m^2 groß ist, eine Erhöhung des Preises jeweils um $^1/_{10}$.

4. *Angemessene Vergütung ist also nicht Schadenersatz* (wie ihn z. B. § 874 gegenüber dem Drohenden und Täuschenden zuspricht); der Irrende kann angemessene Vergütung verlangen, auch wenn er keinen Schaden erleidet (z. B. wenn er auch das kleinere Grundstück immer noch preiswert gekauft hat).

5. Der Anspruch auf angemessene Vergütung kann mit *Klage oder Einrede* geltend gemacht werden. Als Irrtumsanspruch verjährt er in drei Jahren (§ 1487).

B. Gemeinsamer Irrtum. Falsa demonstratio

I. Gemeinsamer Irrtum

1. Die §§ 871 ff. regeln nur den Fall, daß „ein Teil ... in einem Irrtum befangen war". Wie, wenn gemeinsamer Irrtum vorliegt?

Käufer und Verkäufer hielten die Geige für eine „Jakob Stainer" oder umgekehrt das Originalbild für eine Kopie. Ein Interesse an der Anfechtung hat der dadurch zu Schaden Gekommene, d. i. im ersten Fall der Käufer, im zweiten der Verkäufer. — A kauft von B ein Los, das beide für noch nicht gezogen ansehen. War es mit einem Treffer gezogen, kann der Verkäufer, war es ohne Treffer gezogen, der Käufer vom Vertrag abgehn.

2. Die Anfechtung nach § 871 würde bei gemeinsamem Irrtum nicht immer zum Ziele führen. Der Irrtum muß weder vom andern veranlaßt

worden sein, da der Erklärende ihn ja teilte; noch mußte er dem andern offenbar auffallen, da er im gleichen Irrtum befangen war; noch wird er regelmäßig rechtzeitig aufgeklärt werden. Die Anfechtung ist aber auch ohne eine dieser drei Voraussetzungen zulässig, weil hier kein Vertrauen des Gegners zu schützen ist, der das Geschäft auch nicht so gewollt hat.

3. Analog berechtigt gemeinsamer unwesentlicher Irrtum zu angemessener Vergütung.

II. Falsa demonstratio

1. Beim gemeinsamem Irrtum wollten beide Parteien das Geschäft nicht oder nicht so, wie sie es schlossen. Anders, wenn die Parteien nicht in der Sache, sondern nur in der Bezeichnung irrten.

Sie haben nicht bemerkt, daß eine veräußerte Parzelle in der Urkunde übersehen wurde. Sie wollten dasselbe Grundstück, bezeichneten es aber mit einer falschen Nummer. Die falsa demonstratio kann auch bei einseitigen Rechtsgeschäften vorkommen: Die Erblasserin bedenkt ihre Pflegerin M. Arnold im Krankenhaus K. Die Person, die die Erblasserin dort gepflegt hat, heißt Arnolds.

2. Falsa demonstratio non nocet (§ 571). Es gilt, was gewollt war; die falsche Bezeichnung ist richtigzustellen.

Ein berühmter Fall: A kauft von B „214 Faß Haakjöringsköd auf Dampfer Jessica". Die Parteien wollen Walfischfleisch kaufen bzw. verkaufen und es ist auch Walfischfleisch, Haakjöringsköd heißt aber Haifischfleisch. Der Kauf ist über Walfischfleisch gültig geschlossen, selbst wenn sich B auf die falsche Bezeichnung berufen wollte. — War die Ware aber Haifischfleisch, während beide Walfischfleisch meinten, liegt gemeinsamer Irrtum vor und jeder könnte anfechten.

C. Irrtum und Dissens

I. Abgrenzung im allgemeinen

1. Irrtum und Dissens haben gemeinsam, daß beide Teile nicht dasselbe wollen; sonst aber unterscheiden sie sich nach Tatbestand und Rechtsfolge.

a) Nach Tatbestand. — Bei Irrtum stimmen die Erklärungen (Antrag und Annahme) überein, doch erklärt ein Teil nicht das, was er will. Bei Dissens stimmen die Erklärungen nicht überein, „erfolgt die Annahme unter andern Bestimmungen, als unter welchen das Versprechen geschehen ist" (§ 869).

b) Nach Rechtsfolge. — Bei Irrtum ist daher der Vertrag zustande gekommen; nur der Irrende kann — bei entgeltlichen Geschäften nur unter den weiteren Voraussetzungen des § 871 — anfechten. Bei Dissens können sich beide Teile darauf berufen, daß der Vertrag nicht zustande gekommen ist.

2. Der *offene* Dissens, bei dem die Parteien wissen, daß sie nicht einig sind, ergibt keine Schwierigkeiten. Der *versteckte* Dissens, bei dem die

Parteien einig zu sein glauben, während sie es in Wahrheit nicht sind, ist vom Irrtum oft schwer zu unterscheiden.

A und B schließen telegraphisch den Kauf um „500 Fr." ab. A versteht darunter Schweizer, B französische Franken. Hat A geirrt und kann allenfalls anfechten? Oder hat B geirrt und kann allenfalls anfechten? Oder ist mangels Dissens der Vertrag nicht zustande gekommen, worauf sich A und B berufen können? (Siehe unten, II 3.)

II. Versteckter Dissens

Zum versteckten Dissens kann es auf verschiedene Weise kommen:

1. Die Parteien glauben, über alle Punkte einig zu sein, die *Einigung* ist aber *unvollständig.* Handelt es sich um einen wesentlichen, einen Hauptpunkt, z. B. Ware oder Preis, ist der Vertrag keinesfalls geschlossen. Waren sich die Parteien über die Hauptpunkte einig, gibt § 885 die Auslegungsregel, daß der Vertrag über diese Punkte geschlossen sei. Offenbar sollen für die offengebliebenen Nebenpunkte die gesetzlichen Dispositivnormen eingreifen. War freilich die Vereinbarung über die offengebliebenen Punkte — auch unwesentliche! — vorbehalten, ist der Vertrag noch nicht geschlossen.

2. Die *Erklärungen* der Parteien *stimmen dem Wortlaut nach nicht überein;* s. o., § 30 B II 3 a.

A bietet B schriftlich zu 35 zum Kaufe an. B verliest sich in 25 und antwortet:

a) „Mit 25 einverstanden." A, auf sein Angebot zu 35 eingestellt, verliest sich seinerseits und meint, der Kauf sei zu 35 geschlossen. — Dissens, denn der objektive Sinn des Antrages des A ist 35, der Annahme des B aber 25. Der Vertrag ist nicht zustande gekommen.

b) „Einverstanden." Der objektive Sinn des Antrages ist 35, aber auch der objektive Sinn der Annahme ist hier 35. Der Vertrag ist zu 35 geschlossen, doch hat B bei Abgabe der Annahmeerklärung geirrt, denn er schrieb „einverstanden" in der Meinung „zu 25". Er kann anfechten, z. B. wenn der Irrtum rechtzeitig aufgeklärt wird.

3. Die *Erklärungen* der Parteien stimmen zwar dem Wortlaut nach überein, sind aber *zweideutig und jeder versteht sie anders.* Wieder kommt es auf die objektive Bedeutung an. Konnte die Erklärung nur in einem Sinn verstanden werden, hat der geirrt, der sie anders verstand. Konnte jeder den objektiv zweideutigen Wortlaut anders verstehn, hat keiner geirrt, doch liegt Dissens vor.

Die Auslegung hat sich nicht auf den Erklärungswortlaut zu beschränken, sondern alle Umstände heranzuziehen, unter denen die Erklärung abgegeben wurde.

War z. B. im anfänglichen Beispiel der Vertrag in der Schweiz geschlossen und zu erfüllen, sind unter Fr. Schweizer Franken zu verstehen und B hat geirrt. Ist der Vertrag in Frankreich geschlossen und zu erfüllen, sind unter Fr. französische Franken zu verstehn und A hat geirrt. Spielt der Vertrag zwischen der

Schweiz und Frankreich und spricht kein Indiz für die eine oder andere Auslegung, so ist Fr. objektiv zweideutig, deckt die Deutung des A wie die des B; keiner hat geirrt, vielmehr ist versteckter Dissens gegeben.

Versteckter Dissens kommt nicht so selten vor, wie man glauben möchte, weil oft jede Partei ihre vorgefaßte Meinung hat. Berühmt ist der Fall RGZ. 104, 265: Handelshaus B telegraphiert an Handelshaus A: „Erbitte Limit über 100 kg Weinsteinsäure." A telegraphiert zurück: „Kg 128 Mark netto Kassa bei hiesiger Übernahme." Darauf B: „100 kg Weinsteinsäure geordnet. Briefliche Bestätigung unterwegs." Es stellt sich heraus, daß beide verkaufen wollten. Die Klage des A auf Abnahme von 100 kg Weinsteinsäure wurde abgewiesen: Die gewechselten Erklärungen waren objektiv zweideutig; jeder konnte sie in seinem Sinn verstehn; daher Dissens. Auch kein Schadenersatz, da die Undeutlichkeit beiden zur Last fällt.

Tabelle zu A bis C

<table>
<tr><th rowspan="2">Bei Vertrag unterläuft</th><th colspan="2">Tatbestand</th><th colspan="2" rowspan="2">Rechtsfolge</th></tr>
<tr><th>Wille</th><th>Erklärung</th></tr>
<tr><td>falsa demonstratio</td><td>beide wollen das gleiche</td><td>bezeichnen es nur falsch</td><td colspan="2">Vertrag kommt wie gewollt zustande; falsche Bezeichnung tilgen</td></tr>
<tr><td>gemeinsamer Irrtum</td><td>beide wollen nicht das gleiche</td><td>erklären aber das gleiche nicht Gewollte</td><td colspan="2">Vertrag kommt, da nicht gewollt, nicht zustande. Jeder kann auch ohne die Voraussetzungen des § 871 davon abgehn</td></tr>
<tr><td>versteckter Dissens (zweideutige Erklärung)</td><td rowspan="3">beide wollen nicht das gleiche</td><td>Erklärung deckt objektiv die beiden verschiedenen Willen</td><td colspan="2">Vertrag kommt nicht zustande; in der Regel auch kein Schadenersatz</td></tr>
<tr><td>Erklärungsirrtum (+ mißlungene Übermittlung)</td><td>Erklärender erklärt objektiv etwas andres, als er will</td><td rowspan="2">Vertrag im Sinne des objektiv Erklärten zustande gekommen</td><td>Erklärender kann anfechten, falls Voraussetzungen, besonders der §§ 871 ff, gegeben</td></tr>
<tr><td>mißverstandene Erklärung (Irrtum im Erklärungsempfang)</td><td>Empfänger vernimmt etwas andres, als objektiv erklärt ist</td><td>nicht geregelt. Das Mißverständnis kann in der Gegenerklärung des Empfängers Irrtum auslösen oder Dissens bewirken</td></tr>
</table>

D. Motivirrtum. Wegfall der Geschäftsgrundlage

I. Motivirrtum

1. Beim Erklärungs- und Geschäftsirrtum irrt eine Partei über das, *was* sie wollte. Beim Motivirrtum erklärt die Partei zwar das, was sie wollte, irrt aber über die Vorstellungen (den Beweggrund, Endzweck),

warum sie das Erklärte wollte. Der Irrtum im Motiv ist bei letztwilligen Geschäften beachtlich (§§ 572, 777 ff.), und dasselbe gilt nach § 901/3 für unentgeltliche Geschäfte. Dagegen hat er nach § 901/2 „auf die Gültigkeit entgeltlicher Verträge keinen Einfluß".

2. Bei den Motiven muß es sich um *außerhalb des Geschäftes liegende Vorstellungen* handeln, ob sie nun die Vergangenheit oder die Zukunft betreffen.

Jemand kauft ein Buch, um es zu schenken, weil er meint, der Beschenkte habe es noch nicht. Jemand kauft Aktien in der Annahme, sie würden steigen; ein Grundstück in der Annahme, die neue Straße werde vorbeiführen.

3. Die *Abgrenzung des Motivirrtums vom Geschäftsirrtum* kann nur von Fall zu Fall getroffen werden. Irrtum über Wert, Preis, Kalkulation, Absatzfähigkeit, Umsatz kann Eigenschafts- oder Motivirrtum sein, je nachdem, ob die Vorstellung im Rechtsgeschäft selber ihren Ausdruck gefunden hat, daher zum Geschäftswillen zählt, oder nicht.

Man kann sonach als Motivirrtum auch den Irrtum über Umstände bezeichnen, die jeder Teil auf seine Gefahr prüft und worüber er Aufklärung vom andern nicht erwartet.

4. Die Causa, der *Rechtsgrund*, ist nicht *Beweggrund.*

Beweggründe sind die Gründe, die zum Kauf bewegen; der Kauf selbst ist Rechtsgrund — nicht Beweggrund! — für den Eigentumsübergang. Irrige Voraussetzungen, irrige Endzwecke des Kaufes sind grundsätzlich unbeachtlich; Irrtümer im Rechtsgrund selbst (z. B. über den Kaufgegenstand) wirken sich auch auf den Eigentumsübergang aus.

5. Während im allgemeinen nach § 901/2 der Beweggrund bei entgeltlichen Geschäften nicht beachtlich ist, ist nach § 901/1 *der zur Bedingung gemachte Beweggrund* (und damit auch der Irrtum über einen solchen Beweggrund) beachtlich. Es können beide Parteien, es kann aber auch eine Partei einseitig den Beweggrund zur Bedingung machen.

Er muß aber „ausdrücklich zur Bedingung gemacht" werden, d. h. die bloße Angabe des Beweggrundes genügt nicht; umsoweniger, wenn er dem Partner auf andere Weise bekannt wird. Dagegen will „ausdrücklich" nicht sagen, daß es eine besondere Erklärung der Partei braucht; auch aus konkludenten Handlungen kann sich die Absicht der Partei ergeben, den Beweggrund zur Bedingung zu machen.

6. Beachtlich ist ferner *der durch Täuschung hervorgerufene Motivirrtum* (§ 870). Auch entgeltliche Geschäfte kann man daher wegen Irrtums im Motiv anfechten, wenn er auf Täuschung beruht.

8. Beachtlich ist schließlich *der gemeinsame typische Beweggrund*, die sogenannte *Geschäftsgrundlage;* s. u., II.

7. In gewissen Fällen billigt das Gesetz dem Beweggrund ausdrücklich auch sonst Bedeutung zu. Unter anderem:

a) begünstigt es Schenkungen aus Gründen des Anstandes oder um einer sittlichen Pflicht zu genügen;

b) können Rechtshandlungen, die in der Absicht erfolgen, die Gläubiger zu benachteiligen oder im Konkurs zu begünstigen, angefochten werden;

c) kann ein zum Zweck eines verbotenen Spieles gegebenes Darlehn nicht zurückgefordert werden (§ 1174/II);

d) versagt das KoalitionsG. von 1870 Verabredungen von Arbeitgebern und Arbeitnehmern, die Arbeitskämpfe bezwecken, die rechtliche Wirkung;

e) regelt das KartellG. Zusammenschlüsse von Unternehmern oder Unternehmerverbänden, die bezwecken, den Wettbewerb zu regeln oder zu beschränken;

f) bezieht sich das UWG. auf Handlungen „zu Zwecken des Wettbewerbes".

II. Geschäftsgrundlage (Voraussetzung, clausula rebus sic stantibus)

1. Nach § 901/2 sind Motive bei entgeltlichen Geschäften nur dann beachtlich, wenn man sie „ausdrücklich zur Bedingung gemacht" hat. Auch geäußerte oder dem Gegner sonst bekanntgewordene Motive sind unbeachtlich.

Auch wenn der Schneider weiß, daß der schwarze Anzug für die Hochzeit bestimmt ist, und selbst wenn der Kunde es ihm sagt, „haben dergleichen Äußerungen auf die Gültigkeit entgeltlicher Verträge keinen Einfluß". Bester Beweis dafür ist, daß es dem Kunden nicht beifallen wird, das zur Bedingung zu machen, und dem Schneider nicht, auf eine solche Bedingung einzugehn.

2. Nun gibt es aber Fälle, in denen beide Parteien von gewissen Voraussetzungen ausgehn, die sie für so selbstverständlich halten, daß sie sie gerade deshalb nicht ausdrücklich zur Bedingung machen.

Schulfall: der für einen Festzug gemietete Fensterplatz. Geht der Zug durch andere Straßen, fällt mit der beiderseits vorausgesetzten Geschäftsgrundlage auch das Geschäft dahin. Wer würde auch sonst einen Fensterplatz mieten und vermieten?!

3. Das ABGB. anerkennt den Wegfall der Geschäftsgrundlage:

a) Beim Vorvertrag nach § 936. Er ist nur dann verbindlich, wenn „die Umstände inzwischen nicht dergestalt verändert worden sind, daß dadurch der ausdrücklich bestimmte *oder aus den Umständen hervorleuchtende Zweck vereitelt oder das Zutrauen des einen oder andern Teiles verloren wird*".

b) Bei Kreditgeschäften nach § 1052/2: „Auch der zur Vorausleistung Verpflichtete kann seine Leistung bis zur Bewirkung oder Sicherstellung der Gegenleistung verweigern, wenn diese durch schlechte Vermögensverhältnisse des anderen Teiles gefährdet ist, die ihm zur Zeit des Vertragsschlusses nicht bekannt sein mußten."

4. Daraus entwickelte die österreichische Lehre, beeinflußt von der deutschen, den Rechtssatz; *mit Wegfall der für ein Geschäft typischen*

Voraussetzung (Geschäftsgrundlage) fällt das Geschäft dahin; Geschäfte werden unter der clausula rebus sic stantibus geschlossen. Es muß eine Geschäften dieser Art typisch zugrunde liegende Voraussetzung wegfallen. Eine bloß individuelle Voraussetzung, d. h. eine, die gerade diese Parteien oder eine von ihnen vorausgesetzt haben, müßte dagegen zur Bedingung erhoben werden, um wirksam zu sein.

Eine solche typische Voraussetzung ist bei Kreditgeschäften die Kreditwürdigkeit, das Zutrauen (§ 1052/2). — War die Währung lange stabil (wie vor dem 1. Weltkrieg), bedeutete die Geldentwertung den Wegfall einer typischen Voraussetzung; seitdem muß mit der Möglichkeit der Entwertung gerechnet werden. — Die Gefahr von Änderungen in der eigenen Sphäre trägt jedoch die Partei. So setzt zwar die Miete voraus, daß der Mieter den Mietgegenstand gebrauchen könne. Wird aber der Gebrauch „aus einem dem Bestandnehmer zugestoßenen Hindernisse oder Unglücksfalle vereitelt . . . , so fällt die widrige Ereignung dem Bestandnehmer allein zur Last“ (§ 1107/1). Anders, wenn als Kriegsfolge — etwa wegen Evakuierung — das Bestandstück nicht nur für diesen, sondern für jeden Mieter unbrauchbar wird.

§ 33. Möglichkeit und Erlaubtheit. §§ 878, 879, 880

Als „Erfordernisse eines gültigen Vertrages“ nennt die Überschrift zu den §§ 878—880 „3. Möglichkeit und Erlaubtheit“. § 878 handelt von den unmöglichen, § 879 von den unerlaubten Verträgen. Zu § 880 s. u., A 1 und B 5.

A. § 878

„Was geradezu unmöglich ist, kann nicht Gegenstand eines gültigen Vertrages werden“ (§ 878/1).

1. Nur *ursprüngliche* Unmöglichkeit kann als Mangel in der Wurzel Ungültigkeit des Vertrages bewirken. Sie liegt vor, wenn bei Vertragsschluß klar ist, daß die Leistung unmöglich ist oder zu ihrer Zeit sein wird. Wird dagegen die Leistung erst später vereitelt (nachfolgende Unmöglichkeit, §§ 920, 1447), beeinflußt das nur die Abwicklung; s. Schuldrecht, Allgemeiner Teil, § 14.

Dessenungeachtet stellen die §§ 880 und 1048 der ursprünglichen Unmöglichkeit jene Fälle gleich, in denen nach Vertragsschluß, aber noch vor Übergabe, der Gegenstand außer Verkehr gesetzt wird oder durch Zufall untergeht; siehe unten, B 5.

2. Nur *dauernde* Unmöglichkeit macht den Vertrag ungültig. Dauernd ist sie, wenn

a) ihre Behebung nicht absehbar ist (die verkaufte Sache war verloren — wer weiß, ob sie sich wiederfindet; findet sie sich wider Erwarten später doch, bleibt der Vertrag ungültig);

b) die Leistung nicht nachholbar ist bzw. an der nachgeholten Leistung kein Interesse besteht (Fixgeschäft; s. Schuldrecht, Allgemeiner Teil, § 16 B).

3. Die Unmöglichkeit kann *faktisch oder rechtlich* sein. Rechtliche Unmöglichkeit liegt vor, wenn etwas rechtlich nicht sein *kann;* sie ist von dem viel häufigeren Fall der Unerlaubtheit zu scheiden, wo etwas rechtlich nicht sein *darf.*

Neubegründung von Stockwerkseigentum ist rechtlich unmöglich; ein gegen Devisenvorschriften verstoßendes Geschäft unerlaubt, aber möglich.

4. Die Leistung kann *objektiv* (= für jedermann) *oder nur subjektiv* (= für den Schuldner) unmöglich sein.

Weiß A, daß B nicht Klavier spielen kann, ist sein Versprechen, es ihn in einem Monat perfekt zu lehren (objektiv unmöglich; niemand kann das) ebenso ungültig wie das des B, in einem Monat ein Klavierkonzert zu geben (subjektiv unmöglich; andere könnten es).

Schulbeispiel für die objektive Unmöglichkeit ist der Verkauf einer untergegangenen Sache, für das Unvermögen der einer fremden Sache. Wer aber eine Sache verkauft, die er noch nicht hat, verpflichtet sich i. d. R. gültig, sie zu beschaffen (Anschaffungskauf). Bei Gattungsschulden haftet man, solange die Gattung besteht. Zahlungsunvermögen befreit — auch unverschuldet — nicht von der Zahlungspflicht.

5. Ob *Unzumutbarkeit* und *Unerschwinglichkeit* der Unmöglichkeit gleichzuhalten seien, ist beim Hauptanwendungsfall, der Leistungsvereitelung, behandelt; Schuldrecht, Allgemeiner Teil, § 14/II.

6. Unmögliches kann man nicht erzwingen (ad impossibilia nemo tenetur). Das sagt aber noch nicht, daß auch die Verpflichtung hinfällig ist (impossibilium nulla obligatio?!). Vor allem trifft die Beweislast den Schuldner (§ 1298). Der Gläubiger klagt auf Leistung und, wenn sich die Unmöglichkeit herausstellt, auf das Interesse (§ 235/IV ZPO.). Er kann das schon dann, wenn die für die Leistung rechtskräftig gesetzte Urteilsfrist fruchtlos verstreicht, ob dann die Leistung unmöglich oder der Schuldner nur in Verzug ist *(fingierte Unmöglichkeit).* Noch in der Exekution kann der Gläubiger, wenn sich Unmöglichkeit herausstellt, davon abstehn und auf das Interesse klagen (§ 368 EO.).

7. Insbesondere bewirkt nicht jede ursprüngliche, dauernde Unmöglichkeit Ungültigkeit des Vertrages.

Wer eine „nicht mehr vorhandene oder eine fremde Sache als die seinige veräußert" (§ 923), sagt eine ursprünglich und im ersten Fall dauernd unmögliche Leistung zu. Trotzdem löst der Vertrag Gewährleistung aus, ist also gültig; ebenso, wenn jemand eine Forderung, eine Erbschaft veräußert, die ihm nicht zusteht (§§ 1283, 1397).

8. Nur was *geradezu* unmöglich ist, kann nach § 878/1 nicht gültig vereinbart werden. Darunter ist wohl zu verstehn, was beide Teile als unmöglich ansehn mußten.

Wußten im obigen Beispiel beide, daß die Sache nicht mehr vorhanden oder eine fremde, vom Verkäufer voraussichtlich nicht erwerbbare Sache sei, ist der Vertrag ungültig. Siehe auch das Beispiel oben zu 4.

So bleibt als unmittelbarer Anwendungsbereich des § 878 nur der absurde Vertrag.

Der Vertrag eines Astrologen mit einem Großkaufmann, gerichtet auf astrologische Beratung und Bestimmung günstiger Termine für dessen Planungen, wurde für nichtig erklärt. In der Tat ist fraglich, ob es mit der Würde der Rechtsordnung vereinbar ist, sich zur Durchsetzung solcher Verträge herzugeben.

9. Umso wichtiger ist das mittelbare Anwendungsgebiet für § 878/2 (Teilnichtigkeit) und 3 (Ersatz des Vertrauensinteresses) bei den unerlaubten Verträgen; s. o., § 26 C II 6 und IV 3.

B. Unerlaubtheit. Allgemeines

1. Unerlaubt ist laut § 879/I „ein Vertrag, der gegen ein gesetzliches Verbot oder gegen die guten Sitten verstößt".

Dieselbe Aufgliederung der Unerlaubtheit finden wir in § 26/4: „Unerlaubte Gesellschaften sind aber diejenigen, welche durch die politischen Gesetze insbesondere verboten werden oder offenbar der Sicherheit, öffentlichen Ordnung oder den guten Sitten widerstreiten."

2. § 879 handelt von unerlaubten Verträgen, § 1295 von der unerlaubten Schädigung in und außer Vertrag. Auch dort ist die Sittenwidrigkeit genannt (§ 1295/II; s. Schuldrecht, Besonderer Teil, § 45 B.

Die unerlaubte Boykottvereinbarung des A, B, C gegen D ist nach § 879 nichtig; überdies sind sie dem D nach § 1295 schadenersatzpflichtig. — Handelt nur ein Vertragsteil unerlaubt, muß deshalb nicht der Vertrag als solcher unerlaubt und nichtig sein, doch macht sein unerlaubtes Handeln ihn ersatzpflichtig.

3. Der Vertrag selbst, d. i. *der gemeinsame Akt und Zweck, muß unerlaubt sein.* Es genügt nicht, daß ein Geschäftspartner für sich aus unerlaubten Motiven handelt oder auch beide, jeder für sich.

Unerlaubt und nichtig ist der Vertrag, durch den die Parteien ein Verbrechen begehn, z. B. das der Veruntreuung und der Teilnahme daran. Nichtig auch das zum Zweck verbotenen Spieles gegebene Darlehn. — Gültig dagegen ein Darlehn, auch wenn der Darlehnsnehmer es zu verbotenem Spiel verwenden will. Gültig der Kauf gestohlenen Gutes, wenn der Käufer am Delikt nicht teilnimmt. — Danach sind Vollmacht und Auftrag zur Vermittlung verbotener und nichtiger Geschäfte selbst verboten und nichtig. Dagegen macht nicht umgekehrt die verbotene Vermittlung (z. B. gewerbsmäßige Stellenvermittlung) den vermittelten Arbeitsvertrag ungültig. — Bei einseitigen Geschäften (Testament) kann auch das rechtswidrige Motiv bedeutsam werden.

4. Ein Vertrag ist vor allem unerlaubt:

a) wenn sein Gegenstand oder Inhalt unerlaubt ist (Entgeltzusage für unerlaubte Handlung, z. B. Schmuggel);

b) aber auch, wenn ein an sich erlaubter Inhalt Gegenstand unerlaubter vertragsmäßiger Bindung wird (Versprechen, nicht zu heiraten; vgl. § 700);

c) oder wenn eine an sich erlaubte Bindung unerlaubt mit materiellen Vor- oder Nachteilen verknüpft wird (Schweigegeld, Stimmenkauf);

d) oder wenn die Bindung übermäßig ist (Knebelungsvertrag);

e) wenn eine Monopolstellung zur Ausnützung mißbraucht wird, was sich dem Wucher (Ausbeutung einer Zwangslage) nähern kann;

f) wenn im Zusammenspiel Rechte Dritter geschädigt werden sollen (Kollusion des Vertreters mit dem Dritten, um den Vertretenen zu schädigen).

5. Die *Unerlaubtheit* muß *zur Zeit des Vertragsschlusses* bestehn; s. o., A 1.

Ausnahmen enthalten die §§ 880 und 1048: Wird der Vertragsgegenstand nach Vertragsschluß, aber noch vor Übergabe dem Verkehr entzogen, ist der Vertrag für nicht geschlossen anzusehen. Die beiden Paragraphen denken nur an die von den Parteien nicht verschuldete nachträgliche Unerlaubtheit; bei Verschulden greift § 920 ein.

6. Objektive Rechtswidrigkeit genügt; Kennen oder Kennenmüssen der Unerlaubtheit ist nicht nötig.

7. Über die Folgen der Nichtigkeit s. o., § 26 C IV.

C. Gesetzliches Verbot

§ 879/I scheint jedes gegen ein gesetzliches Verbot verstoßende Rechtsgeschäftigkeit mit Nichtigkeit zu bedrohen. Allein, Lehre und Praxis sind einig, daß es viel zu weit ginge, angesichts der Vielfalt und Verschiedenartigkeit der Verbote stets die äußerste Sanktion — die Todesstrafe — über das Rechtsgeschäft zu verhängen.

Das römische Recht kannte leges perfectae, die das verbotene Geschäft nichtig machen, und leges minus quam perfectae, die es mit Strafe bedrohen, aber gültig lassen; leges plus quam perfectae (nichtig und strafbar) und leges imperfectae (ohne Sanktion). So auch das geltende Recht.

Die Rechtsfolgen für das unerlaubte Geschäft sind so verschiedenartig wie der Zweck der Verbotsnormen. Das gilt nicht nur für die Fälle, in denen die Verbotsnorm selbst ausdrücklich ihre Wirkung auf das verbotene Rechtsgeschäft festlegt (I), sondern auch für jene Fälle, in denen eine ausdrückliche Bestimmung fehlt (II).

I. Die Verbotsnorm bestimmt selbst die Rechtsfolge

1. Zahlreiche Verbotsnormen sanktionieren *ausdrücklich Nichtigkeit.*

Zum Beispiel § 879/II Z. 1–4; s. u., § 34 A und B; §§ 1371, 1372 für unerlaubte Bedingungen beim Pfandrecht; §§ 1382–1384 für verbotene Vergleiche; § 80 EheG. für unerlaubte Scheidungsvereinbarungen; § 22 DevG. und § 23/I/1 SchillingG.

2. Andere begnügen sich *ausdrücklich* mit *Strafe.*

RatG. § 10/II gebietet bei Strafe (§ 14/I Z. 1), einen Ratenbrief auszustellen, doch ist das verbotswidrig mündlich geschlossene Abzahlungsgeschäft gültig (§ 10/III). Überhaupt unterscheidet das RatG. (§§ 14, 15) klar zwischen Strafsanktion und Nichtigkeitssanktion.

3. Dienen Vorschriften dem Schutz gewisser Personengruppen, ist ihr Schutzzweck gewahrt, wenn entgegenstehende Vereinbarungen diesen Personen gegenüber unwirksam sind *(relative Nichtigkeit).*

So § 1409/II bei der Vermögens- oder Unternehmensübernahme: „Entgegenstehende Vereinbarungen zwischen Veräußerer und Übernehmer zum Nachteile der Gläubiger sind diesen gegenüber unwirksam.“ Ebenso sind Rechtshandlungen des Gemeinschuldners nach der Konkurseröffnung, welche die Konkursmasse betreffen, den Konkursgläubigern gegenüber unwirksam (§ 3 KO.; ähnlich § 8 AusglO.). Auch die Gläubigeranfechtung in und außer Konkurs führt dazu, daß die angefochtene Rechtshandlung gegenüber den Gläubigern unwirksam ist § 27 KO. und § 1 AnfO.). — Anders die ältere Wuchervorschrift, die absolute Nichtigkeit herbeiführt, so daß sich auch der Wucherer darauf berufen könnte, wenn das wucherische Geschäft gegen ihn ausschlagen sollte. Nach § 8 WucherG. „auf Begehren des Verletzten“ wird man das nicht zulassen.

Unter Umständen kann sogar der durch das Verbot Geschützte sich das verbotswidrig geschlossene Geschäft zueignen. So der Dienstgeber Geschäfte, die der Angestellte dem Konkurrenzverbot zuwider geschlossen hat (§ 7/II AngG.).

4. Die Verbotsnorm kann statt des ganzen Geschäftes nur den unerlaubten Teil vernichten *(Teilnichtigkeit).*

§ 4 AusbeutVO. von 1933 läßt die Gegenleistung zurückfordern, soweit sie übermäßig ist, während die ältere Wuchervorschrift den ganzen Vertrag vernichtet. § 16 MG erklärt Vereinbarungen für ungültig, „insoweit ein Mietzins (Entgelt oder Zuschlag) vereinbart wurde, dessen Höhe die in den vorstehenden Bestimmungen bezeichnete Grenze übersteigt“. Nach § 17 MG. sind ungültig und verboten Ablösevereinbarungen, bei Aufrechterhaltung des Mietvertrages selbst.

5. Braucht ein Rechtsgeschäft *behördliche Zustimmung,* ist es *schwebend unwirksam,* d. h. ex tunc wirksam, falls sie erteilt, nichtig, falls sie verweigert wird.

So die Landesgrundverkehrsgesetze. Auf dasselbe läuft § 22 DevG. hinaus, wenn er erklärt, daß die nachträgliche Bewilligung die Rechtsgeschäfte „vom Zeitpunkt ihrer Vornahme an“ wirksam mache.

6. Das gesetzliche Verbot kann sich gegen das Verpflichtungsgeschäft oder das Erfüllungsgeschäft oder — so i. d. R. — gegen beide richten.

Ein Beispiel für das letzte bietet § 879/II Z. 4 „versprechen oder gewähren". — Nur den Eigentumserwerb oder die Einräumung des Fruchtgenusses, nicht das Verpflichtungsgeschäft machen die Landesgrundverkehrsgesetze von der Zustimmung der Grundverkehrsbehörde abhängig. Richtet sich das Verbot gegen das Verpflichtungsgeschäft und macht es ungültig, wird damit auch die Veräußerung mangels Titels hinfällig.

II. Die Verbotsnorm spricht sich über die Rechtsfolge nicht aus

Auch in jenen Fällen, wo sich die Verbotsnorm über die Folge der Unerlaubtheit nicht ausspricht, tritt nicht einfach — wie man glauben möchte — die Nichtigkeitssanktion des § 879/I dazu. Lehre und Praxis haben vielmehr den Satz entwickelt: *Das verbotene Geschäft ist nur dann und nur in dem Umfang nichtig, wenn und soweit der Zweck der Verbotsnorm es erfordert.*

1. Typisches Beispiel ist der Verkauf während der Ladenschlußzeit. Das Ladenschlußgesetz verbietet ihn bei Strafe; ist er auch, weil unerlaubt, nichtig? Zwar wird der Käufer keinen Anspruch auf Erfüllung oder auf Schadenersatz wegen Nichterfüllung haben, doch ginge es offenbar zu weit, auch den Anspruch auf Gegenleistung oder auf allfällige sekundäre Vertragspflichten wie Gewährleistung zu versagen. Man rechtfertigt das damit, daß das Verbot sich nur gegen den Verkäufer richte, oder damit, daß diese öffentlichrechtliche Ordnungsvorschrift nach ihrem Zweck nicht Nichtigkeit des Vertrages bewirke. — Besitzt ein Teil nicht die Gewerbeberechtigung, sind die geschlossenen Geschäfte doch gültig.

2. Bei den Preisregelungsvorschriften und bei dem auf dem PreisregelungsG. beruhenden ZinsstoppG. hat sich die Frage erhoben, ob *das ganze Geschäft nichtig* ist *oder nur der* gegen die Vorschriften verstoßende *Teil, das Übermaß*. Die zweite Ansicht entspricht der ausdrücklichen Regelung in den oben, I Z. 4, genannten Fällen. Sie findet auch in § 1059 eine Stütze. Die Vollnichtigkeit würde auch dem Zweck der Schutznorm widersprechen, wenigstens soweit es Bedarfsgüter des täglichen Lebens betrifft. In ähnlichem Sinn bezeichnen das BedarfsdeckungsStG. 1947 und das PreistreibereiG. 1959 als unzulässiges Entgelt „den Unterschied zwischen dem Entgelt und dem zulässigen Preis".

3. Schließlich soll die Nichtigkeit jenem Vertragsteil nicht eingewendet werden können, gegen den sich das Verbot nicht richtet, so daß der durch das Verbot Geschützte sich zwar auf das Verbot berufen, das Geschäft aber auch geltenlassen kann (*relative Nichtigkeit;* s. o., I Z. 3).

III. Umgehung

Auch Verbotsnormen sind nicht buchstäblich, sondern nach Sinn und Zweck auszulegen. Unerlaubt ist daher auch, was gegen den Gesetzeszweck verstößt, selbst wenn es den Buchstaben des Gesetzes für sich hat — die Gesetzesumgehung.

1. Manchmal sagt das Gesetz das ausdrücklich.

So § 2 RatG. für Geschäfte, die nicht Käufe sind, „wenn die Beteiligten damit den gleichen wirtschaftlichen Zweck verfolgen wie beim Abzahlungsgeschäft".

2. Es gilt aber allgemein.

So sind Kettenarbeitsverträge, welche die Rechte länger Beschäftigter vereiteln wollen, so zu behandeln wie ein länger dauerndes Arbeitsverhältnis. — Ungültig sind i. d. R. formlose Vorverträge zu formbedürftigen Hauptverträgen; Näheres s. § 35 B II 1. Als Umgehung des Faustpfandprinzips (§ 1371/1) sehen österreichische Lehre und Praxis nach anfänglichem Schwanken die Sicherungsübereignung für ungültig an, wenn sie sich nicht jener Übergabsarten bedient, die für die Pfandbestellung vorgesehen sind.

3. Verlangte man früher Umgehungsabsicht (agere in fraudem legis), so genügt heute, daß das Umgehungsgeschäft *objektiv Sinn und Zweck der Verbotsnorm vereitelt.*

4. Manchmal kann freilich zweifelhaft sein, was das Gesetz bezweckt. Das Bürgschaftversprechen ist formbedürftig; kann derselbe Erfolg durch den formlosen Schuldbeitritt erreicht werden? Ist das Ziel, nämlich das formlose Eintreten für fremde Schuld, oder nur ein Weg dazu, nämlich die formlose Bürgschaft, verboten? Auslegung nach dem Willen des Gesetzgebers und dem Zweck des Gesetzes hat festzustellen, ob die Norm nur einen bestimmten Weg, ein bestimmtes Mittel, zur Verwirklichung des Erfolges untersagt, dann ist das *Umwegsgeschäft* gültig; oder den Erfolg selbst, gleichgültig, auf welchem Wege er erreicht wird, dann ist auch das *Umgehungsgeschäft* ungültig.

Danach ergreift die Bürgschaftsform andere Fälle der Interzession nicht. — Die Zahlung des Spiel- oder Wettpreises ist nicht verboten; das Versprechen (ein Weg dazu) ist aber unklagbar. Wollte man das Versprechen durch Bürgschaft, Pfandbestellung, Anerkenntnis, Neuerungsvertrag klagbar machen, wäre das unwirksame Gesetzesumgehung.

5. Das Umgehungsgeschäft darf mit dem *Scheingeschäft* nicht verwechselt werden. Zwar sehen sich die Parteien in beiden Fällen vor derselben Lage, daß ihnen nämlich das beabsichtigte Geschäft verboten ist. Aber sie reagieren verschieden: das Umgehungsgeschäft schließen sie wirklich, das Scheingeschäft täuschen sie nur vor.

Der Sicherungsübereigner nimmt in Kauf, Eigentum zu übertragen, statt nur Pfandrecht zu begründen. Wird dagegen Eigentumsübertragung nur vorgetäuscht, sind beide Teile einig, daß Eigentum nicht übergehn soll. — Der einer Schuld Beitretende nimmt in Kauf, als Hauptschuldner, nicht wie der Bürge als Nebenschuldner, zu haften. — Täuschen die Parteien einen niedrigeren Preis vor, um Steuer zu hinterziehen, ist in Wahrheit der höhere Preis vereinbart.

D. Gegen die guten Sitten

1. Nach dem unter B Gesagten ist die *Sittenwidrigkeit ein Fall der Rechtswidrigkeit:* was nicht ausdrücklich verboten, aber offenbar unerlaubt ist, gegen oberste Rechtsgrundsätze (öffentliche Ordnung) verstößt und oft gerade darum nicht ausdrücklich verboten wird, weil es sich von selbst versteht.

2. Daraus folgt: Die richterliche Feststellung, etwas verstoße gegen die guten Sitten, ist nicht Tatsachenfeststellung, sondern rechtliche Beurteilung, *unterliegt* daher *der Revision.* Das ist auch deshalb geboten, weil die Gute-Sitten-Klausel als Generalklausel dem Richter ein hohes Maß von Beurteilungsfreiheit läßt.

3. Die guten Sitten sind *kein Moralbegriff,* und Sittenwidrigkeit enthält nicht den moralischen Vorwurf der Unsittlichkeit.

4. Das Gesetz spricht von *guten* Sitten so wie von *redlichem* Verkehr. Unsitten, auch wenn sie verbreitet sind, eingerissene Mißbräuche des Verkehrs werden nicht gedeckt. Andererseits können an das Verhalten gehobener Stände (Anwälte, Ärzte) höhere Maßstäbe angelegt werden.

5. Die guten Sitten haben eine *ähnliche Funktion wie Treu und Glauben und die Übung des redlichen Verkehrs.* Der Verstoß gegen die guten Sitten tritt an die Seite konkreter gesetzlicher Verbote:

a) Der Richter mag vorziehen, anstelle einer den Parteien nicht leicht verständlichen Auslegung des Verbotsgesetzes von Sittenwidrigkeit zu sprechen (juris civilis adjuvandi gratia).

b) Während im Strafrecht der Satz gilt: „nullum crimen sine lege", besagt die Gute-Sitten-Klausel, daß im Zivilrecht auch Verbotsgesetze ausdehnend ausgelegt und analog angewendet werden können (juris civilis supplendi gratia). Doch ist dabei besondere Vorsicht am Platze, um eine willkürlich schwankende Praxis zu vermeiden. Daher sollen nur grobe Verstöße einen Vertrag ungültig machen, sonst ist der Grundsatz der Vertragstreue der höhere. — Die Berufung auf Gesetz- oder Sittenwidrigkeit ist nicht selbst sittenwidrig, außer wenn der unerlaubt Handelnde sich gegen den durch die Norm Geschützten auf die eigene Sittenwidrigkeit berufen wollte.

c) Schließlich kann als sittenwidrig auch erscheinen, was den Buchstaben des Gesetzes für sich hat (juris civilis corrigendi gratia). Das aber nur in Ausnahmefällen, denn grundsätzlich ist die Berufung auf das Gesetz nicht sittenwidrig; es müssen also besondere Umstände dazutreten.

Grundsätzlich kann sich jeder auf die Nichtigkeit des formmangelhaften Geschäftes berufen; nicht aber, wer den Formmangel selbst absichtlich herbeigeführt hat.

d) Sogar dem Einwand der Sittenwidrigkeit kann mit der Replik der Sittenwidrigkeit begegnet werden, wenn der sittenwidrig Handelnde sich auf die eigene Sittenwidrigkeit beruft.

Verstößt ein Preisausschreiben zu Reklamezwecken gegen das UWG., können die Konkurrenten das geltend machen; nicht aber kann die das Preisausschreiben veranstaltende Firma dem Publikum die Nichtigkeit einwenden.

6. Zwischen Verstoß gegen ein gesetzliches Verbot und Verstoß gegen die guten Sitten besteht demnach kein Wesensunterschied; eins greift ins andere.

Die Praxis hat manches zuerst als sittenwidrig erfaßt, was sich später zu einem gesetzlichen Verbot kristallisierte. So vor allem auf dem Gebiet des unlauteren Wettbewerbes. Was die eine Rechtsordnung gesetzlich verbietet, wird in der andern mangels ausdrücklichen Verbotes als sittenwidrig angesehen und umgekehrt: Die Streitanteilsvereinbarung und das pactum de non licitando sind nach österreichischem Recht ausdrücklich verboten, nach deutschem Recht gelten sie als sittenwidrig. — Die *Übertretung ausländischer Verbotsnormen,* z. B. im Ausland begangener unlauterer Wettbewerb, kann im Inland als sittenwidrig erfaßt werden.

7. *Generalklausel und Sondertatbestände.* — § 879 stellt in Abs. I die Generalklausel voran und schließt daran in Abs. II einige („insbesondere") Sondertatbestände. Ähnlich verfahren andere Gesetze, z. B. § 19 MG., §§ 25, 26 AngG., §§ 1 und 2—12 UWG, aber auch das ABGB. selbst beim Schadenersatz. Wie verhält sich die Generalklausel zu den Sondertatbeständen? Kann auf die Generalklausel zurückgegriffen werden, wenn für einen Sondertatbestand ein Element fehlt, oder ist dem Sondertatbestand das arg. e contrario zu entnehmen? Die Entscheidung kann nur aus der Tendenz (dem Zweck) des Gesetzes gewonnen werden.

So wurde in auffälligem Mißverhältnis allein — ohne die subjektiven Voraussetzungen des Wuchers — Sittenwidrigkeit erblickt.

8. Zu den obersten Grundsätzen unserer öffentlichen Ordnung gehören die *Grund- und Freiheitsrechte,* z. B. das Recht auf Menschenwürde, auf persönliche Freiheit und der Gleichheitsgrundsatz. Es wäre unrichtig, sie als konkrete gesetzliche Verbote zu verstehn, so daß jede Verletzung ein privates Rechtsgeschäft nichtig machte; sogenannte Drittwirkung der Grundrechte. Dazu sind diese Prinzipien viel zu allgemein und unbestimmt. Auch darf nicht übersehen werden, daß andererseits zu den obersten Grundsätzen auch der der Privatautonomie gehört, der z. B. ungleiche Behandlung rechtfertigen kann. So kann sich ein Kind nicht beschweren, das der Erblasser auf den Pflichtteil setzt.

Die richtige Lösung ist, diese obersten Grundsätze durch das Medium der guten Sitten auf die Privatrechtsgeschäfte wirken zu lassen. Die guten Sitten geben den Maßstab dafür, ob ein Rechtsgeschäft so offenbar, so schwer, so ungerechtfertigt gegen die Grundrechte verstößt, daß seine Anerkennung für die Rechtsordnung untragbar ist.

So kann sittenwidrig sein, wenn ein Dienstnehmer grundlos schlechter behandelt wird als andere, nicht aber, wenn die Besserbehandlung eines einzelnen nicht auf alle ausgedehnt wird (SZ. XXXII/38).

9. § 879 betrifft sittenwidrige „Verträge und Rechtsgeschäfte überhaupt". Streitig ist, ob auch ein *rechtskräftiges Urteil* mit der Einrede der Sittenwidrigkeit bekämpft werden kann.

§ 34. Gruppen unerlaubter Rechtsgeschäfte

Es gibt eine Unzahl gesetzlicher Verbote, so daß eine vollständige Aufzählung unerreichbar ist. Auch liegt es im Wesen von Generalklauseln, immer herangezogen zu werden, wenn in einem Einzelfall die konkreten Vorschriften keine befriedigende Lösung ergeben.

Zum Beispiel spricht sich das österreichische bürgerliche Recht nicht darüber aus, wieweit ein Beauftragter mit sich selbst kontrahieren, ein Insichgeschäft schließen darf. Soweit es im Einzelfall der treuen Vertretung der Interessen des Auftraggebers widerspricht, ist es unerlaubt.

Die Einzelfälle, in denen die Gute-Sitten-Klausel angewendet wird, aufzuzählen, ginge gleichfalls ins Uferlose. Auch läßt sich nicht vorhersehen, in welchen Einzelfällen sie künftig angewendet werden wird. Daher hätte eine solche Aufzählung wenig Wert.

Die folgende Übersicht beschränkt sich deshalb darauf, charakteristische Fallgruppen ausdrücklich verbotener oder sittenwidriger Geschäfte anzuführen.

A. § 879/II Z. 1—3

1. *Entgeltliche Ehemäklerei.* — Ehevertrag ist in Z. 1 so wie in § 44 für Eheschließung, nicht für Ehepakt gebraucht.

a) Unter Unterhandlung ist die Vermittlung des Zustandekommens der Ehe zu verstehn; ob auch der Nachweis der Gelegenheit zur Eheschließung, das Ausfindigmachen einer passenden Partie, ist zweifelhaft; keinesfalls Heiratsannoncen.

b) Das dafür Bedungene meint das Entgelt für die Ehevermittlung.

c) Ungültig ist das Ausbedingen, d. h. das Gesetz versagt das Klagerecht; das schon Geleistete kann nach § 1432 nicht zurückgefordert werden.

2. *Ansichlösen der Streitsache und Streitanteilvereinbarung.* — Z. 2 (ebenso § 16 RAO.) schützt den Klienten, der die Prozeßaussichten nicht abschätzen kann.

a) Unter Ansichlösen der Streitsache ist jeder Akt zu verstehn, wodurch der Anwalt sich ganz oder zum Teil die Streitsache — also die streitverfangene, nicht die ersiegte Sache! — aneignet. Wohl aber kann der Anwalt mit der für die Partei eingegangenen Barschaft seine Auslagen und sein Honorar verrechnen (§ 19 RAO.) und hat ein gesetzliches Pfandrecht an der Kostenersatzforderung der Partei (§ 19 a RAO.). Erlaubt ist die Zession des ersiegten Anspruches an den Anwalt zahlungs- oder sicherungshalber oder zur Einziehung, aber auch die Verpfändung des einzuklagenden Anspruchs zur Sicherstellung seiner Gebühren.

b) Die Streitanteilvereinbarung bemißt das Honorar prozentuell nach dem Ersiegten, nicht wie das Pauschalhonorar nach dem gesamten Streitwert. Sie ist auch nicht mit dem Erfolgshonorar zu verwechseln, bei dem der Anwalt die Gefahr des Verlustes auf sich nimmt, für den Fall des Erfolges aber ein festes Honorar ausbedingt. Das gefährdet den Klienten nicht; ob es standeswidrig und disziplinär zu ahnden sei, ist eine andere Frage. Analog ist die Vereinbarung eines Anteiles des Steuerberaters an der von ihm zu erwirkenden Steuerermäßigung verboten.

3. *Veräußerung einer erhofften Erbschaft* bei Lebzeiten des Erblassers ist laut Z. 3 verboten. Mit dem Tode (Erbfall) ist sie veräußerlich. § 1278, der auf den Anfall abstellt, ist durch § 879/II Z. 3 richtigzustellen. Das Verbot umfaßt auch das erwartete Vermächtnis und Pflichtteilsrecht. Unter Veräußerung ist Verfügung wie Verpflichtung, entgeltlich oder unentgeltlich, zu verstehn. Vereinbarungen von Erben untereinander sind bei Lebzeiten des Erblassers nur unter seiner Mitwirkung gestattet (§§ 551, 1249).

B. Wucher (§ 879/II Z. 4) und Verwandtes

I. Entwicklung

Die Rechtsordnung bekämpft zunächst den *Zinswucher,* dann auch den *Warenwucher.*

1. *Das altjüdische Recht* verbietet das Zinsennehmen unter Glaubensgenossen und ordnet in jedem siebenten (Sabbat-)Jahr eine allgemeine Schuldtilgung an.

2. *Im römischen Recht* konnten sich Zinsverbote auf Dauer nicht halten; wohl aber Höchstzinssätze, die freilich, solange die Geldwirtschaft nicht ausgebildet war, für unsere Begriffe außerordentlich hoch sind. Sie betragen im Monat (!) unter den XII Tafeln 12 %, im 4. Jh. v. Chr. 6 %, in der klassischen Zeit immer noch 1 % (centesimae usurae), d. s. 12 % jährlich. Das justinianische Recht setzt 6 % im Jahr fest; für Angehörige oberster Stände 4 %, für Kaufleute und Bankiers 8 %, für das Seedarlehn 12 %. Das späte römische Recht bekämpft, von der Idee des gerechten Preises (justum pretium) ausgehend, auch den Warenwucher durch das Rechtsmittel der laesio enormis.

3. *Das deutsche Recht des Mittelalters* kommt unter dem Einfluß des kanonischen Rechtes auf das Zinsverbot zurück, das sich aber auf Juden nicht erstreckt und auch sonst umgangen wird (Rentenkauf). Der Reichsabschied von 1654 gestattet wieder das Zinsennnehmen bis zu 5 %.

4. *Das ABGB. von 1812* (§ 994) arbeitet noch mit demselben Höchstsatz. Der *Liberalismus* (G. v. 1868) glaubt, ohne Zinsschranken auszukommen. Das bewährt sich nicht, und 1877/1881 setzt die Wucherbekämpfung wieder ein.

5. Unter dem Einfluß des BGB. ergeht *1914 die kais. VO über den Wucher.* Sie erfaßt auch den Warenwucher. Sie stellt nicht mehr auf feste Sätze ab, sondern elastisch auf das auffallende Mißverhältnis zwischen Leistung und Gegenleistung. Sie straft den Kreditwucher und Nachwucher, den Warenwucher nur bei Gewerbsmäßigkeit; insoweit ist der Wuchertatbestand des Strafrechtes enger als der des Zivilrechtes. Ihr § 1 wurde von der III. TN dem § 879 eingefügt. 1949 wurde die VO. als WucherG. wiederverlautbart. Eine VO. von 1933 bedroht die Ausbeutung Kreditsuchender mit Verwaltungsstrafen. Zum Unterschied von andern Rechtsordnungen hat das österreichische Recht das alte Rechtsinstitut der laesio enormis beibehalten; es bewährt sich neben dem neuen Wuchertatbestand wegen des leichteren Beweises; s. Schuldrecht, Allg. Teil.

6. Das WucherG. bekämpft den Einzelwucher; das *PreistreibereiG.* und das inzwischen außer Kraft getretene BedarfsdeckungsstrafG., beide fast nur strafrechtlichen Inhaltes, bekämpfen den Massenwucher.

II. Tatbestand

Drei Elemente:

1. Der Bewucherte befindet sich in einer Zwangslage oder besitzt unwirtschaftliche Eigenschaften, wie Leichtsinn, Verstandesschwäche, Unerfahrenheit, Gemütsaufregung.

2. Der Wucherer beutet das dadurch aus,

3. „daß er sich oder einem Dritten für eine Leistung eine Gegenleistung versprechen oder gewähren läßt, deren Vermögenswert zu dem Werte der Leistung in auffallendem Mißverhältnisse steht".

Zu 1. — Die Zwangslage muß nicht eine wirtschaftliche, kann auch eine psychische sein. Sie kann durch Drohung herbeigeführt werden (dann konkurriert § 879/II Z. 4 mit § 870), aber auch ohne solche entstehn. — Die Aufzählung der Eigenschaften ist nur beispielsweise: Auch Unkenntnis des Wertes oder Vertrauensseligkeit kann in Frage kommen.

Zu 2. Ausbeuten setzt Bereicherungsabsicht voraus.

Zu 3. Geschäfte mit Leistung und Gegenleistung, d. s. alle entgeltlichen Geschäfte, können wucherisch sein, also nicht nur Darlehn, auch Kauf, Miete, Dienstvertrag usw., auch Handelsgeschäfte. — Das Mißverhältnis muß zwischen Leistung und Gegenleistung bestehn, bei Gesellschaft analog zwischen Einlage und Gewinnanteil, bei Glücksverträgen zwischen Einsatz und Risiko, was anhand der Wahrscheinlichkeitsrechnung zu prüfen ist.

Das Mißverhältnis muß zur Zeit des Vertragsschlusses gegeben sein. — Wucherisch ist nicht nur das Versprechen, sondern auch das Gewähren, also nicht nur der titulus, auch der modus. — Das WucherG. setzt voraus, daß durch Vergleich — z. B. mit dem Marktpreis — festgestellt werden kann, ob ein auffallendes (!) Mißverhältnis, eine „übermäßige Gegenleistung" (so § 2 AusbeutungsVO.) vorliegt. Bei einzigartigen Leistungen fehlen Vergleichsmaßstäbe, bei Massenwucher versagen sie. Das PreistreibereiG. § 1 und das BDStG. § 7 versuchen auf andere Weise festzustellen, ob das Entgelt offenbar übermäßig ist.

III. Rechtsfolgen

1. § 879 erklärt das wucherische Geschäft für nichtig. Soll sich auch der Wucherer auf die Nichtigkeit berufen können, wenn sich das Geschäft wider Erwarten zu seinen Ungunsten entwickelt hat? Zweckmäßiger erscheint es, mit § 8 WucherG. das Geschäft nur „auf Begehren des Verletzten als nichtig zu erklären", also Anfechtbarkeit anzunehmen; so auch die Praxis.

2. Das auf Grund des vernichteten Vertrages Geleistete hat seinen Rechtsgrund verloren, ist daher zurückzustellen. § 7 WucherG. regelt das näher; er hat seinerseits § 5 RatG. beeinflußt.

Unbefriedigend bleibt, daß der Bewucherte dadurch unter Umständen in die Zwangslage zurückversetzt, sich daher scheuen wird, das Geschäft anzufechten. Zweckentsprechender wäre richterliche Vertragskorrektur mit Mäßigung der überhöhten Gegenleistung. Diesen Weg geht die AusbeutungsVO. § 4. Man hat auch in andern Fällen versucht, Teilnichtigkeit nur für das unerlaubte Übermaß anzunehmen und das Geschäft sonst aufrechtzuerhalten.

C. Andere Gruppen unerlaubter Rechtsgeschäfte

I. Ehewidrige Verträge und Verstöße gegen die Geschlechtsmoral

1. Ehewidrige Abkommen (z. B. Vereinbarung der Sexualfreiheit, des Getrenntlebens, des Verzichtes auf Kinder) berühren die Gültigkeit der Ehe nicht, sind vielmehr selbst ungültig.

2. Der Eheentschluß soll frei gefaßt werden. Daher ist das Verlöbnis unklagbar, seine Bekräftigung durch Pfand, Vertragsstrafe u. dgl. unwirksam (§ 45). Über die Bedingung der Nichtverehelichung s. u., § 36 B V.

3. Auf Scheidung spekulieren ist unerlaubt. Sittenwidrig daher das Verlöbnis eines Verheirateten; sittenwidrig Scheidungsübereinkommen, die einen Scheidungsgrund fingieren oder einen Gatten durch materielle Vorteile zur Scheidung bestimmen wollen (EheG. § 80/2).

4. Geht eine geschiedene Frau mit einem andern Mann eine Lebensgemeinschaft ein, ist es sittenwidrig, wenn sie auf dem Unterhaltsbegehren gegen ihren geschiedenen Mann besteht (SZ. XXVII/134, SpR. 38 neu).

5. Zuwendungen an die Geliebte zur Förderung ehebrecherischer oder außerehelicher Beziehungen sind sittenwidrig, doch kommt es auf das Gesamtbild an. Es soll nicht das Verhalten der Beteiligten moralisch beurteilt werden, sondern die Sittenwidrigkeit des Rechtsgeschäftes (Entgeltes).

6. Als sittenwidrig sieht die Praxis Geschäfte an, die mit der Prostitution zusammenhängen, auch wenn sie polizeilich geregelt ist.

II. Unerlaubte Eingriffe in die persönliche Sphäre

1. Sittenwidrig ist die Verpflichtung zum Ortswechsel, der die Existenz erschüttert, ohne daß ein lebenswichtiges Interesse der Gegenseite besteht.

2. Die Grenzen der Konkurrenzklausel bei Arbeitsverträgen hat zuerst die Praxis herausgearbeitet; nunmehr legen HVG. und AngG. sie fest. — Bei Geschäftsveräußerung führt die Praxis Konkurrenzklauseln weiterhin auf das den beiderseitigen Interessen gerecht werdende Maß zurück, indem sie das Übermaß, weil sittenwidrig, für ungültig erklärt (Teilnichtigkeit).

3. Koalitionen (Streikverabredungen von Arbeitnehmern und Aussperrungsverabredungen von Arbeitgebern im Zuge von Lohnkämpfen) hat, im Gegensatz zum älteren Recht, ein Gesetz von 1870 zwar nicht mehr untersagt, aber für rechtlich unwirksam erklärt. Aus der Koalitionsfreiheit hat sich dann das Koalitionsrecht entwickelt und ist gelegentlich in Koalitionszwang ausgeartet. Sogenannte Organisationsklauseln sollten verhindern, daß Personen, die keiner oder einer anders gerichteten Berufsvereinigung angehören, in einem Betrieb beschäftigt werden. Nach dem Antiterrorgesetz von 1930 sind sie strafbar und ungültig. Es untersagt auch, Vereins- oder Parteibeiträge und Spenden vom Lohn abzuziehen

oder bei Lohnzahlung in Empfang zu nehmen. Für kollektivvertragsfähige Berufsvereinigungen und für Wohlfahrtseinrichtungen des Betriebes hat eine Novelle von 1954 eine Ausnahme gemacht. — Unerlaubter Streik, z. B. aus politischen Gründen oder mit Anwendung unerlaubter Mittel, verpflichtet zu Schadenersatz.

4. Unerlaubt ist der Mißbrauch wirtschaftlicher Maßnahmen zu Überzeugungszwang, z. B. politischer oder nationaler Boykott.

5. Zu große Einschränkung der Selbständigkeit (Knebelung) ist sittenwidrig. Auch kann sie andere Gläubiger darüber täuschen, daß ihnen nicht ein selbständiger Unternehmer, sondern ein wirtschaftlich Abhängiger gegenübersteht. Sittenwidrig ist z. B. die Verpflichtung, jede selbständige Verfügung über das gegenwärtige oder künftige Vermögen zu unterlassen. Sittenwidrig können Bezugsverträge sein, wenn sie den Abnehmer zu stark beschränken, wenn etwa die Brauerei den Wirt zur Abnahme einer gewissen Menge ohne Rücksicht auf den Absatz zwingt.

6. Was am Urheber- und Erfinderrecht höchst persönlich ist, z. B. die Ehre einer Erfindung, kann nicht gültig überlassen werden. Ein Vorkaufsrecht für alle künftigen Kompositionen wäre ungültig. Insbesondere werden die Diensterfindungen von Arbeitnehmern geschützt.

III. Unerlaubtes im Wirtschaftskampf

1. Außer den schon erwähnten Fällen ist sittenwidrig der Mißbrauch einer wirtschaftlichen Vormacht- oder Monopolstellung gegenüber Kunden (willkürliche Ausschaltung eines Stromabnehmers) wie gegenüber Konkurrenten. Das KartellG. von 1959, nov. 1962, sucht den Mißbrauch von Kartellen, d. s. Zusammenschlüsse von Unternehmern oder Unternehmerverbänden, zu steuern. Das Kartellgericht hat u. a. zu prüfen, ob die Vereinbarung gegen ein gesetzliches Verbot oder die guten Sitten verstößt (KartellG. § 18 Z. 4). Boykott durch Bildung eines Ringes, der geeignet ist, die wirtschaftliche Existenz Außenstehender zu vernichten oder unbillig zu erschweren und das Emporkommen neuer Unternehmungen zu verhindern, ist rechtswidrig.

Wirtschaftliche Vormachtstellung wird oft dazu mißbraucht, dem Schwächeren Verzicht auf Einwendungen abzupressen (§ 937) oder sich von der Haftung weitgehend freizuzeichnen. Solche Vereinbarungen können gegen die guten Sitten sein. Aus demselben Grund erklären die Haftpflichtgesetze den Ausschluß oder die Beschränkung der Haftung für nichtig.

2. Unlauteren Wettbewerb bekämpft das gleichnamige Gesetz von 1923 teils durch die Generalklausel des § 1, teils durch Sondertatbestände. Auch hier kann relative Nichtigkeit gegenüber den Konkurrenten eintreten, z. B. kann bei einer Reklame mit Preisausschreiben, auch wenn sie unlauteren Wettbewerb darstellt, die Kundschaft doch die Zuhaltung fordern.

3. Steuerüberwälzungen verbietet und erklärt für unwirksam das Einkommen- und das UmsatzsteuerG.

4. Ein HKzD. von 1838 verbietet und erklärt für ungültig Vereinbarungen, bei einer öffentlichen Versteigerung nicht als Mitbieter zu erscheinen oder nur bis zu einem bestimmten Preis oder nicht mitzubieten, und ähnliche Machenschaften. Die Versteigerung bleibt gültig. Schadenersatzansprüche hat der geschädigte Dritte, nicht der an den Machenschaften Beteiligte. Das zu unerlaubtem Zweck Gegebene ist nach § 1174 nicht rückforderbar.

5. AusglO. § 47 und KO. § 150/V verbieten und erklären für nichtig die Einräumung von Sondervorteilen. Doch können sich darauf nur die benachteiligten Gläubiger, nicht der Schuldner berufen. Beim außergerichtlichen Ausgleich können geheim eingeräumte Sondervorteile sittenwidrig sein.

6. Die Verletzung fremder Forderungsrechte ist an sich nicht rechtswidrig, denn der Dritte muß ein relatives Recht nicht respektieren. Verleitet ein Dritter den Schuldner zur Vertragsuntreue (Erfüllungsvereitelung), ist der Vertrag also gültig; so § 430 für den Doppelverkauf. Nur wenn erschwerende Umstände dazutreten, kann ein solcher, die Forderungsrechte Dritter verletzender Vertrag sittenwidrig sein. So z. B. der Schmiergeldervertrag. Bei der Abwerbung von Arbeitskräften haftet der Unternehmer, wenn der Arbeitnehmer dadurch zum Vetragsbruch verleitet wird (§ 86 GewO.).

IV. Unerlaubte Entgeltverquickung

1. Entscheidungen, die unbeeinflußt von materiellem Vorteil getroffen werden sollen, dürfen nicht mit Entgelt verquickt werden; daher ist der Stimmenkauf, das Schweigegeld verboten und nichtig.

2. Eine sittenwidrige Entgeltverquickung macht auch die Zusage des Ehebrechers nichtig, dem Gatten für die verletzte Ehre materielle Genugtuung zu leisten.

3. Die entgeltliche Überlassung der Praxis eines Anwaltes oder Arztes ist angesichts der rein persönlichen Vertrauensseite zu mißbilligen, setzt sich aber angesichts der auch bestehenden wirtschaftlichen Seite im Verkehr durch.

V. Währung

Der Sicherung der Währung dienen die Verbote des DevG., SchillingG. und WährungsschutzG. Ungültigkeit einer Wertsicherungsklausel bewirkt aber nicht Ungültigkeit der Forderung. Andererseits hat man auch versucht, über Treu und Glauben und die guten Sitten Aufwertung zu erreichen; s. Schuldrecht, Allgemeiner Teil, § 9 C.

VI. Rückstellungsgesetzgebung

In der nationalsozialistischen Zeit wurde in zahllosen Fällen Vermögen dem Eigentümer entzogen, d. h. ohne seine freie Zustimmung auf einen Erwerber übertragen. Die Entziehung erfolgte teils auf Grund allgemeiner Vorschriften, teils durch Einzelakte; teils entschädigungslos, teils gegen (unzulängliches) Entgelt. Entziehung war anzunehmen, wenn zwischen Erlös und Wert ein Mißverhältnis bestand oder der geschädigte Eigentümer sich zur Übertragung wegen der nationalsozialistischen Machtübernahme entschloß. Es handelt sich nicht nur um Vermögen von Juden (Arisierung), sondern auch um Vermögen anderer Personen, die wegen ihrer Nationalität, Weltanschauung oder politischen Einstellung mißliebig waren; um das Vermögen natürlicher und juristischer Personen, besonders der Kirchen und des österreichischen Staates selbst.

Das NichtigkeitsG. von 1946 erklärte solche Entziehung für nichtig. Die Geltendmachung und der Umfang der daraus erwachsenden Ansprüche wurde durch die umfangreiche Rückstellungsgesetzgebung geregelt.

VII. Veräußerungs- und Belastungsverbote

Veräußerungs- und Belastungsverbote, ob auf Gesetz, auf Richterspruch oder behördlicher Verfügung oder auf Rechtsgeschäft beruhend, werden im Anschluß an § 364c im Sachenrecht behandelt.

§ 35. Form

A. Entwicklung

I. Altes Recht

Altes Recht — in engem Zusammenhang mit Religion — ist formgebunden. Nur förmliches, rituelles Handeln erzeugt Rechtswirkungen. Die Form ist nicht äußere Zutat, sondern wohnt den Akten inne, drückt symbolisch ihren Inhalt aus. Vorzüglich durch Gebärden: Ergreifen einer Person oder Sache, man-cipere; festucam (vindictam) imponere; unter den Mantel nehmen. — Worte wirken nur durch die Zauberkraft feierlicher Spruchformen „Spondesne? Spondeo", nur so lautet die den römischen Bürgern vorbehaltene Stipulation. „Ein Mann ein Wort" ist daher nicht Ausdruck für Formfreiheit, sondern für Formgefahr. — Solennitätszeugen treten hinzu, geistliche oder weltliche Behörden wirken mit, bekunden das Interesse der Allgemeinheit am Rechtsakt und dienen zugleich der öffentlichen Kenntnis.

II. Geltendes Recht

1. Von alldem sind kaum noch Spuren erhalten (Eheschließungsformen und -bräuche, Handschlag). Die Form wird Schutzform, und zwar i. d. R. (Ausnahme: Eheschließung) Schriftform. Sie wohnt dem Geschäft nicht mehr inne, tritt von außen hinzu, dient rationalen Zwecken. Damit ist ihre Kraft gebrochen: Form wird Ausnahme, Formfreiheit Regel.

2. Das ABGB. geht — von seinen Vorbildern ALR. und CC. abweichend — zur Formfreiheit über, stellt den Parteien die Wahl des Erklärungsmittels frei (§ 883).

Zeiller begründet die Formfreiheit: Form koste Zeit und Geld; ernstlich von beiden Teilen gewollte Verträge könnten mangels Form ungültig sein und man könnte das mißbrauchen, um das gegebene Wort zu brechen. ZEILLER versteht also „Ein Mann ein Wort" in ganz anderem als dem oben angegebenen ursprünglichen Sinn.

Andererseits spricht für die Form, daß sie vor Übereilung schützt, den Geschäftsinhalt klarstellt (Inhaltsklarheit), das noch nicht Verbindliche vom Verbindlichen trennt (Abschlußklarheit) und den Akt als Rechtsakt prägt, den Beweis erleichtert, eine gewisse Offenkundigkeit erzielt, Fälschungen und Scheingeschäfte erschwert. — Somit kann man sich nicht generell für oder gegen die Form aussprechen; vielmehr kommt es auf die Art des Geschäftes an. Formfreiheit empfiehlt sich für Geschäfte des täglichen Lebens; Form dagegen für Geschäfte von besonderer Bedeutung (Eheschließung) oder mit besonderer Gefahr (Bürgschaft) oder mit Beweisschwierigkeiten (Verfügungen von Todes wegen, Verträge unter Ehegatten).

B. Auslegung der Formvorschriften

I. Ohne Norm keine Form

Die „Verschiedenheit der Form macht, außer den im Gesetze bestimmten Fällen, in Ansehung der Verbindlichkeit keinen Unterschied" (§ 883/2).

Das Gesetz muß also ausdrücklich bestimmen,

1. daß eine Form vorgeschrieben ist;
2. wie sie geartet ist;
3. welche Folgen der Formmangel hat.

In allen drei Richtungen treten Zweifel auf, z. B.:

Zu 1. Wann liegt ein formbedürftiger Schenkungsvertrag „ohne wirkliche Übergabe" (§ 943; NotZwG. § 1/I d) vor?

Zu 2. Was bedeutet „Unterschrift" (§ 886) und „mit seinem Namen unterfertigen" (§§ 578, 579)?

Zu 3. Kann sich auf den Formmangel auch berufen, wer ihn arglistig herbeiführte?

II. Auslegung

Auslegung ist auch bei Formvorschriften unentbehrlich.

Ebenso bei Formalakten. Zum Beispiel kann Auslegung ergeben, ob in einem Wechsel unter Franken französische oder schweizerische gemeint sind.

Für die Auslegung von Formvorschriften gelten die allgemeinen Regeln. Insbesondere ist auch hier auf den Zweck der Form Bedacht zu nehmen. Danach entscheidet sich:

Zu 1. Ob die Form für den Hauptvertrag auch gilt:

a) für den Vorvertrag (bei Schutzzweck ja; dagegen unterliegt z. B. das pactum de cambiando nicht der Wechselform, weil deren Hauptzweck die Verkehrsfähigkeit ist);

b) für Vollmacht und Genehmigung zu formbedürftigen Geschäften;

c) für die Aufhebung eines Formalgeschäftes (im allgemeinen nicht, das Testament ausgenommen).

Zu 2. Auch bei der Auslegung der Formerfordernisse, des „Wie“, ist auf den Zweck zu achten. So folgen die Erfordernisse der Unterschrift aus ihrem doppelten Zweck (Identifizierung und Perfektionierung).

Ergibt Gesetzesauslegung eindeutig ein Formerfordernis, darf nicht mehr gefragt werden, ob der Mangel dieses Erfordernisses im Einzelfall die Klarheit beeinträchtigt oder nicht. Andernfalls würden sich die Formvorschriften in nichts verflüchtigen. Formvorschriften machen Härten im Einzelfall unvermeidlich (Formgefahr). Konnte z. B. der Erblasser sein eigenhändiges Testament nicht mehr unterfertigen, weil der Tod ihn überraschte, ist es ungültig, auch wenn die Identität außer Zweifel steht und der Text vollendet ist; s. Erbrecht, § 12 A 4.

Zu 3. Siehe unten, E I Z. 2.

C. Arten der Form. Übersicht

I. Nach dem verwendeten Ausdrucksmittel

1. *Gesten und Gebärden* als Form, im alten Recht vorwiegend, sind fast ganz verschwunden oder wirken nicht mehr konstitutiv: Ringwechsel bei Verlobung und Eheschließung, Handschlag, Angeld.

2. Auch die *mündliche* Form tritt stark zurück; sie hat sich bei der Eheschließung und beim mündlichen Testament erhalten.

Schon das spätere römische Recht zeigt ihre Verkümmerung: Anstelle der mündlichen stipulatio tritt das schriftliche Schuldversprechen; an die Wortform erinnert nur, daß die gleichzeitige Anwesenheit der Parteien zur Zeit des Vertragsschlusses am Urkundsort gegebenenfalls nachgewiesen werden muß.

3. Heute herrscht die *Schriftform* vor; s. u., D.

II. Andere Einteilungen

1. *Private und öffentliche Formen,* je nachdem, ob eine Behörde (Gericht, Notar, Standesbeamter) mitwirkt oder nicht.

2. Zu beliebigen Formen können *Zeugen* treten.

3. Die *einseitige* Form begnügt sich mit der formellen Erklärung eines Vertragsteiles; sie ist neueren Datums (Bürgschaft).

4. *Gesetzliche und gewillkürte* Form, d. h. vom Gesetz verlangte oder von den Parteien vereinbarte Form.

5. *Konstitutive und deklarative,* d. h. Abschluß- und Beweisform. Die erste ist Gültigkeitserfordernis, z. B. § 6/II LAG. für Jahres- und Deputatsverträge. Die gewillkürte Form wirkt im Zweifel konstitutiv (§ 884). — Die Beweisform berührt die Gültigkeit des Geschäftes nicht, z. B. Ratenbrief (§ 10/III RatG.), schriftlicher Lehrvertrag (§ 99 GewO.), Dienstzettel (§ 6/III AngG.) und Dienstschein (§ 7 LAG.).

D. Die Schriftformen

I. Übersicht

1. Neben die *einfache* Schriftform treten *qualifizierte:*

a) Eigenhändigkeit; s. Erbrecht, § 12 A;
b) eingeschriebener Brief, z. B. GesmbHG.;
c) Anschlag (der Arbeitsordnung, der Hausordnung);
d) gerichtliche und notarielle Beurkundung;
e) gerichtliche und notarielle Beglaubigung;
f) gerichtlicher Vergleich.

2. Andererseits gibt es auch *vereinfachte* Schriftformen: das Telegramm, der nicht unterschriebene Dienstzettel oder Kassenschein und die Marken des täglichen Verkehrs.

II. Einfache Schriftform

1. Die einfache Schriftform (Urkunde) des § 886 ist eine Unterschriftform, d. h. § 886 gibt nur Vorschriften über die Unterschrift.

2. Der *Text* kann in beliebiger Form, eigenhändig oder nicht, abgefaßt sein. Datierung ist nicht nötig. Inhaltlich muß der Text die wesentlichen Punkte enthalten. Der Schriftform wäre nicht genügt, wenn er bloß auf mündliche Abreden verwiese. Wird auf andere Urkunden verwiesen, müssen sie beigefügt sein.

3. Die *Unterschrift* muß die der Parteien, d. h. jener Personen sein, die die Willenserklärung abgeben. Sie hat den doppelten Zweck, zu identifizieren und zu perfektionieren.

a) Zwecks *Identifizierung* muß die Unterschrift i. d. R. eigenhändig mit dem Namen erfolgen, allenfalls durch das gerichtlich oder notariell oder von zwei Zeugen beglaubigte Handzeichen. Name im verkehrsüblichen Sinn, also auch der Künstlername (Pseudonym), im kaufmännischen Verkehr die Firma, im familiären oder freundschaftlichen Verkehr auch der Vorname oder die Verwandschaftsbezeichnung. Mechanische Nachbildung der Unterschrift (Faksimile) genügt nur, wo im Geschäftsverkehr üblich, z. B. bei Inhaberpapieren, nicht bei Wechseln.

b) Die Perfektionierung liegt im „Unterfertigen", d. h. die Unterschrift wird i. d. R. räumlich und zeitlich unter den vollendeten Text gesetzt. Nachträge, die hinter der Unterschrift stehn, werden von ihr nicht mehr gedeckt. Doch entscheidet auch hier die Verkehrsüblichkeit. Insbesondere muß der Unterzeichner den Text nicht zur Kenntnis genommen haben, ja, er kann auch *blanko* unterzeichnen. In diesem sehr häufigen Fall ermächtigt der Aussteller zur Ausfüllung. Auch bei Mißbrauch der Ermächtigung gilt das als seine Erklärung, macht aber den Mißbraucher ihm gegenüber haftbar und berechtigt u. U. zur Anfechtung wegen Irrtums oder Täuschung. Blankozession und Blankoindossament lassen den Namen des Zessionars (Indossatars) offen.

4. Sonderfälle.

a) Wer als *Vertreter oder Bote* unterschreibt, z. B. den Empfang schriftlich bestätigt, hat richtigerweise mit seinem Namen und einem auf seine Eigenschaft als Vertreter (Bote) hinweisenden Zusatz zu unterzeichnen. Oft unterfertigen solche Personen einfach mit dem Namen des Vertretenen. Das wird geduldet, obwohl es strenggenommen keine Unterschrift ist: weder die des Vertreters, da er nicht mit seinem Namen unterzeichnet, noch die des Vertretenen, da nicht er unterzeichnet.

b) Dem *Telegramm* fehlt die eigenhändige Unterschrift. Es kann ja auch telephonisch aufgegeben sein. Für die gesetzliche Schriftform genügt es nicht, für die gewillkürte kann es ausreichen.

c) Die Unterschriften der Vertragsteile müssen nicht auf derselben Urkunde stehn. Schluß und Gegenschluß (Versicherungsvertrag und Polizze, Bestellschein und Bestätigungsschreiben), wobei jede Partei die für die andere bestimmte Urkunde unterzeichnet, erfüllen die Schriftform.

d) *Einseitige Schriftform* ist vorgesehen: für die Aufsanderklärung (§ 433, GBG. § 32); für den Bürgen (§ 1346/II); für Wertpapiere; für den Schuldschein; für die Vollmacht (§ 1005/2); nicht jedoch nach h. L. und Praxis für die Schenkung.

e) *Schriftform* ist u. a. *vorgeschrieben:* für den Adoptionsvertrag (§§ 179 a/I, 184/I Z. 5); beim Abzahlungsgeschäft für den Ratenbrief, aber nur deklarativ, nicht konstitutiv (RatG. § 10/III), und für den Rücktritt des Käufers bei sonstiger Nichtigkeit (RatG. § 4/III); für den Schiedsvertrag (§ 577 ZPO.); für Kartelle (KartellG. §§ 3/I/2 und 33/I Z. 1); für Einräumung von Wohnungseigentum (WEG. § 4); für Kollektivverträge (KollVG. § 2/I) und in einer ganzen Reihe von Bestimmungen des Arbeitsrechtes; für die Gründung einer Erwerbs- und Wirtschaftsgenossenschaft (GenG. § 3); bei der Vertragsversicherung (VVG. §§ 3, 5, 18, 72); für die Verträge der Sozialversicherungsträger mit nicht öffentlichen Krankenanstalten, freien Ärzten, Dentisten, Apothekern, Hebammen (ASVG. §§ 149/II und 338/I).

III. Notarielle und gerichtliche Beurkundung und Beglaubigung

1. Der *Notariatsakt* ist die Aufnahme von Notariatsurkunden über Rechtserklärungen und Rechtsgeschäfte (Überschrift zu NotO. §§ 52 ff.). Ihm entspricht die „Verfassung von Urkunden über Rechtsgeschäfte" durch das Gericht (AußStrG. § 293). Neuere Ausdrucksweise spricht von *notarieller oder gerichtlicher Beurkundung.* Wesentlich ist, daß das Geschäft selbst notariell oder gerichtlich errichtet wird. Es entsteht eine öffentliche Urkunde.

2. Zum Unterschied davon bezeugt die *notarielle oder gerichtliche Beglaubigung* bei einem bereits zustande gekommenen, in einer privaten Urkunde niedergelegten Geschäft die Identität der Unterschrift oder des Handzeichens (Legalisierung) oder die Richtigkeit einer Übersetzung oder Abschrift (Vidimierung) oder tatsächliche Vorgänge (Wechselprotest,

Generalversammlungsbeschlüsse). Die Überschrift zu den §§ 76 ff. NotO. verwendet auch dafür den Ausdruck Beurkundung.

3. Das *Notariatszwangsgesetz* von 1871 verlangt bei sonstiger Ungültigkeit Notariatsakt für:

a) Ehepakten (nicht Gesellschaftsverträge zwischen Ehegatten!);

b) zwischen Ehegatten geschlossene Kauf-, Tausch-, Renten- und Darlehensverträge und Schuldbekenntnisse, welche von einem Ehegatten dem anderen abgegeben werden (nicht darunter fallen Unterhaltsvergleiche und die Festsetzung der Höhe gesetzlicher Unterhaltsansprüche);

c) Bestätigungen über den Empfang des Heiratsgutes, auch wenn dieselben anderen Personen als der Ehegattin ausgestellt werden;

d) Schenkungsverträge ohne wirkliche Übergabe (d. h. ohne einen sinnfällig nach außen tretenden Akt, der den ernstlichen Willen bekundet, das Geschenk sofort und vorbehaltlos in den Besitz des Beschenkten zu übertragen);

e) alle Urkunden über Rechtsgeschäfte unter Lebenden, welche von Blinden oder welche von Tauben, die nicht lesen, oder von Stummen, die nicht schreiben können, errichtet werden, sofern dieselben das Rechtsgeschäft in eigener Person schließen (mündlicher Abschluß ist nicht beschränkt).

4. Notariatsakt oder gerichtliches Protokoll ist verlangt für Erbverzicht (§ 551/2) und Erbschaftskauf (§ 1278/II).

5. Notarielle Beurkundung, d. h. Beglaubigung, ist vorgeschrieben für eine ganze Reihe von Beschlüssen der GesmbH. und von Akten der AG. — Gerichtliche oder notarielle Beglaubigung ist nach § 165/II erforderlich für die Namensgebung.

IV. Ersetzt eine Form die andere?

§ 886/2 drückt in einem speziellen Fall einen allgemeinen Gedanken aus: die stärkere Form ersetzt die schwächere, es hätte denn eine Form besondere Funktionen, die die andere nicht ersetzen kann. Die Form des Wechsels oder der Auslobung kann durch Notariatsakt nicht ersetzt werden. Stellt z. B. ein Gatte dem andern einen Wechsel aus, worin zugleich ein Schuldbekenntnis liegt, muß die Form des Notariatsaktes und die des Wechsels eingehalten werden.

Der protokollierte gerichtliche Vergleich ersetzt eine materiellrechtliche Form. Beim außergerichtlichen Vergleich muß dagegen die für das darin enthaltene formbedürftige Geschäft vorgeschriebene Form eingehalten werden.

E. Rechtsfolgen des Formmangels

I. Gesetzliche Form

1. Mangel der gesetzlichen Form macht das Geschäft i. d. R. ungültig; vgl. z. B. §§ 601, 1346/II, 1432 und § 1 NotZwG. Doch kann die Zahlung einer mangels Form ungültigen Schuld nicht zurückgefordert werden

(§ 1432). Auch können einem solchen Geschäft Schadenersatzansprüche wegen culpa in contrahendo entspringen.

2. In diesen Fällen kann sich jeder auf den Formmangel berufen, ja er ist von Amts wegen wahrzunehmen. Unter besonderen Umständen verstößt jedoch die *Berufung auf den Formmangel gegen Treu und Glauben:*

a) wenn der Formmangel arglistig herbeigeführt wurde, um ihn später geltend zu machen;

b) aber auch, wenn schuldhaft der andere Teil in Irrtum versetzt oder erhalten wurde, daß es keine Form brauche;

c) oder wenn der Gegner Vorteile aus dem Geschäft genossen hat und sich nun der Gegenleistung entziehen will.

Das muß auch für formmangelhafte Verträge öffentlicher Körper gelten.

3. Nicht immer macht freilich das Gesetz von der Einhaltung der gebotenen Form die Gültigkeit des Geschäftes abhängig; s. o., C II 5.

II. Gewillkürte Form

1. Haben die Parteien eine Form vereinbart, spricht nach § 884 die Vermutung dafür, „daß sie vor Erfüllung dieser Form nicht gebunden sein wollen". Sie können aber von der Form ausdrücklich oder stillschweigend wieder abgehn.

Daher ist z. B. die nicht zurückgewiesene formmangelhafte Kündigung wirksam, vorausgesetzt, daß es nicht eine kraft Gesetzes vorgeschriebene Form ist.

2. Die *Punktation* (§ 885) ist ein von den Parteien unterfertigter „Aufsatz über die Hauptpunkte"; der Entwurf, das Konzept eines in allen wesentlichen Stücken fertigen Vertrages, dem nur die letzte inhaltliche und formelle Ausfertigung und Reinschrift fehlt und folgen soll. Sollen und wollen auch in diesem Fall die Parteien erst mit Errichtung der formellen Urkunde gebunden sein (§ 884) oder schon durch die noch unförmliche? § 154/II BGB. gibt die erste Regel, § 885 ABGB. die zweite: Die Punktation begründet „alle diejenigen Rechte und Verbindlichkeiten, welche darin ausgedrückt sind". Sie gibt bereits den Erfüllungsanspruch. Allfällige Lücken sollen durch Auslegung und gesetzliche Dispositivvorschriften geschlossen werden. Wären Nebenpunkte bewußt offengeblieben, ist es Auslegungsfrage, ob der Vertrag wegen Dissenses noch nicht zustande gekommen ist oder ob die unterfertigte Punktation besagen will, daß die Gültigkeit des Vertrages davon nicht abhängen soll.

III. Formlose Nebenabreden

Die III. TN. hat den § 887 aufgehoben, wonach auf mündliche Nebenabreden kein Bedacht zu nehmen war. Zunächst spricht freilich die Vermutung dafür, daß in den Formalakten nicht aufgenommene Nebenabreden fallengelassen wurden. Wird aber das Gegenteil bewiesen, sind Nebenabreden nicht mehr grundsätzlich wirkungslos.

1. *Bei gesetzlicher Form.*

a) *Negative Wirkung.* — Da von der gesetzlichen Form nicht umfaßt, sind sie nichtig, ihre Nichtigkeit kann aber Nichtigkeit des Formalaktes nach sich ziehen, wenn das Geschäft ohne die Nebenabrede nicht geschlossen worden wäre (§ 878/2). Auch können dem Formalgeschäft widersprechende Nebenabreden seine Gültigkeit in Frage stellen, wenn sie es als Scheingeschäft erweisen oder Irreführung begründen.

Eine Ausnahme von der Nichtigkeit formloser Nebenabreden gilt nach dem Formzweck, wenn sie die Verbindlichkeit des Bürgen einschränken.

b) *Positive Wirkung.* — Nebenabreden können zur Deutung des Formalgeschäftes herangezogen werden. Die wesentlichen Punkte müssen freilich im Formalakt niedergelegt sein, und die Grenzen für solche Deutung ergeben sich wieder aus dem Formzweck. Sie sind beim letzten Willen (§ 655) weiter zu ziehen als bei Verkehrsgeschäften. Aus Nebenabreden kann sich z. B. ergeben, daß die Parteien einem Ausdruck gemeinsam einen besondern Sinn beilegten.

2. *Bei gewillkürter Form.*

a) Dem Formalakt vorausgehende, erweislich nicht fallengelassene Nebenabreden sind gültig, und zwar entfalten sie die negativen wie die positiven Wirkungen.

b) Erst recht sind nachträgliche Nebenabreden wirksam, weil die Parteien von der gewillkürten Form einvernehmlich abgehn können.

c) An alledem kann die in Formularen und AGB. häufige Klausel „Nebenabreden haben keine Gültigkeit" nichts ändern. Sie hat nur die Wirkung, die Vertretungsmacht von Agenten zu beschränken. Mündliche Nebenabreden mit Agenten haben dann keine positive Wirkung. Die negative haben sie trotzdem, können z. B. Anlaß zur Anfechtung wegen Irrtums oder Täuschung geben. Überdies muß der andere Teil die Ausschlußklausel nur gegen sich gelten lassen, wenn er sie kannte oder grob fahrlässig nicht kannte; selbst dann bricht Arglist Fahrlässigkeit.

§ 36. Bedingung, Befristung, Auflage

A. Gemeinsames

1. Das ABGB. regelt Bedingung, Befristung und Auflage bei ihrem Hauptanwendungsgebiet, den letzten Anordnungen, unter dem Titel „Einschränkung des letzten Willens" (§§ 695—712). Im Hauptstück von den Verträgen und Rechtsgeschäften unter dem Titel „Nebenbestimmungen bei Verträgen" verweist es darauf und bringt Ergänzungen (§§ 897—900). *Bedingung, Befristung, Auflage sind durch Parteiwillen angeordnete Nebenbestimmungen.*

2. Nicht hieher gehören, weil nicht durch Parteiwillen angeordnet:

a) die sogenannte *Rechtsbedingung, condicio juris,* die kraft Gesetzes die Geltung des Rechtsgeschäftes an Voraussetzungen knüpft; z. B. die

Verpflichtung des Minderjährigen an die Genehmigung des gesetzlichen Vertreters, die Erbfolge an den Tod des Erblassers (auch hier entsteht freilich ein Schwebezustand);

b) die Bedingung im Sinne von Ursache; s. Schadenersatz, Schuldrecht, Besonderer Teil, § 41 B 2;

c) die gesetzliche Befristung von Rechten und Ansprüchen (Volljährigkeit, Ausschlußfristen, Verjährung);

d) vom Gesetz auferlegte Nebenpflichten, z. B. zur Aufklärung, Obsorge, Mitwirkung; sie sind nicht Auflagen.

3. Nicht hieher gehören, weil nicht Nebenbestimmungen:

a) die Vertrags(Lieferungs-, Allgemeinen Geschäfts)bedingungen; hier ist nicht etwas bedingt, sondern bedungen;

b) die sogenannte konditionale Entgeltverknüpfung: Wenn der Makler das Geschäft vermittelt, hat er Anspruch auf Provision; wenn die Leistung erbracht wird, der Erfolg eintrittt, entsteht der Anspruch auf die ausgelobte Belohnung; hier handelt es sich nicht um eine Nebenbestimmung, sondern um die Gegenleistung;

c) ähnlich darf die Auflage die unentgeltliche Zuwendung nur einschränken, aber nicht Gegenleistung oder Teil der Gegenleistung eines entgeltlichen Vertrages sein; s. u., C.

B. Bedingung und Befristung

I. Begriff

1. Bedingung ist ein noch ungewisses, Befristung ein künftiges gewisses Ereignis (Zeitpunkt), von dem kraft Parteiwillens die Wirkungen des Rechtsgeschäftes abhängen.

2. Danach klassifizierte schon die gemeinrechtliche Lehre:

a) als Bedingung den dies incertus an (§ 704); ob dann incertus quando (wenn X heiratet) oder certus quando (wenn X den 21. Geburtstag erlebt);

b) als Befristung den dies certus an (§ 705); ob dann certus quando (am 30. 6.) oder incertus quando (am Todestag des X).

Nicht zu verkennen ist, daß jede Bedingung auch eine Befristung (dies!) enthält. „Wenn X heiratet, zahle ich“ heißt: nur wenn und nicht bevor er heiratet.

Ob Bedingung oder Befristung vermeint ist, kann zweifelhaft sein. Die Zuwendung „nach erlangter Großjährigkeit“ kann als Bedingung des Erlebens, kann aber auch so gemeint sein, daß das unbedingt Zugewendete erst mit dem Zeitpunkt der Volljährigkeit an den Bedachten und, wenn er nicht mehr lebt, an seine Erben ausbezahlt werden soll. — Die auf den Tod des Vorerben gestellte Nacherbschaft ist nach § 615/II im Zweifel nicht als Bedingung des Überlebens des Nacherben (incertus an), sondern als Befristung (certus an, incertus quando) zu verstehn, d. h. das Recht geht, wenn der Nacherbe vor dem Vorerben stirbt, auf die Erben des Nacherben über.

3. Die Befristung stellt auf ein künftiges Ereignis ab. Auch die Bedingung tut das normalerweise. Aber auch die *condicio in praesens vel in praeteritum relata* ist Bedingung, wenn nur für die Parteien oder eine von ihnen Ungewißheit besteht, also die Gewißheit erst künftig eintritt. § 696 erwähnt mit Recht bei der Bedingung das Tatbestandsmerkmal „künftig" nicht.

Ich kaufe ein Buch, wenn mein Freund es nicht schon hat. Vgl. auch § 1270 ABGB. und § 2/II VVG. (Rückwärtsversicherung).

II. Arten

1. *Nach der Wirkung* unterscheiden wir: *aufschiebende und auflösende, Suspensiv- und Resolutivbedingung* (§ 696/3). Die aufschiebende Bedingung macht den Beginn, die auflösende das Ende der Rechtswirkung vom bedingenden Ereignis abhängig. Bei der aufschiebenden Bedingung ist somit die Entstehung, bei der auflösenden die Endigung ungewiß. Daher ist ein aufschiebend bedingtes Recht zunächst als nicht existent, ein auflösend bedingtes zunächst als existent zu behandeln. Näheres über die Rechtslage während des Schwebens der Bedingung s. u., VI.

Dieselbe Bedingung kann für den einen auflösend, für den andern aufschiebend sein. So ist das Recht des Vorerben durch dasselbe Ereignis (z. B. Tod, Wiederverheiratung) auflösend bedingt, welches das Recht des Nacherben aufschiebend bedingt. — Nicht immer ist klar, ob die Bedingung aufschiebend oder auflösend gemeint war. Da es Schwierigkeiten macht, ein entstandes Recht bei Eintritt der auflösenden Bedingung rückgängig zu machen, ist im Zweifel aufschiebende Bedingung anzunehmen. So das Eigentum beim Kauf mit Eigentumsvorbehalt (JudB. 246); im Zweifel der Kauf auf Probe (§ 1080/2). Beim Kauf mit Vorbehalt eines besseren Käufers stellt § 1084 jedoch die gegenteilige Vermutung auf, wenn die Sache übergeben war.

Der aufschiebenden Bedingung entspricht der *Anfangs-*, der auflösenden der *Endtermin*. Nur ist zum Unterschied von der Bedingung bei der Befristung die Entstehung (Endigung) gewiß. Die folgenden Einteilungen betreffen naturgemäß nur die Bedingung.

2. *Nach dem bedingenden Ereignis* unterscheiden wir *Zufalls-, Willkür- und gemischte Bedingung* (vgl. § 699, Schluß).

a) Die Zufallsbedingung besteht in einem vom Willen unabhängigen Ereignis (wenn es morgen regnet).

b) Die Willkürbedingung in einem auf dem Willen eines Geschäftspartners beruhenden Verhalten; so ist beim Eigentumsvorbehalt der Eigentumsübergang von der Zahlung des Preises abhängig.

Selbst die reine *Wollensbedingung* (ich will, wenn ich will) ist nicht, wie es zunächst aussieht, ein Widerspruch in sich: Der Kauf auf Probe ist ein durch das im Belieben des Käufers stehende Optionsrecht bedingter Kauf.

c) Die gemischte Bedingung stellt auf ein vom Willen eines Geschäftspartners, aber nicht von ihm allein abhängendes Ereignis ab (wenn Du heiratest).

3. § 696/2: „Die Bedingung ist *bejahend oder verneinend,* je nachdem sie sich auf den Erfolg oder Nichterfolg der Ereignung bezieht." Anders gesagt: Je nachdem, ob das Rechtsgeschäft unter die Bedingung gestellt ist, daß bestimmte Verhältnisse sich ändern oder nicht ändern.

Wenn Du heiratest, wenn Du auswanderst, wenn Du die Prüfung machst, sind bejahende; wenn Du nicht heiratest, nicht auswanderst, die Prüfung nicht machst, verneinende Bedingungen. Auf die Ausdrucksweise kommt es nicht an. Die verneinende Bedingung kann positiv ausgedrückt sein (wenn Du ledig, im Lande bleibst) und umgekehrt die bejahende negativ (wenn Du nicht ledig, nicht im Lande bleibst).

Die Einteilung ist ohne wesentliche Bedeutung; s. u., V 1 und VII 1.

III. Bedingungs(befristungs)feindliche Rechtsgeschäfte

1. Die letzten Anordnungen lassen Bedingungen und Befristungen unbeschränkt zu. Für Rechtsgeschäfte unter Lebenden gilt das nicht. Viele von ihnen vertragen Bedingung und Befristung nicht:

a) Aus ethischen Gründen die meisten familienrechtlichen Rechtsgeschäfte, z. B. Eheschließung, Legitimation, Adoption, Vaterschaftsanerkennung.

b) Aus Gründen der öffentlichen Ordnung und Rechtssicherheit, z. B. Aufsanderklärung und Erbserklärung; vgl. auch § 50/II HGB. für die Prokura.

Die sogenannte bedingte Erbserklärung, d. i. die mit Vorbehalt der Rechtswohltat des Inventars, hat mit Bedingung nicht das mindeste zu tun.

c) Im Interesse des andern Teils vertragen i. d. R. einseitige empfangsbedürftige Willenserklärungen, die eine klar erkennbare sichere Rechtslage schaffen sollen (z. B. Kündigung, Mahnung, Rücktritt), keine Bedingung. Aus dem Zweck der Vorschrift ergibt sich, daß auf den Willen des andern Teils abgestellte Bedingungen zulässig sind: Ich kündige, wenn der Mieter die Mitbewohner weiter stört; ich drohe Rücktritt an, wenn nicht in der Nachfrist erfüllt wird.

Befristungen sind bei diesen Rechtsgeschäften, da sie keine Unsicherheit schaffen, zulässig, ja bilden die Regel, um eine gewisse Vorbereitungszeit zu geben.

2. Die unzulässige Hinzufügung einer Bedingung macht diese Rechtsgeschäfte nichtig: Eine unzulässig bedingte Kündigung wirkt nicht etwa als unbedingte, sondern überhaupt nicht.

IV. Unverständliche, unmögliche und unerlaubte Bedingungen (Befristungen)

1. *Bei den letzten Anordnungen.* — Aus der Natur der Sache ergibt sich, daß eine ganz unverständliche (aufschiebende oder auflösende) Bedingung unbeachtlich ist; § 697. Dasselbe wird für eine ganz unverständige Bedingung gelten. Ebenso für die auflösende unmögliche Bedingung (§ 698/2). Dagegen macht eine aufschiebende unmögliche Bedingung die

Anordnung ungültig (§ 698/1), ob die Unmöglichkeit anfänglich oder nachfolgend, wenn sie nur nicht vorübergehend ist. Dasselbe wie für die unmöglichen gilt gemäß § 698/3 für die unerlaubten Bedingungen.

Über den Begriff der Unmöglichkeit und Unerlaubtheit s. o., § 33. Insbesondere kann auch eine an sich erlaubte Bedingung durch ihre Verbindung mit dem Gesamtgeschäft unerlaubt werden.

Das Gesagte gilt auch für unmögliche Termine (§ 706/1). Daß zunächst getrachtet werden muß, durch Auslegung der letzten Anordnung einen vernünftigen und möglichen Sinn zu geben (§ 706/2), gilt allgemein.

2. *Bei Verträgen und Rechtsgeschäften unter Lebenden.* — Im allgemeinen gelten für sie dieselben Regeln (§ 897), doch macht § 898 eine wichtige Ausnahme: Die bei einem Letzten Willen für nicht beigesetzt anzusehenden Bedingungen machen ein Geschäft unter Lebenden ungültig. Die Ausnahme ist dadurch gerechtfertigt, daß zum Unterschied von letzten Anordnungen sich der andere Teil hier auf die Bedingung einläßt; ferner ist hier Korrektur und Neuabschluß möglich, dort nicht. Ergebnis: Ganz unverständliche oder unverständige, unmögliche oder unerlaubte Bedingungen, ob aufschiebend oder auflösend, machen Rechtsgeschäfte unter Lebenden ungültig.

Die Regel führt bei der auflösenden, unmöglichen Bedingung zu keinem angemessenen Ergebnis. Sie wird i. d. R. als Bekräftigung vermeint sein („wenn nicht der Himmel einstürzt"). Auch kann ein Teil die Unmöglichkeit mangels technischer Kenntnisse nicht erkennen. Das Geschäft ist nur dann für ungültig anzusehen, wenn die Auslegung nicht ergibt, daß es als unbedingt geschlossen gelten sollte.

Wieder gilt das Gesagte auch für die Befristung.

V. Die Bedingung der Nichtverehelichung. § 700

1. Die Bedingung der Nichtverehelichung ist ein Sonderfall der unerlaubten Bedingung; die Vorschrift des § 700, daß eine solche Bedingung als nicht beigesetzt gilt, entspricht der allgemeinen Regel: Die Bedingung „Wenn Du nicht heiratest (ledig bleibst), erhältst Du" ist als verneinende, aufschiebende Bedingung in eine bejahende, auflösende Bedingung umzuwandeln: „Wenn Du heiratest, verlierst Du"; s. u., VII 1. Eine auflösende unerlaubte Bedingung gilt aber als nicht beigesetzt; § 698/2 und 3.

Bei Geschäften unter Lebenden macht eine unerlaubte Nichtverehelichungsbedingung das Geschäft gemäß § 898 ungültig.

2. Schon aus § 700 ergibt sich die Zulässigkeit folgender Bedingungen:

a) bis zur Volljährigkeit nicht zu heiraten;

b) für verwitwete Personen, die Kinder haben, nicht wieder zu heiraten (ein HfD. Nr. 807 von 1844 läßt auch sonst die Bedenkung für die Dauer des Witwen- oder Ledigenstandes zu);

c) eine bestimmte Person nicht zu heiraten; fraglich, ob Personen anderer Nationalität oder Konfession nicht zu heiraten;

d) zu heiraten; oder eine bestimmte Person zu heiraten; dagegen nicht zulässig, niemand andern als eine bestimmte Person zu heiraten.

3. Zweckmäßiger als die allgemeine Regel des § 700 wäre gewesen, die Entscheidung, ob die Bedingung erlaubt oder unerlaubt ist, dem Einzelfall zu überlassen.

Soll z. B. eine Person für die Dauer des Witwen- oder Ledigenstandes versorgt werden, ist das HfD. von 1844 am Platze; will der Erblasser sie dadurch nur von der Ehe abhalten, ist das unerlaubt. — Ob die Bedingung, daß der Eingesetzte katholischer Geistlicher werde und somit nicht heiraten solle, zulässig ist, läßt sich auch nur im Einzelfall entscheiden. — Selbst die Bestimmung „Meine Tochter setze ich zur Erbin ein, wenn sie W. M. (der noch in — freilich zerrütteter — Ehe lebt) in einem Jahr heiratet" kann erlaubt sein, wenn sie außereheliche Beziehungen in ein legitimes Verhältnis überführen will (SZ. XXVI/43).

VI. Schwebezeit. §§ 613, 615/II, 703, 707, 708, 900

1. Zunächst entsteht ein Schwebezustand (condicio pendet). Er endet mit Bedingungsfall, ob nun die Bedingung eintritt (condicio existit) oder ausfällt (condicio deficit).

Auch bei der Befristung entsteht eine Schwebezeit, wieder freilich mit dem Unterschied, daß hier der Eintritt des Termins gewiß ist. Das über die Anwartschaft beim bedingten Recht Ausgeführte gilt daher umso mehr für das befristete Recht.

Während der Schwebezeit soll gewährleistet sein, daß die getroffene Regelung, wenn die Bedingung (der Zeitpunkt) eintritt, auch Geltung erlangt.

2. Auch das bedingte Rechtsgeschäft ist bindend. Das bedingte Recht kann grundsätzlich gesichert, vererbt und veräußert, verpfändet und gepfändet werden. Es wird in Konkurs, Ausgleich und Zwangsvollstreckung beachtet.

Grundsätzlich! Wiederkaufs-, Rückverkaufs- und Vorkaufsrecht sind unvererblich und unübertragbar; §§ 1070/2, 1071, 1074. § 900 ordnet zwar die Vererblichkeit aufschiebend bedingter Rechte an. Nach § 703 soll dagegen das aufschiebend bedingte Erbrecht unvererblich sein. Für den Hauptfall, die Vor- und Nacherbschaft, ist aber wieder nach § 615/II in der Fassung der III. TN. im Zweifel Vererblichkeit der Nacherbenstellung anzunehmen.

3. Die Bedingung ändert die Natur des bedingten Rechtes nicht.

a) Ein bedingtes *relatives Recht* wirkt nur gegen den bedingt Verpflichteten. Er und nur er wird ersatzpflichtig, wenn er es beeinträchtigt oder vereitelt. Wenn der Käufer unter Mißachtung des obligatorischen Wiederkaufsrechtes des Verkäufers weiterverkauft, wird er ersatzpflichtig; den Dritten geht das nichts an.

b) Ein bedingtes *absolutes Recht trägt die Bedingung in sich.* Sie wirkt absolut wie das Vollrecht. Veräußert der Vorerbe seine Rechtsstellung, muß der Erwerber dem Nacherben herausgeben, wenn der Nacherbfall eintritt. Eine Schädigung des bedingten absoluten Rechtes macht auch den Dritten ersatzpflichtig. — Bei Kauf mit Eigentumsvorbehalt ist der Kauf unbedingt, die Eigentumsübertragung aufschiebend bedingt.

4. Das Gesagte gilt auch für das befristete Recht. Etwas Besonderes gilt für die Forderungen: Hat A dem B ein Darlehn gegeben, das in einem Jahr zurückzuzahlen ist, schiebt die Frist nicht die Entstehung, sondern nur die Fälligkeit der Forderung hinaus. So auch § 1434/2. Doch kann ein Schuldverhältnis unter einem Anfangstermin eingegangen werden: Das Arbeits-, Miet-, Gesellschaftsverhältnis soll mit nächstem Ersten beginnen.

VII. Eintritt oder Ausfall. § 699

1. Durch Auslegung ist festzustellen, ob und wann die Bedingung „genau" erfüllt oder ausgefallen ist. Die §§ 699 und 701 enthalten eine solche — und zwar dieselbe — Auslegungsregel; nicht mehr! Eine gemischte Bedingung ist im allgemeinen nicht schon dadurch erfüllt, daß der bedingt Berechtigte das Seine dazu getan hat.

X soll 1000 erhalten, wenn er die Prüfung besteht; trotz fleißigen Studiums fällt er durch.

Bei einer aufschiebenden negativen Potestativbedingung kann man streng genommen erst beim Tod des Berechtigten sagen, daß die Bedingung erfüllt ist. Das hätte zur Folge, daß er in den Genuß des zugedachten Rechtes nicht käme, auch wenn sich nachträglich herausstellt, daß er die Bedingung erfüllt hat. Diese Unzuträglichkeit löst man durch Umwandlung der verneinenden Suspensiv- in eine bejahende Resolutivbedingung.

„Wenn X nicht auswandert, erhält er" wird verwandelt in „Wenn X auswandert, verliert er". Das meint wohl § 708: „wer eine Erbschaft ... unter einer verneinenden ... Bedingung ... erhält"; s. o., V 1.

2. Wer gegen Treu und Glauben den Ablauf der Ereignisse zu seinen Gunsten beeinflussen will, wird am wirksamsten dadurch bestraft, daß er das gerade Gegenteil erreicht. Schon das römische Recht hat daher folgende Sätze entwickelt: Wenn der, dem der Eintritt der Bedingung zum Nachteil gereicht, ihn gegen Treu und Glauben vereitelt, gilt die Bedingung als eingetreten; wenn der, dem der Eintritt der Bedingung zum Vorteil gereicht, ihn gegen Treu und Glauben herbeiführt, gilt die Bedingung als ausgefallen. Dieselbe Fiktion gilt im modernen Recht, auch im österreichischen, obwohl es sie nicht ausspricht. Mit ZEILLER kann man darin eine Art von Naturalrestitution erblicken.

Hintertreibt der Nacherbe die Ehe des Vorerben, um die Nacherbschaft zu erlangen, erhält er sie keinesfalls. — Wurde ein Kauf unter der Bedingung der Konzessionserteilung geschlossen, kann der Käufer ihn nicht dadurch vereiteln, daß er sich um die Erteilung nicht bemüht. — Wer Zahlung nach Verbrauch der Ware zusagt, muß zahlen, auch wenn er absichtlich die Ware nicht oder nicht ganz verbraucht. — Vereitelung des Erbanfalls durch fraudulöses Herbeiführen der Resolutivbedingung berechtigt zur Gläubigeranfechtung nach § 7 AnfO.

Während man den Eintritt einer Bedingung wider Treu und Glauben vereiteln oder herbeiführen kann, ist das bei der Befristung, da sie sicher eintritt, nicht möglich. Doch kann analog der Zeitpunkt wider Treu und Glauben verfrüht herbeigeführt oder verzögert werden.

3. Rechtsfolgen.

a) Mit Eintritt der Bedingung endigt das auflösend bedingte Recht und erwächst das aufschiebend bedingte zum Vollrecht. Beides nicht mit Rückwirkung, jedoch bei dinglichen Rechten mit dinglicher Wirkung. Wollen die Parteien dem Bedingungseintritt rückwirkende Kraft beilegen (Auslegungsfrage), hat das nur schuldrechtliche Wirkung. Dann wäre z. B. der auflösend bedingt Berechtigte verpflichtet, inzwischen gezogene Nutzungen herauszugeben. Doch ist (s. o., VI) kraft Gesetzes für zwischenzeitliche Beeinträchtigung des nunmehr zum Vollrecht erwachsenen Rechtes zu haften und sind beeinträchtigende Verfügungen hinfällig.

b) Mit Ausfall der Bedingung erweist sich endgültig das auflösend bedingte Recht als wirksam, das aufschiebend bedingte als unwirksam. Somit erlischt die bis dahin bestandene Anwartschaft und sind allfällige Schutzmaßnahmen aufzuheben.

c) Das vom Eintritt der Bedingung Gesagte gilt für den Eintritt des Termins. Einen Ausfall des Termins gibt es nicht.

C. Auflage. §§ 709—712

1. Auflage (modus) ist die einer Zuwendung beigefügte Nebenbestimmung, wodurch der Bedachte zu einer Leistung verpflichtet wird.

Das ABGB. gebraucht dafür den älteren Namen Auftrag. Wir vermeiden ihn, um Verwechslungen mit dem Mandat auszuschließen. Das ABGB. regelt die Auflage nur bei den letzten Anordnungen; die Vorschriften gelten analog für unentgeltliche Geschäfte unter Lebenden; vgl. § 901/3.

2. Die Auflage kann erfolgen im Interesse

a) des Bedachten: Der Onkel schenkt dem Neffen Geld für eine Reise. Auch ein Veräußerungsverbot kann im Interesse des Bedachten auferlegt sein;

b) des Zuwendenden: Anordnungen über Begräbnis, Grab, Abhaltung von Seelenmessen; Bestellung eines Testamentsvollstreckers; Verfügung, ein Manuskript nicht zu veröffentlichen;

c) Dritter: Der Erblasser ordnet die Bedenkung von Armen durch den Erben an;

d) der Öffentlichkeit: A schenkt der Stadt seine Sammlung mit der Auflage, sie öffentlich zugänglich zu machen.

3. Die *Auflage ist nicht Gegenwert (Entgelt)* der Zuwendung. In der Regel mindert sie die Zuwendung, doch ist das nicht notwendig; sie muß nicht aus dem Zugewendeten bestritten werden: A vermacht B ein Haus; dafür soll er seine bisherige Wohnung dem X überlassen.

Für die Abgrenzung der Auflage von der entgeltlichen Gegenleistung ist der Parteiwille maßgebend. Übermittelt A dem Gärtner G einen Betrag zur Grabpflege, will er einen entgeltlichen Vertrag schließen. Wendet C seiner Nichte einen Betrag zu, mit der Verpflichtung, sein Grab zu erhalten, ist Auflage vermeint. Auflage, selbst wenn die auferlegte Leistung die Zuwendung aufzehrt oder — z. B. infolge Geldentwertung — übersteigt. Der letzte Fall ist nach den Grundsätzen über den Wegfall der Geschäftsgrundlage zu beurteilen.

Zweifelhaft ist, ob auch bei entgeltlichen Geschäften Auflagen vorkommen können: A verkauft sein Schloß, bedingt sich aber aus, daß der Name bleibe und der Park wie bisher dem Publikum offenstehe.

4. *Auflage und Bedingung.* — Wer eine suspensiv bedingte Zuwendung annimmt, verpflichtet sich nicht, den Eintritt der Bedingung herbeizuführen, auch wenn es sich um eine Willkürbedingung handelt. Wer eine Zuwendung unter Auflage annimmt, verpflichtet sich dagegen zur Erfüllung. Insoweit stimmt der Merkspruch von Savigny: Die Bedingung suspendiert, zwingt aber nicht; die Auflage zwingt, suspendiert aber nicht. Nimmt der Bedachte freilich nicht an, entgeht er auch der Verpflichtung aus der Auflage.

Vom Zuwendenden aus gesehen stellt es sich so dar: Wendet er unter einer Bedingung zu, ist die Bedingung für ihn das Primäre, die Zuwendung das Sekundäre, d. h. der Bedachte soll die Zuwendung nur erhalten, wenn die aufschiebende Bedingung eintritt, und nur behalten, wenn die auflösende Bedingung nicht eintritt. — Bei der Auflage ist umgekehrt die Zuwendung das Primäre, die Auflage das Sekundäre, d. h. der Bedachte soll die Zuwendung er- und behalten, freilich auch die Auflage erfüllen. Wenn aber ihre Erfüllung nicht genau möglich ist oder unverschuldet unmöglich wird, behält er — anders als bei der Bedingung — die Zuwendung (§ 710 im Gegensatz zu § 699). Erfüllt er schuldhaft die Auflage nicht, kann sowohl auf Erfüllung wie auf Rückgabe des Zugewendeten (condictio causa data causa non secuta) geklagt werden; das meint § 709. Unwirksamkeit der Auflage hat im Zweifel nicht Unwirksamkeit der Zuwendung zur Folge.

5. *Auflage und erklärte Absicht. §§ 695, 711.* — So wie § 901 den zur Bedingung gemachten Beweggrund (Endzweck) von dem bloß geäußerten unterscheidet, unterscheidet § 711 die zur Pflicht gemachte Absicht von der bloß geäußerten. Nur die erste ist Auflage; die zweite verpflichtet nicht, was freilich nicht ausschließt, daß der Bedachte sie anerkennt.

Ob eine verbindliche Auflage auferlegt oder nur unverbindlich eine Absicht erklärt wurde, ist Auslegungsfrage. Die Ausdrucksweise allein ist nicht maßgebend; auch ohne verba imperativa, in der Form eines bloßen Wunsches kann der Erblasser eine Auflage anordnen. Eher noch wird unverbindlicher Wunsch,

Rat, Empfehlung vorliegen, wenn der Verwendungszweck im ausschließlichen Interesse des Bedachten liegt (Erholungsreise).

6. *Auflage und Vermächtnis.*

a) Gemeinsam haben beide, daß mit der Bedenkung eine Last verbunden, der Bedachte zugleich Beschwerter ist. Was für den mit einem Vermächtnis Beschwerten gilt, gilt sinngemäß für den mit einer Auflage Beschwerten. Das kann ein Erbe sein, auch ein gesetzlicher Erbe, aber auch ein Vermächtnisnehmer. Auch der Staat, der die ihm als erblos heimgefallene Verlassenschaft annimmt (§ 760), muß Auflagen erfüllen.

b) Zum Unterschied vom Vermächtnis, bei dem dem Verpflichteten der Vermächtnisnehmer als Berechtigter (Gläubiger) gegenübertritt, fehlt bei der Auflage ein im eigenen Interesse Leistungsberechtigter (Gläubiger). So selbstverständlich, wenn die Auflage im Interesse des Bedachten oder des Erblassers liegt. Aber auch, wenn sie im Interesse Dritter liegt (Verteilung einer Summe an Arme), macht sie diese nicht klageberechtigt. Das heißt nicht, daß auf Erfüllung der Auflage überhaupt nicht geklagt werden kann, aber der auf Erfüllung der Auflage zu klagen Berechtigte (s. u., 8) nimmt nicht eigene Interessen wahr.

Ob Vermächtnis oder Auflage gemeint war, ist Auslegungsfrage. Die Anordnung des Erblassers, seiner Frau die Wohnung unentgeltlich auf Lebzeiten zu überlassen, ist eher als Vermächtnis zu deuten. Verpflichtet der Erblasser die Witwe, bei Wiederverheiratung aus dem Geschäft auszutreten, und den Sohn, dann in das Geschäft einzutreten, ist das eher Auflage.

c) Analog wird man von Auflage bei der Schenkung nur dann sprechen dürfen, wenn aus dem Schenkungsvertrag nicht für einen Dritten subjektives Recht erwächst. Andernfalls liegt ein Vertrag zu Gunsten Dritter vor (§ 881/II). So nach § 881/III, wenn bei der Gutsübergabe der Übernehmer Leistungen zu Gunsten Dritter (der Weichenden) verspricht.

7. Auflage und Stiftung. — Gemeinsam ist, daß Güter einem Zweck gewidmet sein sollen. Das läßt sich auf verschiedene Weise erreichen:

a) Der Hingebende errichtet eine Stiftung, d. h. eine selbständige Rechtsperson.

b) Statt selbst die Stiftung zu errichten, überläßt er das Gut einer schon bestehenden Person mit dem Auftrag, eine Stiftung zu errichten. Darin liegt eine Auflage, die durch Errichtung der Stiftung erfüllt wird.

c) Der Hingebende überläßt das Gut einer schon bestehenden Person mit auferlegter Zweckwidmung, z. B. der Universität ein Kapital für Forschungszwecke. Diese sogenannte unselbständige Stiftung ist Auflage.

8. Vollziehung der Auflage.

a) Bei der Schenkung klagt auf Vollziehung der Auflage der Schenker oder seine Erben. Erfolgt die Auflage im öffentlichen Interesse, kann außerdem die zuständige öffentliche Behörde auf Erfüllung dringen.

b) Bei Zuwendungen auf den Todesfall hat der Abhandlungsrichter vor Nachweis der Erfüllung der Auflage nicht einzuantworten und kann auch angemessenen Zwang anwenden (AußStrG. §§ 161 a, 19). Auf Erfüllung der Auflage kann klagen, wer berufen ist, die Interessen des Erblassers wahrzunehmen oder für den Zweck einzutreten, dem die Auflage dienen soll. Also der Testamentsvollstrecker, Erben und Miterben, die öffentliche Behörde bei Auflagen im öffentlichen Interesse. Alle Genannten klagen auf Leistung, aber nicht auf Leistung an sich.

c) Unmögliche und unerlaubte Auflagen sind als nicht beigesetzt zu betrachten (§ 709 in Verbindung mit § 698/2). Das gilt auch trotz § 898 für Auflagen bei Geschäften unter Lebenden.

§ 37. Stellvertretung

A. Grundsätzliches und Entwicklung

I. Grundsätzliches

Das Privatrecht duldet Eingriffe in fremdes Recht nicht: Grundsätzlich hat das Handeln nur Wirkung für und gegen den Handelnden. Es geht noch an, einen Dritten zu berechtigen, zumal er den Rechtserwerb ablehnen kann — Verträge zu Gunsten Dritter; nicht aber, ihn zu verpflichten — sogenannte Verträge zu Lasten Dritter (vgl. Schuldrecht, Allgemeiner Teil, § 28). Andererseits kann oder will man nicht alles selbst besorgen, daher ist Stellvertretung kaum entbehrlich.

II. Entwicklung

1. Alte Rechte kennen bei ihren formal gestalteten Rechtsakten keine Stellvertretung. So das römische jus civile. Das war erträglich, weil der pater familias durch Ehefrau, Hauskind und Sklaven, die selbst vermögensunfähig waren, Rechte erwerben konnte. Stellvertreter im heutigen Sinn waren sie nicht, da sie ohne Rücksicht auf ihren Willen mit Notwendigkeit für den Gewalthaber Rechte erwarben, andererseits ihn nicht verpflichteten. Erst der Prätor gab aus den Verpflichtungsakten der Gewaltunterworfenen auch Klagen gegen den Machthaber. Das wurde später zuerst auf Freigelassene, dann auf Freie ausgedehnt. Stellvertretung im heutigen Sinn ist es wieder nicht, denn diese Klagen waren adjektizisch, d. h. der Gewalthaber wurde neben dem Handelnden (an seiner Seite) verpflichtet, nicht wie bei unserer Stellvertretung statt des Handelnden (an seiner Stelle).

2. Das Rechtsleben erreichte denselben Zweck auf dem Umweg über die sogenannte *mittelbare (indirekte) Stellvertretung.* Hier erwarb der Beauftragte Rechte und Pflichten zunächst selbst, war aber verpflichtet und berechtigt, sie dem Geschäftsherrn weiterzugeben. — Ein anderes Mittel war die *fiducia,* bei welcher der Treuhänder formell allein berechtigt war, das Recht aber im Interesse des Geschäftsherrn auszuüben sich verpflichtete; so der Tutor und Kurator; s. u., G.

3. Das mittelalterliche, besonders das kanonische Recht entwickelte Ansätze zur gewillkürten Stellvertretung. Das Naturrecht bildete die Stellvertretung systematisch aus, behielt jedoch die Verbindung zwischen Stellvertretung (Rechtsmacht) und Auftrag (Verpflichtung) bei. So noch das ABGB.; vgl. §§ 1002 ff.

4. Erst die Zivilrechtsdogmatik des 19. Jahrhunderts trennt scharf das Außenverhältnis vom Innenverhältnis, die Vollmacht vom Auftrag. Sie arbeitet auch das Publizitätsprinzip heraus, d. h. daß der Vertreter als Vertreter, erkennbar im Namen des Vertretenen handelnd, auftreten muß.

B. Begriff und Abgrenzung

I. Begriff

1. Stellvertretung heißt in fremdem Namen rechtsgeschäftliche Erklärungen abgeben oder empfangen (aktive und passive Stellvertretung).

a) Sie setzt voraus, daß jemandem die Vertretungsmacht erteilt wird *und* daß der Vertreter erkennbar in fremdem Namen handelt.

b) Sie hat zur Folge, daß die Rechtswirkungen des vom Vertreter gesetzten Aktes unmittelbar und ausschließlich beim Vertretenen eintreten.

Wer sich als Vertreter ausgibt, ohne es zu sein, oder wer seine Vertretungsmacht überschreitet (falsus procurator), kann den Vertretenen nicht berechtigen und verpflichten. Näheres s. u., D. Aber auch wer die Vertretungsmacht hat, jedoch nicht in fremdem Namen auftritt, löst die Wirkungen der direkten Stellvertretung nicht aus. Näheres s. u., F.

2. Da Stellvertretung die Macht gibt, in fremde Rechte einzugreifen, muß sie auf einem besonderen Rechtsgrund beruhen. Dieser kann sein:

a) Gesetz (§ 1034/2): gesetzlicher Vertreter, z. B. ehelicher Vater, Amtsvormund.

b) Behördlicher, insbesondere richterlicher Akt (§ 1034/1): vom Gericht bestellter Vormund, Kurator, Beistand, Masseverwalter (weder Vertreter des Gemeinschuldners noch der Gläubiger, sondern des Sondervermögens, der Masse); von der Verwaltungsbehörde bestellter öffentlicher Verwalter im Sinne des VerwG.

c) Statut: Organe juristischer Personen.

d) Rechtsgeschäft: gewillkürte Stellvertretung oder Vollmacht.

Wir sprechen von Vollmacht nur im letzten Fall, das ABGB. aber auch von gerichtlicher und gesetzlicher Bevollmächtigung (§ 1034) und bei den Organen (§ 1023). Das ABGB. hat die Vertretungsmacht für den Fall der Vollmacht, und zwar zusammen mit dem Auftrag, in den §§ 1002 ff. geregelt. Für den Fall der gesetzlichen und richterlichen Vertretungsmacht verweist § 1034 auf die „Vorschriften an den gehörigen Orten".

II. Abgrenzung

1. Stellvertretung gibt es nur bei rechtmäßigen Akten, und zwar bei Rechtsgeschäften, aber auch bei geschäftsähnlichen Rechtshandlungen, nicht bei Realakten.

Für die Folgen deliktischen Verhaltens, sei es in der Form der Täterschaft, der Anstiftung, der Beihilfe oder Teilnehmung, hat jeder selbst einzustehn. Ließe die Rechtsordnung hier Vertretung zu, würde sie rechtswidrigem Verhalten ihre Hilfe leihen.

2. Die sogenannte *indirekte (mittelbare) Stellvertretung* läßt die Rechtsfolgen zunächst bei dem eintreten, der das Geschäft schließt; erst in einem weiteren Rechtsakt hat er sie auf den Vertretenen zu übertragen. Mit andern Worten: Er handelt nicht in fremdem Namen, wohl aber auf fremde Rechnung. Näheres s. u., F.

3. Die *Organe* sind, wenn man mit dem ABGB. die juristische Person als handlungsunfähig ansieht, ihre gesetzlichen Vertreter (§ 21). Für den Bereich rechtmäßigen Handelns reicht das aus; bei Delikten gibt es aber keine Stellvertretung. Nun hat sich das Bedürfnis herausgestellt, juristische Personen auch für Delikte ihrer Organe haften zu lassen; insoweit besteht zwischen Vertreter und Organ ein Unterschied; s. o., § 17 D II.

4. Der *Treuhänder* übt das ihm anvertraute Recht im eigenen Namen aus, wenn er auch verpflichtet ist, das Interesse des Treugebers zu wahren. Er ist daher keinesfalls direkter Stellvertreter, der ja in fremdem Namen handelt. Mit dem mittelbaren Stellvertreter hat er zwar das Handeln im eigenen Namen gemein; allein, anders als dieser verfügt er über ein formell ihm vom Treugeber zu Eigentum übergebenes Gut. Näheres s. u., G.

5. Der *Vermittler* ist nicht Stellvertreter, da er nur Vorarbeit leistet, den Abschluß aber den Parteien überläßt.

6. Der Stellvertreter gibt eigene Erklärungen ab, er bildet den Willen. Der *Bote* übermittelt fremde Erklärungen, auf die er keinen Einfluß nimmt. Statt des Boten könnte man sich ein technisches Werkzeug (Telephon) denken. Er ist gleich dem Schreiber, Zeugen, Dolmetsch, Notar nur Vertragshilfe, seine Tätigkeit eine faktische zum Unterschied von der juristischen des Vertreters.

Der Bote muß daher nicht geschäftsfähig sein. Gibt er falsch weiter, gilt das genauso als Erklärungsirrtum des Geschäftsherrn, wie wenn dieser sich versprochen oder verschrieben hätte, und berechtigt unter den Voraussetzungen des § 871 zur Anfechtung. Erklärt dagegen der Vertreter etwas anderes, als der Geschäftsherr wollte, kann dieser nicht wegen Irrtums anfechten. Auf das Wissen und Wissenmüssen des Vertreters kommt es an, auf das des Boten nicht.

Wie der Stellvertreter kann auch der Bote auf der Aktiv- oder Passivseite, auf Seite des Erklärenden oder des Empfängers stehn. Das festzustellen ist wichtig, weil sich danach u. a. der Zeitpunkt des Zuganges der Erklärung richtet. Hausgenossen, Angestellte des Empfängers gelten als Empfangsboten, so daß die Erklärung zugegangen ist, wenn der Erklärende sie ihnen übermittelt. Bedient sich dagegen der Erklärende eines eigenen Angestellten, ist die Erklärung erst zugegangen, wenn dieser sie dem Adressaten oder dessen Empfangsboten übermittelt. Die Post ist Bote des Erklärenden; ihr Versagen geht zu seinen Lasten.

Die Unterscheidung des aktiven Stellvertreters vom Boten ist eindeutig, wenn dem Vertreter überlassen bleibt, ob er erklärt und was er erklärt, z. B. ob und zu welchen Bedingungen er kauft. Je geringer seine Dispositionsbefugnis, umso näher steht er dem Boten. — Da der Empfänger eine passive Rolle spielt, kann zwischen Stellvertreter und Empfangsboten nur nach der Gesamtstellung unterschieden werden. So, wenn — wie im Normalfall — mit der passiven auch die aktive Stellvertretung verbunden ist (Hausverwalter; § 43 VVG.; § 31/I Z. 1 ZPO.) oder wenn der Empfangsbevollmächtigte die Zulässigkeit einer ihm zugehenden Erklärung (Kündigung) zu prüfen hat.

7. Sondervorschriften enthalten insbesondere: das HGB. §§ 48–58 für die *Prokura* und *Handlungsvollmacht* und die ZPO. §§ 26–39 über die *Vertretung* der Parteien *im Prozeß*.

8. Bei gewissen Geschäften ist *Stellvertretung unzulässig:* Eheschließung (§ 17 EheG.), Ehelichkeitsbestreitung (§ 157/I mit den zwei Ausnahmen des 2. Abs.), Namensgebung (§ 165), Antrag auf Ehelicherklärung (§ 162), Annahme an Kindes Statt auf Seite des Annehmenden (§ 179 a), Verfügungen von Todes wegen (§ 564). Über das Selbstkontrahieren s. u., E.

9. Vom Handeln *in* fremdem Namen ist das Handeln *unter* fremdem Namen zu unterscheiden: Der Handelnde legt sich einen fremden Namen bei. Durch Auslegung ist festzustellen, ob das Geschäft eines des – wenn auch unter fremdem Namen – Handelnden oder eines des Namensträgers sein soll. Der erste Fall ist i. d. R. gegeben, wenn jemand im Hotel unter fremdem Namen übernachtet. Im zweiten Fall wird das Handeln unter fremdem Namen zugleich zum Handeln in fremdem Namen; regelmäßig ohne Vertretungsmacht, u. U. aber auch mit Vertretungsmacht: der Vertreter unterzeichnet einfach mit dem Namen des Vertretenen. Bestand keine Vertretungsmacht, kann der Geschäftspartner das Geschäft wegen Täuschung (Irrtums) in der Person anfechten, aber auch gelten lassen, und der Namensträger kann durch Genehmigung es sich zu eigen machen; s. u., D.

C. Vertreter und Vertretener als Partei des Rechtsgeschäftes

I. Die Theorien

1. Die Vertretung bewirkt eine Spaltung der Partei in der Weise, daß der Vertreter den Tatbestand setzt, die Rechtsfolgen aber beim Vertretenen (und nur bei ihm!) eintreten. Das wirft die Frage auf: Bei wem müssen die Voraussetzungen (Geschäftsfähigkeit, mangelfreier Wille und Erklärung usw.) gegeben sein – beim Vertreter, beim Vertretenen oder bei beiden?

2. Die Meinungen darüber haben gewechselt.

a) *Geschäftsherrn(Organ)theorie* (Savigny). Es handelt im Rechtssinn nur der Vertretene; er ist Herr des Geschäftes, der Vertreter bloß sein Werkzeug, Organ; daher müssen die Voraussetzungen beim Vertretenen und nur bei ihm gegeben sein; er muß geschäftsfähig sein, und nur sein Irrtum berechtigt zur Anfechtung. – Gegen diese Auffassung läßt sich einwenden, daß sie den Vertreter zum Boten herabdrückt.

b) *Repräsentationstheorie* (Ihering, Windscheid). Es handelt der Vertreter; nur die Wirkungen treffen den von ihm Repräsentierten; daher kommt es für die Voraussetzungen nur auf den Vertreter an.

Das BGB. ist der Repräsentationstheorie gefolgt. Das ABGB. ist vom (späteren!) Theorienstreit unberührt, daher vermeiden wir die Einseitigkeit beider Theorien und folgen der

c) *Vermittlungstheorie* (Ludwig Mitteis). Es handeln beide, daher müssen die Voraussetzungen bei beiden, und zwar je nach dem Maße ihrer Beteiligung, vorhanden sein. Außerdem darf die Vollmacht nicht abstrakt beurteilt, d. h. nicht von dem auszuführenden Geschäft losgelöst werden (MÜLLER-FREIENFELS, wichtig für die Form; s. u., § 38 I 2b).

II. Im einzelnen

1. Geschäftsfähigkeit. — Geschäftsunfähige können keine rechtserheblichen Willenserklärungen abgeben, daher nur Boten sein, sofern sie faktisch dazu in der Lage sind. — Für den Bevollmächtigten genügt beschränkte Geschäftsfähigkeit (§ 1018). Die nicht unbedenkliche Begründung ist, daß er ja sich selbst nicht verpflichtet. Das gilt wohlgemerkt nur für die Vollmacht, nicht für den i. d. R. damit verbundenen Auftrag, der — weil verpflichtend — nur von einem voll Geschäftsfähigen übernommen werden kann. Nach § 29 ZPO. und § 78 EO. können dagegen nur eigenberechtigte Personen zu Vertretern bestellt werden. Dasselbe gilt für die gesetzlichen und vom Gericht bestellten Vertreter.

2. Willensmängel. — Generalregel: Nach dem Einfluß, den jeder von beiden auf den Abschluß des Geschäftes genommen, ist auf beide oder auf den Vertreter oder auf den Vertretenen abzustellen. Konkret:

a) Irrt der Vertragspartner, wurde er getäuscht oder bedroht, kann er anfechten, wenn die für die Anfechtung notwendigen Umstände entweder beim Vertreter oder beim Vertretenen vorliegen. Sie bilden zusammen den andern Teil im Sinne der §§ 870 ff.

b) Irrt der Vertreter, kann der Vertretene anfechten, außer die Umstände waren ihm schon bei Erteilung der Vollmacht bekannt.

c) Irrt der Vertreter nicht, ist Irrtum des Vertretenen belanglos.

3. Der Vertretene haftet für Schuldverletzungen des Vertreters. Für den gesetzlichen Vertreter sagt das § 1313 a, es gilt aber auch für den gewillkürten als Erfüllungsgehilfen.

Der Vertretene haftet nicht für Delikte des Vertreters; für sie hat der Vertreter selbst einzustehn.

4. Redlicher Erwerb verlangt Redlichkeit des Vertretenen und des Vertreters. Unredlichkeit des Vertreters schadet dem Vertretenen auch bei gesetzlicher Vertretung und bei der Organschaft juristischer Personen (§ 337). Bei Substitution müssen Machtgeber, Machthaber und Substitut redlich sein.

Kennen oder Kennenmüssen genügt sowohl beim Vertretenen als auch beim Vertreter; vgl. arg. e contrario § 44 VVG.

5. Widersprechen Rechtshandlungen des Vertreters denen des Vertretenen, ist es so zu halten, als ob ein und dieselbe Person beide Akte gesetzt hätte: der *frühere* geht vor; vgl. § 430 bei Doppelverkauf.

6. Die Auslegung erfolgt aus dem Verhalten des Vertreters. Der Inhalt des Geschäftes und seine Rechtswirkungen bestimmen sich dagegen nach der Person des Vertretenen.

D. Vertreter ohne Vertretungsmacht (falsus procurator)

1. Vertretung ohne Vertretungsmacht kann vorliegen, wenn die Vertretungsmacht nie bestanden hat oder erloschen war oder überschritten wurde. § 1016 erwähnt nur den letzten Fall, gilt aber für alle Fälle. Vertretung ohne Vertretungsmacht kann ebenso vorliegen, wenn der Vertreter den Mangel der Vertretungsmacht verschweigt (falsus procurator), wie wenn er zu erkennen gibt, daß er keine Vertretungsmacht besitze. Immer aber muß er im Namen des angeblich Vertretenen handeln.

Schließt B einen Vertrag als Vertreter des A, ohne es zu sein, wirkt das Geschäft weder für und gegen A, denn es fehlt die Vertretungsmacht (§ 1016), noch für und gegen B, denn er handelt im fremden, nicht im eigenen Namen. Frage: Kann A das Geschäft sich doch zu eigen machen? Muß B allenfalls dulden, daß es zum seinigen wird?

2. Kann der, in dessen Namen gehandelt wurde, sich das Geschäft durch Genehmigung zueignen?

a) Zweifellos bei Verträgen (§ 1016). Sie sind (ähnlich wie Verpflichtungsgeschäfte beschränkt Geschäftsfähiger) bis zur Genehmigung schwebend unwirksam, werden mit ihr rückwirkend wirksam. Der andere Teil kann den Geschäftsherrn zur Erklärung in angemessener Frist auffordern. Erklärt er sich nicht, gilt die Genehmigung als verweigert. Die Genehmigung kann auch durch konkludente Handlungen erteilt werden; vgl. § 1016, Schluß. Nach § 3/2 HandelsvertreterG. und § 10/2 AngG. gilt ein von solchen Personen geschlossenes Geschäft als genehmigt, wenn der Geschäftsherr nicht unverzüglich ablehnt. Hat der andere Teil den Mangel der Vertretungsmacht nicht gekannt, kann er (anders als beim Vertrag mit beschränkt Geschäftsfähigen) bis zur Genehmigung widerrufen.

b) Das ABGB. enthält keine Sondervorschrift für einseitige Rechtsgeschäfte. Es wird darauf ankommen, ob sie einen Schwebezustand dulden bzw. ob der Erklärungsempfänger sich auf ihn einläßt (str.).

3. Genehmigt der Vertretene nicht, erhebt sich die Frage der Haftung des Vertreters ohne Vertretungsmacht.

a) Das Handels- und Wechselrecht haben sie besonders geregelt. Nach Art. 8 WG. und Art. 11 ScheckG. haftet der falsus procurator persönlich. Persönlich haftet auch, wer vor Eintragung einer AG., GesmbH. oder Genossenschaft in deren Namen handelt. Für Handelsgeschäfte übernimmt Art. 8 Nr. 11 der 4. hr. EinfVO. die Regelung des BGB. Danach haftet der Vertreter ohne Vertretungsmacht dem andern Teil nach dessen Wahl für Erfüllung oder Erfüllungsinteresse; hat er den Mangel der Vertretungsmacht nicht gekannt, nur für das Vertrauensinteresse; wenn aber der andere Teil den Mangel der Vertretungsmacht kannte oder kennen mußte, überhaupt nicht.

b) Das ABGB. enthält keine Regelung. Der vollmachtlose Vertreter haftet daher ohne Verschulden nicht. Er haftet auch nicht, wenn der andere den Mangel der Vollmacht kannte oder kennen mußte. Für Verschulden haftet er nach allgemeinen Grundsätzen (§ 1295/I), und zwar muß der falsus procurator dulden, daß das Geschäft zu dem seinigen wird; das heißt, er kann auf Erfüllung oder Erfüllungsinteresse, nicht nur auf Vertrauensinteresse in Anspruch genommen werden (str.). Wenn der andere will; sich als Geschäftspartner aufdrängen kann der falsus procurator nicht!

E. Insichgeschäft

1. Beim Insichgeschäft schließt eine Person den Vertrag mit sich selbst oder gibt eine empfangsbedürftige Erklärung sich selbst ab. Das kann auf zweifache Weise geschehn.

a) Dieselbe Person vertritt beide Seiten *(Doppel- oder Mehrvertretung);* z. B. ein Rechtsanwalt vertritt beide Streitteile, ein Vormund mehrere Mündel bei Geschäften unter sich.

b) Dieselbe Person handelt auf der einen Seite als Vertreter, auf der andern im eigenen Namen *(Selbstkontrahieren i. e. S.);* z. B. der Vertreter des Verkäufers kauft die Sache selbst, tritt in den Kauf ein; der Mieter nimmt gleichzeitig als Vertreter des Vermieters die eigene Kündigung in Empfang.

2. Das Insichgeschäft widerspricht dem Wesen des Vertrages, der durch das Zusammen- und Gegeneinanderwirken von Kontrahenten zustandekommen soll. Überdies trägt, wer beide Seiten zugleich repräsentieren will, gleichsam zwei Seelen in seiner Brust und bietet nicht die Gewähr, die Interessen des Vertretenen wahrzunehmen — schon gar nicht, wenn der Vertreter zugleich selbst Partei ist.

Das Insichgeschäft ist daher i. d. R. unzulässig. So § 271 für Geschäfte zwischen Eltern und Kind, Vormund und Mündel. Nicht so klar § 272 bei Geschäften zwischen mehreren Kindern (Mündeln) des gleichen Gewalthabers. § 10/1 RAO. verbietet dem Anwalt, beiden Teilen in dem nämlichen Rechtsstreit zu dienen oder Rat zu erteilen.

Tritt der Vertreter beim beabsichtigten Geschäft nur im eigenen Namen auf und betraut mit der Vertretung der Interessen des Vertretenen einen Unterbevollmächtigten oder agiert er umgekehrt selbst als Vertreter und bestellt für die Wahrnehmung seiner eigenen Interessen einen Vertreter, so vermeidet er das Selbstkontrahieren nur formell, ist aber doch in unzulässiger Weise auf beiden Seiten des Geschäftes beteiligt.

3. Das Insichgeschäft **ist nur zulässig,**

a) wenn der Machtgeber einwilligt oder genehmigt;

b) wenn die Interessen der Vertretenen dadurch nicht gefährdet werden. So gibt bei der indirekten Stellvertretung HGB. §§ 400 ff. dem Einoder Verkaufskommissionär von Waren oder Wertpapieren mit Börsenoder Marktpreis das Eintrittsrecht, ebenso HGB. § 412 dem Spediteur;

c) immer vorausgesetzt, daß der Eintritt in das Geschäft so erklärt wurde, daß eine stillschweigende Zurücknahme ausgeschlossen ist.

4. Wirkung. — Das unzulässige Selbstkontrahieren ist ungültig. Unzulässige Doppelvertretung macht den Vertreter gegenüber dem geschädigten Vertretenen ersatzpflichtig; hat aber der Vertreter mit einem Vertretenen zusammengewirkt, um die andere von ihm vertretene Partei zu schädigen, ist das Geschäft wegen Unerlaubtheit ungültig.

F. Mittelbare (indirekte) Stellvertretung

1. Der mittelbare Stellvertreter handelt nicht in fremdem Namen, wohl aber auf fremde Rechnung. Er wird durch das mit dem Dritten geschlossene Geschäft zunächst selbst berechtigt und verpflichtet, und erst durch einen weiteren Rechtsakt (mittelbar) gehen Rechte und Pflichten auf den Geschäftsherrn über.

Der Einkaufskommissionär erwirbt die Ware und schuldet den Preis selbst, ist aber verpflichtet, die Ware dem Kommittenten zu übereignen, wogegen dieser ihm den Preis zu ersetzen hat. — Mittelbarer Stellvertreter ist auch der Strohmann. Spielt jedoch die andere Partei mit, liegt ein Scheingeschäft vor, und das verdeckte Geschäft, jenes mit dem Hintermann, wäre gültig, d. h. es träte direkte Stellvertretung ein.

2. Die indirekte Stellvertretung hat trotzdem auch unmittelbare Wirkungen.

a) Nach § 392/II HGB. gelten Forderungen aus einem Geschäft des Kommissionärs „im Verhältnis zwischen dem Kommittenten und dem Kommissionär oder dessen Gläubigern als Forderungen des Kommittenten". Die Gläubiger des Kommissionärs können also auf diese Forderungen, die beim Kommissionär nur durchlaufen, nicht greifen. Der mittelbare Stellvertreter kann auch den Schaden des Kommittenten als Drittschaden geltend machen; s. **Schuldrecht, Besonderer Teil, § 43 C V 1.**

b) Eigentum erwirbt der indirekte Stellvertreter zunächst selbst. Läßt er aber erkennbar in Erscheinung treten, daß er für den Geschäftsherrn besitzen will, überträgt er mit Übergabe durch Erklärung (§§ 319/2 und 428/1) Eigentum. So bei Einkaufskommission von Wertpapieren mit Übersendung des Stückverzeichnisses (§ 18/III DepG.).

3. Ist der Wille, in fremdem Namen zu handeln, nicht erkennbar, kann die Wirkung der direkten Stellvertretung nicht eintreten. Der Handelnde gilt dann unwiderleglich als im eigenen Namen handelnd. Die sogenannte geheime Vollmacht (§ 1017/3) ist keine; sie ist nicht zu verwechseln mit der stillschweigenden Bevollmächtigung; s. u., § 38 III.

4. Das Handeln in fremdem Namen kann auch aus dem gesamten Sachverhalt erschlossen werden; so in den Fällen der stillschweigenden Bevollmächtigung. Der Vertreter kann sich, wenn der Dritte zustimmt, auch vorbehalten, den Namen seines Machtgebers mitzuteilen (§ 95 HGB.).

5. Geschäfte, für „wen es angeht", „whom it may concern". — Beim Barkauf ist die Person des Käufers dem Verkäufer i. d. R. gleichgültig. Aber auch der Käufer wird seine Vertretungsmacht nicht aufdecken, son-

dern als indirekter Stellvertreter handeln. Dennoch ist es angemessen, in Fällen, wo es dem Kontrahenten typisch gleichgültig sein kann, mit wem er abschließt, unmittelbare Vertretungswirkungen, insbesondere auch unmittelbaren Eigentumserwerb, für den Vertretenen anzunehmen.

G. Treuhand

I. Begriff

1. Beim Treuhandverhältnis (fiducia) übt der Treuhänder Rechte im eigenen Namen, aber im Interesse eines andern (des Treugebers oder auch eines Dritten, Begünstigten) aus. Vollrecht wird übertragen, soll aber nur in gewissem Sinn gebraucht werden. Der Treuhänder kann mehr (Rechtsüberschuß), als er soll (darf). Nach außen ist er unbeschränkt verfügungsberechtigt, im Innenverhältnis für treuwidriges Verhalten verantwortlich.

2. Der Treuhänder unterscheidet sich vom Stellvertreter dadurch, daß er im eigenen Namen handelt. — Das Treuhandgeschäft ist nicht Scheingeschäft; es wird nichts vorgetäuscht, dem Treuhänder wird der Rechtsüberschuß wirklich übertragen.

Die Treuhand ist zwar nicht dem ABGB. wohl aber dem Handelsrecht bekannt. In weiterem Sinn spricht man von Wirtschaftstreuhänder, Treuunternehmen u. dgl. Der trustee des angelsächsischen Rechtes unterscheidet sich wesentlich vom Treuhänder.

II. Geschichte

Die fiducia begegnet uns schon im römischen Recht, und zwar als Ersatz:

1. Für die fehlende direkte Stellvertretung, und zwar

a) statt der gesetzlichen Stellvertretung; tutor und curator handelten als Treuhänder;

b) statt der gewillkürten Stellvertretung dient die *fiducia cum amico contracta*. Der Fiduziar handelt im eigenen Namen, verpflichtet sich aber dem Geschäftsherrn, in dessen ausschließlichem Interesse zu handeln (sogenannte *fremdnützige* Treuhand). Er haftet ihm mit der actio fiduciae;

2. Für das erst später sich ausbildende Pfandrecht. Die *fiducia cum creditore contracta* überträgt dem Gläubiger Eigentum mit der Abrede, es nur zur Sicherung der Forderung und zur allfälligen Befriedigung zu verwenden (mancipatio [in jure cessio] fiduciae causa). Der Treuhänder handelt hier sowohl im eigenen wie im fremden Interesse (teils fremdnützige, teils *eigennützige* Treuhand).

Deutschrechtlicher Wurzel entspringt die offene oder deutschrechtliche Treuhand. Zum Unterschied von der fiducia erhält der Treuhänder hier keine überschießende Rechtsmacht. Seine Rechtsmacht ist nicht nur intern, sondern auch extern beschränkt. Die offene Treuhand kommt vor allem in der Form der Ermächtigung vor. So kann die Bank für Aktien, die ihr nicht gehören, kraft schriftlicher Ermächtigung das Stimmrecht im eigenen Namen ausüben (§§ 110/2, 114/IV AG.). – Wir behandeln im folgenden nur die häufigere und auch problematischere fiduziarische Treuhand.

III. Fremdnützige Treuhand

Die fremdnützige kann Verwahrungs-, Verwaltungs- oder Verfügungstreuhand sein.

1. Bei der *Verwahrungs- und Verwaltungstreuhand* verwahrt und verwaltet der Treuhänder Rechte im fremden Interesse, aber im eigenen Namen (z. B. Inkassozession). Das Recht kann im Interesse des Treugebers oder auch eines Dritten, Begünstigten verwahrt, verwaltet werden. Das Recht kann dem Treuhänder vom Treugeber, aber auch von einem Dritten für den Treugeber zukommen. Wird das Recht dem Treuhänder von einem Dritten übertragen, nähert sich die Treuhand der indirekten Stellvertretung; unterscheidet sich aber von ihr dadurch, daß der indirekte Stellvertreter das Recht an den Vertretenen weiterzugeben hat, während der Treuhänder es bei sich behalten und im eigenen Namen, jedoch im Interesse des Treugebers, ausüben soll.

2. Bei der *Verfügungstreuhand* soll der Treuhänder in fremdem Interesse über das ihm anvertraute Gut verfügen, z. B. Sachen (Wertpapiere) des Treugebers im eigenen Namen, aber nach Weisung und auf Rechnung des Treugebers veräußern.

3. Der Treuhand zugrunde liegt i. d. R. Auftrag. Wer vom Treuhänder erwirbt, erwirbt vom Berechtigten, braucht daher nicht wie beim Erwerb vom Nichtberechtigten guten Glauben, doch verstößt bewußtes und gewolltes treuwidriges Zusammenwirken von Treuhänder und Drittem (Kollusion) gegen die guten Sitten.

4. In der Exekution entscheidet die wirtschaftliche Zugehörigkeit des Treugutes. Der Treugeber kann gegen die Exekution in das Treugut durch Gläubiger des Treuhänders Widerspruch erheben (§ 37 EO.). Im Konkurs des Treuhänders hat der Treugeber ein Aussonderungsrecht. Schwierig wird es, wenn das Treugut dem Treuhänder von einem Dritten zukam, weil der Treugeber noch kein Eigentum, sondern nur einen obligatorischen Herausgabeanspruch erworben hat, der die Widerspruchsklage und das Recht auf Aussonderung nicht begründen kann. Eine Ausnahme besteht für Anderkonten der Rechtsanwälte, Notare, Wirtschaftstreuhänder, da hier sofort kenntlich ist, daß der Treuhänder nicht für sich, sondern für den Treugeber erwerben wollte.

IV. Sicherungstreuhand (eigennützige Treuhand)

Sie dient Pfandzwecken. Dementsprechend sind nach österreichischem Recht Sicherungsübereignung und -abtretung nur in den Formen der Pfandrechtsbegründung zulässig. Im Konkurs/Ausgleich des Sicherungsübereigners (Treugebers) geben sie dem Sicherungseigentümer (Treuhänder) kein Aussonderungs-, sondern nur ein Absonderungsrecht (§ 10/III KO. und AO.).

§ 38. Vollmacht

A. Erteilung

I. Vollmacht — Grundverhältnis — Ausführungsgeschäft

1. Unter Vollmacht versteht man:

a) das Rechtsgeschäft, wodurch die Vertretungsmacht erteilt wird;

b) die Urkunde, worin es niedergelegt wird (§ 1005/2; § 30/I ZPO.);

c) das daraus entstehende Rechtsverhältnis, nämlich die durch Rechtsgeschäft erteilte Vertretungsmacht.

Das ABGB. spricht auch von gerichtlicher und gesetzlicher Bevollmächtigung (§ 1034), gebraucht also den Namen für Vertretungsmacht überhaupt. Laut § 1034/3 sind für die durch den Richter oder das Gesetz erteilte Vertretungsmacht die Vorschriften an den gehörigen Orten enthalten. Unter Umständen kann eine analoge Anwendung der Vorschriften über die Vollmacht in Frage kommen.

2. Von der Vollmacht sind das Grundverhältnis und das Ausführungsgeschäft zu scheiden.

a) *Grundverhältnis.* — Normalerweise reicht die Vollmacht so weit wie die ihr zugrunde liegende Geschäftsführungsbefugnis(pflicht). Von diesem Normalfall geht das ABGB. §§ 1002 ff. aus und faßt Auftrag und Vollmacht als Bevollmächtigungsvertrag zusammen. Die neuere Lehre hebt die Vollmacht vom Grundverhältnis ab. Näheres über die Abgrenzung von Auftrag, Ermächtigung, Vollmacht s. Schuldrecht, Besonderer Teil, § 28 A III. Die Vollmacht kann auch aus andern Grundverhältnissen, z. B. Arbeitsvertrag, Gesellschaft, entspringen.

b) *Ausführungsgeschäft* ist das Geschäft, wozu bevollmächtigt wird. Es wäre aber falsch, die Einheit des Gesamtvorganges zu verkennen. So ist eine Vollmacht für ein unmögliches oder unerlaubtes Geschäft wie dieses ungültig, z. B. die Vollmacht für ein verbotenes Devisengeschäft wie dieses schwebend unwirksam (§ 22/I DevG.). Auch die Formbedürftigkeit des Ausführungsgeschäftes ergreift i. d. R. die Vollmacht. So bedarf die Vollmacht zum Abschluß eines Schiedsvertrages wie dieser (ZPO. § 577/III) der Schriftlichkeit. Ebenso die Vollmacht zur Abgabe einer Bürgschaftserklärung. Die Vollmacht zu Geschäften, die dem NotZwG. unterfallen, bedarf selbst des Notariatsaktes; so jetzt ausdrücklich § 69 NotO. — Anders, wenn die Formvorschrift ihrer Natur oder ihrem Zweck nach sich auf das Ausführungsgeschäft beschränkt: Die Vollmacht zur Abgabe von Unterschriften auf Wechsel, Scheck, kaufmännischer Anweisung ist formfrei.

II. Ausdrücklich erteilte Vollmacht

1. Die Vollmacht wird durch einseitige Erklärung erteilt.

Auch der Erteilungsakt ist vom Begründungsakt des Grundverhältnisses zu scheiden. Da die Vollmacht den Machthaber nur berechtigt, genügt einseitige Erklärung. Zur Entstehung des Grundverhältnisses, das den andern Teil auch verpflichtet, braucht es dagegen einen Vertrag.

2. Erklärung an wen?

a) Die sogenannte interne Vollmacht richtet sich an den Bevollmächtigten;

b) die sogenannte externe Vollmacht an den Dritten, allenfalls auch durch öffentliche Bekanntmachung an unbestimmte Dritte.

3. Beides gibt dem Machthaber das Recht, im Namen des Machtgebers zu handeln. Seine Sache ist es, ob er davon Gebrauch macht, wenn ihn nicht das Grundverhältnis dazu verpflichtet. Bei der internen Vollmacht wird das häufig so geschehn, daß er sich dem Dritten als Machthaber zu erkennen gibt, u. U. die schriftliche Vollmacht vorweist. Tut er das nicht, handelt er im eigenen Namen.

III. Stillschweigende Bevollmächtigung

1. Das ABGB. (§§ 1027–1033) kennt auch eine stillschweigende Bevollmächtigung: die Vertretungsmacht wird durch schlüssiges Verhalten des Geschäftsherrn, durch äußeren Tatbestand begründet.

Das Internationale Institut für Vereinheitlichung des Privatrechtes hat in seinem Entwurf für ein Vollmachtrecht die Zweiteilung in ausdrückliche Vollmacht (authorisation express) und stillschweigende, schlüssige (implied from circumstances) wieder aufgenommen.

Natürlich geht die ausdrückliche Vollmacht vor (§ 1028). So, wenn eine Vollmachturkunde besteht, wenn Prokura oder Handlungsvollmacht erteilt wurde, und dasselbe muß gelten, wenn der Machtgeber die Vollmacht durch ausdrückliche Erklärung an den Dritten erteilt.

Schließt ein augenfälliger Vermerk auf dem Bestellschein den Vertreter vom Inkasso aus, fehlt ihm die Inkassovollmacht.

2. Fälle stillschweigender Vollmacht.

a) Die *Verwaltungsvollmacht* (§ 1029, vgl. § 54 HGB.) beruht auf der Annahme, daß Verwaltungs(Geschäftsführungs)ermächtigung(pflicht) und Vollmacht sich decken.

So kann der Hausverwalter Mietverträge schließen, kündigen, Zins einkassieren, gewöhnliche Instandhaltungsarbeiten vergeben, die üblichen Versicherungen abschließen, nicht aber Baukostenbeiträge entgegennehmen. Aus § 1029 ergibt sich auch die Schlüsselgewalt der Ehefrau.

b) Die *Ladenvollmacht* (§§ 1030, 1031; vgl. § 56 HGB.) ist ein Unterfall des vorigen. § 1030 ist nicht eng auszulegen. „Eigentümer“ ist jeder, der das Unternehmen betreibt. — Es muß sich auch nicht nur um Verkäufer handeln, wenn andern der Verkauf gestattet wurde. Es muß sich nicht nur um „Waren“ und nicht nur um einen „Laden“ handeln: Im Gasthaus ist der Zahlkellner inkassobevollmächtigt. Unter § 1030 fallen auch die Autoreparaturwerkstatt, das Reisebüro. Wieder geht die ausdrückliche, in die Augen fallende Beschränkung vor; z. B. ein Anschlag „Zahlungen nur an der Kassa“.

c) Bedienstete oder Hausgenossen gelten nicht als berechtigt, namens des Dienstgebers oder Hausvorstandes auf Borg zu kaufen (§ 1032). Anders, wenn dieser „auf Büchl" einkaufen läßt (§ 1033).

d) Art. 8 Nr. 9 der 4. hr. EinfVO.: „Der Überbringer einer Quittung gilt als ermächtigt, die Leistung zu empfangen, ..."

e) Außer den im Gesetz genannten Fällen ist der äußere Tatbestand einer Vollmacht gegeben, wenn der Geschäftsherr widerspruchslos duldet, daß in seinem Namen Erklärungen abgegeben werden (Duldungs-, auch Anscheinvollmacht).

Wer seinen Angestellten Briefe schreiben und unterschreiben, Wechsel girieren läßt, erteilt damit entsprechende Vollmacht. Das muß auch für öffentliche Körperschaften gelten.

3. Die Lehre vom *Vertrauen auf den äußeren Tatbestand* (WELLSPACHER) sieht in den Fällen stillschweigender Bevollmächtigung als rechtserzeugend nicht die schlüssige Vollmachterteilung, sondern den äußern Tatbestand an, auf den der Dritte vertrauen darf. Sie folgert daraus auch das Fortwirken einer Vollmacht, deren Erlöschen dem Dritten ohne sein Verschulden unbekannt geblieben ist (§ 1026).

4. Ob man so oder so konstruiert, über eines ist man einig: auf die stillschweigende Bevollmächtigung kann sich der Dritte nicht berufen, wenn er bösgläubig ist, d. h. wußte oder wissen mußte, daß die Vollmacht trotz des für sie sprechenden Tatbestandes nicht bestand. Konkurriert Fahrlässigkeit des Geschäftsherrn und des Dritten, geht die des Geschäftsherrn vor, weil er in erster Linie verpflichtet ist, sich eindeutig zu verhalten.

B. Arten der Vollmacht

1. *Allgemeine und besondere (General- und Spezial-) Vollmacht* (§ 1006), „je nachdem jemandem die Besorgung aller oder nur einiger Geschäfte anvertraut wird" (§ 1006/1). Die Spezialvollmacht kann wieder Gattungs- oder Einzelvollmacht sein (§ 1006/2).

Für die in § 1008/1 genannten Geschäfte (actus mandati specialis) genügt Generalvollmacht nicht, sondern es braucht „eine besondere, auf diese Gattungen der Geschäfte lautende Vollmacht". Die in § 1008/2 genannten Geschäfte (actus mandati specialissimi) brauchen sogar „eine besondere, auf das einzelne Geschäft ausgestellte Vollmacht".

In beiden Fällen reicht aber eine Generalvollmacht aus, „wenn die Gattung des Geschäftes in der Vollmacht ausgedrückt ist" (§ 1008/3). Eine Gattungsvollmacht, und zwar eine schriftliche, braucht es auch für die Abgabe der Bürgschaftserklärung. Eine Einzelvollmacht für die Ansprüche auf Schmerzengeld wegen der höchstpersönlichen Natur (§ 1325 „auf Verlangen") und bei der GesmbH. für die Unterzeichnung des Gesellschaftsvertrages und Ausübung des Stimmrechts.

2. Mit dieser Einteilung ist die in *unumschränkte und beschränkte Vollmacht* (§ 1007) nicht zu verwechseln. Sie bezieht sich nicht auf den

Geschäftskreis, sondern auf die unbeschränkte oder beschränkte Handlungsfreiheit des Vertreters beim Geschäftsschluß.

3. Gewisse Vollmachten (Prokura, Handlungsvollmacht, Prozeßvollmacht und die Fälle der stillschweigenden Bevollmächtigung) sind gesetzlich umschrieben. Die Prokura ist unbeschränkbar (§ 50/1 HGB.), die Prozeßvollmacht nicht beliebig beschränkbar (§ 32 ZPO.). Für Geschäfte, die in den Rahmen solcher Vertretungsmacht fallen, ist eine Gattungs- oder Einzelvollmacht nicht erforderlich, z. B. braucht der Ladenverkäufer trotz § 1008/1 keine eigene Inkassovollmacht.

C. Substitution

1. Das Vertretungsverhältnis ist wie das ihm zugrunde liegende Verhältnis ein höchstpersönliches Vertrauensverhältnis. Der Vertreter darf es daher, von Ausnahmefällen abgesehen, nicht weitergeben, auf einen andern übertragen, ihn substituieren, an seine Stelle setzen.

2. Nach § 1010 darf der Machtgeber „das Geschäft" nicht weitergeben, „einen Stellvertreter in der Vollmacht" bestellen. Etwas anderes ist es, wenn er sich eines *Erfüllungsgehilfen* bedient, den er auch mit entsprechender Vollmacht ausstatten kann. Der Erfüllungsgehilfe ersetzt den Hauptvertreter nicht, unterstützt ihn nur bei Durchführung des Geschäftes. Die Heranziehung von Erfüllungsgehilfen verbietet § 1010 nicht. So auch § 15 RAO. und § 31/II-IV ZPO. Der Machthaber haftet für ihr Verschulden wie für sein eigenes.

3. Der Machthaber gibt auch das Geschäft und seine Vertretungsmacht nicht weiter, wenn er im Rahmen seiner Geschäftsführungsbefugnis und Vertretungsmacht Untervertreter für den Geschäftsherrn bestellt. Stellt der Prokurist im Betrieb des Geschäftsinhabers einen Verkäufer oder Kassier an, beauftragt und bevollmächtigt er einen Rechtsanwalt, vertritt der Untervertreter nicht den Hauptbevollmächtigten, sondern direkt den Geschäftsherrn *(selbständige Untervertretung)*. Das zeigt sich u. a. darin, daß die Untervollmacht fortbesteht, auch wenn die Hauptvollmacht (im Beispiel die Prokura) erlischt. Der Hauptvollmachtträger haftet für Auswahlverschulden.

4. Der Substitut vertritt dagegen den Hauptbevollmächtigten; seine Vertretungsmacht erlischt mit der Hauptvollmacht *(unselbständige Untervertretung)*.

Zuletzt soll freilich bei beiden Arten der Untervertretung der Untervertreter den Machtgeber vertreten; bei der selbständigen als sein Vertreter, bei der unselbständigen als Vertreter seines Vertreters.

5. Substitution ist nach § 1010/2 nur zulässig, wenn sie:

a) ausdrücklich gestattet (häufig in den Vollmachtsformularen und in den AGB. der Banken) oder

b) durch die Umstände unvermeidlich wird (im Notfall).

Der Hauptvollmachtträger haftet nur für Auswahlverschulden. Einen Anwendungsfall des § 1010/2 enthält § 14 RAO., wonach im Verhinderungsfall der Rechtsanwalt einen andern substituieren kann. Darüber hinaus geht § 31/II, 1. Satzteil, ZPO.: „Der Rechtsanwalt kann die ihm erteilte Prozeßvollmacht für einzelne Akte oder Abschnitte des Verfahrens (also nicht für das ganze!) an einen andern Rechtsanwalt übertragen." Noch weiter geht § 123/I/2 NotO., wonach die dem Notar erteilte Vollmacht auch auf den amtlich (!) bestellten Substituten übergeht.

6. Unzulässige Substitution befreit den Hauptvollmachtträger von seiner Verantwortung nicht. Nach § 1010/1 „haftet er ganz allein für den Erfolg", d. h. er haftet für Verschulden des Substituten wie für eigenes und überdies für gemischten Zufall, nämlich den Schaden, der ohne die unzulässige Substitution nicht eingetreten wäre.

D. Kollektivvollmacht

1. Werden mehrere Personen zu ein und derselben Geschäftsbesorgung gemeinschaftlich bevollmächtigt, kann das in zweifacher Weise geschehn:

a) Jeder einzelne ist vertretungsberechtigt (Einzelvollmacht).

b) Nur alle oder mehrere zusammen sind vertretungsberechtigt (Gesamt- oder Kollektivvollmacht).

Im Zweifel ist nach § 1011 Gesamtvollmacht anzunehmen. Die Gesamtvertretung erscheint ferner bei der Gesamtprokura und als Regel bei der Vertretung juristischer Personen durch mehrgliedrige Vorstände; die Einzelvollmacht bei den Personalgesellschaften. Gesamtvertreter sind auch mehrere Vormünder (Pfleger), wenn sie die Verwaltung nicht mit Einwilligung des Gerichtes teilen (§ 210). Dagegen hat der Mitvormund nach § 211 die Vormünderin als Gegenvormund nur zu unterstützen und zu beaufsichtigen.

2. Bei der Gesamtvertretung müssen alle handeln. Nicht notwendig durch Gesamtakt; es genügt, daß einer erklärt und die andern vor- oder nachher zustimmen. Zur Entgegennahme von Erklärungen ist auch bei der Gesamtvertretung jeder einzelne legitimiert. Willensmangel oder Schlechtgläubigkeit eines Gesamtvertreters berührt alle (vgl. § 337).

E. Erlöschen der Vollmacht

1. Die §§ 1020—1024 behandeln laut Marginalrubrik die „Auflösung des Vertrages". Das erfordert eine dreifache Klarstellung:

a) Die Endigungsgründe der Vollmacht sind von denen des Auftrages, allgemein des Grundverhältnisses, zu scheiden; die Vollmacht kann enden und das Grundverhältnis fortbestehn und umgekehrt. Regelmäßig zieht freilich die Endigung des Grundverhältnisses die der Vollmacht nach sich.

b) Die beendete Vertretungsmacht kann kraft des geschaffenen äußeren Tatbestandes fortwirken (§§ 1025, 1026); s. u., F.

c) Die für die Vollmacht entwickelten Sätze sind sinngemäß auf die gesetzliche Vertretungsmacht und die kraft behördlicher Verfügung anzuwenden; vgl. §§ 836, 837, 1023, 1190.

2. Für die Vollmacht gelten die allgemeinen Erlöschungsgründe: Zeitablauf, wenn sie befristet; Eintritt der auflösenden Bedingung, wenn sie bedingt war; Erledigung oder Wegfall des Geschäftes, auf das sie sich bezog; gegenseitiges Einvernehmen.

3. Die Vollmacht erlischt normalerweise mit dem Grundverhältnis: die Vertretungsmacht des Bediensteten mit dem Arbeitsvertrag, die des Vormundes mit Volljährigkeit des Mündels, die des Ehemannes mit der Ehe.

4. *Widerruf.* — Beruht die Vollmacht auf Auftrag, so teilt sie mit ihm die Widerruflichkeit. Als persönliches Vertrauensverhältnis ist sie aber auch sonst grundsätzlich frei widerrufbar.

a) Der Widerruf des Machtgebers (§ 1020) erfolgt als contrarius actus zur Vollmachterteilung wie diese durch einseitige empfangsbedürftige Willenserklärung. Der dem Vertreter erklärte Widerruf wirkt ihm gegenüber, der dem Dritten erklärte diesem gegenüber.

b) Dem Machthaber ist aus Gründen der „Gleichseitigkeit unter den Kontrahenten" ebenfalls die Widerrufsbefugnis eingeräumt (§ 1021; Aufkündigung ist nichts anderes als Widerruf).

c) Der Widerruf beendet das Verhältnis fristlos ex nunc, beseitigt aber nicht die Wirkung erfolgter Rechtsakte.

Wird eine Überweisung widerrufen, ist darauf zu achten, ob der Mittler (Post, Geldinstitut) Vertreter des Einzahlers oder Empfängers ist.

d) Die §§ 1020, 1021 sind nicht zwingend. Die sogenannte *unwiderrufliche Vollmacht* setzt aber voraus, daß der Machthaber im eigenen Interesse tätig ist, z. B. sich aus den namens des Machtgebers kassierten Beträgen selbst befriedigen soll. Aber auch bei Widerrufsverzicht bleibt der Widerruf aus wichtigen Gründen zulässig, z. B. wenn der Machthaber sich des Vertrauens unwürdig zeigt; vgl. § 1162. Eine unbedingte Bindung wäre sittenwidrige Knebelung.

e) Dieselben Grundsätze enthält die Regelung der §§ 1238—1241, wenn der Mann als „bevollmächtigter Sachwalter" (§ 1239) der Ehefrau bis auf Widerruf — hier Widerspruch — fungiert. Insbesondere regelt § 1241 die unwiderrufliche Verwaltungsbefugnis im erwähnten Sinn.

5. *Tod.* — § 1022: „In der Regel wird die Vollmacht sowohl durch den Tod des Gewaltgebers als des Gewalthabers aufgehoben." Dem Tod der natürlichen Person entspricht das Erlöschen der juristischen Person (§ 1023).

In der Regel! Ausnahmen:

a) Die von einem Kaufmann in seinem Gewerbebetrieb erteilten Vollmachten erlöschen im Zweifel durch seinen Tod nicht; 4. hr. EinfVO. Art. 8 Nr. 10.

b) Der Tod des Machtgebers hebt die Prozeßvollmacht nicht auf, bildet aber einen Widerrufsgrund; § 35 ZPO.

c) Kraft Parteiwillens „erstreckt sich die Vollmacht selbst auf den Sterbefall des Gewaltgebers“ (§ 1022/2); z. B. die Vollmacht an einen Hinterbliebenen, um über das Konto des Erblassers verfügen zu können; die Einsetzung eines Testamentsvollstreckers. Die Formvorschriften für letztwillige Verfügungen dürfen aber dadurch nicht umgangen werden.

6. *Konkurs* des Machtgebers oder Machthabers beendet die Vollmacht (§ 1024).

7. Das ABGB. hat den Fall nicht geregelt, daß Machtgeber oder Machthaber handlungsunfähig oder beschränkt handlungsfähig werden. Am naheliegendsten und zweckmäßigsten ist es, § 1022 analog anzuwenden; str. Auch § 35 ZPO. behandelt Tod und „Veränderung in Betreff seiner Prozeßfähigkeit oder seiner gesetzlichen Vertretung“ gleich.

F. Fortwirken der erloschenen Vertretungsmacht

1. Nach § 1025 hat der Beauftragte bzw. dessen Erbe oder gesetzlicher Vertreter Geschäfte, welche keinen Aufschub leiden, so lange fortzusetzen, „bis von dem Machtgeber oder dessen Erben (im Falle des Konkurses vom Masseverwalter, bei eingetretener Geschäftsunfähigkeit oder beschränkter Geschäftsfähigkeit vom gesetzlichen Vertreter) eine andere Verfügung getroffen worden ist oder füglich getroffen werden konnte“. Denselben Grundsatz spricht § 1022/2, 1. Satzteil, aus.

2. Das Fortdauern der Verbindlichkeit (s. Überschrift zu den §§ 1025, 1026) spricht dafür, daß auch die damit verbundene Vollmacht fortbesteht. § 1026: „Auch bleiben die mit einem Dritten, dem die Aufhebung der Vollmacht ohne sein Verschulden unbekannt war, geschlossenen Verträge verbindlich.“ Im selben Sinn verlangt § 36 ZPO. zur rechtlichen Wirksamkeit der Aufhebung der Prozeßvollmacht, daß sie dem Gegner angezeigt wird. Das Erlöschen der Prokura muß im Handelsregister eingetragen und bekanntgemacht werden; § 15/I HGB. Auch ein gesetzter äußerer Tatbestand (stillschweigende Vollmacht) wirkt fort, wenn dem Dritten die Aufhebung der Vollmacht ohne sein Verschulden unbekannt war. Im Konkurs wird der gutgläubige Dritte durch § 3/II KO. geschützt.

3. Aus dem Gesagten folgt schließlich die Pflicht, den andern Teil vom Erlöschen der Vollmacht zu verständigen.

§ 39. Die Zeit

A. Überblick

1. Die Zeit — *Zeitraum (Frist)* wie *Zeitpunkt (Termin)* — spielt als Tatbestandselement eine große Rolle; ob nun, wie § 1449/I aufzählt, das Gesetz daran Rechtsfolgen knüpft (Altersstufen, Vaterschaftsvermutung, gesetzliche Kündigungsfristen und -termine, Rechtsmittelfristen) oder eine Behörde, besonders das Gericht, Termine anberaumt und Fristen setzt oder die Parteien Termine oder Fristen, z. B. für die Erfüllung, die Kündigung, eine Garantie, bestimmen.

2. Daher muß die Rechtsordnung für eine einheitliche, sichere Zeitrechnung Sorge tragen; s. u., B.

3. Auf den Wirkungen des Verlaufs der Zeit beruhen geradezu die Institute der Verjährung (Verwirkung, Verschweigung; s. u., § 40) und Ersitzung.

4. Die Parteien können ihrem Willen so wie eine Bedingung auch eine Befristung beifügen, d. h. die Wirkungen erst mit einem Anfangszeitpunkt eintreten oder nur bis zu einem Endzeitpunkt andauern lassen; s. o., § 36.

B. Zeitrechnung

I. Im allgemeinen

1. Maßgebend sind für uns *der gregorianische Kalender und die mitteleuropäische Zeit.* Besteht am Erfüllungsort ein anderer Kalender oder nicht die mitteleuropäische Zeit, ist im Zweifel die Zeitrechnung des Erfüllungsortes maßgebend; so ausdrücklich Art. 37 WG., doch gilt das auch sonst im Privatrecht, analog § 905/I/2.

2. Erfreulicherweise sind die Rechtsregeln für die Zeitrechnung im europäischen Rechtskreis in den Grundlinien dieselben. Und zwar nicht nur für das Privatrecht — Handels-, Wechsel- und Scheckrecht eingeschlossen —, sondern auch für das öffentliche Recht.

Vgl. die §§ 902, 903 ABGB., ergänzt durch § 359 HGB., § 64 UrhRG., § 31 b-d PatG., § 7 VVG.; Art. 36, 37, 73 WG.; Art. 55, 56 ScheckG.; §§ 124—126 ZPO.; § 81 GBG.; § 6 StPO., §§ 634, 635 Geo.; §§ 32, 33 AVG.; § 257 ASVG.

3. Nur ein — freilich wesentlicher — *Unterschied* besteht *zwischen materiellrechtlichen und Verfahrensfristen.* Gemäß § 89 GOG. (ebenso AVG. § 33/III, StPO. § 6/III, aber auch § 31 c/IV PatG.) sind die Tage des Postenlaufs in die Frist nicht einzurechnen, d. h. rechtzeitig eingebracht ist das innerhalb der Frist einem inländischen Postamt (so ausdrücklich § 31 c PatG.) übergebene Schriftstück, vorausgesetzt, daß es an die zuständige Behörde adressiert ist und bei ihr eintrifft. *Für materiellrechtliche Fristen gilt das nicht.* Hier entscheidet das Einlangen beim Empfänger. Nur bei Schickschulden genügt rechtzeitige Absendung. Das Fristengesetz gilt umgekehrt nur für materiellrechtliche Fristen. Übel ist, daß die Abgrenzung zwischen materiellrechtlichen und Verfahrensfristen nicht klar ist. Vereinheitlichung wäre wünschenswert.

4. Die Regeln über die Zeitrechnung sind *Auslegungsregeln;* ausdrückliche Bestimmung, aber auch der Zweck kann anderes ergeben.

II. Im einzelnen

1. Grundsätzlich gilt bei der Zeitrechnung *Zivilkomputation,* d. h. der Tag wird als Einheit genommen (bei vieljährigen Fristen gelegentlich sogar das Jahr; so TodErklG. §§ 3 u. 4/I, UrhRG. § 64). Der Tag wird von Mitternacht zu Mitternacht gerechnet (§ 903). Nur § 7 VVG. rechnet von Mittag zu Mittag und im Hotelgewerbe ist das gleichfalls üblich.

Kürzere als Tagesfristen sind mangels besonderer Vorschrift a momento ad momentum zu berechnen *(Naturalkomputation).* Ob man eine 24- oder 48-Stunden-Frist als Stunden- oder Tagesfrist, also natural oder zivil zu berechnen hat, ist zweifelhaft.

2. Um den letzten Tag der Frist eindeutig zu bestimmen, stellt das ABGB. folgende Regeln auf:

a) § 902/I: Bei Tagesfristen ist der Tag des die Frist auslösenden Ereignisses nicht mitzuzählen (anders bei Fahrkarten, bei Miete, bei Arbeitsverhältnissen. Für die langjährigen Schutzfristen des Urheberrechtes bestimmt § 64 UrhRG. sinngemäß, daß das Kalenderjahr, in dem die für den Beginn maßgebende Tatsache eingetreten ist, nicht mitzuzählen ist, so daß die Frist immer mit Jahresende abläuft.

b) Bei Wochen-, Monats- oder Jahresfristen führt die eben erwähnte Regel dazu, daß das Ende auf den entsprechenden Wochen-, Monats- oder Jahrestag fällt (§ 902/II).

Eine am Montag gesetzte Frist von einer Woche endet wieder am Montag, d. s. sieben Tage, den Montag, mit dem die Frist beginnt, nicht mitgezählt. Eine am 15. 1. gesetzte Monatsfrist endet am 15. 2. Eine am 31. 1. gesetzte Monatsfrist kraft ausdrücklicher Vorschrift mit dem 28. (29.) 2. Wie im umgekehrten Fall? Endet eine am 28. (29.) 2. gesetzte Monatsfrist am 28. (29.) oder am 31. 3.? Mangels einer gegenteiligen Gesetzesbestimmung im Zweifel am gleichnamigen Tag des nächsten Monats, doch könnte Vertragszweck oder Parteiwille ergeben, daß die Frist vom Letzten des Monats wieder bis zum Letzten vermeint war.

Auch § 902/II gibt nur eine Auslegungsregel. Während ein am 1. 3. auf ein Monat gegebenes Darlehn noch am 1. 4. zurückgezahlt werden kann, endet eine am 1. 3. auf ein Monat eingegangene Miete am 31. 3. Ebenso die einmonatliche Probezeit bei einem Arbeitsvertrag (wichtig für die Kündigung).

3. Nicht eindeutige Fristen oder Termine sucht das Gesetz zu präzisieren. Im Wechselrecht müssen Zeitangaben eindeutig festgelegt werden; das besorgt zwingend Art. 36/II—V WG. Sonst handelt es sich nur um Auslegungsregeln, die weder vollständig noch immer unbedenklich sind. Richtiger wäre es wohl, solche unbestimmte Zeitangaben nach der Verkehrssitte zu beurteilen; so § 359/I HGB. für Zeitangaben, wie Frühjahr, Herbst und ähnliche.

Mit dieser Maßgabe: $^1/_2$ Jahr = 6, $^1/_4$ Jahr = 3 Monate; $^1/_2$ Monat = 15 Tage; dagegen sind 4 Wochen nicht ein Monat. Bei nicht zusammenhängenden Zeiträumen ist 1 Monat mit 30 Tagen, 1 Jahr mit 365 Tagen zu rechnen.

Verpflichtet sich ein Sänger, insgesamt drei Monate im Jahr aufzutreten, muß er 90 Tage auftreten.

Anfang, Mitte und Ende des Monats sollen als 1., 15. und Letzter zu deuten sein (?). Besteht eine Frist aus ganzen Monaten und einem halben Monat, ist der halbe Monat zuletzt zu zählen.

Eine am 20. 2. gesetzte Frist von 3½ Monaten endet am 4. 6.; würde der halbe Monat zuerst gezählt, endete sie am 7., in einem Schaltjahr am 6. 6.

8 und 15 Tage sollen volle 8 und 15 Tage bedeuten. Bei 8 Tagen ist das mehr als zweifelhaft; i. d. R. wird darunter eine Woche verstanden.

4. Ist der auf die vorgenannte Art ermittelte letzte Tag der Frist oder der zum Termin gesetzte Tag ein Sonn- oder anerkannter Feiertag, tritt an seine Stelle der nächstfolgende Werktag. Die Sonn- und Feiertagsruhe soll nicht gestört werden. Hält man sich diesen Zweck vor Augen, muß der zu enge Wortlaut der Bestimmung erweiternd ausgelegt werden. Sie gilt nicht nur für Erfüllungshandlungen oder Abgabe von Erklärungen, sondern auch für Verjährungs- und Ausschlußfristen oder wenn die einmonatliche Probezeit des § 1158 an einem Sonn- oder Feiertag abläuft oder die Kündigung zeitgerecht am Monatsletzten zu erfolgen hätte, dieser aber Sonn- oder Feiertag ist. Das ist streitig. Man sollte sich aber an die deutsche Lehre und Praxis halten, die die Bestimmung des § 193 BGB., welche § 903/3 übernommen hat, nunmehr fast einheitlich so auslegt. Auch ist zu bedenken, daß andernfalls die Rechtshandlungen am Sonn- oder Feiertag oder am vorhergehenden Werktag vorgenommen werden müßten. Gleichfalls aus dem Zweck ergibt sich, daß der Empfänger die Annahme der Erklärung (Leistung) i. d. R. an Sonn- und Feiertagen verweigern kann.

Beginn und Lauf einer Frist wird dagegen durch Sonn- und Feiertage nicht behindert. Das gilt auch bei Fristverlängerungen. Wird z. B. eine am 25. 12. endende Frist um 1 Monat verlängert, endet sie am 25. 1., nicht am 27. Für den Urlaub werden jedoch nur die Werktage gezählt; vgl. § 3 ArbUrlG., § 17 AngG.

Anerkannte Feiertage sind die durch das Feiertagsruhegesetz bestimmten: 1. und 6. Jänner, Ostermontag, 1. Mai, Christi Himmelfahrt, Pfingstmontag, Fronleichnam, 15. August, 1. November, 8., 25. und 26. Dezember. Dazu der noch nicht endgültig geregelte Staatsfeiertag (26. Oktober).

Dasselbe gilt (G. 1961/37), wenn das Ende der Frist auf einen *Samstag oder Karfreitag* fällt, und zwar auch für Wechsel und Scheck (G. 1963/190), nicht für die Eisenbahnverkehrsordnung.

Vorbehaltlich gegenteiliger Vereinbarung, z. B. wenn eine Wagenfahrt für den Sonntag vereinbart ist.

Das ABGB. spricht von anerkannten Feiertagen, nicht wie WG. und ScheckG. von gesetzlichen oder wie das BGB. von staatlich anerkannten. Damit sollte abweichendem Parteiwillen oder Ortsgebrauch (Tag des Landespatrons) Rechnung getragen werden.

5. Der so zu ermittelnde Tag ist selbst wieder eine Frist von 24 Stunden. Um zu einem Endzeitpunkt zu kommen, bedarf § 902 der Ergänzung durch § 903/1 u. 2. § 903/1 läßt ein Recht mit Anfang des Tages erwerben, § 903/2 dagegen die Folgen der Nichterfüllung oder eines Ver-

säumnisses erst mit Tagesende eintreten. Im selben Sinn lassn § 31 b PatG., § 125/II ZPO. und § 32/II VAG. die Frist mit dem Ablauf des betreffenden Tages enden. Ähnlich Art. 49 B.-VG.

Eine am 15. 1. 1965 begonnene dreijährige Ersitzung endet am 15. 1. 1968, 0 Uhr; eine dreijährige Verjährung dagegen am 15. 1. 1968, 24 Uhr. Ein am 5. 3. 1948 Geborener wird am 5. 3. 1969, 0 Uhr, volljährig. Eine Schuld kann mit Beginn des Fälligkeitstages gezahlt werden, der Verzug beginnt aber erst mit Tagesende. Dabei ist zu berücksichtigen, daß nach Verkehrssitte Leistungen oder Erklärungen nicht zur Unzeit entgegengenommen werden müssen; nach § 358 HGB. nur in den Geschäftsstunden, bei Behörden nur in den Dienststunden.

§ 40. Verjährung

A. Der rechtspolitische Grund

1. Schon im Interesse der Sicherheit und Ordnung verdient ein langdauernder Zustand Rechtsschutz. In der Regel kommt er ohnehin dem Berechtigten zugute (vgl. Besitzschutz!). Ihm erspart er den Beweis, den er nach so langer Zeit schwer oder gar nicht führen könnte; ihm erspart er auch, Beweismittel überlang aufzubewahren. Daß sich dadurch das Unrecht in Recht verwandeln kann, ist umsomehr in Kauf zu nehmen, als der Berechtigte versäumt hat, sein Recht rechtzeitig geltend zu machen.

2. Auf diesen Gedanken beruht sowohl der Verlust eines lange Zeit nicht ausgeübten Rechtes wie der Erwerb eines lange Zeit ausgeübten Rechtes. Beides verstand man zur Zeit der Entstehung des ABGB. unter Verjährung und unterschied dann die Akquisitivverjährung, d. i. die Ersitzung, und die Extinktivverjährung, d. i. die Verjährung i. e. S.

So kommt es, daß das ABGB. in seinem letzten Hauptstück Verjährung und Ersitzung gemeinsam behandelt. Demgegenüber ist heute klar, daß zwar beide Rechtsinstitute demselben rechtspolitischen Gedanken entspringen, sonst aber wesentlich verschieden sind.

B. Abgrenzung

I. Verjährung — Ersitzung

1. Die Verjährung bewirkt Rechtsverlust, die Ersitzung Rechtserwerb. Nach ABGB. verjährt das Recht (§ 1451), nicht wie nach BGB. nur der Anspruch. Doch ist zu beachten, daß nicht alle Rechte verjähren und auch verjährte Rechte nicht ganz wirkungslos sind. § 1452 stellt es so dar, als sei der Rechtserwerb die Folge des Rechtsverlustes. In Wahrheit hat umgekehrt der Rechtserwerb des einen den Rechtsverlust des andern zur Folge (§ 1478). Rechtsverlust des einen muß nicht zugleich Rechtserwerb des andern bedeuten: Der Schuldner erwirbt nicht die verjährte Forderung des Gläubigers.

2. Die Verjährung setzt nur Nichtausübung des Rechtes während des Zeitablaufs voraus; für die Ersitzung genügt Ausübung des Rechtes wäh-

rend des Zeitablaufes noch nicht, es müssen andere Erfordernisse, z. B. Redlichkeit, Rechtmäßigkeit, dazutreten.

3. Verjähren können Rechte verschiedenster Art; ersitzen kann man nur dingliche Rechte. Die Verjährung steht daher zu Recht im Allgemeinen Teil, die Ersitzung gehört ins Sachenrecht.

II. Verjährung — Verschweigung

Das deutsche Recht entwickelte statt Ersitzung und Verjährung die Verschweigung, die die Rechtsgedanken beider kombiniert. Die gewöhnliche Verschweigungsfrist betrug Jahr und Tag (Schreijahr) und ihr Lauf begann vielfach (anders als bei Ersitzung und Verjährung) mit einer gerichtlichen Aufforderung. Daraus entwickelte sich das Aufgebots(Ediktal)-verfahren, z. B. bei Todeserklärung oder bei Kraftloserklärung von Wertpapieren.

Verschweigt sich der in seinem Recht Verletzte, wird der bestehende Zustand (ähnlich der Verjährung) unanfechtbar und tritt (ähnlich der Ersitzung) Rechtserwerb ein. Bei der Verschweigung ist also der Rechtserwerb (anders als bei der Ersitzung) tatsächlich die Folge des Rechtsverlustes und benötigt nicht die weitern Voraussetzungen der Ersitzung.

Auf Verschweigung geht zurück der Rechtserwerb bei Fund (§ 392), bei avulsio (§ 412) und bei der an die Stelle der Tabularersitzung getretenen Unanfechtbarkeit der Einverleibung, wenn die Löschungsklage versäumt wird (GBG. §§ 62—64). Näheres im Sachenrecht.

III. Verjährung — Verwirkung

Das ABGB. kennt ein eigenes Rechtsinstitut der Verwirkung nicht, doch kann im Nichtgeltendmachen des Rechtes ein schlüssiger Verzicht erblickt werden (§ 863). Einerseits ist der Ablauf einer bestimmten Frist hier nicht vorausgesetzt, andererseits muß hinzutreten, daß der Gegner mit der Geltendmachung des Rechtes nach Treu und Glauben nicht mehr zu rechnen braucht bzw. daß im verspäteten Geltendmachen ein venire contra factum proprium zu erblicken ist. Verwirkung (schlüssiger Verzicht) führt zu Rechtsverlust, nicht wie die Verschweigung zu gleichzeitigem Rechtserwerb.

Wer einen Grund zur vorzeitigen Entlassung nicht unverzüglich geltend macht, verwirkt ihn.

IV. Verjährung — Ausschluß (Präklusiv, Fall) fristen

Das Vorkaufsrecht erlischt, wenn der Berechtigte bewegliche Sachen binnen 24 Stunden, unbewegliche binnen 30 Tagen nach Anbot nicht einlöst (§ 1075). Beim Kauf auf Probe beträgt die Probezeit nach der Dispositivnorm des § 1082 für bewegliche Sachen drei Tage, für unbewegliche ein Jahr. Dasselbe gilt nach § 1084 für den Verkauf mit Vorbehalt eines besseren Käufers. — Hier von Verjährung zu sprechen, erscheint widersinnig; man spricht von Ausschluß(Präklusiv, Fall)fristen. Die Abgrenzung von den Verjährungsfristen ist aber durchaus nicht klar.

1. Die im letzten Hauptstück bestimmten Fristen sind Verjährungsfristen, d. h. es gelten für sie die Vorschriften dieses Hauptstückes, insbesondere daß

a) sie gehemmt und unterbrochen werden können (§§ 1494 ff.);

b) ihr Ablauf einredeweise geltend gemacht werden muß (§ 1501);

c) sie nicht verlängert werden können (§ 1502).

2. Spricht ein Gesetz anderwärts von Verjährung, will es diese Vorschriften angewendet wissen. Daher sind Verjährungsfristen die Fristen für die Ersatzansprüche nach den Haftpflichtgesetzen; z. B. § 17 f. EKHG., § 337 ASVG., § 6 AHG.

3. Es gibt aber zahlreiche Fristen, die das Gesetz nicht ausdrücklich als Verjährungsfristen bezeichnet. Hier wäre es ebenso voreilig, sie den Vorschriften des letzten Hauptstückes zur Gänze zu unterstellen, wie deren Anwendung zur Gänze auszuschließen. Vielmehr ist fallweise nach dem Zweck der Vorschrift zu prüfen, wieweit die Verjährungsregeln anwendbar sind. Das führt freilich eine gewisse Unsicherheit herbei.

4. Grundsätzlich stellen die Vorschriften über die Verjährung auf lange Fristen ab, wenn sie sich auch mit der raschlebigen Zeit verkürzt haben. Wo es sich um „noch kürzere" Fristen handelt (§ 1491), ist daher besondere Vorsicht geboten. Insoweit ist die Faustregel nicht von der Hand zu weisen: lange Fristen — Verjährungsfristen, kurze Fristen — Ausschlußfristen.

5. Außerdem soll der Unterschied zwischen Verjährung und Ausschlußfristen darin liegen, daß:

a) Ausschlußfristen grundsätzlich weder Hemmung noch Unterbrechung kennen;

b) ihr Ablauf anders als die Verjährung das Recht ohne jeden Rückstand erlöschen läßt, daß sie daher nicht nur über Einwendung, sondern von Amts wegen zu beachten sind;

c) die Parteien sie verlängern können.

Nähere Prüfung zeigt, daß alle diese Unterschiede nicht durchgreifen. § 40 EheG. kennt z. B. bei der mit einem Jahr befristeten Aufhebungsklage zwar die Hemmung, nicht aber die Unterbrechung; ebenso ABGB. §§ 156/III und 157 für die einjährige Frist zur Bestreitung der Ehelichkeit. — Die österreichische Lehre und Praxis sehen die kurzen Fristen der Gewährleistungsansprüche als Ausschlußfristen an. Sie rechtfertigen damit, daß sie durch Garantie verlängert, daß sie aber auch verkürzt werden können und ihr Ablauf von Amts wegen wahrzunehmen sei. Sie müssen aber zugestehn, daß Anerkennung sie unterbreche. Man spricht daher von sogenannten gemischten Ausschlußfristen.

Mit der Bezeichnung einer Frist als Ausschlußfrist ist also wenig getan. Sie enthebt nicht der Prüfung, wieweit die Verjährungsvorschriften auf sie anwendbar sind.

Die durch das FristenG. verfügte Hemmung gilt für alle materiellrechtlichen, Verjährungs- wie Ausschlußfristen. — Als Ausschlußfristen pflegt man anzusehen die Fristen der §§ 936, 967, 982, 1367; als Verjährungsfristen die der §§ 1097 und 1111 ohne haltbare Gründe für die Unterscheidung.

C. Gegenstand

Entgegen den Eingangsworten des § 1479 unterliegen nicht alle Rechte gegen einen Dritten der Verjährung. Unverjährbar sind:

1. Nach § 1456 öffentliche Rechte. — Privatrechte des Staatsschatzes unterliegen der Verjährung. Hoheitsrechte des Staates sind unverjährbar, nicht aber die daraus entspringenden Schuldigkeiten (Steuern, Zölle, Gebühren und Abgaben, Sozialversicherungsbeiträge).

2. Nach § 1481, 1. Hälfte, Familien- und Personenrechte. — Unverjährbar ist z. B. die Vaterschaftsklage und das Recht, die Gültigkeit einer Ehe zu bestreiten. Das besagt aber nicht, daß solche Rechte nicht aus andern Gründen erlöschen können, z. B. die Berufung auf die Formnichtigkeit der Ehe, wenn die Ehegemeinschaft fünf, bei früherem Tod drei Jahre gedauert hat.

Eigens genannt ist die Verbindlichkeit, „den Kindern den unentbehrlichen Unterhalt zu beschaffen". Das gilt für alle familienrechtlichen Unterhaltsansprüche, Heiratsgut und Ausstattung eingeschlossen. Es gilt nicht nur für den unentbehrlichen, sondern für den Unterhalt überhaupt. Es gilt aber nur für das Gesamtrecht, nicht für die fällige Einzelleistung; sie verjährt in drei Jahren (§ 1480).

Vermögensrechtliche Ansprüche sind dagegen verjährbar, auch wenn sie aus familienrechtlichen Beziehungen entspringen, z. B. die Ersatzansprüche wegen Verlöbnisbruches.

3. Nach § 1481, 2. Hälfte, die in § 1459 angeführten sogenannten jura merae facultatis, sofern nicht ein widersprechender Zustand widerspruchslos geduldet wird. Das Gesetz zählt dazu die Ansprüche auf Teilung der gemeinschaftlichen Sache und auf Grenzscheidung.

4. Nach § 1483/1 das Pfandrecht, „solange der Gläubiger das Pfand in Händen hat". Das gilt also nur für das Faustpfand, nicht für die Hypothek. Es gilt andererseits auch für das Einlösungsrecht des Schuldners (§ 1483/2). Die pfandgesicherte Forderung kann dagegen verjähren. Das meint der unglücklich gefaßte § 1483/3. Ist sie verjährt, beschränkt sich der Anspruch des Pfandgläubigers auf Befriedigung aus dem Pfande.

5. Der Anspruch auf einen Notweg (§ 8 NotWG.) oder auf ein landwirtschaftliches Bringungsrecht (§ 9 Güter- und SeilWG.).

6. Das Eigentum; vgl. § 1459. Es geht nicht durch Nichtgebrauch, sondern nur dadurch unter, daß ein anderer durch Ersitzung oder gutgläubig Eigentum erwirbt. Auch die Eigentumsklage ist als unverjährbar anzusehen. Dagegen können Dienstbarkeiten und Reallasten durch Nichtausübung, sei es in der allgemeinen, sei es in der dreijährigen Verjährungszeit (§ 1488), untergehn.

7. Die Verbücherung eines Rechtes schützt nicht vor Verjährung (§ 1479), doch kann sie dem nicht eingewendet werden, der im Vertrauen auf das Buch erwirbt (§ 1500). Klagen auf Vornahme bücherlicher Eintragungen sind unverjährbar, wenn sie eine schon bestehende Rechtslage mit dem Buch in Übereinstimmung bringen wollen; verjährbar, wenn

sie eine Änderung des bestehenden Rechtszustandes herbeiführen sollen. Unverjährbar daher die Klage dessen, der ersessen hat, auf Einverleibung; verjährbar die Klage des Käufers auf Einverleibungsbewilligung.

D. Beginn

Nach § 1478/2 beginnt die Verjährung, sobald das Recht „an sich schon hätte ausgeübt werden können". Die Verjährung eines Rechtes durch Nichtgebrauch beginnt sonach mit der Entstehung des Rechtes. Die Klageverjährung mit dem Zeitpunkt, zu dem die Klage erhoben werden kann (actio nata). Bei absoluten Rechten beginnt die Verjährung mit Herstellung des widersprechenden Zustandes. Bei Forderungen auf ein Tun, sobald die Forderung entstanden und fällig ist; bei Forderungen auf ein Unterlassen mit dem Zuwiderhandeln. Aufschiebend bedingte Forderungen verjähren erst mit Eintritt der Bedingung. Liegt die Bedingung aber im Belieben des Berechtigten (Wollensbedingung), beginnt die Verjährung schon mit Entstehung des Anspruches. Bei periodischen Leistungen ist zwischen Einzel- und Gesamtanspruch zu unterscheiden. Die Einzelansprüche verjähren ab Fälligkeit, der Gesamtanspruch ab der letzten geleisteten Zahlung. Kündbare Ansprüche verjähren von dem Zeitpunkt ab, zu dem die Kündigung möglich ist. Solange dem Anspruch eine Einrede entgegensteht, kann die Verjährung nicht beginnen, es stünde denn in der Macht des Berechtigten, die Einrede zu beseitigen, z. B. die des nicht erfüllten Vertrages, indem er seinerseits erfüllt.

Unkenntnis des Anspruches hindert im allgemeinen den Beginn der Verjährung nicht, doch macht § 1489 für die kurze Verjährung von Schadenersatzansprüchen eine Ausnahme, die sinngemäß auf andere kurze Verjährungszeiten erstreckt werden kann.

E. Allgemeine Verjährungszeit

1. Das Gesetz unterscheidet zwischen allgemeiner (langer) und besonderer (kurzer) Verjährungszeit; vgl. Überschrift zu § 1478 und zu den §§ 1486 ff.

Die allgemeine Verjährungszeit beträgt 30 Jahre; für den Fiskus, die Kirchen, Gemeinden und juristischen Personen 40 Jahre (§ 1472 und § 1485). Für die kurze Verjährungszeit gilt die — an sich unberechtigte — Begünstigung nicht (§ 1485/II). Bei Rechten, die nur selten ausgeübt werden können (z. B. Schneefluchtrecht), müssen nach § 1484 drei Gelegenheiten zur Ausübung unbenützt vorübergegangen sein, sonst verlängert sich die allgemeine Verjährungszeit.

2. Einrechnung (§ 1493). — Tritt wärend des Laufes der Verjährung Rechtsnachfolge ein, läuft die Verjährungsfrist fort, d. h. die beim Vorgänger verstrichene Zeit wird eingerechnet.

Keine Regel enthält das Gesetz für den Fall, daß auf eine begünstigte eine nichtbegünstigte Person nachfolgt oder umgekehrt. Herrschende Lehre und Praxis lassen verhältnismäßige Einrechnung eintreten. Ist z. B. ein Anspruch, von dessen Verjährungszeit 15 Jahre (die Hälfte von 30) verlaufen waren, auf den Fiskus übergegangen, verjährt er in weiteren 20 Jahren (der Hälfte von 40), insgesamt in 35 Jahren.

3. Das Gesetz hält die viel zu lange allgemeine Verjährung als Regel aufrecht und behandelt die kurze Verjährung als Ausnahme; umgekehrt wäre es richtiger. Außerdem sollte getrachtet werden, die Verjährungsfristen und die Fristen überhaupt zu vereinheitlichen.

F. Kurze (dreijährige) Verjährung

I. Wiederkehrende Leistungen. § 1480

Während das Bezugsrecht selbst in 30 Jahren verjährt, verjähren rückständige periodisch (nicht gerade jährlich!) wiederkehrende Einzelleistungen in drei Jahren. So Zinsen, Renten, Unterhalts- und Ausgedingsleistungen, Annuitäten, aber auch Kirchenbeiträge, Vereinsbeiträge, nicht jedoch der Anspruch auf Gewinnanteil eines Gesellschafters.

II. Forderungen des täglichen Lebens. § 1486

Es handelt sich dabei nicht nur um alltägliche oder geringfügige Geschäfte.

1. Forderungen „für Lieferung von Sachen oder Ausführung von Arbeiten oder sonstige Leistungen in einem gewerblichen, kaufmännischen oder sonstigen geschäftlichen Betriebe“ (Z. 1).

Um jeden Zweifel auszuschließen, erwähnt Z. 2 eigens die „Lieferung land- und forstwirtschaftlicher Erzeugnisse in einem Betriebe der Land- und Forstwirtschaft“; Z. 3 die „Übernahme zur Beköstigung, Pflege, Heilung, zur Erziehung oder zum Unterricht durch Personen, die sich damit befassen, oder in Anstalten, die diesem Zwecke dienen“; und Z. 6 die Forderungen „der Ärzte, Tierärzte, Hebammen, der Privatlehrer, Rechtsanwälte, Notare, Patentanwälte und aller anderen zur Besorgung gewisser Angelegenheiten öffentlich bestellten Personen wegen Entlohnung ihrer Leistungen und Ersatzes ihrer Auslagen sowie der Parteien wegen der Vorschüsse an diese Personen“. Ingenieure und Architekten sind in Z. 6 nicht genannt, fallen aber i. d. R. unter Z. 1.

a) Die Leistung muß im Geschäftsbetrieb erbracht sein.

b) Die kurze Verjährung trifft die Forderung *für* Lieferung (das Entgelt), nicht die Forderung *auf* Lieferung; diese verjährt in 30 Jahren. Zum Entgelt gehören auch Nebenansprüche, wie Sackmiete, Rückstellung der Verpackung.

c) Der Ausdruck Lieferung ist nur bei beweglichen Sachen üblich. Die Forderung auf den Kaufpreis für ein Grundstück verjährt in 30 Jahren; dasselbe gilt für den Unternehmenskauf. Aber auch wenn für eine der in § 1486 genannten Forderungen eine Hypothek bestellt wird, verjährt sie in 30 Jahren, was sich schon aus § 1480 ergibt.

d) Die kurze Verjährungszeit beginnt sinngemäß erst mit der Lieferung (Ausführung), nicht schon mit Vertragsschluß zu laufen.

2. Miet- und Pachtzinse; Forderungen der Dienstnehmer auf Lohn- und Auslagenersatz sowie der Dienstgeber auf Rückstellung von Vorschüssen (Z. 4 und 5). Dasselbe gilt für die Ansprüche der selbständigen Handelsvertreter auf Provision (§ 17 HVG).

III. § 1487

a) Das Recht, eine Erklärung des letzten Willens (Testament, Kodizill, Erbvertrag, Schenkung auf den Todesfall), die zur Grundlage der Verlassenschaftsabhandlung genommen wird, umzustoßen, d. h. durch Klage anzufechten. Die Einrede verjährt nicht.

b) Das Recht, den Pflichtteil oder dessen Ergänzung (auch vom pflichtwidrig Beschenkten) zu fordern. Also das Recht des ganz oder teilweise übergangenen Noterben auf den Pflichtteil, wogegen die Klage des mit dem Pflichtteil Bedachten auf Ausfolgung erst in 30 Jahren verjährt.

In den Fällen a und b bestehn Zweifel, ob die Verjährung mit Kundmachung des letzten Willens oder mit Annahme der Erbserklärung oder mit Verweisung auf den Rechtsweg beginnt.

c) Das Recht, eine Schenkung wegen groben Undankes (§ 948) zu widerrufen. Die Verjährung beginnt mit Erlangung der Kenntnis vom Undank.

d) Das Recht, einen entgeltlichen Vertrag wegen Verletzung über die Hälfte aufzuheben oder die vorgenommene Teilung eines gemeinschaftlichen Gutes zu bestreiten. Die Verjährung ergreift Klage und Einrede; sie beginnt mit Vertragsschluß.

e) Das Recht, einen Vertrag wegen Furcht oder Irrtums anzufechten. Die Verjährung ergreift Klage und Einrede. Sie beginnt mit Wegfall der Furcht, bei Irrtum schon mit Vertragsschluß. Die Anfechtung wegen List verjährt in 30 Jahren.

IV. § 1488. Usucapio libertatis

Servituten erlöschen im allgemeinen durch Nichtgebrauch in 30 Jahren. Nach § 1488 erlöschen sie aber auch, wenn der Verpflichtete sich der Ausübung widersetzt und der Berechtigte durch drei aufeinanderfolgende Jahre sein Recht nicht geltend macht. Diese sogenannte usucapio libertatis ist in Wahrheit ein Fall der kurzen Verjährung, denn es wird dadurch ein Recht verloren und nicht erworben, auch ist auf Seite des sich Widersetzenden weder Rechtmäßigkeit noch Redlichkeit verlangt.

V. Entschädigungsansprüche. § 1489

1. Gegenstand. — Unter Entschädigungsansprüchen — aus unerlaubter Handlung, aus Vertrag, aus welchem Rechtsgrund immer — sind Schadenersatzansprüche zu verstehn; vgl. § 1489 „Schaden, Beschädiger, Beschädigter". Nicht unter § 1489 fallen danach Ansprüche: auf Auslagenersatz; aus den §§ 1041, 1042; wegen ungerechtfertigter Bereicherung; auf Entschädigung wegen Enteignung.

2. § 1489 unterscheidet zwei Fälle:

a) § 1489/1. Im Normalfall verjähren Schadenersatzansprüche in drei Jahren von der Zeit an, „zu welcher der Schade und (!) die Person des Beschädigers dem Beschädigten bekannt wurde".

Vorausgesetzt ist Kenntnis. Kennenmüssen oder gar bloßes Vermuten genügt nicht. Ist der Beschädigte minderjährig, kommt es auf die Kenntnis seines gesetzlichen Vertreters an. — Kenntnis vom Schaden, d. h. nicht nur vom schädigenden Ereignis, sondern auch von den schädlichen Wirkungen des Ereignisses, nicht jedoch auch von der Höhe des Schadens. Treten nachträglich neue unvorhersehbare Schadensfolgen ein, können sie geltend gemacht werden; bei vorhersehbaren kann man durch Feststellungsklage der Verjährung begegnen. — Kenntnis aber auch von der Person des Beschädigers, genauer: des Ersatzpflichtigen, denn sie ist notwendig, um die Ersatzklage erfolgversprechend anstellen zu können: Der bei einem Eisenbahnunfall Beschädigte braucht nicht zu wissen, ob ein Bediensteter und welcher den Unfall verschuldet hat, haftet ihm doch die Bahn.

b) § 1489/2. „Ist dem Beschädigten der Schade oder (!) die Person des Beschädigers nicht bekannt geworden oder (!) ist der Schade aus einem Verbrechen entstanden, so erlischt das Klagerecht nur nach 30 Jahren."

Die lange Verjährung läuft vom Beginn des schädigenden Ereignisses an. Zweifelhaft ist, ob sie auch für jene gilt, die ohne eigenes Verschulden für das Verbrechen des Erfüllungsgehilfen oder nach den Haftpflichtgesetzen mithaften.

3. Andere Ersatzansprüche. — Während § 90 UrhRG. und die Sozialversicherungsgesetze vernünftigerweise auf § 1489 verweisen, setzen zahlreiche andere Gesetze für Ersatzansprüche ohne jedes System die verschiedensten Fristen von drei Monaten bis zu zehn Jahren, bald abgestellt auf die Kenntnis, bald ohne Rücksicht darauf.

VI. § 1490

1. § 1490/I. — Klagen wegen Ehrenbeleidigung durch Tätlichkeiten verjähren in drei Jahren, durch Wort, Schrift oder Gebärde schon in einem Jahr.

Gemeint ist natürlich die Klage auf Ersatz, nicht die Strafklage. Daher ist die allgemeine Bestimmung des § 1489 über Ersatzklagen hinzuzulesen (kurze Fristen nur, wenn Beleidigung und Beleidiger dem Beleidigten bekannt waren; sonst und bei verbrecherischer Beleidigung lange Frist).

2. § 1490/II. — Auf die sogenannte Kreditverleumdung (§ 1330/II) ist § 1489 anzuwenden.

VII. Judikatsschuld

Ist ein Anspruch durch rechtskräftiges Urteil zugesprochen oder durch vollstreckbaren Vergleich anerkannt, gilt wieder die allgemeine Verjährungszeit; JMV. von 1858.

VIII. §§ 1491, 1492

1. § 1491; s. o., unter Ausschlußfristen, B IV.

2. § 1492 verweist für die Verjährung nach Wechselrecht auf das WG. Art. 70, 71. Für den Scheck gelten die Art. 52, 53 ScheckG .

G. Hemmung und Unterbrechung

Aus dem Grundgedanken der Verjährung, daß ein Recht erlischt, wenn man es nicht geltend macht, obwohl man es geltend machen könnte, folgt:

1. Wird das Recht geltend gemacht, macht das dem Lauf der Verjährung ein Ende. Sie müßte neu, von Anfang an beginnen; die schon verlaufene Zeit wird nicht eingerechnet *(Unterbrechung* der *Verjährung).*

2. Verhindern Umstände die Geltendmachung, kann die Verjährung nicht laufen (*Hemmung* der Verjährung). Entweder so, daß,

a) wenn die hindernden Umstände wegfallen, die Verjährung fortläuft (Fortlaufhemmung), d. h. die vor Eintritt der Hemmung verlaufene Zeit einzurechnen ist und der Rest noch ablaufen muß. Oder so, daß,

b) solange der hindernde Umstand besteht und i. d. R. noch eine Zusatzfrist darüber hinaus, die Verjährung nicht zu Ende gehen kann (Ablaufhemmung).

Und zwar auch, wenn die vor der Hemmung verlaufene Zeit zusammen mit der Hemmungszeit und Zusatzfrist länger ist als die Verjährungszeit. Ist freilich umgekehrt die Verjährungszeit länger als die vor der Hemmung verlaufene Zeit plus Hemmungszeit und Zusatzfrist, müßte noch der Rest der Verjährungszeit ablaufen. Hier ist also wieder die vor der Hemmungszeit verlaufene Zeit einzurechnen.

I. Hemmung

1. § 1494. — Gegen Handlungsunfähige und beschränkt Handlungsfähige ohne gesetzlichen Vertreter kann:

a) die Verjährung nicht anfangen (§ 1494/1)

b) und wenn sie schon angefangen hätte, „nie früher als binnen zwei Jahren nach den gehobenen Hindernissen vollendet werden“ (Ablaufhemmung, § 1494/2).

Gerichtlich erklärte Verschwender fallen nach der Meinung der Gesetzesverfasser nicht darunter. Unter Behebung der Hindernisse ist die Erlangung der vollen Handlungsfähigkeit wie die Bestellung eines gesetzlichen Vertreters zu verstehn.

„Nie früher.“ Die Vollendung der Verjährung kann auch erst später eintreten, wenn nämlich mit Ende der zwei Jahre noch nicht die ganze Verjährungsfrist abgelaufen ist. — Für Verjährungsfristen unter zwei Jahren erscheint es trotz § 1494/2 allein sinnvoll, sie mit Behebung des Hindernisses beginnen und dann früher als mit zwei Jahren ablaufen zu lassen.

2. § 1495. — Eine Fortlaufhemmung besteht zwischen Ehegatten, solange die Ehegemeinschaft dauert; zwischen Eltern und Kindern, Vormündern und Mündeln, solange die Kinder unter elterlicher Gewalt, die Mün-

del unter Vormundschaft stehen. Dasselbe gilt zwischen Kuratoren (Beiständen) und ihren Pflegebefohlenen.

3. § 1496. — Eine Fortlaufhemmung bewirkt die Abwesenheit (des Gläubigers!) in Zivil- oder Kriegsdiensten oder Stillstand der Rechtspflege.

Das FristenG. von 1947, nov. 1952, ordnet eine Ablaufshemmung materiellrechtlicher Fristen (Verjährungs- und Ausschlußfristen) an. Es ist nur mehr für noch nicht abgeschlossene Rückstellungsverfahren von Bedeutung.

4. In verschiedenen Gesetzen verstreut findet sich noch eine Reihe anderer Hemmungsgründe.

II. Unterbrechung

Unterbrochen wird die Verjährung nach § 1497 durch Anerkennung oder Klage. Die Unterbrechung wirkt nur inter partes, d. h. zwischen dem Anerkennenden und dem, welchem gegenüber anerkannt wird, bzw. zwischen Kläger und Beklagtem. — Auch die kurzen Fristen für Gewährleistungsansprüche können, obwohl i. d. R. als Ausschlußfristen bezeichnet, unterbrochen werden.

1. Anerkennung. — Ein formeller Anerkennungsvertrag ist nicht nötig; einseitige Erklärung gegenüber dem Berechtigten genügt, auch in Vergleichsverhandlungen, selbst wenn sie dann scheitern. Es genügt Anerkennung dem Grunde nach, auch wenn die Höhe der Ersatzforderung noch nicht feststeht. Die Anerkennung kann auch stillschweigend durch ein Verhalten geschehen, woraus das Bewußtsein, verpflichtet zu sein, erschlossen werden kann; z. B. durch Zins- oder Abschlagszahlungen, nicht schon dadurch, daß der Schuldner wiederholte außergerichtliche Mahnungen unbeantwortet läßt, wohl aber, wenn er Kontoauszüge einer Bank nicht beanständet.

Die Anerkennung bewirkt keine Neuerung; die Dauer der nach der Anerkennung neu laufenden Verjährung richtet sich daher nach der Beschaffenheit der ursprünglichen Forderung. — Wird eine schon verjährte Forderung anerkannt, ist das Verzicht auf die Einrede der Verjährung.

2. Klage. — Vorbereitende Schritte (Mahnung, Anmeldung von Forderungen im Verlassenschaftsverfahren) unterbrechen e contrario die Verjährung nicht. Vielmehr muß

a) die Klage angebracht, d. h. bei Gericht überreicht,

b) gehörig fortgesetzt und

c) ein dem Kläger günstiges Urteil erzielt werden.

Sonst „ist die Verjährung für ununterbrochen zu halten“ (§ 1497/2).

3. Der Klage steht gleich,

a) wenn der Anspruch im Anschlußverfahren des Strafprozesses geltend gemacht wird; (Wird der Privatbeteiligte auf den Zivilrechtsweg verwiesen, muß er in angemessener Frist die Zivilklage einbringen.)

b) wenn der Antrag auf Erlassung eines Zahlbefehles im Mahnverfahren gestellt wird;

c) wenn die Forderung im Konkurs angemeldet wird;
d) wenn im Wechsel- und Scheckverfahren der Streit verkündet wird.

4. Der Exekutionsantrag unterbricht die Verjährung der Judikatsschuld.

5. Die trotz Widerspruchs fortgesetzte Ausübung von Dienstbarkeiten unterbricht die Verjährung von Dienstbarkeitsrechten (§ 1488).

6. Wie eine Unterbrechung der Verjährung wirkt es auch, wenn ein Dritter im Vertrauen auf das Grundbuch das in Verjährung begriffene Recht erwirbt (§ 1500).

H. Wirkung

1. Die Verjährung muß durch Einrede geltend gemacht werden; von Amts wegen wird sie nicht wahrgenommen. Wird sie geltend gemacht, ergreift sie auch die Nebenrechte (Hypothek, Bürgschaft, Vertragsstrafe, Zinsen).

2. Die verjährte Schuld kann laut § 1432 wirksam gezahlt und die Zahlung auch nicht zurückgefordert werden, wenn sie in Unkenntnis der Verjährung geleistet wurde.

3. Die verjährte Schuld kann anerkannt werden, worin ein Verzicht auf die Einrede der Verjährung zu erblicken ist.

4. Mit einer verjährten Gegenforderung kann aufgerechnet werden, wenn sie der Forderung noch unverjährt gegenübergetreten ist; s. Schuldrecht, Allgemeiner Teil, § 25 B IV.

5. Verjährt nur die Klage oder auch die Einrede? — Das gemeine Recht formulierte: quae ad agendum sunt temporalia, ad excipiendum sunt perpetua (die Klage verjährt, die Einrede nicht). Gegenteilig ein altes Judikat des OGH.: die Einrede verjähre mit der Klage. Beides ist so allgemein nicht haltbar.

Man muß zwischen selbständigen und unselbständigen Einreden unterscheiden. Von unselbständigen Einreden spricht man, wenn ein Recht sowohl mit Klage als auch mit Einrede geltend gemacht werden kann, die Einrede also nur das Seitenstück zur Klage aus dem Recht ist. Selbständigen Einreden steht kein Klagerecht zur Seite; sie sind bloß Gegen(Abwehr)rechte, die überhaupt erst ausgeübt werden können, wenn der Gegner klagt. Selbständige Einreden sind daher unverjährbar; so die Einrede der Verjährung selbst. Andernfalls würde zwar eine Forderung des täglichen Lebens in drei Jahren verjähren, wäre aber nach weiteren drei Jahren wegen Verjährung der Einrede wieder unverjährt usw. Für unselbständige Einreden läßt sich nur fallweise entscheiden, ob sie mit der Klage verjähren oder nicht.

6. Hat der, zu dessen Gunsten die Verjährung läuft, die Untätigkeit des Berechtigten arglistig veranlaßt, kann seiner Einrede der Verjährung die Replik der Arglist entgegengesetzt werden. Zum Beispiel kann der Direktor einer AG. sich nicht darauf berufen, daß eine Forderung, die die Gesellschaft gegen ihn hatte, verjährt sei, wenn die Verjährung während seiner Amtszeit eintrat.

Quellenverzeichnis

Unter mehreren Fundstellen sind Hauptfundstellen *kursiv* gedruckt

ABGB.

Dritte Teilnovelle

Hof- und Hofkanzleidekrete

Ehegesetz

Vierte DurchführungsVO. zum Ehegesetz

Todeserklärungsgesetz

Entmündigungsordnung

Ratengesetz

Handelsgesetzbuch

Vierte handelsrechtliche EinführungsVO.

Allgemeines Handelsgesetzbuch

Wechselgesetz

Scheckgesetz

Jurisdiktionsnorm

Zivilprozeßordnung

Einführungsgesetz zur ZPO.

Exekutionsordnung

Verfahren außer Streitsachen

Konkursordnung

Ausgleichsordnung

Anfechtungsordnung

Bundesverfassung

Es ist Bezug genommen:

auf das *römische Recht:* S. 5–8, 10 f., 13, 16, 19, 23, 65, 69, 73, 79, 81–84, 87, 91, 107 f., 110, 143, 163, 165 f., 170, 179, 193, 200, 205, 207, 218, 222, 230;

auf das *alte deutsche und mittelalterliche Recht:* S. 8, 10, 69, 79, 81–83, 85, 87, 91 f., 110, 165, 200, 205, 222, 230;

auf das *kanonische Recht:* S. 5–7, 167 f., 200, 222;

auf das *gemeine (Pandekten)Recht:* S. 6–8, 12, 66, 79, 124, 156, 166, 179;

auf das *deutsche Bürgerliche Gesetzbuch (BGB.):* S. 5, 11, 14, 16, 19, 25, 42, 48, 52, 66, 98, 130, 143 f., 156, 172 f., 176, 178 ff., 198, 200, 211, 225, 227, 241 f.;

auf den *Code Civil:* S. 5, 8, 11, 205;

auf das *Schweizerische Zivilgesetzbuch:* S. 5, 11, 14, 23, 33, 70;

auf das *angelsächsische (anglo-amerikanische) Recht:* S. 2, 19, 39, 41, 44, 157, 230.

Andere Rechtsquellen

Höchstrichterliche Erkenntnisse

Sachverzeichnis

Die Zahlen bedeuten Seiten. Unter mehreren Fundstellen sind Hauptfundstellen *kursiv* gedruckt

Sachverzeichnis für Internationales Privatrecht

Die Zahlen bedeuten Seiten. Unter mehreren Fundstellen sind Hauptfundstellen *kursiv* gedruckt

GPSR Compliance

The European Union's (EU) General Product Safety Regulation (GPSR) is a set of rules that requires consumer products to be safe and our obligations to ensure this.

If you have any concerns about our products, you can contact us on ProductSafety@springernature.com

In case Publisher is established outside the EU, the EU authorized representative is:

Springer Nature Customer Service Center GmbH
Europaplatz 3
69115 Heidelberg, Germany

Batch number: 10844669

Printed by Printforce, the Netherlands